Philosophische Probleme des physikalischen Raumes

HANS-JÜRGEN TREDER

PHILOSOPHISCHE PROBLEME DES PHYSIKALISCHEN RAUMES

GRAVITATION, GEOMETRIE, KOSMOLOGIE UND RELATIVITÄT

AKADEMIE-VERLAG · BERLIN
1974

Erschienen im Akademie-Verlag, 108 Berlin, Leipziger Str. 3—4

Lizenznummer: 202 · 100/416/74
Grafiker: Rolf Kunze
Gesamtherstellung: VEB Druckhaus „Maxim Gorki", 74 Altenburg
Bestellnummer: 761 789 2 (6190) · LSV 1005, 1105, 1115
Printed in GDR
EVP 29,50

VORWORT

Der vorliegende Sammelband enthält in systematischer Anordnung 38 meiner Übersichtsartikel, Aufsätze und Vorträge zu philosophisch besonders interessanten Aspekten der heutigen physikalischen Forschung zur Geometrie, Gravitation, Kosmologie und Relativität und ihre wechselseitigen Zusammenhänge. Die hier zusammengestellten Arbeiten sind zuerst in den Jahren 1962—1973 in verschiedenen Zeitschriften und Sammelwerken des In- und Auslandes erschienen. Sie wurden teilweise in verschiedene Sprachen übersetzt und wiederabgedruckt. Einige Vortragsmanuskripte werden hier erstmals veröffentlicht.

Die Originalpublikationen erschienen in deutscher, englischer oder russischer Sprache. Hier liegen nun alle Arbeiten in deutscher Fassung vor.[1]) Der Verfasser hat etliche Druckfehler aus den Originalen korrigiert. Durch Auswahl, Zusammenstellung und Anordnung der Beiträge habe ich versucht, dem Leser den aktuellen Entwicklungsstand der Forschung nahezubringen.

Die hinter den jeweiligen physikalischen und astronomischen Problemkreisen stehenden philosophischen, wissenschaftstheoretischen und -historischen Fragen haben grundsätzlich eine dauernde Bedeutung. Daher sind mir die zahlreichen Bezüge auf die großen Philosophen, Physiker und Mathematiker der Vergangenheit, die meine Aufsätze enthalten, immer besonders wichtig gewesen. Ich glaube, daß die Werke der großen Meister eine ständige Quelle von Ideen und neuen Zielstellungen für die aktuelle wissenschaftliche Arbeit sind. Ganz besonders möchte ich hierbei auf meine Vorträge über Friedrich Engels und seine Naturdialektik und auf die Aufsätze zur Vorgeschichte, Geschichte und Weiterentwicklung der Relativitätstheorien Einsteins hinweisen, die das V. Kapitel des Buches bilden.

Potsdam-Babelsberg, im September 1974 Hans-Jürgen Treder

[1]) Meinem Mitarbeiter Herrn Dr. R. W. John danke ich für seine verständnisvollen Übersetzungen.

INHALTSVERZEICHNIS

EINLEITUNG

1. Physik der Prinzipien und deduktive Physik[1])

I.

Die Grundhypothese der Physik ist (in zeitgemäß modifizierter Form) die von HEINRICH HERTZ klassisch formulierte These, daß „Erklären" im Sinne der Physik heißt:

„Deduktives Zurückführen auf die elementaren Gesetze der Mechanik der Massenpunkte".

Entsprechend dem heutigen physikalischen Weltbild bedeutet die HERTZsche These (in verschiedenen Vertiefungsgraden formuliert):

„Zurückführen auf die SCHRÖDINGER-Gleichung im $3n$-dimensionalen Konfigurationsraum",

„Zurückführen auf die relativistische DIRACsche Wellengleichung im entsprechenden Konfigurationsraum",

„Zurückführen auf die Feldgleichungen der Quantenfeldtheorie mit als Operatoren im HILBERT-FOCK-Raum (oder allgemeineren Funktionalräumen) definierten Feldgrößen".

(Diese drei Abstraktionsstufen, die gleichzeitig verschiedene Vertiefungsgrade der mathematischen Fundamente sind, mögen hier genügen.)

Mit der Vorgabe der Bewegungsgesetze entsprechend HERTZ sind die Fundamente (der Urbau) der Physik usw. noch nicht abgeschlossen. Zu den Bewegungsgleichungen treten die Grenz- und Anfangsbedingungen und die Vorgabe universeller Konstanten.

Die Vorgabe der Grenz- und Anfangsbedingungen bedeutet die problemgebundene Auswahl von speziellen Lösungen der Grundgleichungen für spezielle quasiisolierte Systeme. — Die Frage der globalen Grenz- und Anfangsbedingungen ist ein physikalisches Grundproblem bei der Formulierung universeller Naturgesetze und beinhaltet die Frage ihrer Selbstkonsistenz im Kosmos. In der Relativitätstheorie führt dies zu den Fragestellungen der Kosmologie (Modell eines Evolutionskosmos), in der Quantenfeldtheorie und in der Elementarteilchenphysik zur Frage der Struktur des Vakuums (des Grundzustandes).

---

[1]) Der Aufsatz fußt auf einem Vortrag, den der Verfasser im Jahre 1970 in der Klasse „Physik in Naturwissenschaften und Technik" der DAW zu Berlin gehalten hat.

Die universelle Konstanten folgen dann entweder

a) aus Kosmologie und Vakuumtheorie (Integrationskonstanten), oder sie sind

b) die für die Formulierung der dynamischen Grundgleichungen notwendigen Konstanten (PLANCKsche Konstante, Lichtgeschwindigkeit),

c) die Kopplungskonstanten, die die Wechselwirkungen zwischen den Feldern bestimmen,

d) die Teilchen-Ruhmassen (bzw. die Grundzustände eines Ruhmassenspektrums).

II.

Eine Hauptleistung der Physik bei der Erklärung des Naturgeschehens im Sinne von HERTZ besteht

— in der quantitativen Berechnung der makroskopischen Werte von bereits mikroskopisch definierbaren Größen (z. B. Energie, Impuls, Drehimpuls usw.). Dies geschieht im allgemeinen durch Näherungsmethoden, die entweder auf mathematischen Abschätzungen oder auf Modellvorstellungen beruhen, wobei die Modellvorstellungen bestimmte Integrationsschritte aus dem Experiment entnehmen.

— Die erkenntnistheoretisch wichtigste Leistung im Sinne des HERTZschen Problems ist jedoch die Zurückführung von rein makroskopisch definierten Zustandsgrößen (Parameter, Struktur-Konstanten usw.) auf die Eigenschaften von mikrokopischen Kollektiven (Teilchenkollektiven).

— Eine solche Zurückführung bedeutet die Entdeckung von in den Grundgesetzen der Physik implizierten Strukturen. (Hierzu äquivalent ist die Entdeckung von mathematischen Strukturen, die in einem mathematischen Axiomensystem implizit enthalten sind).

Genauso wie in der Mathematik sind die in den physikalischen Grundgesetzen implizit enthaltenen Strukturen unvergleichlich viel reichhaltiger als bei der Formulierung der Grundgesetze explizit ausgesprochen ist.

Beispiele für die Aufdeckung solcher kollektiven Strukturen sind die kinetische Theorie der Materie, die Elektronentheorie der Materie, die statistische Thermodynamik, die Quasiteilchentheorie des Festkörpers. — Bei der Aufdeckung solcher Kollektivstrukturen spielen insbesondere Renormierungen eine hervorragende Rolle, die in der Entdeckung bestehen, daß sich im Rahmen der Kollektivphänomene die Elementargesetze der Physik wiederholen, wenn der Grundzustand und die in die Dynamik eingehenden Konstanten und Parameter geeignet umdefiniert werden.

Die Umdefinition im Sinne der Renormierung führt zu einer wechselseitigen Modellierung: Einerseits werden die Gesetze des makroskopischen Systems durch elementare Naturgesetze modelliert und andererseits bildet das makroskopische System ein Modell für die fundamentalen Naturgesetze.

Ein Beispiel ist die Quasiteilchentheorie des Festkörpers mit ihrer Modellierung des Grundzustandes des Festkörpers durch das Vakuum und der Elementarteilchen durch Quasiteilchen, die natürlich auch umgekehrt gelesen werden kann.

Korrespondierend dazu ist die Modellierung der klassischen Festkörpermechanik durch die allgemeine Relativitätstheorie des im Sinne EINSTEINS fernparallelisierten Raumes, die umgekehrt auch ein Modell des allgemeinrelativistischen Vakuums (EINSTEIN-WEYLscher Äther), das durch den Festkörper realisiert wird, bedeutet.

Durch derartige Modellierungen verschmelzen Grundlagenprobleme der Physik mit den Problemen der Naturerklärung im Sinne von HERTZ.

III.

Eine Aussage über physikalische Naturgesetze ist nicht denknotwendig. Jede fundamentale physikalische Aussage kann daher grundsätzlich auch falsch oder nur beschränkt wahr sein. Über Zutreffen oder Nichtzutreffen entscheiden in letzter Instanz nur die Experimente und Beobachtungen. Keine fundamentale physikalische Theorie kann daher ihren eigenen Gültigkeitsbereich angeben. Um diesen Gültigkeitsbereich bestimmen zu können, bedarf es jeweils einer umfassenderen Theorie. Ferner ist auch keine genügend reichhaltige fundamentale physikalische Theorie (insbesondere also auch nicht die gegenwärtige Quantenfeldtheorie) in der Lage, alle in ihrer Sprache formulierbaren Probleme zu beantworten. Auch hier bedarf es jeweils einer (umfassenderen) Metatheorie. Dies gilt bereits für genügend reichhaltige mathematische Disziplinen, a fortiori aber für Physik. — Aus diesen Gründen ist die fundamentale Physik grundsätzlich nicht abschließbar.

Es ist daher grundsätzlich stets sinnvoll, über die Grenzen des gegenwärtigen Erfahrungsbereiches experimentell (bzw. durch Beobachtungen) hinauszustreben: entweder durch Steigerung der Beobachtungsgenauigkeit oder durch Vorstoß in neue Größenordnungen von frei wählbaren Parameterwerten.

Eine besondere Bedeutung kommt hierbei der Erforschung der „Integrationseffekte“ zu, d. h. der möglichen Summation kleiner systematischer Fehler in den vorliegenden fundamentalen Theorien, die sich bei der Anwendung dieser Theorien auf Bereiche ergibt, welche sich räumlich und zeitlich sehr weit erstrecken. Dies ist der astrophysikalische bzw. der kosmologische Zugang zu der Entdeckung neuer fundamentaler Naturgesetze, auf den neuerdings wieder V. A. AMBARZUMJAN hingewiesen hat.

IV.

Gegen die These von der Unabschließbarkeit der fundamentalen Physik sind von einigen bedeutenden Physikern Einwände erhoben worden (so von HEISENBERG, EDDINGTON, WEIZSÄCKER). Diese beruhen entweder auf einem Platonismus (HEISENBERG) oder Kantianismus (EDDINGTON, WEIZSÄCKER) mit einer behaupteten a priori-Notwendigkeit der fundamentalen Naturgesetze.

Sie sind widerlegt durch die These der materialistischen Philosophie, daß es keine denknotwendigen Naturgesetze gibt. Ferner gibt es Bedenken gegen den Sinn des weiteren Fortschritts der physikalischen Urbau-Forschung (FERMI, WEISSKOPF). Sie beruhen auf der Bemerkung, daß immer extremere experimentelle Bedingungen geschaffen werden müssen und daß hierbei mit immer größerem Aufwand immer weniger prinzipiell Neues entdeckt würde. Es wird die Ansicht vertreten, daß sich asymptotisch nur grundsätzlich Bekanntes im Sinne einer „schlechten, weil langweiligen" Unendlichkeit (HEGEL) wiederholt. Ferner wird auch bemerkt, daß es sinnlos sei, Naturgesetze entdecken zu wollen, die nur unter in der Natur nicht realisierten Bedingungen wirksam werden.

Die Frage nach den in der Natur realisierten Bedingungen darf aber nicht einseitig gesehen werden. Die Erdoberfläche ist nicht der Normalzustand der Materie im Kosmos. Es wird mit Recht bemerkt, daß im Kosmos nicht nur alle von uns überhaupt z. Z. ausdenkbaren Prozesse ablaufen bzw. zu irgendwelchen Zeiten abgelaufen sind (und für uns daher wegen der zeitlichen Retardierung unserer astrophysikalischen Beobachtungen grundsätzlich beobachtbar sind), sondern auch solche Prozesse, zu deren Ausdenken uns mangels theoretischer Vorstellungen z. Z. noch jede Phantasie fehlt. Es scheint jetzt eine vernünftige Arbeitshypothese zu sein, davon auszugehen, daß alle naturgesetzlich möglichen Prozesse im Laufe der Evolution des Kosmos im Universum tatsächlich realisiert werden.

Ferner ist zu bemerken, daß in kosmischen Dimensionen auch kleinste Korrekturen große Summationseffekte haben können. Desgleichen summieren sich solche Effekte der kleinen Korrekturen dann auf, wenn die Theorien bis in ihre äußersten Konsequenzen verfolgt werden. Die Frage der Konsistenz von formulierten Naturgesetzen ist grundsätzlich unbeantwortbar, wenn nicht ihre Gültigkeit auch für die extremsten zulässigen Parameterwerte sicher ist.

Die richtige Grundlage für die Beurteilung der Entwicklung der Erforschung physikalischer Prinzipien (des physikalischen Urbaus) ist die von LENIN begründete These der Unerschöpflichkeit der Materie im allgemeinen und der Unerschöpflichkeit jedes Elementarteilchens im besonderen. LENINS These von der Unerschöpflichkeit besagt nicht nur die quantitative Nichtausschöpfbarkeit der fundamentalen Eigenschaften der Materie, sondern auch deren qualitative Unerschöpflichkeit. Die sich ständig vertiefende Erforschung der fundamentalen Strukturen in der Physik führt daher stets auch auf qualitativ Neues und nicht nur auf die „langweilige" Rekapitulation bekannter Grundstrukturen.

V.

Die Geschichte der Physik zeigt, daß eine (vielleicht die wichtigste) Quelle der Entdeckung neuer fundamentaler physikalischer Strukturen die Prüfung der Konsistenz der z. Z. vorliegenden fundamentalen physikalischen Theorien in sich selbst und untereinander ist.

Das Aufdecken fundamentaler Inkonsistenzen besagt die Notwendigkeit der Umgestaltung der Fundamente der Physik und ist gleichzeitig der erste Schritt hierzu.

Ein klassisches Beispiel einer Inkonsistenz einer Theorie in sich selbst ist das GIBBSsche Paradox der klassischen statistischen Thermodynamik (quantenphysikalische Lösung: Ununterscheidbarkeit der Teilchen).

Die Entdeckung des elementaren Wirkungsquantums durch PLANCK entstand aus dem Widerspruch zwischen Elektro- und Thermodynamik. Die Entdeckung der speziellen Relativitätstheorie durch EINSTEIN entstand auf Grund der Analyse des Widerspruchs von klassischer Mechanik und Elektrodynamik.

Ein weiterer Hinweis auf die Notwendigkeit und Möglichkeit einer Vertiefung der Fundamente der Physik ist die Nichtformulierbarkeit von grundlegenden physikalischen Problemen in der Sprache der vorliegenden Theorien. Ein klassisches Beispiel ist die Nichtformulierbarkeit des Begriffs „chemische Bindung" in der klassischen Physik und die Nichtfaßbarkeit der dreifachen Bedeutung des Massenbegriffs in der NEWTONschen Mechanik. Ersteres fand seine Aufklärung in der Quantentheorie des Atoms, das zweite in der allgemeinen Relativitätstheorie EINSTEINS.

In der gegenwärtigen Sprache der Physik sind einige fundamentale Probleme anscheinend nicht formulierbar: So etwa die „Hierarchie der Wechselwirkungen". — Bei anderen Problemen ist ihre Formulierbarkeit zumindest offen: So z. B. die innere Dynamik der Elementarteilchen oder — aus einem ganz anderen Gebiet — die Kosmogonie und Physik der Quasare.

Auch gibt es in der heutigen Physik zumindest eine fundamentale Inkonsistenz (die schon EINSTEIN formulierte): Sie kann als Unverträglichkeit der speziell-relativistischen Kausalität mit der Existenz von quellenartigen Kopplungen (d. h. mit der Inhomogenität der Feldgleichungen) beschrieben werden. — Diese Inkonsistenz liegt sowohl den Divergenzen der Quantenfeldtheorie wie den klassischen Problemen der „Selbstbeschleunigung des Elektrons" und des „Gravitationskollaps" zugrunde.

VI.

Je tiefer eine physikalische Theorie in den Urbau der Physik eingeordnet ist, um so folgenreicher ist für das Gesamtsystem der Physik die Ersetzung dieser Theorie durch eine neuere und umfassendere.

Die Tiefe des Problems bestimmt direkt Bedeutung und Umfang der Konsequenzen seiner Lösung. Der Logiker Hermes hat daher vorgeschlagen, durch die Menge der durch die Lösung eines Problems oder durch die Modifikation einer ursprünglich angenommenen Lösung beeinflußten Aussagen die Tiefe dieses Problems quantitativ zu wichten.

Lösungen oder auch nur Teillösungen der eben beispielsweise genannten fundamentalen Probleme der gegenwärtigen Physik werden in diesem Sinne ein außerordentliches, z. Z. überhaupt noch nicht abschätzbares Gewicht bekommen.

I. KOSMOLOGIE ALS TEIL DER PHYSIK

2. Extragalaktische Physik – ein neues Gebiet der Grundlagenforschung

I.

Die große Erkenntnis, für die GALILEO GALILEI vor 350 Jahren zum Märtyrer der Wissenschaften wurde, ist die der materiellen Einheit des Universums. GALILEI erkannte bei seinen astronomischen Beobachtungen, die er als erster mit einem Fernrohr anstellte, die vom Kopernikanischen Weltbild geforderte irdisch-physikalische Natur der Himmelskörper. Er kam zu der Erkenntnis, daß diejenigen physikalischen Prozesse und Strukturen, die die irdische Materie bestimmen, grundsätzlich auch auf den außerirdischen Körpern bestehen. Der von NIKOLAUS KOPERNIKUS und GALILEO GALILEI begonnene Umsturz des mittelalterlichen Weltbildes begründete so die Einsicht der naturgesetzlichen Einheit der Erde und des Kosmos.

Diese Einheit von kosmischer und irdischer Physik bedeutet einerseits, daß die im Laboratorium erforschten und mathematisch formulierten Gesetze der Physik auf die Verhältnisse im Kosmos angewendet werden können und damit die Grundlage für die Erforschung kosmischer Phänomene bilden. Andererseits folgt aus dieser Einheit, daß die Gesetzlichkeiten, die wir über Bewegungsprozesse und Strukturen von Himmelskörpern erkennen, unser physikalisches Wissen im allgemeinen bereichern.

Diese Erkenntnis wurde von GALILEI, seinen Zeitgenossen und seinen unmittelbaren Nachfolgern selbst zuerst angewendet. Die Mechanik entstand aus der Synthese der von JOHANNES KEPLER auf Grund des Kopernikanischen Weltsystems begründeten theoretischen Astronomie und der von GALILEI begründeten experimentellen Erforschung der Bewegung irdischer Massen. Auf diesen beiden Fundamenten errichtete ISAAC NEWTON den Bau der klassischen Mechanik, die gleichzeitig eine *Himmelsmechanik* ist.

NEWTON begründete um 1680 aus GALILEIS Fallgesetzen, den Eigentümlichkeiten der Mondbewegung und KEPLERS Gesetzen der Planetenbewegung sein allgemeines Gravitationsgesetz. Die universelle Gültigkeit dieses Gesetzes (im Rahmen der seinerzeit zugänglichen Meßgenauigkeit) bewies dann ausführlich die *theoretische Astronomie* des 18. und 19. Jahrhunderts aus den Beobachtungen der Planetenbewegungen und der Bewegungen der im 18. Jahrhundert entdeckten Doppelsterne, während die universelle Gravitationskonstante, die in dieses Gesetz eingeht, durch Laboratoriumsexperimente von HENRY CAVENDISH Ende des 18. Jahrhunderts bestimmt wurde.

Das 19. Jahrhundert brachte die Erweiterung der Astronomie zur *Astrophysik.* Diese Erweiterung beruhte auf der Entdeckung der Spektrallinien im Licht der Sonne durch JOSEPH VON FRAUNHOFER und deren thermodynamischer Erklärung. Diese wurde auf Grund von Laboratoriumsexperimenten und ihrer theoretischen Verallgemeinerung um 1860 von ROBERT BUNSEN und GUSTAV ROBERT KIRCHHOFF gegeben.

Mit Beginn des 20. Jahrhunderts wurde die Astrophysik theoretisch durch die Atom- und Quantenphysik fundiert. Auf diesen Grundlagen entstanden die *Theorie der Sternatmosphären* (begründet 1920 von dem indischen Physiker MEGH NAD SAHA) und die Ansätze zu einer *Theorie des Sternaufbaus* (ROBERT EMDEN, ARTHUR STANLEY EDDINGTON u. a.). Hierauf fußend, wurde die Frage der Energiequellen der Strahlung der normalen Sterne grundsätzlich gelöst, wobei die Ergebnisse der speziellen Relativitätstheorie und der neu entstandenen Kernphysik hinzugezogen wurden. Diese Forschungen über die Energiequellen der Sterne führten 1929 bis 1939 zur Entdeckung der für die Kernenergetik fundamentalen Kernfusionsprozesse: Als Energiequelle der normalen Sterne erwies sich die Fusion von leichten Atomkernen zu schwereren Kernen, insbesondere die Fusion von Wasserstoffkernen zu Heliumkernen.

In derselben Zeit wurde durch ALBERT EINSTEIN in seiner allgemeinen Relativitäts- und Gravitationstheorie (1913 bis 1915) die NEWTONsche Gravitationstheorie verallgemeinert. *Einstein* zeigte, daß und wie das Gravitationsfeld die geometrische und chronometrische Struktur von Raum und Zeit im Universum bestimmt. Diese EINSTEINsche Theorie führte in der Folge nicht nur zu einer Verfeinerung der NEWTONschen Himmelsmechanik, sondern darüber hinaus zu Aussagen über die Struktur des Universums im Großen, die somit zum erstenmal Gegenstand von theoretisch-physikalischen Forschungen wurde. Die von dem Petrograder Mathematiker A. A. FRIEDMANN aus der EINSTEINschen Theorie 1922 gezogenen theoretischen Schlüsse über die Nichtstationarität des Universums wurden durch die Rotverschiebung der Spektrallinien derjenigen Weltinseln (Galaxien), die von unserer eigenen Weltinsel (die Milchstraße) genügend weit entfernt sind, bestätigt (EDWIN POWELL HUBBLE, 1928).

Darüber hinaus führte die EINSTEINsche Gravitationstheorie zu einer großen, aber zunächst rein theoretischen Bereicherung unserer Vorstellungen über die im Kosmos möglichen materiellen Strukturen und Prozesse. Denn die EINSTEINsche Theorie erlaubt nicht nur theoretische Aussagen über das Verhalten der Materie bei relativ schwachen Gravitationsfeldern, wie sie im irdischen Bereich und auch in der NEWTONschen Himmelsmechanik vorausgesetzt werden, sondern auch Schlüsse über das

Verhalten der Materie in extrem starken Gravitationsfeldern, wie sie nach der Theorie bei kosmischen Objekten mit sehr großen Massen oder sehr hohen Massendichten bestehen.

Da gemäß der EINSTEINschen Theorie das Gravitationsfeld die geometrische Struktur von Raum und Zeit bestimmt, bedeutet dies Voraussagen über Prozesse und Strukturen, die die Materie unter völlig anderen Bedingungen zeigt, als unter denjenigen Bedingungen, die im Laboratorium realisierbar sind. Es bestand aber bis vor einigen Jahren kaum ein empirischer Zugang zu diesen von der relativistischen Theorie vorhergesagten kosmischen Phänomenen.

II.

Im letzten Jahrzehnt ist die Synthese von Physik und Astrophysik noch viel enger geworden als bisher. *Astronomie* und *Astrophysik* können heute etwa in demselben Sinne wie Kernphysik, Festkörperphysik und Plasmaphysik als spezielle Disziplinen der Physik angesehen werden. Der Einbau der Astrophysik als Teilgebiet in die allgemeine Physik beruht zunächst auf einer Erweiterung und (auf einer mit neuen physikalischen Methoden erzielten) Technisierung der astronomischen Forschung.

Bis vor 30 Jahren war die einzige wesentliche Quelle für Informationen über die außerirdische Materie das Licht, das heißt der sichtbare Teil des elektromagnetischen Spektrums. Aus der Analyse des von den kosmischen Objekten emittierten Lichtes mit Hilfe von optischen, insbesondere spektroskopischen Methoden und deren theoretische Deutung beruhten alle Informationen über die Physik dieser Objekte. (Diese Informationen wurden etwas ergänzt durch die Ausdehnung der Beobachtungen auf die angrenzenden infraroten und ultravioletten Gebiete des Spektrums.)

Vor drei Jahrzehnten wurde ein neues „Informationsfenster" erschlossen — durch die Entdeckung der kosmischen Radiostrahlung. Hinzu kam nach 1945 die Einführung der Radartechnik zur Bestimmung der Entfernungen von Planeten und Satelliten, die eine Verfeinerung der Himmelsmechanik mit sich brachte, welche auch für die allgemein-relativistische Himmelsmechanik von Wichtigkeit ist. Durch die *Radio-Astronomie* wurde nicht nur eine Fülle von neuen Daten über bereits bekannte kosmische Objekte gewonnen, sondern auch Objektklassen entdeckt, die wegen der Schwäche ihrer sichtbaren Strahlung bisher unentdeckt geblieben waren.

Mit Hilfe von künstlichen Satelliten, Raumsonden und Raketen sind seit etwa zehn Jahren extraterristische Beobachtungen möglich, d. h. Beobachtungen außerhalb der Erdatmosphäre. Diese Beobachtungen erstrecken sich nun über den ganzen Bereich des elektromagnetischen Spektrums. Es entstand die *Röntgen-Astronomie,* die die von kosmischen Objekten der verschiedensten Art ausgesandte Röntgenstrahlung registriert und zu den übrigen astronomischen Beobachtungen hinzufügt. Ferner ermöglicht die extraterristische Forschung mit in Satelliten und Raketen eingebauten Instrumenten eine *Teilchen-Astronomie*. Bei ihr sind die Träger der Informationen nicht mehr elektromagnetische Wellen, sondern sehr energiereiche (und sich daher fast mit Lichtgeschwindigkeit bewegende) Kernteilchen, Teilchen der sogenannten primären kosmischen Strahlung. In der Diskussion sind außerdem theoretische Überlegungen, neben den elektromagnetischen Wellen und den Teilchen der kosmischen Strahlung noch andere Wellen und Partikel aus dem Kosmos aufzufangen. Besonders in der Sowjetunion und in den USA wurde die Idee einer *Neutrino-Astronomie* entwickelt.

Die Neutrinos sind Teilchen, die wie die Lichtquanten keine Ruhmasse haben und sich daher genau mit Lichtgeschwindigkeit bewegen. Sie besitzen jedoch ganz andere Eigenschaften als die Lichtquanten, insbesondere haben sie eine äußerst schwache Wechselwirkung mit der übrigen Materie, so daß sie auch dichte und dicke Schichten praktisch ungestört durchdringen können. Die Neutrinos werden u. a. sehr intensiv bei Kernfusionsprozessen erzeugt, die im Innern der Sterne ablaufen. Daher wird die zu entwickelnde Neutrino-Astronomie einen direkten Einblick in das Sterninnere — zunächst unseres Fixsterns, der Sonne — erlauben. Die zum Nachweis der durchdringenden Neutrino-Strahlung notwendigen physikalischen Einrichtungen („Neutrino-Teleskope") sind das Ergebnis der Forschungen auf dem Gebiet der Elementarteilchenphysik und der Kernphysik.

Schließlich folgt aus der Einsteinschen Gravitationstheorie die Existenz einer *Gravitationsstrahlung*, die ebenfalls eine sehr durchdringende Strahlung ist und insbesondere bei explosiv ablaufenden kosmischen Prozessen, bei denen sehr schnell sehr hohe Energien umgesetzt werden, erzeugt wird. Ihr z. Z. noch hypothetischer Nachweis mit Hilfe von physikalischen Anlagen auf der Erde würde eine vertiefte Erforschung von kosmischen Katastrophen großen Ausmaßes ermöglichen.

Zu den neu durch die Physik geöffneten Informationskanälen tritt eine ständige Physikalisierung und Mathematisierung der Registrierung und Auswertung der Beobachtungsdaten auf Grund der Einführung von neuen physikalisch-technischen und mathematischen Methoden auch in die klassische optische Astronomie. Das eingehende Licht wird durch Bildwandler und Elektronen-Vervielfacher verstärkt, mit elektronischen Geräten objektiv ausgemessen, die Ergebnisse werden automatisch registriert. Diese Daten werden dann von datenverarbeitenden Maschinen gesichtet und bearbeitet, so daß auch die optische Astrophysik zum Großteil eine Summe von physikalischen und mathematischen Laboratoriumsarbeiten ist.

III.

Die grundsätzliche Bedeutung der Einführung neuer physikalischer Untersuchungsmethoden in die Astrophysik ergibt sich aus der oben geschilderten Einheit der physikalischen Gesetze im Kosmos. Denn wenn auch die allgemeinen Gesetze für die Materie im Kosmos überall dieselben sind, so sind doch die Bedingungen, unter denen die Materie im Kosmos existiert, von denen im irdischen Bereich z. T. weitgehend verschieden.

Auf den kürzlich entdeckten sternartigen Himmelskörpern, z. B. den Quasars, deren Masse die Sonnenmasse um das Vielmillionenfache übersteigt, bestehen physikalische Bedingungen, die in einem irdischen Laboratorium nicht erzeugt werden können. Insbesondere ist das Gravitationsfeld der Erde sehr schwach, weitgehend konstant und durch eine experimentelle Anordnung nur ganz unwesentlich modifizierbar. Wenn wir also empirisch die Strukturen und die Prozesse der Materie in einem Gravitationsfeld untersuchen wollen, das sehr viel stärker als das Gravitationsfeld auf der Erde ist, wenn wir wissen wollen, wie zeitlich sich verändernde Gravitationsfelder mit den übrigen physikalischen Feldern wechselwirken, so müssen wir im Kosmos Objekte suchen, deren Massen und Massendichte so groß sind und deren Entwicklung so revolutionär abläuft, daß starke und sich schnell ändernde Gravitationsfelder mit ihnen gekoppelt sind. Darüber hinaus bestehen im Kosmos gewaltige räumliche Entfernungen. Berücksichtigen wir die endliche Ausbreitungsgeschwindigkeit des Lichtes, so sehen wir, daß ein Blick über große Entfernungen auch ein Blick in die Vergangenheit der Materie ist. Mit großen optischen und radioastronomischen Instrumenten kann man Objekte erkennen, die mehrere Milliarden Lichtjahre von uns entfernt sind, das heißt aber, wir blicken gleichzeitig mehrere Milliarden Jahre in die Vergangenheit des Kosmos zurück. Wir erkennen auf ein und derselben fotografischen Aufnahme, wie sie von einem großen astronomischen optischen Instrument (z. B. dem 2-m-Schmidt-Spiegel der Akademie der Wissenschaften der DDR in Tautenburg) erzielt werden, Objekte, die von weit über 1000 Millionen bis zu wenigen Lichtjahren von uns entfernt sind. Das heißt, wir übersehen mit einer Aufnahme im Prinzip einen Ausschnitt aus der Geschichte der Materie in einem Zeitraum von mehreren Milliarden Jahren.

Es ist die Aufgabe der *theoretischen Physik und Astrophysik*, dieses „Geschichtsbuch“ zu lesen und zu verstehehn, was allerdings eine große und schwere Aufgabe ist, da die einzelnen Objekte auf einer Platte von sehr verschiedener physikalischer Natur sind und daher auch sehr verschiedene Geschichten besitzen.

IV.

In den letzten Jahren sind durch den Einsatz der modernen astrophysikalischen Beobachtungsmethoden in wachsender Zahl Klassen von bisher unbekannten kosmischen Objekten entdeckt worden, die für die Erforschung der Materie unter extremen Bedingungen notwendige physikalische Eigenschaften besitzen. Sie sind von verschiedener physikalischer Natur, und die Analyse ihrer Eigenschaften und deren theoretische Klärung stehen noch ganz am Anfang. Es handelt sich bei diesen Objekten teils um sternartige Gebilde, teils um neue Typen von Galaxien. Hierbei zeigt sich, daß die Grenze zwischen den sternartigen Objekten und denjenigen, die als Galaxien zu deuten sind, unscharf wird.

Es gibt sternartige Objekte mit Strahlungsintensitäten, die die von Galaxien, d. h. von Weltinseln, die aus mehreren Milliarden gewöhnlicher Sterne bestehen, übersteigen. Auch wurden sternartige Objekte festgestellt, von denen anzunehmen ist, daß ihre Masse weit mehr als dem Millionenfachen der Sonnenmasse entspricht. Andererseits erkennt man Galaxien, die so kompakt sind, daß sie auf den fotografischen Platten nur noch schwer von einem Stern zu unterscheiden sind, ihre physikalischen Eigenschaften könnten an die extremen sternartigen Objekte anschließen.

Charakteristisch für einen großen Teil dieser Objekte ist, daß sie außer dem sichtbaren Licht eine außerordentliche Radiostrahlung aussenden und vermutlich auch die Quellen einer intensiven Teilchenstrahlung sind. Die Mehrzahl dieser Objekte scheint instabil zu sein. Sie verändern sich mit ungeheuren Energieumsätzen. (Diese Energieumsätze liegen weit höher als bei den bis dahin bekannten energiereichsten kosmischen Prozessen, die bei der Explosion einer Supernova ablaufen.) Es werden auch Strahlungen empfangen, die als Folge von solchen kosmischen Katastrophen zu deuten sind. Insbesondere entdeckten die Radioastronomen eine allgemeine isotrope Strahlung, die als Folge einer explosiven Entstehung eines Systems von vielen Milliarden Galaxien gedeutet werden kann, wie sie die *relativistische Kosmologie* theoretisch vorausgesagt hat.

V.

Wichtig für die physikalische Erforschung dieser neuen kosmischen Objekte ist, daß bestimmte Klassen schon seit längerer Zeit von der theoretischen Physik auf Grund der EINSTEINschen Gravitationstheorie als möglich vorausgesagt wurden und daß es in der EINSTEINschen Gravitationstheorie theoretische Ansätze gibt, um auf Grund der allgemeinen Gesetze für starke und veränderliche Gravitationsfelder die physikalische Natur der sternartigen Gebilde und komplexen Galaxien sowie ihrer katastrophenartigen Entwicklung zu verstehen.

Diese theoretischen Ansätze sind ein erster Schritt bei den Anwendungen der aus der EINSTEINschen Relativitätstheorie folgenden allgemeinen Gesetze über starke und veränderliche Gravitationsfelder auf die Theorie der Elementarteilchen. Diese Forschungen über die Bedeutung der Gravitationsfelder für die Struktur und die Wechselwirkungen der Elementarteilchen stehen aber auch theoretisch noch am Anfang. Es fehlt auf diesem Gebiet an Beobachtungen, die es erlauben würden, zu mathematischen Ansätzen zu kommen, deren Ausarbeitung schließlich zu einer exakten Theorie führt. Dies ist verständlich, denn unter irdischen Bedingungen ist das Gravitationsfeld so schwach, daß die Wechselwirkung des Gravitationsfeldes mit den Elementarteilchen einfach nicht erfaßbar ist und damit eine eventuelle Gravitationsstruktur der Elementarteilchen im irdischen Laboratorium experimentell nicht zugänglich wird. Daher sind die neuen kosmischen Objekte die einzigen „Laboratorien“, in denen diejenigen Prozesse ablaufen, deren Kenntnis für die Erforschung solcher Grundlagenprobleme der Physik, wie die der Verschmelzung von Quantentheorie und allgemeiner Relativitätstheorie, notwendig ist. Hinzu kommt, daß die neuen Kenntnisse über Klassen von extragalaktischen Objekten und ihrer raumzeitlichen Verteilung weitere Schlußfolgerungen für die relativistische Kosmologie als Lehre von der Geschichte der Sternensysteme im Kosmos und des kosmischen Raumes allgemein erlauben.

Man faßt die oben geschilderte Forschungsthematik unter den Begriffen *extragalaktische Physik* und *relativistische Astrophysik* zusammen. Der erste Name besagt, daß es sich hier um ein Gebiet der physikalischen Grundlagenforschung handelt, der zweite besagt, daß hier Astrophysik auf der Grundlage und im Hinblick auf die allgemeine Relativitätstheorie betrieben wird. Die extragalaktische Physik tritt als neues Gebiet der physikalischen Grundlagenforschung neben die Physik hoher Energien, bei der die Strukturen und die Wechselwirkungen der Elementarteilchen mit Hilfe von Hochleistungs-Teilchenbeschleunigern erforscht werden. Während der leztere Weg zur Ergründung der Grundgesetze der Materie schon große Erfolge aufzuweisen hat, ist die extragalaktische Physik noch ganz am Anfang eines Weges in völliges Neuland. Die theoretische Deutung der bei den hochenergetischen Prozessen im irdischen Laboratorium entdeckten Eigenschaften der Elementarteilchen erfolgt auf Grund von Vorstellungen, die aus der speziellen Relativitätstheorie und der Quantentheorie entwickelt wurden. Die theoretische Deutung der Ergebnisse der extragalaktischen Physik soll die empirischen Grundlagen für eine Verschmelzung der Quantentheorie und der allgemeinen Relativitätstheorie geben.

VI.

Die Akademie der Wissenschaften der DDR besitzt die größte Tradition in der Geschichte der modernen relativistischen Gravitationstheorie von allen wissenschaftlichen Einrichtungen der Welt. Hier hatte ALBERT EINSTEIN in den Jahren 1913 bis 1915 die Grundlagen der allgemeinen Relativitäts- und Gravitationstheorie entwickelt und anschließend 1917 die Ansätze zu einer *relativistischen Kosmologie* hergeleitet.

Später hat hier EINSTEIN zusammen mit einigen Mitarbeitern weitere Beiträge zur Gravitationstheorie geleistet, die u. a. die Anwendungen in der Astrophysik und die in der damals im Entstehen begriffenen Elementarteilchenphysik einschlossen. In denselben Jahren wurden die ersten empirischen Forschungen zur *relativistischen Astrophysik* am EINSTEIN-Turm des Akademie-Observatoriums in Potsdam begonnen.

Der frühere Direktor dieses Observatoriums, das Akademiemitglied KARL SCHWARZSCHILD, war der erste Astrophysiker, der sich den Fragen der allgemeinen Relativitätstheorie widmete. Auch andere Mitglieder der Akademie haben in den Jahren von 1915 bis 1933 wichtige Beiträge zur Gravitationstheorie und zu ihrer ersten Anwendung in der Astrophysik gegeben; genannt seien hier MAX VON LAUE und ERWIN SCHRÖDINGER. Diese Entwicklung wurde durch den Faschismus weitgehend unterbrochen.

Seit über zehn Jahren wird nunmehr in der Akademie der Wissenschaften der DDR zunächst im Rahmen des ehem. Instituts für Reine Mathematik und seit einiger Zeit im neu gegründeten *Zentralinstitut für Astrophysik* in der traditionsreichen Sternwarte Babelsberg erneut theoretische Forschung auf dem Gebiet der relativistischen Gravitationstheorie betrieben. In diesen Jahren wurden in wachsendem Umfang und mit steigendem Erfolg mathematische und theoretisch-physikalische Untersuchungen über starke Gravitationsfelder und deren zeitliche Veränderung sowie über die Bedeutung dieser Felder sowohl für die Struktur von kosmischen Objekten als auch für die Struktur der Elementarteilchen durchgeführt. Gleichzeitig wurden Fragen der Verschmelzung von Relativistik und Quantenfeldtheorie in Angriff genommen. Diese Arbeiten führen z. T. in wissenschaftliches Neuland, was sich in der steigenden internationalen Resonanz ihrer Ergebnisse widerspiegelte, wie sie etwa im Jahre 1965 bei dem von der Deutschen Akademie der Wissenschaften zu Berlin veranstalteten Symposium zum 50. Jahrestag der Begründung der allgemeinen Relativitätstheorie durch EINSTEIN zum Ausdruck kam.

In dieser Zeit wurde von der Akademie der Wissenschaften in Tautenburg bei Jena ein neues Observatorium errichtet, das den Namen „KARL SCHWARZSCHILD" trägt. Hier wurde ein sphärisches Spiegelteleskop mit einem 2-Meter-Spiegel aufgestellt, dessen SCHMIDT-Korrektur-Platte von 137 cm Durchmesser es zum größten SCHMIDT-Teleskop der Welt machte und das ein Meisterwerk des VEB Carl Zeiss Jena ist. Für dieses Gerät wurden im Laufe der Zeit moderne elektronische Zusatzgeräte angeschafft. Dieser SCHMIDT-Spiegel ist besonders dafür geeignet, große Ausschnitte des Himmels zu fotografieren und bis zu sehr weiten Entfernungen auf fotografischen Platten abzubilden. Die Aufnahmen sind von großer optischer Güte und in ihrer Art die informationsreichsten astronomischen Fotografien, die z. Z. auf der Welt erzielbar sind.

Aus den in der Deutschen Akademie der Wissenschaften zu Berlin vorhandenen theoretischen und beobachtungsmäßigen Möglichkeiten entstand 1966 die Konzeption einer komplexen Synthese der *Gravitationstheorie* und der *Astrophysik extragalaktischer Objekte* zu einer *relativistischen extragalaktischen Physik*, wie sie auf Grund der internationalen und nationalen wissenschaftlichen Entwicklungen möglich und notwendig geworden ist.

In das Forschungsprogramm der extragalaktischen Physik greifen Physik, Mathematik und Technik in sehr komplexer Weise ein. Die Gewinnung und

Aufschlüsselung der in den astronomischen Aufnahmen enthaltenen physikalischen Informationen fußt auf Methoden der Optik, Fotometrie, Fotochemie und -technik, der Elektronik, automatischen Datenverarbeitung sowie auf Theorien der mathematischen Statistik und auf der Informationstheorie.

Bei der theoretischen Deutung der so gewonnenen Zahlen und Kurven gehen außer der Relativitätstheorie, der Quantentheorie und der Elementarteilchentheorie insbesondere Ergebnisse der Kernphysik, der physikalischen Optik, der Plasmaphysik, Hydrodynamik und Thermodynamik nebst ihren mathematischen Methoden ein. Bei der theoretischen Deutung müssen natürlich auch die Ergebnisse der radioastronomischen Erforschung des extragalaktischen Raumes, der Spektroskopie von extragalatischen Objekten sowie andere astrophysikalische Erkenntnisse umfassend berücksichtigt werden. Zu diesen gehören im wachsenden Maße auch die von der Röntgen- und der Teilchen-Astronomie zu gewinnenden Daten.

Das Akademie-Institut in Babelsberg wirkt als Zentrum für die theoretische Planung, die physikalische und mathematische Aufschlüsselung und Auswertung sowie für die theoretische Durchdringung und Verallgemeinerung des besonders im Observatorium Tautenburg gewonnenen Materials zur extragalaktischen Astrophysik. Als Institut der physikalischen Grundlagenforschung vereinigt das Akademie-Institut in Babelsberg in enger Zusammenarbeit mit anderen wissenschaftlichen Einrichtungen rein theoretische Forschungen auf mathematisch-physikalischer Basis mit der Erschließung der im astrophysikalischen Beobachtungsmaterial enthaltenen physikalischen Informationen. Es vereinigt zur gemeinsamen Arbeit Physiker, Astronomen, Mathematiker, Ingenieure und Techniker. Bei der Auswertung der Tautenburger Fotoplatten mit Hilfe von weitgehend automatischen Methoden wird Babelsberg in Zukunft auch mit dem Akademie-Institut für Hochenergiephysik in Zeuthen sowie mit anderen Instituten, Hochschulen und Universitäten zusammenarbeiten.

3. Gravitation und Kosmos

Einer der großen Beiträge, welche die Physik unseres Jahrhunderts zum naturwissenschaftlichen Weltbild geleistet hat, ist die Begründung und Entwicklung der untrennbar mit dem Namen Albert Einstein verbundenen allgemeinen relativistischen Gravitationstheorie. Mit dieser Theorie werden die physikalischen Aspekte der von Friedrich Engels klassisch formulierten Erkenntnis, daß Raum und Zeit die Existenzform der Materie sind, aus der Analyse der physikalischen Gesetze hergeleitet und mathematisch formuliert.

Die Begründung der geometrischen Gravitationstheorie durch Einstein war ein Höhepunkt der mathematisch-physikalischen Forschung. Der Grundgedanke dieser Theorie besagt, daß Struktur und Eigenschaften des Raumes und der Zeit die objektiven Bedingungen darstellen, unter denen die Naturgesetze wirksam werden. Hierdurch wurde die Geometrie ein Teil der Physik, und EINSTEIN zeigte, daß dieser Teil der Physik identisch ist mit der Theorie des Gravitationsfeldes. Diese grundlegende Entdeckung EINSTEINS ergab sich aus dem von ihm „Äquivalenzprinzip“ genannten Naturgesetz, gemäß dem die Gravitation auf alle physikalischen Prozesse in derselben Weise einwirkt. Die Bewegung der Materie wird also von der Gravitation bestimmt, unabhängig davon, welche speziellen physikalischen Bewegungsgesetze im einzelnen wirken.

Eine derartig universelle Gültigkeit für alle Bewegungsformen der Materie kommt aber nur Raum und Zeit als den Existenzformen der Materie zu. EINSTEIN zeigte dementsprechend, daß in der Physik die Struktur der Gravitationsfelder und die quantitative (d. h. metrische) Struktur von Raum und Zeit ein und dieselbe objektive Realität sind, einmal in physikalischen und das andere Mal in mathematisch-geometrischen Begriffen beschrieben.

Dieses Äquivalenzprinzip kombinierte EINSTEIN mit dem allgemeinen Relativitätsprinzip, das die aus der materiellen Einheit der Welt folgende universelle Gültigkeit der physikalischen Naturgesetze zum Ausdruck bringt. Das allgemeine Relativitätsprinzip besagt nämlich, daß in jedem Punkte des Universums zu jeder Zeit und unabhängig von allen äußeren Bedingungen dieselben Naturgesetze gelten (und damit auch diejenigen, die in einem physikalischen Laboratorium erforschbar sind). Natürlich wirken diese Naturgesetze unter verschiedenen Bedingungen. Nach der allgemeinen Relativitätstheorie bestimmt aber gerade das Gravitationsfeld dieses raumzeitlichen Bedingungen.

Da das Gravitationsfeld nun selbst durch die im Raum vorhandenen Körper und Felder — d. h. von deren Massen und Energien — beeinflußt wird, zeigt die Gravitationstheorie nicht nur, wie die geometrische Struktur von Raum und Zeit die Bewegung der Materie bestimmt, sondern auch umgekehrt, wie die Materie ihrerseits die geometrische Struktur von Raum und Zeit bestimmt. Grundsätzlich formuliert daher die relativistische Gravitationstheorie die untrennbare Wechselbeziehung der Materie und ihrer Existenzformen.

Dieser erkenntnistheoretische Reichtum der EINSTEINschen Gravitationstheorie war es, der lange Zeit primär die hervorragende Stellung der allgemeinen Relativitätstheorie in der Physik begründete. In den letzten Jahren hat der praktisch-experimentelle Bereich jedoch die gleiche Bedeutung erlangt.

Zusammenhänge, die ohne die allgemeine Relativitätstheorie als zufällig erschienen und überhaupt nicht theoretisch erfaßbar waren, erwiesen sich als fundamentale Gesetze von Raum, Zeit und Materie. Es zeigte sich, daß die zu Beginn der Entwicklung der modernen Physik formulierte NEWTONsche Gravitationstheorie nebst allen physikalischen und himmelsmechanischen Konsequenzen eine sehr gute Näherungstheorie ist. Ihre Aussagen gelten immer dann, wenn die Geschwindigkeiten klein gegenüber der Lichtgeschwindigkeit sind und wenn wegen der Schwäche der Gravitationseinwirkungen die Geometrie des Raumes wenig von der euklidischen Geometrie der alltäglichen Physik abweicht. Darüber hinaus lieferte die EINSTEINsche Theorie Voraussagen über Effekte, die nach dem Stand der Physik in der ersten Hälfte unseres Jahrhunderts als außerordentlich klein und bestenfalls gerade an der Grenze des Meßbaren galten. In diesem Rahmen wurden sie auch experimentell bestätigt. Nur bei empfindlichsten Messungen wurden kleine Abweichungen von den nach der klassischen Theorie her zu erwartenden Meßwerten registriert als Störungen, die von relativistischen Effekten hervorgerufen wurden. Es bestand folglich ein krasser Gegensatz zwischen der erkenntnistheoretischen Bedeutung der relativistischen Gravitationstheorie und der Geringfügigkeit ihrer über die NEWTONsche Theorie hinausreichenden physikalisch nachprüfbaren Aussagen.

Die Fortschritte der Experimentalphysik und der beobachtenden Astrophysik im letzten Jahrzehnt haben zusammen mit dem Einsatz von Rechengeräten und den Ergebnissen der extraterrestrischen Kosmos-Forschung heute eine völlig neue Situation geschaffen. Mit dieser experimentellen Entwicklung ging ein umfassender mathematisch-physikalischer Ausbau der Theorie einher, der in seinen Höhepunkten mit Versuchen verbunden ist, die Fundamente der physikalischen Theorie der Wechselbeziehungen zwischen Raum, Zeit und Materie in Sinne der von EINSTEIN eingeleiteten Entwicklung weiter zu vertiefen.

Durch den kombinierten Einsatz von Radarastronomie, aktiver Raumforschung, Rechentechnik und Zeitmessung mit Atomuhren wurden die empirischen Fundamente der Himmelsmechanik als das klassische Anwendungsfeld der Gravitationstheorie quantitativ und qualitativ umgestaltet. In bezug auf die heutigen und künftig zu erwartenden Meßgenauigkeiten erscheinen die vormals kleinen relativistischen Effekte nunmehr als bemerkenswert groß. Heute sind nicht nur die bereits von EINSTEIN diskutierten Effekte empirisch voll gesichert. Die ausgefeilten Meßmethoden gestatten darüber hinaus, eine ganze Mannigfaltigkeit derartiger Effekte zu untersuchen. Große erkenntnistheoretische Bedeutung haben dabei jene Effekte, in denen die EINSTEINschen Prinzipien der Äquivalenz und Relativität sowie die Abhängigkeit der Geometrie des Raumes von seinem materiellen Inhalt unmittelbar manifest werden. Umgekehrt sind diese Fortschritte der Experimentalphysik für die Zwecke der irdischen und kosmischen Physik, für Raumforschung und Raumtechnik nur dann ausnutzbar, wenn sie theoretisch voll verstanden werden, was heute eben nur noch auf der Basis der relativistischen Gravitationstheorie möglich ist.

Ein Kapitel für sich sind die Konsequenzen der relativistischen Gravitationstheorie, die sich dann ergeben, wenn große Energien und große Massenkonzentrationen zu lokal starken Gravitationsfeldern und damit zu wesentlichen Abweichungen der geometrischen Raum-Zeit-Struktur von der uns vertrauten euklidischen Struktur führen. Die theoretisch-physikalische Forschung hatte seit Jahrzehnten einige interessante Phänomene vorausgesagt: So z. B. die Existenz von sternartigen kosmischen Körpern mit überdichter Materie, die sich im Zustand einer ständigen Kontraktionsbewegung befindet oder — als Gegenstück hierzu — die Möglichkeit, daß Materie aus einem überdichten Zustand vermittels einer Expansionsbewegung in einen normalen Zustand übergehen kann.

Es scheint, daß die extraterrestrische Astronomie, insbesondere die Röntgenastronomie, die erste der beiden genannten weitreichenden Voraussagen der relativistischen Gravitationstheorie voll bestätigt hat (Pulsare, Baryonensterne, Kollapsare). Für die Existenz der anderen Möglichkeit gibt es Anhaltpunkte in der Entwicklung der „quasistellaren Objekte", der Galaxien und insbesondere auch in der Entwicklung des Systems aller uns bekannten Galaxien, der Metagalaxis.

Schließlich führt die Gravitationstheorie zu dem bemerkenswerten Problem der Gravitationsstrahlung, die hier aber nicht als ein den Raum erfüllendes Strahlungsfeld verstanden werden kann, sondern vielmehr als eine zeitlich veränderliche geometrische Struktur des Raumes selbst aufzufassen ist. Dieser Effekt, die Änderung der Eigenschaften des Raumes in der Zeit, der natürlich von höchstem physikalischem Interesse ist, untersuchten seit Einstein verschiedene Theoretiker-Gruppen (darunter auch eine Gruppe der Akademie der Wissenschaften der DDR). Diese theoretischen Forschungen zeigten, daß es ungewöhnlich schwierig ist, Gravitationsstrahlung experimentell zu erzeugen oder als im Kosmos vorhanden nachzuweisen. Die klassischen Hertzschen Experimente, die zur Entdeckung der elektromagnetischen Wellen führten, lassen sich nicht ohne weiteres auf die Gravitation übertragen. Mit den zuletzt behandelten Problemkreisen berührt heute die physikalische Forschung bereits die Grenze der augenblicklichen Aussagefähigkeit der relativistischen Gravitationstheorie. Wie jede ausgearbeitete physikalische Theorie erhebt auch die vorliegende Form der Einsteinschen Gravitationstheorie keinen Anspruch auf einen absoluten Wahrheitsgehalt. Besonders in jüngerer Zeit sind wieder Fragen bezüglich der physikalischen Theorie von Raum, Zeit und Gravitation formuliert worden, die den Rahmen unserer sicheren theoretischen Vorstellungen zur Zeit noch überschreiten. Eine derartige unbeantwortete Frage ergibt sich z. B. aus den obengenannten überdichten Zuständen der Materie. Sicherlich muß der Kontraktionsprozeß ja einmal aufhören, und der Expansionsprozeß muß einmal begonnen haben. Die Theorie macht hierüber aber noch keine Aussagen. Denkbar wäre es, daß die gravischen Wirkungen der Massen ihrerseits selbst wieder durch die lokalen

Eigenschaften des Raumes (und damit durch die eigene Gravitationswirkung) verändert werden. Die Möglichkeit einer Selbstregulierung der Gravitationswirkung würde dazu führen, daß von einem bestimmten Grenzwert an eine weitere Erhöhung der Massenkonzentration nicht mehr zu einer Verstärkung des Gravitationsfeldes führt (Selbstabschirmung der Schwerkraft). Mit dem Einsetzen dieser Abschirmung endet dann der Kontraktionsprozeß. Andererseits führt die Expansion einer großen Massenkonzentration zu einem Anwachsen der Schwere, weil die Selbstabschirmung verschwindet.

Bei einer hohen Massenkonzentration, die entsprechend der EINSTEINschen Theorie fast alle elektromagnetischen Strahlungen festhält, kann es genug große Materiekonzentrationen im Kosmos geben, die sich sowohl dynamisch wie optisch kaum bemerkbar machen. Beginnt aber auf Grund irgendwelcher innerer Prozesse diese Materiekonzentration zu expandieren, so hört die Abschirmung auf, und die Materie wird sowohl dynamisch wie optisch wirksam.

Derartige Prozesse, das explosive In-Erscheinung-Treten neuer Sternsysteme, können nur bei sehr großen Objekten auftreten. Forschungen des sowjetischen Astronomen AMBARZUMJAN und seiner Mitarbeiter unterstreichen, daß es solche für astronomische Zeiträume sehr junge Galaxien gibt, die explosionsartig expandieren. Zwischen den Wissenschaftlern des Bjurakaner Observatoriums der Akademie der Wissenschaften der Armenischen SSR und des Zentralinstituts für Astrophysik der Akademie der Wissenschaften der DDR hat eine kooperative Zusammenarbeit begonnen, um diese Fragen zu entscheiden. Während sich die Wissenschaftler in Babelsberg neben ihren Beobachtungen vor allem mit Problemen der mathematischen Physik befassen, konzentrieren sich die sowjetischen Wissenschaftler neben ihren Beobachtungen auf die Frage der Kosmogonie und der Astrophysik.

Alle denkbaren Weiterentwicklungen der EINSTEINschen Theorie haben aber auch himmelsmechanische und sonstige physikalische Konsequenzen. Sie sind auf ähnliche Weise zugänglich wie die Folgerungen aus der EINSTEINschen Theorie. Sie unterscheiden sich nur dadurch, daß die zu erwartenden Effekte in der Regel eine Größenordnung kleiner sind als die schon klassisch gewordenen EINSTEINschen Effekte. Die heutige Entwicklung des physikalischen Gerätebaus und der aktiven Kosmosforschung erlaubt es, die in diesem Zusammenhang zu erwartenden Effekte experimentell nachzuweisen.

Auch hier ergibt sich wieder die Situation, daß die physikalisch-technische Entwicklung die Weiterentwicklung der relativistischen Gravitationstheorie verlangt, damit bei der Auswertung der ständig verfeinerten Experimente tatsächlich alle physikalischen Prinzipien richtig berücksichtigt werden und damit die Meßergebnisse, die ja auf bestimmte Anwendungsgebiete hinzielen, tatsächlich korrekt interpretiert werden können. Ohne eine solche Weiterentwicklung der Gravitationstheorie wäre der technische Fortschritt von Physik und Raumforschung überhaupt nicht mehr ausschöpfbar.

4. Geophysik und Kosmologie

4.1. Einleitung

Beziehungen zwischen Geophysik und Kosmologie sind in den letzten Jahrzehnten wiederholt der Gegenstand von Untersuchungen, Hypothesen und Spekulationen gewesen. Daß Beziehungen zwischen der Physik der Erde und den theoretischen und empirischen Aussagen über die globale Struktur des Universums bestehen, hat verschiedene, zum Teil auf der Hand liegende, zum Teil erst durch längere theoretische Reflexion zutage tretende Gründe.

Die Erde ist ein Himmelskörper mit einer mehrere Milliarden Jahre zurückverfolgbaren Geschichte. Diese Geschichte ist abhängig vom Urzustand der Erde und von ihren Beziehungen zu dem sie umgebenden kosmischen Raum. Der Zustand des kosmischen Raumes in der Nähe der Erde wird zwar zu einem wesentlichen Teil durch die Sonne bestimmt, jedoch determinieren auch sehr viel ferner liegende physikalische Prozesse den Zustand des kosmischen Raums in der Umgebung der Erde. Wir werden sehen, daß gerade diese ferner liegenden Einflüsse im Prinzip von außerordentlicher Bedeutung sein sollten, nur sind diese allgemeinen kosmischen Verhältnisse nicht so direkt erfaßbar wie der Einfluß der Sonne.

Der Urzustand des Planeten Erde ist mit dem des Sonnensystems verbunden, und dieser Urzustand, insbesondere die Verteilung der Elemente, ist mindestens teilweise kosmologisch bedingt. Es gibt z. B. zu diskutierende Ansichten, nach denen die Primärverteilung der leichten Elemente ein kosmologisches Faktum ist (Abschnitt 3).

Darüber hinaus ist zu bedenken, daß die aus den physikalischen Gesetzen folgenden Aussagen nicht vollständig und eindeutig sind, wenn neben den physikalischen Grundgleichungen nicht gleichzeitig auch die Anfangs- und Randbedingungen vorgegeben werden, unter denen diese Gesetze wirken sollen. Es hängt von der Art der betrachteten physikalischen Gesetze ab, welche Bedeutung diese Bedingungen für Inhalt und Wirksamkeit der Gesetze haben. Im Rahmen der Laboratoriumsphysik sind die Anfangs- und Randbedingungen teilweise (aber tatsächlich auch nur teilweise) frei wählbar. Bei der Behandlung der Probleme der kosmischen Physik gibt es diese freie Wählbarkeit überhaupt nicht. Die Anfangs- und Randbedingungen für Probleme der kosmischen Physik ergeben sich letztendlich immer aus der Globalstruktur des Kosmos.

Die Entwicklung der heutigen Physik deutet nun darauf hin, daß auch für große Teile der Laboratoriumsphysik die kosmisch gegebenen Anfangs-

und Randbedingungen entscheidend sind, daß sich also die Globalstruktur des Kosmos auch auf die mikrophysikalischen Prozesse und Strukturen auswirkt und sie z. T. bestimmt. Durch diese Entwicklung wird der Unterschied zwischen der Laboratoriumsphysik und der kosmischen Physik mehr und mehr fließend (Abschnitt 4).

Die geophysikalische Forschung ist auch eine direkte Quelle kosmologischer Erkenntnisse. Indem die mehrere Milliarden Jahre alte Erde physikalische Prozesse früherer Zeiten speichert und eine Dokumentation abgelaufener physikalischer Prozesse liefert, ermöglicht sie Erfahrungen über physikalische Gesetze und Konstanten in auch kosmologisch bedeutsamen Zeiträumen der Vergangenheit. Dieser Gesichtspunkt, daß die Geschichte der Erde „selbsterlebte"[1] Kosmologie darstellt (Abschnitt 5), ist erkenntnistheoretisch von außerordentlicher Bedeutung und hat auch wiederholt bedeutsame Konsequenzen für die Entwicklung der kosmologischen Vorstellungen gehabt.

4.2. Die Grundlagen der Kosmologie

Die Geschichte der theoretischen Kosmologie beginnt mit der Aufstellung der allgemeinen Relativitätstheorie und der damit verbundenen geometrischen Gravitationstheorie durch Albert Einstein 1913—1916. Fußend auf der in der allgemeinen Relativitätstheorie niedergelegten Erkenntnis, daß die geochronometrische Struktur der Raum-Zeit-Welt äquivalent ist der Struktur der Gravitationsfelder und daß demnach die Geochronometrie der Raum-Zeit durch die kosmischen Massen und Energien beeinflußt wird, gelangt man zu der Frage, wie die Eigenschaften von Raum und Zeit im Großen mit der globalen Verteilung der Massen, Energien und Bewegungen im Universum zusammenhängen. Globale Geometrie und Chronometrie von Raum und Zeit werden so zum Gegenstand physikalischer Forschung.

Damit trat gleichzeitig an die Stelle der naturphilosophischen Spekulationen einerseits und der hypothetischen Extrapolation von Beobachtungen andererseits eine streng mathematische Theorie, die erlaubt, die astronomischen Beobachtungen über die Struktur der Metagalaxis physikalisch zu interpretieren und mathematisch zu generalisieren.

Die theoretische Kosmologie entstand als ein Zweig der allgemeinen Relativitätstheorie, insbesondere durch die Arbeiten von Einstein, de Sitter, Friedmann, Eddington, Lemaître, Milne, Tolman u. a., in den Jahren 1917—1934. Diese theoretischen Forschungen finden ihr empirisches Material in der gleichzeitigen astronomischen Erforschung

[1]) Den Begriff der „selbsterlebten Physik" hat meines Wissens P. W. Bridgeman in die Relativitätstheorie eingeführt.

der Metagalaxis, die mit den Namen WOLF, SHAPLEY, WIRTZ, LUNDMARK, SLIPHER, HUBBLE, HUMASON, BAADE u. a. verbunden ist.

Im Zuge der weiteren Entwicklung der theoretischen Kosmologie wurden auch kosmologische Theorien entwickelt, die nicht Ergebnisse der allgemeinen Relativitätstheorie sind, sondern im Zusammenhang mit Erweiterungen bzw. Modifikationen der EINSTEINschen Gravitationstheorie stehen. Besonders wichtig sind wohl diejenigen kosmologischen Überlegungen, die sich dann ergeben, wenn versucht wird, die allgemeinrelativistische Gravitationstheorie im Sinne EINSTEINS zu einer einheitlichen Feldtheorie auszubauen bzw. zumindest engere Beziehungen zwischen der geometrischen Gravitationstheorie EINSTEINS und der Elementarteilchenphysik herzustellen. In diese Versuche gehen in weitem Umfang erkenntnistheoretische Fragen ein, und interessanterweise geben oft geophysikalische Forschungen teilweise empirische Kriterien für derartige Grundprobleme der Physik (Abschnitt 5).

Eine grundlegende Erkenntnis der kosmologischen Forschung war zunächst der perfekte Kopernikanismus, nämlich die als kosmologisches Prinzip formulierte Aussage, daß es keine ausgezeichneten Richtungen und Gegenden im Universum gibt, d. h., in einem genügend großen Mittel gesehen, ist das Universum vollständig homogen und isotop, sowohl was seine Geometrie als auch was seinen physikalischen Inhalt betrifft. Abweichungen z. B. von der Homogenität sollten nur lokale Bedeutung haben und für die Globalstruktur ohne Belang sein. — Die Forderungen der Isotropie und Homogenität sind übrigens von verschiedener Tragweite. Ein isotropes Universum ist notwendigerweise homogen, hingegen gilt das Umgekehrte nicht.

Mit der Isotropie eng verbunden ist die Existenz einer universellen kosmischen Zeit. Gemäß einem von WEYL formulierten Prinzip existieren in einem perfekt kopernikanischen Universum universelle Ruhsysteme für die kosmische Materie. Dies bedeutet, daß bei Vernachlässigung aller Pekuliarbewegungen (die übrigens sämtlich klein gegenüber der Lichtgeschwindigkeit und daher unwesentlich sind) ein Bezugssystem definierbar ist, in dem die kosmische Materie ruht. Die Weltlinien dieser ruhenden kosmischen Materie sind gleichzeitig die Weltlinien synchron laufender Uhren, d. h., die in der kosmischen Materie ablaufenden periodischen oder quasiperiodischen Prozesse definieren ein synchrones Uhrensystem, das in jedem Punkte der Welt dieselbe Zeit anzeigt.

Die Raum Zeit-Metrik eines so beschaffenen Kosmos kann unter Verwendung der universellen Weltzeit t geschrieben werden

$$ds^2 = c^2\,dt^2 - R^2(t)\,\frac{d\mathfrak{r}^2}{\left(1 + \frac{\varepsilon}{4}\,r^2\right)^2} = (dx^4)^2 - R^2\left(\frac{x^4}{c}\right)d\sigma^2. \qquad (1)$$

In (1) ist

$$R^2(t_0)\,d\sigma^2 = R^2(t_0)\,\frac{d\mathfrak{r}^2}{\left(1+\frac{\varepsilon r^2}{4}\right)^2} \tag{2}$$

das Linienelement des dreidimensionalen Raumes zu einer bestimmten Weltzeit $t = t_0$. Dieser dreidimensionale Raum ist ein homogener Raum konstanter Krümmung. Je nachdem ob gilt

$$\varepsilon > 0, \tag{2a}$$

$$\varepsilon = 0, \tag{2b}$$

$$\varepsilon < 0, \tag{2c}$$

ist dieser dreidimensionale Raum sphärisch gekrümmt, eben oder hyperbolisch gekrümmt und hat dementsprechend einen endlichen, einen unendlichen oder einen imaginären Krümmungsradius. — Die Weltlinien der kosmischen Materie sind gegeben durch

$$\frac{dx^i}{ds} = u^i = \delta_4{}^i \qquad (i = 1, 2, 3, 4). \tag{3}$$

Ihre Weltlinien fallen also mit den Koordinatenlinien der Weltzeit t zusammen.

Diese perfekt kopernikanische Raum-Zeit läßt sich auffassen als eine Schar von dreidimensionalen Räumen

$$x^4 = ct = \text{const}, \tag{4}$$

die den Zustand des Kosmos jeweils zu einer bestimmten Weltzeit darstellen.

Die Funktion $R(t)$ im Linienelement des dreidimensionalen Raumes zeigt, daß die Abstände zwischen zwei Punkten P_1 und P_2 in diesen dreidimensionalen Kosmen im allgemeinen nicht konstant, sondern eine Funktion der Weltzeit

$$S = \overline{P_1P_2} = R(t)\int_{P_1}^{P_2} d\sigma \tag{5}$$

sind. Dementsprechend ist auch ein Volumen des dreidimensionalen Kosmos eine Funktion der Weltzeit:

$$V \sim R^3(t). \tag{5a}$$

Wächst die Funktion $R(t)$ monoton mit der Weltzeit, so wachsen auch alle kosmischen Abstände monoton mit der Zeit.

Diese Aussage ist allerdings etwas einzuschränken, da das Universum tatsächlich ja nicht vollständig homogen ist, sondern im Lokalen starke Abweichungen von der Homogenität aufweist. Die Expansion aller kosmischen Abstände bedeutet nicht die Ausdehnung der atomaren Längen oder der Ausmaße eines makroskopischen Körpers und auch nicht das Wachsen der Abstände innerhalb des Sonnensystems oder auch innerhalb unserer Galaxis. Sowohl die atomaren Kräfte als auch noch die Gravitationswechselwirkungen im Sonnensystem und in unserer Galaxis sind viel zu stark, um eine Ausdehnung der Atome oder auch nur ein Auseinanderstreben der Sterne zu erlauben. Hingegen wachsen die Entfernungen zwischen den Galaxien bzw. den Galaxienhaufen als Folge des Wachsens der kosmischen Entfernung; das Wachsen der kosmischen Entfernung hat also einen wohldefinierten physikalischen Sinn: Die kosmischen Distanzen wachsen gemessen etwa in Atomradien oder astronomischen Einheiten an.

Die bisher genannten Überlegungen sind vollkommen unabhängig von der konkreten Form der Gravitationstheorie, die der Diskussion zugrunde gelegt wird. EINSTEINS Gravitationstheorie leistet nun für die Kosmologie noch folgendes: Sie gibt 1. eine Differentialgleichung zur Berechnung der Funktion $R(t)$, und sie macht 2. Aussagen über die Dynamik der kosmischen Massen und Energien unter dem Einfluß der Expansion des Raumes. Entsprechend der Homogenität und Isotropie muß auch die Verteilung der kosmischen Massen und Energien homogen und isotrop sein. Die in Betracht zu ziehenden Massen und Energien sind

1. die im Mittel relativ zu (1) ruhenden Sternsysteme (bzw. deren Ruhenergie Mc^2),
2. die thermische Energie I der kosmischen Massen und
3. die Energie U_S der Strahlungsfelder (elektromagnetische Felder, Neutrinofelder). Diese kosmischen Strahlungsfelder müssen ebenfalls homogen und isotrop sein, d. h., sie müssen als Quantengase (Photonengas, Neutrinogas) behandelbar sein.

Nicht zu berücksichtigen in einer relativistischen Gravitationstheorie ist die Gravitationsenergie (einschließlich derjenigen der Gravitationsstrahlung), denn diese Phänomene werden automatisch durch die Vorgabe der Geometrie der Raum-Zeit mitbestimmt.

Eine wichtige allgemeine Eigenschaft einer Metrik in der Form (1), die ebenfalls noch unabhängig von jeder konkreten Gravitationstheorie ist, ist die Konformalität von (1) zur speziell relativistischen MINKOWSKI-Welt und die Nichtexistenz eines zeitartigen KILLING-Vektors. Die Konformalität besagt, daß durch Einführung einer anderen Zeitmetrik — also einer Zeit τ, die nicht mit der Weltzeit t übereinstimmt — die Metrik (1) auf die Form

$$ds^2 = \varphi(\tau, r)\,(d\tau^2 - d\mathfrak{r}^2) \tag{6}$$

gebracht werden kann. Das Linienelement (6) unterscheidet sich vom MINKOWSKIschen Linienelement

$$ds^2_{\mathrm{Min}} = d\tau^2 - d\mathfrak{r}^2 \tag{6a}$$

nur durch einen Konformalitätsfaktor

$$\varphi(\tau, r). \tag{6b}$$

Dies hat die physikalische Konsequenz, daß die geometrische Optik in der kosmischen Raum-Zeit (1) dieselbe ist wie in der speziellen Relativitätstheorie und daß alle bekannten Gesetze der geometrischen Optik auch im Kosmos ihre Gültigkeit behalten, wobei natürlich zu berücksichtigen ist, daß die globalen Lichtbahnen im Kosmos anders verlaufen werden als im MINKOWSKI-Raum; beispielsweise wird in einem sphärisch geschlossenen Raum das Licht dreidimensional geschlossene Bahnen zurücklegen.

Besonders wichtig ist die Nichtexistenz eines zeitartigen KILLING-Vektors für die Metrik (1). Dies bedeutet, daß insbesondere der Tangentialvektor der Weltlinien der Materie, d. h. der Vektor der Weltzeit

$$\delta_4{}^i = u^i,$$

nicht einer sogenannten KILLING-Gleichung genügt; denn es ist

$$u_{(i;k)} = u^l\,\partial_l\,g_{ik} + \partial_i\,u^l\,g_{kl} + \partial_k u^l g_{il} = -2\,R\,\dot{R}\,\delta_{ik} \text{ für } i, k = 1, 2, 3. \tag{7}$$

Es gibt nur einen zeitartigen konformalen KILLING-Vektor

$$R(t)u^i = \xi^i, \tag{8a}$$

der der Gleichung

$$\xi_{(i;k)} = 2\dot{R}g_{ik} = \frac{1}{4}\,\xi^l{}_{;l}g_{ik} \tag{8b}$$

genügt.

Nun ist die Existenz eines zeitartigen KILLING-Vektors notwendig für die uneingeschränkte Gültigkeit des Satzes von der Erhaltung der Energie. Der Energiesatz ist ja in der Mechanik gebunden an zeitunabhängige (skleronome) Bedingungen. Bei zeitabhängigen (rheonomen) Bedingungen gilt der Energiesatz in der Mechanik bekanntlich nicht. In der Mechanik der normalen Physik werden die rheonomen Bedingungen gedeutet als das Umsetzen von mechanischer Energie in andere Energieformen. In der Kosmologie ist aber der Raum selbst zeitabhängig, so daß der Verlust oder die Erzeugung von Energie durch die dem Kosmos entsprechende zeitabhängige

Geometrie nicht als Energieumsatz deutbar sind. Die Energie wird vielmehr von der Raum-Zeit absorbiert oder erzeugt.

In der allgemeinen Relativitätstheorie bedeutet die Existenz des konformalen zeitartigen KILLING-Vektors (8a) immer noch, daß die Ruhenergie der im Kosmos ruhenden Massen erhalten bleibt, während für alle andere Energie (elektromagnetische, Strahlungs-, Wärmeenergie) der Energiesatz gebrochen ist (HECKMANN und SCHÜCKING [10], TREDER [26]). Grundsätzlich enthält also der zeitabhängige Kosmos eine andere Dynamik als die in der üblichen Physik vorausgesetzte stationäre Raum-Zeit.

Werden nun konkrete Gravitationsgleichungen eingesetzt, so lassen sich diese allgemeinen Aussagen weiter präzisieren. Die EINSTEINschen Gravitationsgleichungen

$$R_{ik} - \frac{1}{2} g_{ik} R + \lambda g_{ik} = -\varkappa T_{ik} \quad (\varkappa = 8\pi f/c^4), \quad (i, k = 1, 2, 3, 4) \tag{9}$$

in denen λg_{ik} der sogenannte kosmologische Term ist, reduzieren sich für eine homogene und isotrope Materie

$$T_i^k = \begin{pmatrix} -p & & & \\ & -p & & \\ & & -p & \\ & & & u \end{pmatrix} \text{mit } p = p(t), \ u = u(t) \tag{10}$$

auf die zwei Gleichungen

$$\frac{3}{R} \frac{\ddot{R}}{c^2} = \lambda - \frac{1}{2} \varkappa (u + 3p) \tag{10a}$$

und

$$\dot{u} + \frac{3\dot{R}}{R} (u + p) = 0, \tag{10b}$$

von denen (10b) die Dynamik der kosmischen Materie bestimmt und (10a) dann die Abhängigkeit der räumlichen Abstände von der kosmischen Zeit definiert. ((10a) ist die sogenannte FRIEDMANNsche Differentialgleichung; diese läßt sich leicht integrieren, wenn, wie es längere Zeit üblich war, die „kosmologische Konstante" λ einfach gleich Null gesetzt wird.)

Die dynamische Gleichung (10b) enthält keine Aussagen über den Krümmungsradius der Welt. Sie ist allgemeine Dynamik, ist also unabhängig davon, ob der Raum sphärisch oder hyperbolisch gekrümmt oder eben ist. Es ist sinnvoll, die Energiedichte u und den Druck p gemäß

$$u = \varrho c^2 + u_S + i, \qquad p = p_S + \pi$$

zu zerlegen in die Ruhenergiedichte

$$\varrho c^2, \tag{11a}$$

die Strahlungsdichte

$$u_S = 3 p_S \tag{11b}$$

und einen Term für die Wärmeenergie eines einatomigen Gases

$$i = \frac{3}{2} \pi. \tag{11c}$$

Damit sind gleichzeitig die Zustandsgleichungen gegeben, und die dynamische Gleichung ist integrierbar, wenn man annimmt, daß zwischen den drei Energiearten seit einem sehr frühen Stadium des Kosmos kein kosmologisch bedeutsamer Energieaustausch stattgefunden hat. Man erhält dann für die Gesamtenergie folgende Beziehungen (TOLMAN 1934):

$$Mc^2 \sim \varrho c^2 R^3 = \text{const}, \tag{12a}$$

$$RU_S \sim u_S R^4 = \text{const}, \tag{12b}$$

$$R^2 T \sim i R^5 = \text{const}. \tag{12c}$$

Das heißt, die Ruhenergie des Kosmos bleibt, wie oben gesagt, konstant. Hingegen nehmen die Strahlungsenergien und die Wärmeenergie mit wachsendem R laufend ab. Nimmt man an, daß während dieser Zeit keine Quanten in kosmologisch bedeutsamen Umfang erzeugt oder vernichtet werden, so folgt noch

$$RU_S = \sum_\nu N_\nu h\nu R = \text{const} \tag{13a}$$

und hieraus die universelle Rotverschiebung

$$\nu \sim R^{-1}; \tag{13b}$$

denn eine Wechselwirkung zwischen den Photonen ist nicht möglich, und die Gleichung muß daher für alle Photonen jeder momentanen Frequenz ν gelten.

Aus (12b) und (13b) folgt übrigens, daß die Frequenzverschiebung und Energieverminderung der Strahlung ein adiabatischer Prozeß ist, der mit konstanter Entropie abläuft. Ist die Strahlung einmal schwarz, d. h. ist die Energie des Quantengases zu einer Weltzeit $t = t_0$ durch das PLANCKsche Strahlungsgesetz gegeben, so bleibt sie schwarz für beliebige Zeiten t. — Aus dem PLANCK-WIENschen Gesetz einerseits und dem Gasgesetz andererseits folgen für die Strahlungstemperatur T_S und die Gastemperatur T_G

$$T_S \sim R^{-1} \tag{14a}$$

beziehungsweise

$$T_G \sim R^{-2}. \tag{14b}$$

Im gegenwärtigen Zustand des Kosmos überwiegt erfahrungsgemäß die in den Sternen und eventuell auch in Gas- und Staubwolken vorhandene Ruhenergie alle anderen Energiearten. Die thermodynamischen Beziehungen zeigen, daß dies nicht immer der Fall gewesen ist, wenn die kosmischen Abstände früher kleiner waren als heute. Mit Verringerung der kosmischen Abstände wächst sowohl die Strahlungs- wie die Wärmeenergie, und in einem sehr dichten Zustand des Kosmos wird die (dann nicht mehr unterscheidbare) Wärme- und Strahlungsenergie die Ruhenergie um viele Größenordnungen übertroffen haben. Ist der Kosmos in seinem heutigen Stadium im wesentlichen ein reiner Materiekosmos, so ist er in einem verdichteten Zustand im wesentlichen ein Strahlungskosmos. Der Vorrat des Kosmos an Strahlungsenergie hängt eben von seiner Geometrie ab, der Vorrat an Ruhenergie aber nicht.

Daß die kosmischen Abstände früher tatsächlich wesentlich geringer waren als heute und daß sich diese Abstände ständig vergrößern, der Kosmos also expandiert, lehrt die FRIEDMANNsche Differentialgleichung. Für den einfachen Fall eines reinen Materiekosmos ($p = 0$) mit verschwindender kosmologischer Konstante $\lambda = 0$ und verschwindender Krümmung $\varepsilon = 0$ folgt aus der FRIEDMANNschen Gleichung das sogenannte EINSTEIN-DE SITTER-Modell

$$R \sim t^{2/3}. \tag{15}$$

Ähnliche Beziehungen, nur mit anderen Funktionen $R = R(t)$, folgen auch unter allgemeineren Voraussetzungen. Alle diese Funktionen besagen, daß über lange Zeiträume (Größenordnung von einigen zehn Milliarden Jahren) das Universum ständig expandiert ($\dot{R} > 0$).

Die Zeitabschätzung ergibt sich aus der Verbindung theoretischer Überlegung mit der Beobachtung. Eine Expansion des Universums bedeutet eine Radialbewegung weiter entfernter Galaxien relativ zur Erde, wobei die Radialgeschwindigkeit mit der wachsenden Distanz der Galaxien wachsen muß. Eine solche Radialbewegung führt zu einer fundamentalen Verschiebung aller Spektrallinien ins Rote gemäß der allgemeinen Formel

$$1 + \frac{\Delta\lambda}{\lambda} = \frac{R(t_2)}{R(t_1)} \quad (\lambda = \text{Wellenlänge}), \tag{16}$$

aus der sich angenähert die HUBBLE-Relation

$$z = \frac{\Delta\lambda}{\lambda} = \frac{\dot{R}}{R} S = \frac{-\Delta\nu}{\nu} \tag{16a}$$

ergibt. Für eine bestimmte Weltzeit $t = t_0$ ist $\dot{R}/R = 1/\Theta$ eine Konstante. Der Wert dieser Konstanten läßt sich aus den Beobachtungen mehrerer nicht zu weit entfernter Galaxien bestimmen. Wäre das Expansionsgesetz linear, d. h., würde gelten

$$R = \alpha t \quad \text{mit} \quad \alpha = \text{const} \tag{17a}$$

und damit

$$\dot{R} = \alpha, \qquad \dot{R}/R = 1/t, \tag{17b}$$

so fände man, daß der zeitliche Abstand zu demjenigen Zeitpunkt $t = 0$, an dem alle kosmischen Distanzen auf Null zusammengeschrumpft waren, also $R = 0$ galt, gegeben ist durch

$$t = \Theta. \tag{18a}$$

Für ein allgemeines Expansionsgesetz finden wir

$$t = A\Theta \tag{18b}$$

mit einer vom Expansionsgesetz abhängigen Konstante A. Wächst $R(t)$ schneller als linear, so war die Expansionsgeschwindigkeit R früher kleiner als gegenwärtig, und es gilt

$$A > 1. \tag{18c}$$

Ist (wie im EINSTEIN-DE-SITTER-Modell) der Zusammenhang von R und t schwächer als linear, so war die Expansionsgeschwindigkeit früher größer als heute, und wir finden

$$A < 1. \tag{18d}$$

Aus diesen Betrachtungen und dem gegenwärtig beobachteten Wert der HUBBLE-Konstante ergibt sich die genannte Abschätzung auf größenordnungsmäßig 10^{10} Jahre zwischen dem Minimum der kosmischen Abstände und dem gegenwärtigen Zustand der Welt.

Bei der Zurückrechnung auf die verdichteten Zustände muß berücksichtigt werden, daß der Kosmos im Urzustand im wesentlichen ein Strahlungskosmos, das EINSTEIN-DE-SITTER-Modell also z. B. vor 10^{10} Jahren sicherlich ungültig war. Aber auch die allgemeineren Weltmodelle mit Materie und

Strahlung führen (mit $\lambda = 0$) zu der Konsequenz, daß vor einer größenordnungsmäßig durch (18) gegebenen Zeit alle kosmischen Abstände auf Null zusammengeschrumpft waren, wobei gleichzeitig die Strahlungs- und Wärmeenergie des Kosmos unendlich groß wurde und auch die Dichte der Ruhenergie unbeschränkt war. Über diesen verdichteten Zustand hinaus ist eine Fortsetzung der Theorie nicht mehr möglich. Die Weltlinien der kosmischen Partikeln (Elementarteilchen und Quanten) haben für den Zeitpunkt $t = R = 0$ echte Endpunkte. — Wir werden diese Fragen im nächsten Abschnitt diskutieren.

4.3. Anfangs- und Randbedingungen für den Kosmos

Die kosmologische Theorie erlaubt auf Grund der Gravitationsgleichungen und ihrer Verbindung mit den Gleichungen der Thermodynamik, der Elektrodynamik und der Quantenphysik ein Zurückverfolgen des Zustandes des Kosmos über einen Zeitraum von über 10 Milliarden Jahren. Der gegenwärtige Zustand des Kosmos, soweit er durch Beobachtungen zugänglich ist — was nicht ganz unproblematisch ist (s. unten) —, muß sich daher umgekehrt aus geeigneten Annahmen über den Anfangszustand des Kosmos herleiten lassen. Die Willkür dieser Annahmen wird stark eingeschränkt dadurch, daß der universelle Kopernikanismus, d. h. Homogenität und Isotropie des Kosmos, für alle Zeiten vorausgesetzt wird.

Wir haben schon im vorigen Abschnitt bemerkt, daß das gegenwärtige Verhältnis der Energiearten im Kosmos nicht zu allen Zeiten bestanden hat, weil im Frühstadium thermische Energie und Strahlungsenergie die Ruhenergie weit übertreffen. Ferner waren die Temperaturen des Kosmos im Frühstadium so hoch, daß im Kosmos überall Kernfusionsprozesse abliefen, die jetzt nur noch im Innern der Sterne stattfinden.

Außer der Ruhenergie ist seit einigen Jahren durch radioastronomische Beobachtungen auch eine universelle kosmische Strahlungsenergie bekannt, die einer Strahlungstemperatur von etwa 3 °Kelvin entspricht. Es erscheint zwingend, diese universelle Strahlung als Überrest der ursprünglichen Strahlungsenergie des Kosmos anzusehen. Hierfür spricht insbesondere, daß diese Strahlung schwarz ist, also dem Planckschen Strahlungsgesetz gehorcht und im Rahmen der Meßgenauigkeit völlig isotrop ist. Man wird sich vorstellen, daß in einem frühen Stadium des Kosmos bei wachsender Strahlungs- und Gastemperatur einmal ein thermisches Gleichgewicht zwischen der kosmischen Materie und dem Strahlungsfeld bestanden hat, und man kann folgern, daß in diesem heißen Urplasma auch die primäre Elementverteilung hergestellt wurde. Vor diesem Urplasma mag es bei noch höheren Temperaturen T noch andere Gleichgewichtszustände gegeben haben, die das Verhältnis der Quanten zu den schweren Elementarteilchen festlegten (vgl. Novikov und Zeldovič [19]).

Die einfachste Vorstellung ist dann, daß sich seit diesen Urgleichgewichten die Zahl der Elementarteilchen und Quanten nicht mehr wesentlich geändert hat, so daß sie für spätere Zeiträume fest vorgegebene Konstanten sind. Die Verteilung der Elementarteilchen im Kosmos wäre demnach ein eingefrorenes Gleichgewicht, das einer kosmischen Temperatur von etwa $T = 10^{13}\,°$ Kelvin, die zur Weltzeit $z \approx 10^{-5}$ s bestand, entspricht. Dieser Gleichgewichtsberechnung entspricht, daß die unveränderte Zahl der Quanten der schwarzen Urstrahlung die Zahl der schweren Elementarteilchen um einen Faktor der Größenordnung 10^9 übertrifft[1]).

Die Kernreaktionen im Urplasma führten insbesondere zur Bildung von Helium aus Wasserstoff. Aus dieser Urmaterie begann dann später (10^3 bis 10^6 Jahre nach der Urverdichtung bei $t = 0$) die Bildung der ersten Sterne und Sternsysteme (Sterne der älteren, sogenannten extremen Population II). Durch das Durchkochen der Materie in den Sternen wurde dann der Heliumgehalt weiter erhöht, und es wurden auch andere, schwere Elemente gebildet. Aus dieser Materie bildeten sich dann später die Sterne der Population I, zu denen auch unsere Sonne gehört

Dieses Bild, das bereits vor über 25 Jahren von GAMOV entwickelt worden ist und das durch die Entdeckung der schwarzen 3°Kelvin-Strahlung wieder einen großen Aktualitätsgrad gewonnen hat, ist allerdings in vielen Punkten schon wieder unsicher geworden und enthält in der Tat eine Anzahl von theoretischen Voraussetzungen, die durchaus ungeklärt sind (s. unten).

Für alle Überlegungen und Schlüsse ist es wichtig, daß die schwarze Strahlung ein Relikt des Urzustandes des Kosmos ist und ihre gegenwärtige PLANCKsche Spektralverteilung schon in einem sehr frühen Stadium der Ent-

---

[1]) Die Zahl N der Baryonen im sichtbaren Kosmos beträgt größenordnungsmäßig 10^{80} (s. unten). Sie wird im „heißen" Weltmodell als kleine Abweichung vom Gleichgewicht in der ersten Mikrosekunde der Welt gedeutet. — Ein ideales Gleichgewicht würde völlige Symmetrie von Materie und Antimaterie bedeuten, so daß sowohl die Baryonen- als auch die Leptonenzahl im Universum Null sein würden. Eine solche völlige Symmetrie wird in der nichtrelativistischen kosmologischen Hypothese von H. ALFVÉN und O. KLEIN angenommen. Grundlegende Schwierigkeiten bereitet hier die Angabe eines geeigneten Mechanismus für die räumliche Trennung von Materie und Antimaterie. Es ist bisher auch nicht gelungen, aus der ALFVÉN-KLEINschen Hypothese ein komplettes Weltmodell zu entwickeln. HEISENBERG hat kürzlich (in seinem Lindauer Vortrag über „Kosmologie, Elementarteilchen, Symmetrie") seine Gedanken über die Beziehung zwischen den in unserem Kosmos als universelle Grenzbedingungen tatsächlich realisierten Symmetrien und den Symmetrien der weitreichenden Wechselwirkungen weiterverfolgt und ist zu der Vermutung gekommen, daß Existenz und Symmetrieeigenschaften des elektromagnetischen Feldes daran geknüpft seien, daß die Zahl der Neutronen im Kosmos größer ist als die der Protonen und daß ferner die Baryonen- und Leptonenzahl im Kosmos streng Null ist, d. h. gleich viel Materie und Antimaterie im Kosmos existiert. Die diesbezüglichen Überlegungen HEISENBERGS sind aber m. E. nicht schlüssig (s. TREDER [27], Abschnitt 25 im vorliegenden Band).

lung des Kosmos erhalten hat. Durch Registrierung der Quanten der kosmischen Wärmestrahlung dringen wir also direkt in einen sehr frühen Zustand des Kosmos zurück. Die tatsächliche Isotropie dieser Strahlung beweist demnach, daß der Kosmos auch in diesem frühen Zustand bereits isotrop (und damit homogen) war. Mathematisch wären auch Modelle denkbar, in denen sich diese Isotropie des Kosmos selbst im Verlauf der kosmischen Expansion herausgebildet hat[1]).

Ferner beweist die Isotropie der schwarzen Strahlung (worauf z. B. KOREZ [16] hinwies), daß die Pekuliarbewegung der Erde (die im wesentlichen durch die Pekuliarbewegung unserer Milchstraße gegeben ist) relativ zum kosmischen Ruhsystem sehr gering ist, denn sonst würde auch der durch diese Pekuliarbewegung bedingte DOPPLER-Effekt eine Anisotropie der schwarzen Strahlung vortäuschen. Diese Einsicht ist erkenntnistheoretisch wichtig, da sie zeigt, daß die astronomische und die geophysikalische Zeit mit der universalen Weltzeit einigermaßen synchron gehen und daher geologische und astrophysikalische Zeitbestimmungen in etwa die Zeitdauer in der Weltzeit t ausdrücken.

Das Bild des heißen Kosmos als Anfangszustand des Universums, aus dem Anfangsdaten für alle kosmogonischen, astrophysikalischen und geophysikalischen Prozesse bestimmt wurden, ist aber nicht unproblematisch. Theoretisch ergibt sich eine extreme Verdichtung des Kosmos auch unter Aufrechterhaltung aller sonstigen Voraussetzungen, insbesondere der universellen Gültigkeit der unmodifizierten EINSTEINschen Gravitationsgleichungen, als theoretisch notwendiger Schluß nur dann, wenn die kosmologische Konstante gleich Null gesetzt wird. Für eine kosmologische Konstante $\lambda > 0$ besteht die Möglichkeit von Modellen, in denen zwar vor einigen zehn Milliarden Jahren ein verdichteter Zustand bestanden hat, dessen Temperaturen und Energien aber keineswegs so extrem hoch gewesen zu sein brauchen, wie im Modell des heißen Kosmos vorausgesetzt ist. Und es ist daher auch theoretisch eine offene Frage, welche von den theoretischen Gleichgewichtstemperaturen tatsächlich realisiert waren[2]).

---

[1]) Eine eventuelle Anisotropie des Frühzustandes des Kosmos könnte darin bestehen, daß in Frühstadien die Expansionsgeschwindigkeit des Kosmos richtungsabhängig, also R und $\dot{R}$ nicht nur Funktionen der Zeit, sondern auch Funktionen der Visierwinkel sind. Dann sind die Beziehungen (13) und (14) einfach vektoriell zu lesen: $\nu \boldsymbol{R} = \text{const}$, $\boldsymbol{T}_S \boldsymbol{R} = \text{const}$. An der PLANCKschen Spektralverteilung der empfangenen schwarzen Urstrahlung ändert sich also nichts, nur sind Frequenz ν und äquivalente Strahlungstemperatur T_S richtungsabhängig (vgl. THORNE in [6]).

[2]) Wie vorsichtig man mit theoretischen Schlüssen über den heißen Zustand sein muß, zeigt folgende Bemerkung: Von einigen Astronomen wird angenommen, daß der Großteil der Ruhmasse des Universums nicht in Form von Sternsystemen gebunden sei, sondern daß die Masse des intergalaktischen Wasserstoffs die Masse der Sternsysteme größenordnungsmäßig übertrifft. Da ein solcher intergalaktischer Wasserstoff im atomaren Zustand durch seine 21-cm-Linien nachweisbar sein müßte, wird

Insbesondere ist es sehr zweifelhaft, ob die Temperaturen überhaupt so hoch wurden, daß die primäre Elementverteilung durch Kernreaktion in einem Urplasma bestimmt wurde. Das Modell des heißen Kosmos ergibt nämlich, wie früh schon GAMOW und später SELMANOW, ZELDOVIČ und andere zeigten, einen primären Heliumgehalt von über 30 Prozent. Der primäre Heliumgehalt der Sonne, die ja schon eine durchgekochte Materie enthält, müßte dann noch wesentlich höher als bei 30 Prozent liegen. Die Versuche zur Bestimmung der Neutrinostrahlung der Sonne zeigen nun aber, daß nur Sonnenmodelle möglich sind, bei denen der primäre Heliumgehalt als kleiner als 30 Prozent vorausgesetzt wird (BAHKALL u. a. [2]). — Dieser Schluß ist für unser allgemeines Problem übrigens von theoretischem Interesse, da hier aus dem Zustand des Raumes der unmittelbaren Umgebung der Erde weitreichende kosmologische Schlüsse gezogen werden konnten. Insofern ist dieser Schluß ein Prototyp für die in den nächsten Abschnitten zu betrachtenden Schlußweisen.

Außer den Anfangsbedingungen liefert die Kosmologie auch Randbedingungen für das Universum. Es ist zumindest theoretisch von Wichtigkeit, ob wir einen geschlossenen oder offenen Kosmos haben. Die Geschlossenheit des Kosmos könnte z. B. auch quantenphysikalische Konsequenzen haben, indem sie, wie L. INFELD bemerkte, eine maximale Wellenlänge von der Größenordnung des Krümmungsradius des Kosmos vorgibt und damit ein natürliches Abschneiden des extrem niederfrequenten Teiles des Spektrums. Wesentlich bedeutsamer sind aber diejenigen Anfangs- und Randbedingungen, die aus der Tatsache folgten, daß der Kosmos überhaupt expandiert. In einem stationären Kosmos müßte sich notwendigerweise ein Strahlungsgleichgewicht herausbilden, das anstelle des dunklen Nachthimmels einen leuchtenden Nachthimmel bewirken würde und einen mittleren Strahlungsfluß pro Flächeneinheit, der der entsprechenden Dichte der Sonnenstrahlung entspricht. Die Expansion des Universums hat die Herausbildung eines solchen Strahlungsgleichgewichts verhindert, indem sie die Strahlung ständig verdünnt und zudem die gesamte Energie der Strahlung über den DOPPLER-Effekt noch verringert.

Hiermit hängt die mögliche Existenz von „Welthorizonten“ zusammen:

---

weiter angenommen, die Temperatur dieses intergalaktischen Gases sei so hoch, daß der Wasserstoff praktisch vollständig ionisiert ist, so daß die Temperatur dieses Plasmas über 1 Million Grad beträgt, womit die Bildung von Wasserstoffatomen genügend unwahrscheinlich ist. Man hat nun geschlossen, daß diese hohe Temperatur des intergalaktischen Gases ein Überrest der Urwärme des Kosmos sei. Die Gleichungen aus dem vorigen Abschnitt zeigen aber, daß dies ganz bestimmt nicht der Fall sein kann, denn die Temperatur der einatomigen Gase nimmt ja wesentlich schneller (mit $T_{\text{Gas}} \sim R^{-2}$) ab als die Temperatur der Strahlung. Wenn also, wie im Modell des heißen Kosmos vorausgesetzt wird, einmal Gleichgewicht zwischen der Gas- und der Strahlungstemperatur bestand, so muß die Gastemperatur heute sehr viel kleiner sein als die Strahlungstemperatur von 3 °Kelvin!

des „Teilchenhorizontes", der sich dadurch ergab, daß es eine endliche Zeit dauert, bis die Strahlung von allen Sternen bis zu unserer Erde vorgedrungen ist, bzw. des „Ereignishorizontes", der bedeutet, daß die Expansion des Universums so schnell erfolgt, daß die Geschwindigkeit weit entfernter Quellen relativ zur Erde größer als die Lichtgeschwindigkeit wird, so daß das Licht dieser Quellen die Erde niemals erreichen kann. Beide Horizonte stellen Erkenntnisgrenzen für die Kosmologie dar.

Ein Ereignishorizont tritt insbesondere dann auf, wenn das Expansionsgesetz zu einem ständigen Anwachsen der Expansionsgeschwindigkeit des Kosmos führt, d. h. wenn asymptotisch gilt:

$$R \sim t^n \quad \text{mit} \quad n > 1 \tag{19a}$$

oder

$$R \sim \exp t. \tag{19b}$$

Der Ereignishorizont ist als Horizont natürlich an den Beobachter gebunden und stellt nicht eine Grenze des Universums, wohl aber eine Grenze der möglichen Erfahrung eines Beobachters dar. Auch der Ereignishorizont expandiert mit expandierendem Universum derart, daß Objekte, die einmal im Ereignishorizont der Erde waren, innerhalb ihres Ereignishorizontes bleiben, obwohl die von ihnen empfangene Strahlung immer röter und deren Intensität immer schwächer wird.

Ein solcher Ereignishorizont scheint mit einer wichtigen Grenzbedingung für die elementaren physikalischen Gesetze zusammenzugehen: Üblicherweise werden in der Physik avancierte, d. h. von der Zukunft abhängige Lösungen der Wellengleichungen durch die PLANCKsche Hypothese der natürlichen Strahlung bzw. durch die Vorgabe der SOMMERFELDschen Ausstrahlungsbedingung ausgeschlossen. Beide Bedingungen bedeuten, daß keine einlaufenden, sondern nur auslaufende Wellen gestattet sind. Bei Weltmodellen mit Ereignishorizonten sollten aus Gründen der mathematischen Konsistenz diese Bedingungen von selbst erfüllt sein, d. h., die Hypothese der natürlichen Strahlung ist in Modellen mit Ereignishorizonten keine zusätzliche Bedingung, sondern notwendiges Ergebnis der Dynamik des Kosmos. — Hier greift also die Struktur der kosmischen Weltmodelle direkt in die gewöhnliche Physik ein (T. GOLD, vgl. H.-J. TREDER [25]).

Außer den großen, mit der Struktur der Weltmodelle verbundenen Horizonten traten in der allgemeinrelativistischen Gravitationstheorie aber noch weitere Horizonte auf, die mit der EINSTEINschen Geometrisierung der Gravitation zusammenhängen und eine besondere Eigentümlichkeit der EINSTEINschen Theorie sind. Nach der EINSTEINschen Theorie müssen die normalen Raum-Zeit-Vorstellungen dann grundsätzlich versagen, wenn Massen- bzw. Energieverteilungen vorliegen, deren geometrische Dimension von derselben oder kleinerer Größenordnung ist als die aus ihrer Gesamtmasse M bildbare Länge

$$a = (f/c^2)M \qquad (f = \text{NEWTONsche Gravitationskonstante}), \qquad (20)$$

die der EINSTEINsche Gravitationsradius bzw. die SCHWARZSCHILDsche Konstante der Masse M heißt.

Die Bedingung dafür, daß normale Raum-Zeit-Vorstellungen und ein normaler Kausalnexus bestehen, läßt sich ausdrücken als Ungleichung

$$r > 2a. \qquad (21)$$

Für sehr große Massen bzw. sehr große Dichten kann diese Ungleichung verletzt werden. Dann gibt es in der Raum-Zeit Flächen $\sum$, die ein Gebiet aus der Raum-Zeit ausschneiden, das in einem anomalen Kausalzusammenhang zu der umgebenden Welt steht. Es ist sogar möglich, daß das von Flächen $\sum$ eingeschlossene Gebiet des dreidimensionalen Raumes überhaupt in keinem Kausalnexus mit der Außenwelt steht. Solche Flächen $\sum$ sind also eine Art Horizont, der den Informationsaustausch zwischen Innen- und Außengebiet einschränkt oder ganz verbietet (vgl. P. G. BERGMANN [4]).

Ein Typ der Kausalitätsanomalien an Flächen $\sum$ ist, daß an diesen Flächen (tatsächliche oder mögliche) Weltlinien von sich frei bewegenden Elementarteilchen und Quanten enden oder beginnen, d. h., die Teilchen, die diesen Weltlinien zugeordnet sind, entstehen oder verschwinden spontan gleichzeitig mit dem von ihnen eingenommenen Raum. Es gibt hier also ein spontanes Erzeugen oder Verschwinden von Teilchen und Quanten, das nicht als ein Entstehen von Teilchen in der Raum-Zeit zu deuten ist, sondern als eine Neuentstehung von Raum-Zeit-Gebieten mit ihrem materiellen Inhalt[1]).

Wegen der in der Nähe der SCHWARZSCHILDschen Grenze bestehenden, gegen Unendlich gehenden EINSTEINschen Gravitationsdilatation der Zeit besteht zwischen der Lebensdauer in der invarianten Eigenzeit $\Delta\tau$ und der

---

[1]) Diese Verletzungen der Kausalität treten insbesondere auch auf im Zusammenhang mit der Quantenstruktur der Meßgebiete. Hier bedeuten sie eine absolute Meßgrenze, die durch das Gravitationsfeld der Quantenschwankungen des Meßgerätes erzeugt wird (LANCZOS, REGGE, TREDER, WHEELER). Diese Meßgrenze ist die von PLANCK aus Dimensionsgründen bereits 1906 eingeführte Elementarlänge

$$l = \sqrt{fh/c^3} = 10^{-33}\ \text{cm},$$

die bei allen Untersuchungen der Beziehungen zwischen der Kosmologie, der Gravitationstheorie und der Theorie der Elementarteilchen eine Rolle spielt.

Dauer des Prozesses in der Weltzeit Δt die Beziehung

$$\Delta\tau = \sqrt{g_{44}}\, dt \approx \sqrt{1 - \frac{2fm}{c^2 r}}\, dt, \qquad (22)$$

so daß dieser Entstehungs- oder Vernichtungsprozeß im allgemeinen vom Standpunkt des Beobachters — von der Erde aus beurteilt — eine unendlich lange Zeit in Anspruch nimmt. — Es gibt aber auch Typen derartiger Brechungen der Kausalität, bei denen nicht eine unendlich große EINSTEIN-Dilatation die Beobachtungszeit beliebig dehnt.

Das merkwürdige ist, daß diese Brechungen der Kausalität auch am Ende der Geschichte eines normalen Sterns auftreten müssen, nämlich dann, wenn der Stern auf Überkerndichte kontrahiert ist. Allgemein gibt es eine Grenze N_0 der Zahl der schweren Elementarteilchen (Baryonen), die ein verdichteter Stern enthalten kann. Enthielt der Stern in einer früheren Phase seiner Entwicklung eine höhere Baryonenzahl $N > N_0$, so muß der Baryonenüberschuß $\Delta N = N - N_0$ während der Verdichtung spontan verschwinden (Gravitationskollaps; s. EINSTEIN und OPPENHEIMER 1939, WHEELER [30]).

Theoretisch ist auch der entgegengesetzte Fall (Antikollaps) denkbar, in dem ein kosmisches Gebilde expandiert, wobei gleichzeitig Baryonen spontan erzeugt werden, so daß die Masse des Gebildes im Laufe der Expansion anwächst.

Im Grunde genommen ist die Ursingularität der kosmischen Modelle weiter nichts als eine besondere Form dieses Antikollapses zum Zeitpunkt der Singularität $R = 0$, d. h., zu Beginn der Weltzeit ($t = 0$) entstehen nach diesem Modell spontan und ursachenlos alle Teilchen und Quanten des Universums gleichzeitig mit dem von ihnen eingenommenen Raum. — Daher ist wiederholt vorgeschlagen worden (AMBARZUMJAN, HOYLE, JORDAN), die kosmologische Ursingularität überhaupt aufzulösen in eine große Zahl von kleineren Prozessen der spontanen Entstehung von galaktischen Kernen oder von Sternen entweder in Form von explosiven Galaxien oder in der Form von Supernovae bzw. auch in der von intergalaktischer Materie. (Auch die Quasare werden von verschiedenen Autoren mit dem Prozeß der spontanen Entstehung und anschließenden Expansion von neuen Teilen des kosmischen Raumes in Zusammenhang gebracht.)

Diese Vorstellungen führen weit von den üblichen Konzeptionen der Elementarteilchenphysik hinweg, weil sie die Brechung sowohl der makroskopischen Kausalität als auch der Erhaltungssätze der Elementarteilchenzahlen involvieren, erscheinen aber unvermeidlich, wenn die relativistische Gravitationstheorie (oder JORDANS bzw. HOYLES Modifikation) akzeptiert wird. Eine Lösung dieser Fragen wird eine ausgebaute Theorie über die Beziehungen von Gravitationstheorie und Kosmologie einerseits und Elementarteilchenphysik andererseits voraussetzen.

4.4. Kosmologie und Elementarteilchen

Zwischen der Globalstruktur des Kosmos und den Elementargesetzen der Physik bestehen vermutlich enge Beziehungen. Solche können sich erstens daraus ergeben, daß die vorausgesetzte universelle allgemeine Gültigkeit der Elementargesetze notwendig eine bestimmte Globalstruktur des Kosmos verlangt, in dem z. B. nur bestimmte Klassen von Grenz- und Anfangsbedingungen mit der universellen Gültigkeit der Elementargesetze verträglich sind. (Ein Beispiel hierfür ist die im vorigen Abschnitt erwähnte Auszeichnung von Weltmodellen mit Ereignishorizont durch die Hypothese der natürlichen Strahlung.) Die Idee, daß die Forderung der globalen Gültigkeit der elementaren Gesetze der Physik notwendige und vielleicht sogar hinreichende Bedingungen für die Globalstruktur des Kosmos liefert, liegt sowohl EINSTEINS Vision einer einheitlichen geometrischen Physik (und WHEELERS Versuch einer Realisierung dieser Vision durch die Konzeption seiner „Geometrodynamik") als auch EDDINGTONS alten Versuchen einer Synthese von Relativitäts- und Quantentheorie in seiner „Fundamentaltheorie" zugrunde. EDDINGTONS und ERTELS Versuche, bestimmte kosmologische Größen und Beziehungen als denknotwendig zu deduzieren, könnten ihre methodische Rechtfertigung darin finden, daß aus der universellen Gültigkeit der Elementargesetze wesentliche kosmologische Größen logisch erschließbar sind.

In den letzten Jahren ist ein komplementärer Gesichtpunkt mehr in den Vordergrund gerückt, nämlich die Bemerkung, daß die übliche Differentialform der Fundamentalgleichungen der Physik nicht ausreichend ist, um alle möglichen Wechselwirkungen eindeutig zu beschreiben. HEISENBERG hat z. B. bemerkt, daß die differentiellen Elementargesetze vermutlich nur zur Beschreibung der starken Nah-Wechselwirkungen (also der Kernkräfte) ausreichen, während für eine vollständige Theorie der weitreichenden schwächeren Wechselwirkungen (Elektromagnetismus, Neutrinofelder, Gravitation) neben den Differentialgleichungen auch die kosmologischen Anfangs- und Randbedingungen wesentlich eingehen, wobei diese Anfangs- und Randbedingungen kontingent zu den Differentialgleichungen sind. Die vollständigen physikalischen Gesetze sind dann die Synthese aus Differentialgleichungen und kosmischen Bedingungen.

Aus beiden — m. E. sich ergänzenden — Auffassungen ergibt sich die Annahme eines Zusammenhanges zwischen der Elementarteilchenphysik und kosmologischen Größen. Auf die Tatsache eines solchen Zusammenhanges haben schon vor über 30 Jahren EDDINGTON, ERTEL, HAAS und FÜRTH aufmerksam gemacht. Ihre Betrachtungen führten auf die sogenannten kosmischen Zahlen. Zwischen den Kopplungskonstanten der stärksten und der schwächsten bekannten Wechselwirkung, nämlich der Kernkräfte einerseits und der Gravitation andererseits, besteht die Beziehung

$$g^2/hc = \alpha(f\mu^2/hc) \tag{23}$$

(g = Kopplungskonstante der Kernkräfte, μ = Baryonenmasse).

Dieselbe Zahl

$$\alpha \doteq 10^{40} \tag{24}$$

geht nun auch in andere empirische Zusammenhänge ein. Zwischen den charakteristischen Längen der Quantentheorie des Gravitationsfeldes l (PLANCKsche Elementarlänge), der Elementarteilchenphysik (Radius respektive COMPTON-Wellenlänge l_c eines Nukleons): $l_c = h/\mu c$ und dem Radius R der prinzipiell sichtbaren Welt (bis zu den Horizonten) besteht die Beziehung

$$\alpha^{3/2} l = \alpha\, l_c = R. \tag{25}$$

Schließlich beträgt nach Ausweis der Kosmologie die Zahl N der Baryonen in diesem sichtbaren Teil des Kosmos

$$N \doteq \alpha^2. \tag{26}$$

Einige dieser Relationen lassen sich im Rahmen einfacher theoretischer Konzeptionen aus anderen herleiten (s. unten). Die Bedeutung anderer Beziehungen ist zur Zeit noch ungeklärt.

EDDINGTON, ERTEL, FÜRTH, HAAS (und neuerdings wieder WEIZSÄCKER) nahmen an, daß die Relationen (23) bis (26) (und weitere analoge Zahlenbeziehungen) sich aus den Versuchen einer Verschmelzung von Quanten- und Gravitationstheorie notwendig ergeben würden und echte Konstanten darstellten. Demgegenüber wiesen DIRAC und später JORDAN darauf hin, daß zumindest die Beziehung (25) keine universelle Gültigkeit haben kann, weil der Radius der sichtbaren Welt entsprechend der Expansionsbewegung des Kosmos laufend wächst. Demnach wäre die Zahl α keine universelle Konstante, sondern ein momentaner Zahlenwert einer Funktion der Weltzeit t, so daß wir entsprechend den Vorstellungen von MILNE mit einer Abhängigkeit einiger physikalischer Elementargesetze und Elementargrößen von der Weltzeit rechnen müssen. Wird die Gültigkeit der Relationen (23) und (26) zu allen Zeiten, aber mit den der jeweiligen Weltzeit entsprechenden invarianten Zahlenwerten vorausgesetzt, so folgt hieraus die DIRAC-JORDANsche Hypothese einer Zeitabhängigkeit der Gravitationskonstante und einer Zeitabhängigkeit der Baryonenzahl. Der Wert der Gravitationskonstante nimmt deshalb mit der Weltzeit ab:

$$f \sim R^{-1}, \tag{27}$$

während die Baryonenzahl mit der Weltzeit anwächst:

$$N \sim R^2. \tag{28}$$

Die Ausgestaltung dieser Vorstellungen ergibt die von JORDAN (und später von DICKE) entwickelte Gravitationstheorie mit 11 das Gravitationsfeld definierenden Größen, nämlich mit den 10 von EINSTEIN als Gravitationspotential eingeführten Komponenten des metrischen Tensors g_{ik} und der Gravitationszahl $\varkappa = 8\pi f/c^4$. — Die Neuentstehung von Baryonen ist hierbei in derselben Weise zu verstehen, wie sie im vorigen Abschnitt für die allgemeine Relativitätstheorie erläutert wurde.

Alle diese Vorstellungen enthalten vermutlich einen physikalischen Kern und könnten eine angenäherte qualitative Beschreibung der kosmologischen Gesetze liefern. Immerhin stellen die spontane Entstehung von Baryonen und die damit verbundene Brechung des Satzes von der Erhaltung der Baryonenzahl eine große Schwierigkeit in bezug auf die Elementarteilchenphysik dar, da schwer einzusehen ist, wie die kosmologischen Verhältnisse in die starke Wechselwirkung mit ihrem extremen Nahwirkungscharakter eingreifen sollen.

Man wird daher die Frage der Beziehungen zwischen Gravitationstheorie und Elementarteilchenphysik im Sinne von EINSTEINS und HEISENBERGS Konzeptionen einer einheitlichen Feldtheorie immer wieder neu aufwerfen und von EINSTEINS Bemerkungen ausgehen, daß auch die allgemeinrelativistischen Gravitationsgleichungen nur eine Annäherung im Rahmen des allgemeinen Programms einer einheitlichen Feldtheorie sind. — In der Tat ist die EINSTEINsche Gravitationstheorie zu einer Zeit entstanden, als noch wenige Kenntnisse über die elementare Struktur der Materie vorlagen. Im Grunde genommen geht die EINSTEINsche Theorie von der Phänomenologie der makroskopischen Materie aus, und das einzige in die Gravitationstheorie ursprünglich explizit eingeführte Feld ist das elektromagnetische. Für diese Materie und für die elektromagnetischen Felder formulierte EINSTEIN das Grundprinzip der Gravitationstheorie, das die Geometrisierung des Gravitationsfeldes verlangt (Äquivalenzprinzip), wie folgt:

Den Einfluß der Gravitation auf alle physikalischen Prozesse erhält man, indem man die Grundgleichungen der Physik (in ihrer „kanonischen" Form) kovariant gegenüber allen Transformationen der Koordinaten und invariant gegenüber allen LORENTZschen Drehungen des Bezugssystems schreibt.

Diese Forderung ermöglicht es, den Einfluß der Gravitation auf die phänomenologische Materie sowie auf alle Tensorfelder (zu denen insbesondere das elektromagnetische Feld gehört) zu erfassen. Es ist mit dieser Form des Äquivalenzprinzips aber nicht möglich, den Einfluß der Gravitation auf die eigentlichen Elementarteilchen (Baryonen und Leptonen) zu erfassen; denn diesen Teilchen sind die von DIRAC für die Physik entdeckten Spinorfelder zugeordnet[1]). — Will man das Äquivalenzprinzip auf die Spinorfelder und damit auf die Elementarteilchen ausdehnen, so ist das Äquivalenzprinzip zu ergänzen durch die folgende Forderung (vgl. TREDER [22], [23]): Die Spinorfeldgleichungen für die Elementarteilchen sind invariant gegenüber Koordinatentransformationen und kovariant gegenüber LORENTZ-Drehungen des Bezugssystems. — Da sich alle Materie aus spinorieller Materie aufbauen läßt, folgt übrigens aus dieser Formulierung des Äquivalenzprinzips für die phänomenologische Materie EINSTEINS Fassung.

Auf Grund unserer Fassung des Äquivalenzprinzips gelangt man zu der Vorstellung, daß die Raum-Zeit-Struktur reichhaltiger ist, als in der allgemeinen Relativitätstheorie vorausgesetzt wird. Die Struktur der Raum-Zeit ist nicht eine gewöhnliche RIEMANNsche Mannigfaltigkeit, sondern eine RIEMANNsche Mannigfaltigkeit mit einer ausgezeichneten („fernparallelisierten") Schar von Bezugssystemen, wie sie EINSTEIN 1928 bis 1931 untersucht hat. Die Grundgrößen des Gravitationsfeldes sind dementsprechend nicht der metrische Tensor g_{ik}, sondern die 16 Komponenten der sogenannten metrischen Spinvektoren, aus denen sich die g_{ik} durch Verschmelzen

$$g_{ik} = \sum_{\alpha,\beta=1}^{2} \sigma_{i\alpha\dot{\beta}}\sigma_k^{\alpha\dot{\beta}} = -h_i^1 h_k^1 - h_i^2 h_k^2 - h_i^3 h_k^3 + h_i^4 h_k^4 \tag{29}$$

aufbauen lassen.

An die Stelle der EINSTEINschen Tensorgleichung für das metrische Feld g_{ik} müssen dann 4×4 Vektorgleichungen für die metrischen Spinvektorfelder $\sigma_{i\alpha}{}^{\dot{\beta}}$ (bzw. für das ihnen gleichwertige Tetradenfeld $h_i{}^A$) treten. Die Quelle des Gravitationsfeldes sind dementsprechend nicht direkt der EINSTEINsche Energie-Impuls-Tensor $T^k{}_i$, sondern 4 Vektoren. Solche Vektoren lassen sich durch Verschmelzung des Energie-Impuls-Tensors mit dem Spinvektor- bzw. Tetradenfeld bilden und lauten etwa (TREDER [23])

$$\sim \varkappa \sum_k h_k{}^A (T_i{}^k - 1/2\, \delta_i{}^k T) \qquad (A = 1, 2, 3, 4). \tag{30}$$

Der grundlegende Unterschied zur NEWTONschen und EINSTEINschen Gravitationstheorie ist hierbei, daß die Materie „potentialartig" mit dem Gravitationsfeld $h_i{}^A$ bzw. $\sigma_i{}^{\alpha\dot{\beta}}$ gekoppelt ist. Physikalisch hat dies zur Konsequenz, daß die „effektive Gravitationszahl" weder eine Konstante — wie

[1]) Dementsprechend wird der Tensorkalkül durch einen Spinorkalkül für die RIEMANNsche Raum-Zeit-Mannigfaltigkeit der allgemeinen Relativitätstheorie ergänzt. Dieser Spinorkalkül wurde um 1930 von FOCK, IWANENKO, INFELD, VAN DER WAERDEN, SCHRÖDINGER, WEYL u. a. begründet.

bei NEWTON und EINSTEIN — noch ein skalares Feld — wie bei DICKE und JORDAN —, sondern eine quadratische 4×4-Matrix und ein Funktional des Gravitationspotentials selbst ist. Dementsprechend ist die effektive felderzeugende (aktive) Gravitationsmasse m_{eff} ebenfalls ein Funktional des Gravitationspotentials. Es läßt sich leicht einsehen, daß mit wachsendem lokalen Gravitationspotential die effektive felderzeugende Masse abnimmt; angenähert gilt

$$m_{\text{eff}} \approx \left(1 - \frac{fm}{c^2 r}\right) m. \tag{31}$$

Die effektive Gravitationsmasse verschwindet praktisch, wenn die Dimensionen eines dichten, massenreichen Körpers so sind, daß der SCHWARZSCHILD-Radius mit dem geometrischen Radius vergleichbar wird:

$$m_{\text{eff}} \to 0 \quad \text{für} \quad r \to a = fm/c^2. \tag{31a}$$

Anstelle des Gravitationskollapses und der Kausalitätsanomalien, die in der allgemeinen Relativitätstheorie für

$$r < a$$

auftreten, ergibt sich hier eine Abschirmung der Schwerkraft durch die dichte Masse. Wäre dieselbe Materie locker gepackt, so würde ihre effektive Gravitationsmasse größer sein und der NEWTONschen Masse m entsprechen (s. [28]).

Der Gravitationskollaps eines Sterns führt somit nicht zu einer Kausalanomalie und zum Verschwinden von Baryonen aus dem Kosmos, sondern nach unserer Theorie wird der Kollaps durch die einsetzende Abschirmung der Gravitation abgebremst. — Am Ende des Kollapses resultiert eine effektive aktive Gravitationsmasse m_{eff}, die von derselben Größenordnung wie die entsprechend der allgemeinen Relativitätstheorie nach dem Kollaps übrigbleibende Masse ist. Jedoch bleibt die Baryonenzahl im Gegensatz zur allgemeinen Relativitätstheorie und zur JORDANschen Theorie unverändert, nur tragen die überschüssigen Baryonen wegen der Abschirmung ihrer Schwerkraft nicht zum Gravitationsfeld des verdichteten Sterns bei[1]).

Umgekehrt kann durch eine Expansion eines dichten Objekts seine effektive Gravitationsmasse ständig wachsen, ohne daß neue Baryonen in den Kosmos eintreten. Die maximale (NEWTONsche) Masse wird erreicht, wenn der abschirmende Effekt verschwindet, so daß die Gravitationsfelder der einzelnen Baryonen sich einfach addieren. (Ähnliche Verhältnisse ergeben sich auch für die kosmologische Urverdichtung. Diese Ver-

[1]) Die obigen qualitativen Darlegungen fußen auf mathematischen Untersuchungen, die in unserem Babelsberger Institut von den Herren v. BORZESZKOWSKI, KASPER, KREISEL und LIEBSCHER durchgeführt wurden.

dichtung wird nicht singulär, und vor der Expansionsphase gab es eine Kontraktionsphase des Kosmos, die zur Zeit $t = -\infty$ begann.)

Man sieht, daß die über die Gravitationswirkung nachweisbaren Konsequenzen unserer Theorie und der Hypothese von der Spontanentstehung von Masse sehr ähnlich sind. In beiden Theorien ist beim Kollaps bzw. beim Antikollaps eine Massenerzeugung bzw. Massenvernichtung dynamisch nachweisbar. Nur wird in der allgemeinen Relativitätstheorie (und erst recht in der JORDANschen Theorie) dieser Prozeß mit einem Verschwinden bzw. Neuentstehen von Baryonen in Verbindung gebracht, während in unserer Gravitationstheorie sich nur die Gravitationswirkungen der mit konstanter Zahl N vorgegebenen Baryonen ändern.

Die Analogien und die Differenzen der drei Auffassungen in der EINSTEINschen, JORDANschen und unserer Theorie sieht man bei der Deutung der sogenannten MACH-EINSTEIN-Doktrin. Bezüglich des Gedankens von MACH und EINSTEIN über den Zusammenhang der Trägheit eines beliebigen Körpers mit dem globalen Gravitationsfeld des Kosmos machte EDDINGTON darauf aufmerksam, daß für das sichtbare Universum zumindest größenordnungsmäßig gilt:

$$mc^2 = fmM/R. \tag{32}$$

Hierbei ist m die träge Masse eines beliebigen Körpers und M die Gesamtmasse des sichtbaren Kosmos. R ist der Radius des sichtbaren Universums. Die Formel (32) besagt also, daß die Gesamtenergie jedes Körpers größenordnungsmäßig gleich seiner potentiellen Gravitationsenergie relativ zum Kosmos ist. (Diese Beziehung steht im engen Zusammenhang mit den EDDINTONschen Zahlen.) Da nun aber R wegen der Expansion des Kosmos ständig wächst, so wird bei konstanter Gravitationszahl f die Beziehung (32) nur dann gültig bleiben, wenn die Masse der sichtbaren Welt ebenfalls ständig anwächst. In der EINSTEINschen Theorie wäre zu fordern

$$M \sim R, \quad \text{d. i.} \quad N \sim R. \tag{33a}$$

Nimmt man mit DIRAC und JORDAN an, daß die Gravitationskonstante mit wachsendem Weltradius abnimmt, so müßte die JORDANsche Relation

$$M \sim R^2, \quad \text{d. i.} \quad N \sim R^2 \tag{33b}$$

gelten. — Aus unserer Theorie ergibt sich aber angenähert ein Wachsen der effektiven Gravitationszahl mit wachsendem Weltradius — entsprechend der Verdünnung der kosmischen Materie und der damit abnehmenden Absorption der Schwerkraft. Wir haben damit die Beziehung

$$f_{\text{eff}} \sim R, \tag{34}$$

und die Relation (32) ist mit konstantem N für alle Zeiten gültig.

4.5. Geophysikalische Beiträge zur Kosmologie

Wir haben in den vorigen Abschnitten festgestellt, daß die theoretische Kosmologie bei voller Berücksichtigung aller gesicherten astrophysikalischen Beobachtungen zu sehr verschiedenen Modellvorstellungen über die Struktur des Kosmos gelangen kann. Diese Modellvorstellungen haben zwar grundsätzliche Züge gemeinsam, wie sie etwa im Abschnitt 2 dargelegt worden sind. Sie haben ein gemeinsames Fundament, indem sie alle von der EINSTEINschen geometrischen Gravitationstheorie ausgehen, die sie teilweise weiterentwickeln und modifizieren. Aber auch bereits im Rahmen der EINSTEINschen Theorie ist eine Fülle von Weltmodellen mit den astrophysikalischen Beobachtungen vereinbar. So sind beispielsweise die Fragen nach den Werten der kosmologischen Konstante und des Krümmungsradius der Welt zur Zeit völlig offen.

Es gibt mehrere theoretische Gründe für diese Situation. Der erste Grund ist, daß die astronomischen Beobachtungen nicht den Zustand des Universums zu einer bestimmten Weltzeit $t = \text{const}$ liefern (nach MILNES Ausdruck keine „Karte der Welt"), sondern wegen der endlichen Ausbreitungsgeschwindigkeit des Lichtes die von uns beobachteten kosmischen Ereignisse zeitlich um so weiter zurückliegen, je weiter sie räumlich entfernt sind. (Wir sehen also nach MILNE einen „Schnappschuß der Welt".) Demnach bedarf es theoretischer Schlüsse, um die Entfernungseffekte von den Entwicklungseffekten zu trennen, d. h. zu entscheiden, ob ein bestimmtes Objekt die beobachteten Eigenschaften besitzt, weil es n Milliarden Lichtjahre weit entfernt ist, oder ob wir es in einem Zustand beobachten, der vor n Milliarden Jahren bestand.

Alle astrophysikalischen Informationen über den Kosmos gewinnen wir durch Empfang von elektromagnetischen Wellen. Wir können also nur solche Informationen erhalten, die sich in den elektromagnetischen Wellen direkt oder indirekt modulieren. In die Informationen über die Struktur des Kosmos im Großen gehen also die Ausbreitungsgesetze der elektromagnetischen Wellen wesentlich ein. Durch diese Gesetze wird aber die Raum-Zeit nicht eindeutig festgelegt, da die Gesetze der elektromagnetischen Wellen invariant gegenüber konformen Transformationen der raumzeitlichen Metrik sind. Daher sind im Prinzip mit einem Weltmodell mit der Metrik ds^2 auch alle konform transformierten Weltmodelle mit Metriken $d\sigma^2 = \varphi^2\, ds^2$ mögliche Beschreibungen des Universums — wenn nicht zusätzliche theoretische Schlüsse hinzugenommen werden.

Darüber hinaus besteht die zuerst von MILNE hervorgehobene Möglichkeit, daß sich einige Grundgesetze und Fundamentalkonstanten relativ zu anderen Gesetzen bzw. Konstanten im Laufe der Weltzeit t ändern. Ein Beispiel hierfür gibt die Diskussion über die Konstanz oder Veränderlichkeit der Gravitationszahl. MILNE schlug u. a. eine Zeitabhängigkeit der PLANCKschen Konstante h vor. HOUTERMANS und JORDAN vermuten, daß die FERMIsche Kopplungskonstante der schwachen Wechselwirkungen vom Weltalter abhängt und $\sim t^{-1/2}$ sei. Ferner wurde auch die Abhängigkeit der Vakuum-Lichtgeschwindigkeit (im Inertialsystem) von der Weltzeit t erwogen usw.

Da uns astrophysikalische Daten nur Informationen zur Verfügung stellen, die über elektromagnetische Wellen vermittelt werden, ist es nur nötig, die Gesetze der Ausbreitung und der Wechselwirkung des Lichtes geeignet zu modifzieren, um verschiedene Vorstellungen über die zeitliche Änderung von Naturgesetzen und Naturkonstanten in die Kosmologie einzubauen. Solche Umformungen der Modelle können zu einer echten Verschiedenheit des physikalischen Inhalts der Theorie führen, sie brauchen aber auch nur eine andere mathematische Sprache für denselben physikalischen Inhalt zu sein. Im letzteren Falle sind alle physikalischen Aussagen gewissermaßen isomorph auf ein anderes Aussagensystem abgebildet. Allgemeine Invarianten dieser Transformationen werden nun die von EDDINGTON und ERTEL hervorgehobenen ganzen Zahlen sein, d. h., alle physikalischen und kosmologischen Größen, die dimensionslose ganze Zahlen sind, werden in allen isomorphen Darstellungen der Welt denselben Wert haben. Dies ergibt sich aus der Unstetigkeit der ganzen Zahlen und der Stetigkeit der Transformationen auf dieselbe Weise, in der PLANCK aus der Ganzzahligkeit der Anzahl der Moleküle pro Zustand auf die LORENTZ-Invarianz der Entropie geschlossen hat. — Leider sind diese ganzzahligen Größen der Beobachtung kaum zugänglich.

Außer den astrophysikalischen Beobachtungen gibt es aber noch eine andere Quelle der Information über vergangene Zustände des Kosmos. Die Geophysik (und allgemein die kosmische Physik der Umgebung der Erde) liefert uns Informationen über bis zu 5 Milliarden Jahre zurückliegende Zustände eines Objekts. Ferner liefert uns die Geophysik Informationen über die Geschichte nicht nur der elektromagnetischen Wechselwirkung, sondern aller Wechselwirkungen von den Kernkräften bis zur Gravitation. Erinnert sei an die kernphysikalischen und kernchemischen Methoden in der Geologie, die Aussagen über die Geschichte sowohl der starken wie der schwachen Wechselwirkungen erlauben[1]).

---

[1]) Auf diese Weise ist neuerdings DYSON zu dem Ergebnis gekommen, daß das Verhältnis der Kernkräfte zu den elektrischen Kräften universell konstant ist, die starken Wechselwirkungen also die elektromagnetischen Wechselwirkungen zu allen Zeiten um den Faktor 10^3 übertrafen. Hierdurch widerlegte DYSON (Time-variation of the Charge of the Proton. Phys. Rev. Letters **19** [1967], 1291) eine von GAMOW (Electricity, Gravity and Cosmology. Phys. Rev. Letters **19** [1967], 759) ausgesprochene Hypothese, nach der die EDDINGTON-DIRACsche Zahl durch die Konstanz der Gravitationszahl $\varkappa$ und die Zeitabhängigkeit der Elementarladung e gemäß $e \sim \sqrt{t}$ zu deuten sei. Nach BAHKALL u. M. SCHMIDT (Does the Fine-structure Constant Vary with Constant Time? Phys. Rev. Letters **19** [1967], 1294) steht

Die Erde und ihre Umgebung registrieren mehrere Milliarden Jahre „selbsterlebter Geschichte“. Die Deutung der einzelnen Beobachtungen kann sehr komplex sein; dafür sind diese Beobachtungen aber erkenntnistheoretisch sehr viel reichhaltiger und direkter als die astrophysikalischen Informationen mit ihrer Raum-Zeit-Retardierung und der notwendigen Umsetzung der Modulierung von elektromagnetischen Wellen. Kosmologische Theorien und Hypothesen sollten daher im Prinzip eher mit geophysikalischen und ähnlichen Testen (Meteorphysik) entscheidbar sein als durch reine astrophysikalische Beobachtung.

Insbesondere ist eine Entscheidung über die von Milne, Dirac, Jordan, Dicke u. a. vermutete Zeitabhängigkeit bestimmter universeller Naturkonstanten am ehesten geophysikalisch zu erwarten. Es besteht sogar die Möglichkeit, daß die vermutete Abhängigkeit der Gravitationszahl von Raum und Zeit durch aktuelle gravimetrische Messungen entschieden werden kann. Im allgemeinen werden aber die historischen Methoden der Geophysik und Geologie für die Entscheidung kosmologischer Fragen von größerer Bedeutung sein (vgl. Dicke [7], Jordan [14].

Es sei abschließend nur an einige ältere Ergebnisse der geophysikalischen Kosmologie erinnert. Bereits 1921 hat Walther Nernst durch Kombination von geophysikalischen Ergebnissen mit den seinerzeit vorliegenden Fakten über den radioaktiven Zerfall geschlossen, daß der gegenwärtige Zustand des Weltalls zwischen 10^9 und 10^{12} Jahren alt sein müsse, wobei Nernst bemerkte, daß das wahre Alter offenbar näher an 10^9 als an 10^{12} Jahren liege. Die Schlüsse von Nernst wurden seinerzeit von Astronomen zum Teil leidenschaftlich bestritten. Es hat sich aber nun herausgestellt, daß die Nernstsche Schätzung völlig korrekt ist.

Bis vor 15 Jahren wurde durch eine falsche Bestimmung der Werte der Hubble-Konstante $1/\Theta$ unter Zugrundelegung der relativistischen Weltmodelle auf ein Weltalter von weniger als 2 Milliarden Jahren geschlossen. Diese Schätzung stand im Widerspruch zu den geophysikalischen Altersbestimmungen der Erde. Der logisch korrekte Schluß, daß die astronomische Bestimmung falsch sein muß, wurde seinerzeit nicht gezogen, bis Baade nachwies, daß die Bestimmung der Hubble-Konstante einen systematischen Fehler enthielt. Die jetzige Abschätzung eines Weltalters von über 10 Milliarden Jahren ist mit der Geophysik verträglich.

Das systematische Durchdenken von mit den „direkten Erlebnissen“ der Erde vergleichbaren Konsequenzen der kosmologischen Modelle und der Versuch ihrer geophysikalischen Verifikation oder Falsifikation sind sowohl theoretisch als auch experimentell ein besonders reizvolles Gebiet.

Gamows Hypothese auch im Widerspruch zu der aus den Spektren entfernter Galaxien folgenden Konstanz der Feinstruktur-Aufspaltung, die ihrerseits die Konstanz der Sommerfeldschen Zahl e^2/hc besagt.

Literatur

Aus der völlig unübersehbaren Literatur zur Kosmologie und Gravitationstheorie werden hier einige neuere zusammenfassende Darstellungen zitiert, die in unmittelbarem Zusammenhang zu den in diesem Kapitel gestellten Fragen stehen.

[1] ALFVÉN, H., Kosmologie und Antimaterie, Frankfurt a. M. 1967.
[2] BAHKALL, J. N., BAHKALL, N. A., u. J. SHAVIC, Present Status of the Theoretical Predictions of 37 Cl Solar Neutrino Experiments, (Preprint) 1968.
[3] BERGMANN, P. G., Comments to the Scalar Tensor Theory. Internat. J. theoret. Phys. 1968.
[4] –, The Riddle of Gravitation, New York 1968.
[5] BONNOR, W., The Mystery of the Expanding Universe, London 1965.
[6] DE WITT, C., u. a. (Hrsg.), High Energy Astrophysics, Vol. III, New York 1967.
[7] DICKE, R. H., The Significance for the Solar System of Time-varying Gravitation, in: H. Y. CHIU u. W. F. HOFFMANN, Gravitation and Relativity, New York 1964.
[8] –, The Theoretical Significance of Experimental Relativity Theory, New York 1964.
[9] HARRISON, P. K., THORNE, K. S., WAKANO, M., u. J. A. WHEELER, Gravitation Theory and Gravitation Collapse, Chicago 1965.
[10] HECKMANN, O., u. E. SCHÜCKING, Relativistic Cosmology, in: L. WITTEN (Hrsg.), Gravitation, New York/London 1962.
[11] HEISENBERG, W., Einführung in die einheitliche Feldtheorie der Elementarteilchen, Stuttgart 1967.
[12] HOYLE, F., Galaxies, Nuclei and Quasars, New York 1965.
[13] IWANENKO, D. D., Cosmology and Local Phenomena, in: H.-J. TREDER (Hrsg)., Entstehung, Entwicklung und Perspektiven der Einsteinschen Gravitationstheorie, Berlin 1966.
[14] JORDAN, P., Die Expansion der Erde, Braunschweig 1967.
[15] KAFKA, P., Quasars. Naturwiss. **55**, 248 (1968).
[16] KOREZ, M. A., Der Relikt-Radiohimmel und das „heiße" Modell des Weltalls. Priroda **54**, 54 (1966) (russ.); s. a. Wiss. u. Fortschr. **18**, 296 und 342 (1968).
[17] KREISEL, E., LIEBSCHER, E., u. H.-J. TREDER, Zur Quantengeometrodynamik, Berlin, 1967.
[18] McVITTIE, G. C., General Relativity and Cosmology, IInd Ed. London 1965.
[19] NOVIKOV, I. D., u. Y. B. ZELDOVIČ, Cosmology. Ann. Rev. Astron. Astrophys. **5** (1967).
[20] ROBINSON, J., u. a. (Hrsg.), Quasi Stellar Sources and Gravitational Collapse, Chicago 1965.
[21] TREDER, H.-J., Die Quantentheorie des Gravitationsfeldes und die Plancksche Elementarlänge, in: Physikertagung 1965 und Plenarvorträge, Stuttgart 1966; vgl. Mber. Dt. Akad. Wiss. Berlin **8**, 311 (1966).
[22] –, Lorentz-Gruppe, Einstein-Gruppe und Raumstruktur, in: H.-J. TREDER (Hrsg.), Entstehung, Entwicklung und Perspektiven der Einsteinschen Gravitationstheorie, Berlin 1966.
[23] –, Das makroskopische Gravitationsfeld in der einheitlichen Quantenfeldtheorie. Ann. Phys. **20**, 194 (1967); vgl. auch Mber. Dt. Akad. Wiss. Berlin **9**, 283 (1967).
[24] –, Mathematische Fragen der Struktur der Welt im Großen. Mitt. Mathemat. Ges. DDR H. 1, 14 (1968).

[25] TREDER, H.-J., Relativität und Kosmos, Berlin/Oxford/Braunschweig 1968.
[26] —, Energiesatz und Zeitrichtung in der Kosmologie. Naturwiss. **55**, 440 (1968).
[27] —, Symmetrie und Kosmologie. Mber. Dt. Akad. Wiss. Berlin (im Druck).
[28] —, Äquivalenzprinzip und Abschirmung der Schwerkraft. Mber. Dt. Akad. Wiss. Berlin **11**, 204 (1969).
[29] WHEELER, J. A., Geometrodynamics, New York 1962.
[30] —, The Superdense Star and the Critical Nucleon Numbers, in: H. Y. CHIU u. W. F. HOFFMANN, Gravitation and Relativity, New York 1964.
[31] —, Einstein's Vision, Berlin/Heidelberg/New York 1968.

5. Probleme der Gravitations- und Relativitätstheorie in der modernen Kosmologie

Die obengenannte Thematik hat einen gewaltigen Umfang, so daß es völlig unmöglich ist, alle in den letzten Jahren aufgetretenen Entwicklungstendenzen auch nur zu streifen. Es ist deshalb notwendig, eine Auswahl charakteristisch erscheinender Probleme zu treffen.

Wir übersehen zur Zeit eine Entfernung bis zu 10^{40} Fermi ($= 10^{27}$ cm), was etwa 10 Milliarden Lichtjahren gleichkommt. Die Zahl der Teilchen mit Ruhmasse kann mit 10^{80} und der Teilchen ohne Ruhmasse, d. h. der Strahlungsquanten, mit 10^{90} abgeschätzt werden. Ebenso ist anzunehmen, daß ca. 10^{90} Neutrinos den Kosmos durchschwirren.

Auf Grund dieser und anderer Daten kommen wir zu dem Schluß, daß der Kosmos sehr groß ist. Er ist auch sehr mannigfaltig und bunt. So strahlt er in allen Farben des elektromagnetischen Spektrums — er ist also auch bunt im wörtlichen Sinne.

Wenn wir mit einem Radioteleskop Signale aus 10^{40} Fermi Entfernung empfangen, so tun wir auch einen tiefen Blick in die Vergangenheit von 10 Milliarden Jahren. In der Kosmologie bedienen wir uns einer Faustregel bezüglich der Mannigfaltigkeit des hierbei Entdeckbaren:

„Alles, was mit den Naturgesetzen vereinbar ist, geschieht im Kosmos".

Das Vorhaben, alles, was mit den Naturgesetzen vereinbar ist, explizit darstellen zu wollen, wäre natürlich aussichtslos. Es ist deshalb für eine Theorie des Kosmos notwendig, fundamentale Hypothesen zu formulieren, auf denen auf das Wesentliche vereinfachte mathematische Modelle basieren können. — Die Kosmologie geht von zwei Grundhypothesen aus: Die erste ist eine „Glättungshypothese"; sie besagt, daß — trotz aller Mannigfaltigkeiten im einzelnen — über gewissermaßen geglättete Werte, z. B. über die gemittelte Massenverteilung, über die hauptsächlichen Energiespektren, über die mittleren Bewegungen und anderes, Aussagen gemacht werden können, die prinzipiell zutreffen — trotz der ungeheuren Schwankungsbreiten der einzelnen Parameter. Zur Begründung dieser Hypothesen stellen wir uns auf den Standpunkt von COPERNICUS: „Es besteht absolut kein Grund dafür anzunehmen, daß unsere Gegend im Kosmos irgendwie vor anderen Gegenden im Kosmos ausgezeichnet ist".

Dieses Prinzip ist sicher dann sehr sinnvoll, wenn wir davon ausgehen, daß der von uns betrachtete Bereich des Kosmos von über 10 Milliarden Lichtjahren Umfang schon genügend groß ist, um die richtigen Mittelwerte zu bilden. Diese Annahme wird von dem Großteil der Fachwissenschaftler als zutreffend angesehen. Allerdings gibt es namhafte Gelehrte, wie z. B. den schwedischen Physiker H. ALFVÉN, die gegenteiliger Ansicht sind.

Die zweite fundamentale Hypothese der Kosmologie ist das EINSTEINsche allgemeine Relativitätsprinzip. Mit diesem Prinzip ist nicht nur die fachtechnische mathematische Formulierung gemeint (die eine der Hauptleistungen der allgemeinen Relativitätstheorie ist), sondern vor allem die erkenntnistheoretische Aussage des allgemeinen Relativitätsprinzips. Sie besagt, daß grundsätzlich an jedem Ort der Welt und zu jeder Zeit unter allen Umständen dieselben fundamentalen Naturgesetze wie im irdischen Laboratorium gelten. Das heißt, in jedem Punkt der Welt gelten im Prinzip dieselben Elementargesetze der Physik, die wir auch im Laboratorium erforschen können.

Es wäre ein von vornherein unsinniges Unterfangen, überhaupt etwas über den Kosmos aussagen zu wollen, ohne dieses Prinzip vorauszusetzen. Ich fasse das allgemeine Relativitätsprinzip als den ersten und erfolgreichen Ansatz zu einer konstruktiven mathematischen Formulierung von Aspekten des philosophischen Prinzips der materiellen Einheit der Welt auf. Die allgemeine Relativitätstheorie EINSTEINS ist nun die geometrische Theorie des Gravitationsfeldes. Daher wird die Gravitationstheorie zum fundamentalen Ausgangspunkt für die theoretische Kosmologie. Es gibt zwei physikalische Gründe, weshalb die Gravitationstheorie so eng mit der Kosmologie verknüpft ist. Diese Gründe sind die Universalität und der weitreichende Charakter der Gravitation.

Der Grund für die Universalität liegt in der Vorzeichen-Beständigkeit der Gravitationsladungen: Alle Körper haben dieselbe massenspezifische Gravitationsladung oder, anders ausgedrückt, Masse und Gravitationsladung sind einander proportional mit einer universellen Konstante als Proportionalitätsfaktor. — Daher gibt es im Gegensatz z. B. zur elektrischen Wechselwirkung keine Kompensation des Gravitationsfeldes und auch keine Materie, die gegenüber der Gravitation neutral ist. Obwohl die Gravitationskräfte zwischen den Elementarteilchen 10^{40}mal schwächer sind als die elektrischen Kräfte, bekommt wegen der fehlenden Abschirmung die Gravitation die überragende Bedeutung für genügend große kosmische Systeme und insbesondere für den Kosmos als Ganzes.

Der weitreichende Charakter der Gravitationswirkung bewirkt die Proportionalität der Gravitationskräfte eines Systems mit seiner räumlichen

Ausdehnung; da der Kosmos sehr groß ist, ist es auch das Gravitationspotential des Kosmos.

Die methodische und erkenntnistheoretische Bedeutung der Gravitationstheorie liegt darin, daß sie auf Grund des allgemeinen Relativitätsprinzips die Entschlüsselung der astronomisch gemessenen Daten ermöglicht, d. h. die physikalische Interpretation der elektromagnetischen und sonstigen Strahlung, die von weit entfernten kosmischen Objekten ausgesandt wird. Mit den Relationen der Relativitätstheorie, z. B. der berühmten Einsteinschen Formel für die Rotverschiebung der Spektrallinien, kann in Verbindung mit den Meßergebnissen in einem irdischen Laboratorium auf die physikalischen Eigenschaften des kosmischen Objekts geschlossen werden. Damit ist die außerordentliche Rolle der Einsteinschen Gravitationstheorie (und ihrer eventuellen Weiterentwicklungen) für alle Fragen der Kosmosforschung angedeutet.

Welchen Beitrag hat nun die extraterrestrische Physik zur Gravitationstheorie geliefert und was kann in Zukunft von ihr erhofft werden?

Noch bis vor wenigen Jahrfünften zeichnete sich die allgemeine Relativitätstheorie nur durch ihre außerordentliche logische und mathematische Eleganz und ihre erkenntnistheoretische Brisanz aus. Ihre empirischen Grundlagen unterscheiden sich aber von denen der Newtonschen Gravitationstheorie (und eventuell denkbarer Erweiterungen dieser Newtonschen Theorie) nur durch Effekte, die im Grunde genommen alle fast außerhalb der Meßgenauigkeit lagen und die man im Rahmen ihrer damaligen empirischen Nachprüfbarkeit eventuell auch anders erklären könnte. Die berühmte Formel für die Perihel-Bewegung des Merkur könnte etwa durch eine zufällige merkwürdige Massenverteilung in der Nähe der Sonne erklärt werden. Ebenso könnte man den damals sehr ungenau bekannten Wert der Lichtablenkung durch das Gravitationsfeld der Sonne mit einigen Zusatzhypothesen auch Newtonisch deuten.

Es ist das Verdienst besonders der extraterrestrischen Physik, daß heute kein Zweifel mehr an der Richtigkeit der Grundlagen der allgemeinen Relativitätstheorie bestehen kann. Ohne näher darauf einzugehen, seien die Mössbauer-Anordnung, die Atomuhr, die Radarastronomie, die aktive Raumforschung und der Einsatz der elektronischen Rechentechnik genannt, die es ermöglichten, daß heute nicht mehr die Frage „Newton oder Einstein“ beantwortet werden muß, sondern die Frage nach möglichen Feinstkorrekturen an der Einsteinschen Theorie. Hierbei steht fest, daß die Korrekturen an der Einsteinschen Theorie allenfalls etwa 10% der Werte nach Einstein ausmachen können.

Es seien vier Beispiele kurz genannt [1]:

1. Die Radarastronomie konnte auch beim Planetoiden Ikarus mit derselben Genauigkeit wie beim Planeten Merkur die Perihelbewegung feststellen und Einsteins Formel verifizieren.

2. Durch Messung der Phasenverschiebungen von Signalen, die von Raumsonden ausgesandt wurden, wurde der EINSTEINsche Wert der Lichtablenkung durch das Gravitationsfeld der Sonne sehr genau bestätigt.
3. Die Messung der Laufzeiten von an den Planeten Merkur oder Venus reflektierten Radarsignalen bestätigte mit etwa derselben Genauigkeit EINSTEINS Aussage über die Verlangsamung der Lichtgeschwindigkeit durch das Gravitationsfeld der Sonne.
4. Der MÖSSBAUER-Versuch bestätigte die EINSTEINsche Formel für die Rotverschiebung der Spektrallinien im Gravitationspotential der Erde.

Die EINSTEINsche Relativitätstheorie muß daher das Fundament und der Ausgangspunkt aller weiteren kosmologischen Forschungen sein. Es darf an dieser Stelle nicht unerwähnt bleiben, daß sich — neben den feinen himmelsmechanischen Effekten — heute auch ihre kühnsten astrophysikalischen Aussagen bestätigt haben, so z. B. die Voraussage der Existenz von sternartigen Objekten mit überdichter Materie oder die Existenz einer ungeheueren Zahl niederfrequenter Lichtquanten, die als schwarze Radiostrahlung (3°-Kelvin-Strahlung) den gesamten Kosmos erfüllen.

Eines der gegenwärtigen Hauptprobleme der Gravitationstheorie ist die Bestimmung des Quotienten von schwerer und träger Masse:

$$\frac{M}{m} = \frac{\text{schwere Masse}}{\text{träge Masse}}.$$

Es existieren drei sich widersprechende Theorien hierüber. Die erste, auf NEWTON zurückgehende und von EINSTEIN übernommene Auffassung besagt, daß

$$\frac{M}{m} = \text{const}$$

(für alle Zeiten und an jedem Ort) gilt. Die beiden anderen wurden einerseits vertreten von DIRAC und JORDAN und andererseits von MACH und EINSTEIN (und wurde neuerdings von mir mathematisch weiterverfolgt). Sie behaupten, daß sich dieser Quotient mit dem Weltalter verkleinert bzw. vergrößert, also in jedem Falle eine Funktion der Zeit ist. Für den Abstand Erde—Mond z. B. haben diese Hypothesen die Konsequenz, daß er gleichbleibend sein muß im ersten Fall, daß er sich hingegen vergrößert bzw. verkleinert im zweiten bzw. im dritten Fall [2].

Der von der Theorie vorausgesagte Wert dieser Änderung beträgt 2 bis 4 cm im Jahr, wobei die genaue Zentimeterzahl von der Genauigkeit der Bestimmung der kosmologischen HUBBLE-Konstante abhängt. (Man sieht, wie sich Kosmologie und planetare Physik miteinander verzahnen!)

Damit hat die genaue Messung des Abstandes Erde—Mond für die Gravitationstheorie eine fundamentale Bedeutung und ist für sie vermutlich das wichtigste Experiment im letzten Viertel dieses Jahrhunderts. Es wäre aber unsinnig, ein experimentelles Forschungsprogramm allein zur Klärung eines solchen relativistischen Effekts vorschlagen zu wollen. Die extraterrestrische Physik wird aber in Zukunft den Abstand Erde—Mond auch aus vielen anderen Gründen mit extremer Genauigkeit bestimmen müssen; es ist also notwendig zur Klärung der Gravitationstheorie, mit diesen Ergebnissen zu arbeiten. Nicht zuletzt können auch nur durch die Berücksichtigung der Fragen der Gravitationstheorie die andere Wissenschaftszweige interessierenden Effekte erkannt und aufgeklärt werden, da ja die gemessenen Effekte die Summe der relativistischen Gravitationseffekte und der klassischen Effekte sind. — Das ist ein wichtiger methodischer Aspekt gerade für die Beziehungen zwischen Gravitationstheorie und kosmischer Physik.

Bei der Auswertung solcher kosmisch-physikalischen Experimente im Interesse der Gravitationstheorie ist aber zu beachten, daß teilweise die hohe innere Genauigkeit der Messungen mit einer viel größeren Unsicherheit der absoluten Werte der zu bestimmenden physikalischen Größen verbunden ist: Eine hohe innere Genauigkeit besagt in der kosmischen Physik noch nicht, daß man die absoluten Werte ähnlich genau kennt, denn letztere hängen oft von sehr vielen und unterschiedlich genau bekannten Parametern ab. Zum Beispiel werden in wenigen Jahren mit Hilfe der Laser-Technik Messungen des relativen Abstandes zwischen Punkten auf der Erde und auf dem Mond bis auf einige Zentimeter genau möglich sein. Um aus diesen Messungen aber Schlüsse auf eine eventuelle säkulare Änderung des Abstandes Erde—Mond ziehen zu können, müssen die gesamte astronomische Mondtheorie, Mondgestalt, die Schwankungen der Mondoberfläche, Erdgestalt und die Schwankungen der Erdoberfläche berücksichtigt werden.

In manchen Arbeiten zur relativistischen Astrophysik wird die erreichte innere Genauigkeit der relativen Messungen überspannt interpretiert und der Komplex von Nebenbedingungen, die zur Herleitung der absoluten Werte aus den relativen Messungen nötig sind, nicht ausreichend beachtet. — Auf diese Weise erklären sich vielleicht auch solche sensationellen Ergebnisse wie der angebliche Nachweis von Gravitationsstrahlung aus dem Kosmos in amerikanischen Laboratorien[1]).

Es ist aber das Charakteristikum der gesamten kosmischen Physik, komplex interpretieren zu müssen, da die Versuchsbedingungen naturgegeben und nicht willkürlich und frei gestaltbar sind. — Es kann mit

[1]) Eine genügend eingehende Darstellung dieser Versuche ist von ihrem Autor bisher nicht veröffentlicht worden, so daß zur Zeit nur Behauptungen über die Genauigkeit der Messungen und die Sicherheit ihrer Interpretation vorliegen.

Sicherheit angenommen werden, daß die relativistische Gravitationstheorie als Basis für jede kosmologische Theorie und als Fundament der Präzisions-Himmelsmechanik immer mehr integrierender Bestandteil der extraterrestrischen Forschungen sein wird — mehr noch, als sie es heute schon ist.

Literatur

[1] TREDER, H.-J., Gravitationstheorie und Äquivalenzprinzip, Berlin 1971.
[2] Für eine theoretische Begründung dieser Aussagen siehe mein Büchlein: H.-J. TREDER, Die Relativität der Trägheit, Berlin 1972.

6. Mathematische Fragen der Struktur der Welt im Großen

Es ist 1967 genau 50 Jahre her, daß durch die Arbeiten von A. EINSTEIN (in den Berliner Akademie-Berichten) und W. DE SITTER die relativistische Kosmologie begründet wurde. EINSTEIN und DE SITTER entdeckten zwei Prototypen von Lösungen der EINSTEINschen Gravitationsgleichungen, die einmal einen geschlossenen Weltraum mit sphärischer Krümmung und zum anderen einen expandierenden Kosmos beschreiben. Mit diesen mathematischen Entdeckungen beginnt die Entwicklung der theoretischen Kosmologie, die insbesondere durch die Schulen des sowjetischen Mathematikers A. A. FRIEDMAN und der englischen Astrophysiker Sir ARTHUR S. EDDINGTON und E. A. MILNE bestimmt wurde. Diese Entwicklung wurde auch von bedeutenden Mathematikern wie HERMANN WEYL und KURT GÖDEL wesentlich gefördert. Durch astronomische Entdeckungen, die Ende der zwanziger Jahre von dem amerikanischen Astrophysiker E. HUBBLE u. a. gemacht wurden, und neuerdings durch radioastronomische Forschungen bekam die theoretische Kosmologie ein empirisches Fundament.

Es kann zunächst als eine Aporie erscheinen — und in der Tat haben Philosophen und Wissenschaftstheoretiker diese These aufgestellt — wissenschaftliche Aussagen über den Kosmos als Ganzes zu machen. Denn alle naturwissenschaftlichen Aussagen beruhen auf einer generalisierenden Induktion. Das Universum ist uns aber per Definition nur in einem einzigen Exemplar gegeben, so daß ein generalisierender Induktionsschluß unsinnig ist.

Dasjenige Ergebnis der allgemeinen Relativitätstheorie, das die Entwicklung der theoretischen Kosmologie einleitete, ist nun die Beziehung zwischen der Geochronometrie der Raum-Zeit-Welt und der Gravitation. Hierbei folgt aus der EINSTEINschen Theorie, daß der Einfluß der Gravitation auf die Geometrie durch eine charakteristische Größe, das Verhältnis zweier Längen, beschrieben werden kann.

Betrachten wir irgendein System von Massen endlicher Dichte $\varrho \geqq 0$ und nehmen an, daß dieses System ein dreidimensionales Gebiet ausfüllt, dessen

Dimensionen durch R gegeben ist, so definiert die Größe

$$m \sim f c^{-2} \varrho R^3 \quad (f = \text{Gravitationskonstante}, \; c = \text{Lichtgeschwindigkeit})$$

den EINSTEINschen Gravitationsradius dieses Systems. Das Verhältnis des Gravitationsradius m zu der räumlichen Ausdehnung R bestimmt dann die Abweichung der Metrik der Raum-Zeit von den pseudo-euklidischen Verhältnissen der speziellen Relativitätstheorie. Im allgemeinen ist dieses Verhältnis sehr klein, so daß das Gravitationsfeld die Welt-Geometrie nur unwesentlich beeinflußt. Wie klein aber auch die endliche Massendichte $\varrho > 0$ eines Systems sein mag, nimmt man an, daß diese Dichte in einem beliebig großen Gebiet von Null verschieden ist, so wächst das Verhältnis $m:R$ über alle Grenzen. Tatsächlich bedeutet dies, daß für genügend große Gebiete des kosmischen Raumes mit nicht verschwindender mittlerer Massendichte das Verhältnis $m:R$ zunächst von der Größenordnung 1 wird und daß damit die Gravitation die geometrische Struktur des Raumes wesentlich bestimmt.

Durch diese Erkenntnis ergibt sich die Möglichkeit, Aussagen über die geometrische Struktur des Universums als Konsequenzen der Theorie des Gravitationsfeldes zu deduzieren. Die Kosmologie wird so zu einem speziellen Awendungsgebiet der Theorie des Gravitationsfeldes.

Hiermit ist natürlich nur ein erster Schritt zur Einsicht in die Struktur des Universums im Großen getan; denn sicherlich ist die Frage der geometrischen Struktur des Universums ein globales oder lokal-globales Problem, während die EINSTEINschen Gravitationsgleichungen (und ihre verschiedenen Verallgemeinerungen und Modifikationen in Richtung auf eine unitäre Feldtheorie) partielle Differentialgleichungen sind und daher streng lokale Aussagen machen. Das benötigt neben den EINSTEINschen Gravitationsgleichungen

$$R_{\mu\nu} - \frac{1}{2} g_{\mu\nu} R + \lambda g_{\mu\nu} = -\varkappa T_{\mu\nu} \qquad (\varkappa = 8\pi f c^{-4})$$

global für den ganzen Raum vorzugebende Anfangs- und Randbedingungen (im weitesten Sinne des Wortes). Die Suche nach diesen Anfangs- und Randbedingungen, aus denen dann die Gravitationsgleichungen die Struktur des Kosmos bestimmen, und der Nachweis ihrer globalen Verträglichkeit mit diesen Gleichungen selbst und mit der astronomischen Erfahrung, bilden die grundlegende Problematik der theoretischen Kosmologie.

Die Wege, auf denen man zu den gesuchten globalen Anfangs- und Randbedingungen kommt, sind verschiedener Art. Man gewinnt solche Bedingungen 1. aus Plausibilitätsbetrachtungen erkenntnistheoretischer Herkunft, 2. durch die Berufung auf das astronomische Tatsachenmaterial und 3. durch die Forderung der globalen Gültigkeit aller bekannten physikalischen Grundgesetze.

Diese drei Betrachtungsweisen stützen und korrigieren sich untereinander. Die Plausibilitätsbetrachtungen beruhen auf einem Prinzip, das man den konsequenten Kopernikanismus nennen kann. Nach dem Vorbild des vor über 500 Jahren verstorbenen Philosophen und Mathematikers NIKOLAUS VON CUSA bemerken die theoretischen Kosmologen, daß es keinerlei Gründe dafür gibt, irgendeinen Ort des dreidimensionalen Raumes vor anderen auszuzeichnen („Alle Punkte sind gleich weit von Gott") und daß es auch keine ausgezeichneten Richtungen geben sollte („Alle Richtungen sind Radialrichtungen und Richtungen zu Gott hin"). Mathematisch gesprochen fordern wir, daß der dreidimensionale kosmische Raum im Großen gesehen homogen und isotrop ist. Dies führt in der vierdimensionalen Raum-Zeit zu der Forderung, daß deren Metrik konform zur MINKOWSKIschen Metrik ist und daß sich bei geeigneter Koordinatenwahl das vierdimensionale Linienelement in der ROBERTSON-WALKERschen Form schreiben läßt:

$$\begin{aligned} ds^2 &= c^2dt^2 - R^2(t)d\sigma^2 \\ &= c^2dt^2 - R^2(t)\frac{\delta_{ab}dx^a dx^b}{\left(1 + \frac{\varkappa}{4}\delta_{ab}x^a x^b\right)^2} \qquad (a, b = 1, 2, 3). \end{aligned}$$

In diesem Linienelement bedeutet $d\sigma^2$ das Linienelement eines dreidimensionalen Raumes mit konstantem Krümmungsradius, der reell ($k = 1$) Null ($k = 0$) oder imaginär ($k = -1$) sein kann. Diese Form des Linienelements liefert von selbst (als Folge der Isotropie des Raumes) die Existenz einer universellen Weltzeit t. Die Zuordnung dieser Metrik zu der astronomischen Erfahrung erfolgt auf Grund des von WEYL und MILNE formulierten Weltpostulates, nach dem die Räume $t =$ const im Mittel genommen ein Ruhsystem für die Galaxien bzw. Haufen von Galaxien repräsentieren.

Diese Betrachtungen sind zunächst völlig unabhängig von der konkreten Form der Gravitationsgleichungen. Diese bestimmen nur noch die Funktion $R(t)$, also die Ausdehnung (oder Kontraktion) aller Längen im dreidimensionalen Raum in bezug auf die Weltzeit t. Sowohl die astronomische Erfahrung (HUBBLE-Effekt oder „Flucht der Galaxien") wie auch allgemeine theoretische Überlegungen über die Thermodynamik und Zeitrichtung lehren uns, daß nur solche Funktionen $R(t)$ zulässig sind, die für unsere Weltzeit eine Expansion beschreiben.

Im Rahmen dieser Argumentation reduzieren sich die Fragen der Globalstruktur des Raumes darauf, diejenigen Räume global zu bestimmen, deren lokale Metrik durch ein ROBERTSON-WALKERsches Linienelement gegeben ist, und die Verträglichkeit derartiger Weltmodelle mit der astronomischen Erfahrung und der übrigen Physik zu untersuchen.

Während an dem Postulat einer Homogenität des Raumes kaum gezweifelt wird, besteht die Möglichkeit, an der Gleichberechtigung aller Richtungen zu zweifeln. KURT GÖDEL hat vor 20 Jahren als erster die mathematischen Konsequenzen von Weltmodellen diskutiert, in denen eine universelle Rotation der kosmischen Materie eine Richtung auszeichnet. In derartigen Weltmodellen ist es dann nicht mehr möglich, eine universelle Weltzeit einzuführen. Die Zeit wird von einer globalen zu einer streng lokalen Größe. Empirisch spricht aber nichts für eine Anisotropie des Kosmos.

Alle kosmologischen Schlüsse, die sich auf die astronomischen Beobachtungstatsachen stützen, setzen implizit die Anwendbarkeit der lokalen physikalischen Gesetze, wie sie in unserer Weltgegend gelten, für das gesamte Universum oder zumindest für den bisher beobachteten Teil des Kosmos voraus. (Dies ist ein Gebiet mit einer Ausdehnung von einigen Milliarden Lichtjahren, wobei wir gleichzeitig auch einige Milliarden Jahre in die Vergangenheit des Kosmos zurückschauen.)

Dies führt zu einem neuen kosmologischen Postulat, das neben das Postulat von WEYL und MILNE tritt. Die raum-zeitliche Global-Struktur des Kosmos muß so beschaffen sein, daß sie mit der globalen Erfüllung der Gesetze der Relativitäts- und Quantentheorie verträglich ist. Diese Forderung hat eine bedeutsame topologische Konsequenz, wenn man bemerkt, daß wir seit DIRAC (1928) wissen, daß die Feldgleichungen für die wesentlichen Materiefelder (Baryonen und Leptonen) Spinorgleichungen sind. E. CARTAN hat aber schon vor 50 Jahren gezeigt, daß zum Einbau von Spinoren in RIEMANNsche Mannigfaltigkeiten die Einführung von Kongruenz-Systemen, d. h. n-peln von Vektoren (bzw., was dasselbe ist, von metrischen Spin-Vektoren) notwendig ist. Für die RIEMANNsche Raumzeit bedeutet dies die Notwendigkeit der Einführung eines Tetraden-Systems

$$h^A{}_\nu(x^\lambda) \quad \text{mit} \quad h_\mu{}^A h_\nu{}^B \eta_{AB} = g_{\mu\nu}(x^\lambda),\; h_A{}^\mu h_B{}^\nu g_{\mu\nu} = \eta_{AB}.$$

Die allgemeine Relativitätstheorie setzt voraus, daß lokal mit einem Tetraden-System $h^A{}_\nu(x^\lambda)$ auch alle aus diesem durch lokale LORENTZ-Rotationen

$$h_\nu{}^A = \omega^A{}_B h_\nu{}^B \quad \text{mit} \quad \omega^A{}_B \omega_C{}^B = \delta_C{}^A,\; \omega_B{}^A = \omega_B{}^A(x^\lambda)$$

entstehenden Tetraden-Systeme physikalisch gleichberechtigt sind. Damit aber überhaupt Spinor-Gleichungen für die RIEMANNsche Raumzeit formulierbar sind, muß mindestens ein Tetraden-System global einführbar sein. Dies bedeutet ersichtlich eine zusätzliche Forderung an die raumzeitliche Global-Struktur des Kosmos. Es muß möglich sein, diese Mannigfaltigkeiten mit 4 pseudo-orthonomierten Vektorfeldern $h_\nu{}^A(x^\lambda)$ stetig zu überdecken.

Man kann nun wieder die wissenschaftstheoretische Frage stellen, inwiefern die globalen mathematischen Forderungen über die raumzeitliche Weltstruktur tatsächlich physikalisch sinnvoll sind, inwiefern nämlich die Erfüllung oder Nichterfüllung dieser Forderungen — zumindest im Prinzip — nachgeprüft werden kann. Es besteht ja die Möglichkeit prinzipieller Grenzen der physikalischen Erfahrung, die bestimmte mathematische Forderungen sinnleer erscheinen lassen, weil sie diese Grenzen der möglichen physikalisch-astronomischen Erfahrungen überschreiten.

In der Tat liefern nun einerseits verschiedene kosmologische Weltmodelle — für sehr große Dimensionen — und andererseits die Quantenstruktur aller Meßgeräte — für sehr kleine Dimensionen — prinzipielle Schranken für die physikalischen Erfahrungen; diese Schranken legen es nahe, die mathematischen Forderungen bezüglich der Globalstruktur des Kosmos durch den Zusatz einzuschränken, daß sie eventuell nur in den Dimensionen des möglichen Erfahrungsbereichs zu erfüllen sind.

Eine unabdingbare Schranke für die Anwendung des Begriffes einer RIEMANNschen Raum-Zeit-Mannigfaltigkeit auf beliebig kleinen Dimensionen folgt, wie von REGGE, TREDER, WHEELER u. a. gezeigt wurde, gerade aus der Quantenstruktur aller Meßprozesse und der geometrischen Natur des Gravitationsfeldes. Es ergibt sich, daß es nicht möglich ist, Erfahrungen über die geometrische Struktur von Bereichen zu erhalten, deren Abmessungen kleiner als die sogenannte PLANCKsche Elementarlänge $l = \sqrt{hfc^{-3}}$ sind. (Diese Elementarlänge faßt die NEWTONsche Konstante f der Gravitationstheorie, die Konstante „Lichtgeschwindigkeit c", der Relativitätstheorie und die PLANCKsche Konstante h der Quantenphysik zu einer Längeneinheit zusammen). Wir haben hier in Berlin gezeigt, daß diese Meßschranke so gedeutet werden kann: Der Versuch, in Dimensionen $< l$ zu messen, führt zu einer Selbstabkapselung der Raumzeit, derart, daß die Gebiete mit kleineren Dimensionen als l nicht mehr die indefinite LORENTZ-MINKOWSKIsche Signatur, sondern eine definite Signatur $(-1, -1, -1, -1)$ tragen. In Weltgebieten mit einer definiten Signatur können sich aber keine Signale fortpflanzen, und daher sind auch keine Informationen aus ihnen erhältlich.

Andere Erkenntnisschranken folgen aus bestimmten kosmologischen Modellen, insbesondere aus der Form der Abhängigkeit der Funktion R von der universellen Zeit t: In verschiedenen kosmologischen Modellen treten sogenannte „Horizonte" auf, entweder ein „Teilchen- oder ein Ereignis-Horizont". Ein „Ereignis-Horizont" bedeutet zum Beispiel, daß es prinzipiell nicht möglich ist, Informationen über Objekte zu erhalten, die außerhalb einer bestimmten (natürlich sehr groß gemessenen — der Radius beträgt einige Milliarden Lichtjahre) dreidimensionalen Sphäre liegen. Diese Erkenntnisschranke ist nicht absolut, da jeder Beobachter seinen Horizont mit sich trägt. Da aber kaum jemals Möglichkeiten bestehen werden, außerhalb unseres Milchstraßensystems Beobachtungen anzustellen, ist ein eventueller „Ereignis-Horizont" doch eine effektive Grenze der Beobachtbarkeit, so daß man die Ansicht vertreten kann, daß es für Weltmodelle mit „Ereignis-Horizont" nicht sinnvoll ist, mathematische Postulate über die Struktur des Raumes außerhalb dieses Horizontes aufzustellen.

Schließlich folgt aus den meisten relativistischen Weltmodellen auch eine zeitliche Grenze für das Postulat der Gültigkeit der Naturgesetze. Nach diesen Weltmodellen besitzt nämlich die Funktion $R(t)$ zumindest eine Nullstelle in der Vergangenheit (vor ca. 15 Milliarden Jahren), die zu einer Singularität in den physikalischen Grundgleichungen führt, über die hinaus zeitlich nicht mehr weiter zurück extrapoliert werden kann.

Nun ist besonders aus neuen radioastronomischen Beobachtungen wie auch auf Grund allgemeiner thermodynamischer Überlegungen sicher, daß zu dem genannten Zeitpunkt der Kosmos sich tatsächlich in einem extremen Zustand hoher Dichte, hoher Temperatur und hoher Strahlungsintensität befunden haben muß. Es ist aber durchaus umstritten, ob die kosmologische Singularität selbst eine reale Konsequenz der theoretischen Kosmologie ist. Vielmehr kann man mit Einstein die Ansicht vertreten, daß die Einsteinschen Gravitationsgleichungen selbst nur eine Näherung darstellen, die dann gut ist, wenn die Wechselwirkung der Gravitation mit der übrigen Materie genügend schwach ist. Für die Behandlung extremer Zustände, bei denen eine intensive Wechselwirkung von Gravitation und Materie vorauszusetzen ist, sollten hingegen die Einsteinschen Gravitationsgleichungen durch modifizierte Gleichungen ersetzt werden, die auf eine Vereinigung der Gravitationstheorie mit der Quantenfeldtheorie hinzielen.

Dementsprechend wird das Postulat der globalen Erfüllung der Naturgesetze als Argument für eine Korrektur der herkömmlichen kosmologischen Weltmodelle benutzt. Ich möchte hier nur eine interessante, hiermit im Zusammenhang stehende Idee erwähnen, die zeigt, wie sich die verschiedenen vorgetragenen Gesichtspunkte ineinander verschränken:

Fußend auf Vorstellungen, die der bekannte sowjetische Astrophysiker Ambarzumjan über die Kosmogonie von Galaxien entwickelt hat, haben Jordan und Mitarbeiter versucht, die kosmologische Singularität dadurch zu eliminieren, daß sie eine Raum-Zeit-Welt mit einer recht komplizierten Topologie einführten. Jordan schlug vor, die kosmologische Singularität durch die Angliederung kleinerer Räume, die jeweils eine einzige kompakte Galaxis enthalten, an unser Universum zu ersetzen (wobei vor einigen 10 Milliarden Jahren dieser Angliederungsprozeß eben sehr häufig war). Eine solche Angliederung stellt sich im Raum-Zeit-Diagramm als eine „verschnittene Hose" dar, deren eines „weites Bein" unser Universum vor der Angliederung des anderen Raumes und deren „engeres Bein" den anzugliedernden Raum repräsentiert. Das vereinigte Universum wird durch das gesamte „Oberteil der Hose" (über dem „Schritt") dargestellt. Die Rechnung zeigte nun, daß die Jordansche Hose in der allgemeinen Relativitätstheorie „nicht zuschneidbar“ ist, es sei dann, man fügt im „Schritt“ einen „Zwickel“ ein, der durch ein Raum-Zeit-Gebiet mit definiter Signatur gebildet wird. Wie Herr JORDAN mir kürzlich mitteilte, war er schon bereit, seine Idee der „kosmologischen Hose“ fallen zu lassen, sei nun aber wieder zuversichtlicher, nachdem wir in Berlin gezeigt hätten, daß die Existenz solcher „Zwickel“ tatsächlich eine Konsequenz der Vereinigung von Quanten- und Gravitationstheorie ist.

Wir sehen an diesem Beispiel, wie kosmologische Fragen sich mit den Problemen der Quantenphysik vereinigen. Eine Vereinigung von Kosmologie und Elementarteilchenphysik ist in der Tat von EDDINGTON schon über 30 Jahre gefordert und neuerdings in der unitären Quantenfeldtheorie HEISENBERGS auf andere Weise zur Diskussion gestellt worden.

Diese Bemühungen, die Gravitationstheorie in die einheitliche Feldtheorie der Materie einzubauen, haben noch zu einer weiteren für die Untersuchung der Globalstruktur des Kosmos wichtigen Konsequenz geführt: Wie es EINSTEIN bereits einmal vor 40 Jahren in mehreren Arbeiten vorgeschlagen hatte, wird neuerdings von IWANENKO, C. MØLLER, SCHWINGER und TREDER die Idee vertreten, daß das Gravitationspotential nicht durch den metrischen Tensor $g_{\mu\nu}$ der RIEMANNschen Raumzeit, sondern durch die Tetradenfelder $h_\nu{}^A$ gegeben ist und daß die Wirkung der Gravitation ein RIEMANNscher Raum ist, der im EINSTEINschen Sinne fernparallelisiert ist und daher keine lokalen LORENTZ-Rotationen gestattet.

Diese aus der lokalen Feldtheorie folgenden Gedanken bedeuten für die Kosmologie, daß die Globalstruktur der Raumzeit nicht mehr nur irgendein System von orthogonalen Kongruenzen gestatten muß, damit die Spinorfelder in den Kosmos eingebaut werden können, sondern daß diese Kongruenzsysteme noch zusätzlich einem Differentialgleichungssystem genügen müssen, das lokal (bei vorgegebenen Anfangs- und Randbedingungen) den Fernparallelismus vollständig definiert.

Wir sehen so, daß die vor 50 Jahren von EINSTEIN und DE SITTER begründete theoretische Kosmologie zu einer Fülle von physikalischen und mathematischen Fragestellungen geführt hat, deren Lösung der vereinten Anstrengungen von Mathematikern, Physikern und Astronomen bedarf. Diese Anstrengungen werden dadurch belohnt werden, daß die Ergebnisse nicht nur für die Kosmologie im engeren Sinne, sondern für die gesamte Physik, insbesondere auch für die Physik der Elementarteilchen, von Bedeutung sein werden.

II. ENTWICKLUNGSGESETZE DES KOSMOS

7. Einige Probleme der Entwicklung des Kosmos

Die von ENGELS und LENIN begründeten drei fundamentalen Thesen der materialistischen Naturdialektik — materielle Einheit der Welt, Unerschöpflichkeit der Materie, Welt als Entwicklungsprozeß — sind Grundaussagen über die Struktur und die Entwicklung des Kosmos und seiner Teilsysteme. Alle drei Thesen spiegeln sich in besonderer Weise in der modernen Entwicklung der Astrophysik wider. Die These von der materiellen Einheit der Welt ist die erkenntnistheoretische, methodologische und heuristische Voraussetzung jedes Herangehens an die physikalische Erforschung des Kosmos, denn diese These besagt insbesondere, daß prinzipiell ein und dieselben fundamentalen Naturgesetze zu allen Zeiten und an allen Orten des Universums gelten, so daß es möglich ist, die Ergebnisse der irdischen Physik auf den Kosmos anzuwenden und umgekehrt aus den Ergebnissen der astrophysikalischen Forschung auf allgemeinphysikalische Gesetze zu deduzieren.

Das EINSTEINsche allgemeine Relativitätsprinzip ist der erste Versuch einer mathematischen Formulierung des Prinzips der materiellen Einheit der Welt in einer für die Physik unmittelbar konstruktiven Form. Es besagt, daß die allgemeinen physikalischen Gesetze — mathematisch korrekt formuliert — an allen Weltpunkten (d. h. überall im Raum und zu jeder Zeit) in derselben Form gelten, derart, daß z. B. in geeigneten (frei bewegten) lokalen Laboratorien überall die physikalischen Elementarprozesse und Elementargrößen in bezug auf eine vorgegebene Meßanordnung zu allen Zeiten dieselben Meßwerte besitzen.

Da aber der Kosmos offensichtlich eine Entwicklung durchmacht — die empirischen Ergebnissen beispielsweise der Astronomie und Geologie zwingen zu dieser Auffassung —, die elementaren Naturgesetze aber immer und überall gelten (sofern sie Zeitparameter enthalten, sind sie in bezug auf diese symmetrisch, so daß ein Unterschied zwischen Vergangenheit, Gegenwart und Zukunft im Rahmen der elementaren Naturgesetze nicht möglich ist), ergibt sich zwischen den beiden Wahrheiten, der Historizität des Kosmos einerseits und der Universalität des Wirkens der allgemeinen Naturgesetze andererseits, eine Aporie.

Es ist seit dem vorigen Jahrhundert wiederholt der Versuch gemacht worden auf Grund des II. Hauptsatzes der Thermodynamik eine Auflösung dieser Aporie zu erreichen. Bekanntlich hat schon ENGELS diese Versuche abgelehnt, und es ist seit der Zurückführung des II. Hauptsatzes auf statistische Aussagen über Teilchenensembles auch mathematisch bewiesen, daß es sich bei all diesen Versuchen um Scheinlösungen handelt. Denn die Herleitung des II. Hauptsatzes im Rahmen der statistischen Thermodynamik setzt bereits — explizit oder implizit — die Auszeichnung einer Zeitrichtung voraus, welche den Schluß auf ein Anwachsen der Entropie erst möglich und sinnvoll macht.

Die Lösung der Aporie ergibt sich, wenn man bedenkt, daß der Kosmos als Inbegriff aller physikalischen Gesetze und Prozesse eben mehr darstellt als die bloße Summe der elementaren Naturgesetze. Der Zustand und die Entwicklung des Kosmos werden nicht durch die elementaren Naturgesetze allein bestimmt, sondern sie folgen aus diesen zusammen mit den Anfangs-, Rand- und Grenzbedingungen, welche den Rahmen abstecken, in dem die elementaren Naturgesetze wirken. Sind diese Bedingungen selbst zeitabhängig, so führt dies auch bei zeitunabhängigen elementaren Naturgesetzen auf zeitabhängige, sich entwickelnde physikalische Systeme.

Ein mathematisches Modell des Universums (kosmologisches Weltmodell) repräsentiert eine bestimmte Lösung der physikalischen Grundgleichungen, unter denen die EINSTEINschen Gravitationsgleichungen die hier ausschlaggebenden sind. Die Auszeichnung einer solchen bestimmten Lösung als kosmologisches Weltmodell erfolgt auf Grund der im Universum tatsächlich realisierten CAUCHY-Bedingungen sowie von Rand- und Eindeutigkeitsbedingungen. Indem ein kosmologisches Weltmodell einen speziellen Typ von physikalischen Systemen darstellt, hat ein solches Weltmodell notwendig eine beschränktere Anzahl von räumlichen und zeitlichen Symmetrien als die allgemeinen Naturgesetze, die für sich allein eine unendliche Mannigfaltigkeit von Weltmodellen gestatten. Dies ist die mathematische Widerspiegelung der Tatsache, daß der Kosmos als Ganzes weniger Symmetrien besitzt als die einzelnen im Kosmos ablaufenden elementaren Prozesse.

Seit FRIEDMANNS Untersuchungen (1922) über die Anwendung der EINSTEINschen Gravitationstheorie auf den Kosmos als Ganzes wissen wir, daß unter den von der Astronomie festgestellten tatsächlichen Verteilungen der Massen und Bewegungen der Sterne und Sternsysteme im Raum ein ahistorischer Kosmos mit den elementaren Naturgesetzen selbst unverträglich ist (insbesondere ist er unverträglich mit den EINSTEINschen Gravitationsgleichungen). Dies meint, daß der Rahmen, in dem diese Naturgesetze im Kosmos zusammenwirken, eben zeitlich veränderlich ist, und zwar derart, daß dadurch eine universelle Zeitrichtung ausgezeichnet ist. Mit dieser ausgezeichneten Zeitrichtung ist das reale Universum ein Evolutionskosmos, in dem die Naturgesetze unter immer veränderten Bedingungen (wobei zwischen den Bedingungen ein gesetzlicher Zusammenhang besteht) wirken. Daher ist grundsätzlich kein kosmischer Prozeß unter gleichen Bedingungen wiederholbar — im Sinne des bekannten

Ausspruches von HERAKLIT, daß man nicht zweimal in den gleichen Fluß steigen kann. — Auf Grund der universellen Änderung der Bedingungen für die Wirkung der Naturgesetze im Evolutionskosmos entwickeln sich die physikalischen Eigenschaften des Kosmos selbst.

Der Makrokosmos erweist sich so als ein Entwicklungsprozeß, bei dem gesetzmäßig immer neue Arten von Körpern, Systemen und Bewegungsprozessen entstehen. Im Rahmen dieses Entwicklungsprozesses bildeten sich auch die gegenwärtigen quantitativen und qualitativen Mikrostrukturen (Teilchen- und Quantenzahlen, Isotopenhäufigkeit und -verteilung etc.) heraus und bestimmten ihrerseits die Gesetze der weiteren Entwicklung der Sterne und Sternsysteme. In den letzten Jahren wurden zahlreiche bis dahin völlig unbekannte Großstrukturen der Materie im Kosmos neu entdeckt, wie beispielsweise die als Quasare bezeichneten sternartigen Objekte, die Galaxien (galaktische Kerne) hoher Verdichtung sind, welche sich in einer kritischen Phase beschleunigter Evolution befinden. Energieumsetzungen in Quasaren übersteigen in ihrer Intensität die normaler Galaxien um zehn und mehr Größenordnungen. Die Quasare hängen kosmologisch mit Kompaktgalaxien und explosiven Galaxien zusammen; diese sind wahrscheinlich die Quellen der Quasarentstehung.

Die sich als Pulsare manifestierenden Neutronen- und Baryonensterne kennzeichnen ein abschließendes Entwicklungsstadium der Einzelsterne. Sie ähneln Makroatomkernen, in denen der radioaktive Zerfall durch das eigene Schwerefeld abgebremst wird. Die schwarzen Löcher sind das extremste Stadium der Entwicklung von überdichten Sternen bzw. Sternsystemen. In ihnen übertrifft die Gravitationswechselwirkung alle anderen Wechselwirkungen.

Diese neuen Strukturen besitzen spezifische Bewegungs- und Entwicklungsgesetze, welche ihrerseits mit der lokalen und globalen Struktur von Raum und Zeit verflochten sind. Man kann sagen, daß alle auf Grund der fundamentalen Naturgesetze möglichen quantitativen und qualitativen materiellen Strukturen und Bewegungen im Laufe der Entwicklung des Kosmos tatsächlich entstehen.

Allgemein zeigt die Kosmologie, daß in der Vergangenheit die kosmische Materie andere Eigenschaften besessen hat als in der Gegenwart, und im Evolutionskosmos werden auch in Zukunft unter wieder veränderten Umständen neue Eigenschaften entstehen. Die Wandlung der Eigenschaften der Materie kann mathematisch erfaßt werden. Die Geschichtlichkeit des Kosmos begründet u. a. die These von der Unerschöpflichkeit der Materie.

Die Tatsache, daß die allgemeinen Eigenschaften der Materie Geschichtlichkeit besitzen, drückt sich aus in der Bereicherung der Materiestrukturen. Ganz sicher enthält das Universum heute reichhaltigere und komplexere Formen als vor etwa 10 Mrd. Jahren. Es treten völlig neue Eigenschaften auf, die einzelnen Elementarteilchen oder Atomen überhaupt nicht zugeschrieben werden können (Kristallstrukturen, Ferromagnetismus, Supraleitfähigkeit, Affinität) und dementsprechend auf elementaren Ebenen nicht definiert sind. Die Entwicklung führt zu größerer Komplexität. Es sind neue Begriffsbildungen nötig, die auf der elementaren Ebene keinen Sinn hätten.

Im Rahmen der komplexeren Systeme modellieren sich aber wieder die elementaren Naturgesetze, wobei diese Modelle nur unter wohldefinierten Bedingungen gelten, da das Modell sonst jegliche Aussagekraft verliert. Die Wiederholung physikalischer Gesetze in Systemen unterschiedlicher Komplexität erlaubt Renormierungen, die in der Entdeckung bestehen, daß sich im Rahmen der Kollektivphänomene die Elementargesetze der Physik wiederholen, wenn der Grundzustand und die in die Dynamik eingehenden Konstanten und Parameter geeignet umdefiniert werden.

Diese Umdefinition im Sinne der Renormierung führt zu einer wechselseitigen Modellierung: Einerseits werden die Gesetze des makroskopischen Systems durch elementare Naturgesetze modelliert und andererseits bildet das makroskopische System ein Modell für die fundamentalen Naturgesetze. Ein Beispiel ist die Quasiteilchentheorie des Festkörpers mit ihrer Modellierung des Grundzustandes des Festkörpers durch das Vakuum und der Elementarteilchen durch Quasiteilchen, die natürlich auch umgekehrt gelesen werden kann.

Korrespondierend dazu ist die Modellierung der klassischen Festkörpermechanik durch die allgemeine Relativitätstheorie des im Sinne EINSTEINS fernparallelisierten Raumes, die umgekehrt auch ein Modell des allgemeinrelativistischen Vakuums (EINSTEIN-WEYLscher Äther) durch den Festkörper bedeutet. Derartige Renormierungen sind eine besondere Form, in der sich die elementaren Naturgesetze in komplexen Systemen durchsetzen.

Die Wiederholung elementarer physikalsicher Gesetze auf verschiedenen Ebenen weist die Entwicklung des Kosmos als einen dialektischen Prozeß aus. Dieses Moment muß innerhalb einer philosophischen Entwicklungstheorie als ein spezifischer Ausdruck der materiellen Einheit der Welt und der Dialektik ihrer Entwicklung ihre Würdigung finden.

8. Friedrich Engels und der 2. Hauptsatz der Thermodynamik[1])

Gestatten Sie mir einige wissenschaftshistorische Bemerkungen über die Bedeutung von ENGELS' erkenntnistheoretischen und wissenschaftstheoretischen Untersuchungen zu einem der fundamentalen Probleme der Physik: zu seiner kritischen Analyse der Gültigkeitsgrenzen des 2. Haupt-

---

1) Dieser Aufsatz wurde als Vortrag auf der ENGELS-Festsitzung der DAW zu Berlin 1970 gehalten.

satzes der Thermodynamik. Die betreffenden Absätze in Engels' Werk „Naturdialektik“ sind auch von unseren marxistischen Philosophie-Historikern noch nicht voll gewürdigt worden. Einige von ihnen erwecken sogar den Eindruck, daß sie diese Passagen in Engels' Werk für ein zeitbedingtes Versehen halten, das man entschuldigend hinweginterpretieren sollte. Ich möchte hingegen zeigen, daß auch und gerade Engels' kritische Bemerkungen zum 2. Hauptsatz der Thermodynamik sein Genie und die Tiefe seiner Einsichten in die Entwicklung der Physik beweisen.

Die Beschäftigung mit diesem Teil des Werkes von Engels erscheint mir auch deswegen grundsätzlich interessant, weil er an einem klassischen Beispiel die Bedeutung der erkenntnistheoretischen und logischen Analyse für die physikalische Sachforschung demonstriert: In die innere Entwicklung der Physik greifen erkenntnistheoretische und allgemein philosophische Untersuchungen meines Erachtens dann entscheidend ein, wenn es sich um die Umgestaltung grundlegender physikalischer Theorien und besonders um die Revision des axiomatischen Urbaus der Physik handelt. Eine solche Umgestaltung wird erstens dann erforderlich, wenn eine Theorie durch die fortschreitende experimentelle Erfahrung in Widerspruch zu den Tatsachen gerät bzw. neue Erfahrungen die Insuffizienz der zur Verfügung stehenden theoretischen Vorstellungen für die Deutung der Experimente zeigen. Erkenntnistheorie und Logik greifen zum anderen vor allem dann entscheidend in die Entwicklung der Physik ein, wenn sich beim systematischen Ausbau von Theorien herausstellt, daß sich zwischen bis dahin akzeptierten Grundgesetzen der Physik innere Widersprüche ergeben, sobald die Konsequenzen dieser Gesetze genügend weit verfolgt werden.

Die Leistungen der erkenntnistheoretischen und logischen Analyse für den Fortschritt der Physik sind in klassischer Weise von Einstein und Bohr umschrieben worden, und zwar dahingehend, daß diese Analyse dazu führt, unbewiesene — aber zu Unrecht als bewiesen oder gar als denknotwendig angenommene — Grundsätze, die in die Physik explizit oder implizit eingegangen sind, aufzudecken und dabei gleichzeitig die Denkmittel zu liefern, die den Weg freimachen für ein Erneuern und Vertiefen der Grundpositionen in der Physik. Nach Bohr besteht die spezielle Leistung einer umfassenden philosophischen Fachkenntnis darin, daß diese davor schützt, die gröbsten Fehler zu begehen, die man begehen kann (und besonders solche Fehler zu wiederholen, die andere bereits früher begangen haben). Die Philosophie schützt uns auch vor logischen und erkenntnistheoretischen Fehlschlüssen, die daraus resultieren, daß wir bestimmte Theoreme, die wir zufällig kennen, als selbstverständlich akzeptieren, weil uns die Fülle der Denkmöglichkeiten, die die Philosophie erarbeitet hat, unbekannt geblieben ist.

In seinen Ausführungen zum 2. Hauptsatz der Thermodynamik wies Engels auf eine Inkonsequenz in den Grundlagen der in den 50er und 60er Jahren des 19. Jahrhunderts begründeten mechanischen Wärmetheorie hin

[5]. Er bemerkte, daß die beiden Grundtheoreme der mechanischen Wärmetheorie, der 1. Hauptsatz (Satz von der Erhaltung der Energie) und der 2. Hauptsatz (Satz von der Vermehrung der Entropie)[1]), dann zu einem Widerspruch führen, wenn die unbeschränkte exakte Gültigkeit des 2. Hauptsatzes angenommen wird, wie dies die Väter der mechanischen Wärmetheorie, W. THOMSON und R. CLAUSIUS, und mit ihnen damals alle Thermodynamiker taten. ENGELS führte dagegen aus, daß auf Grund der Deutung der Wärme als Bewegung entsprechend der kinetischen Theorie der Materie und der dieser Deutung zugrunde liegenden Atomistik unter den allgemein als Grundlage des Energiesatzes akzeptierten Vorstellungen, wie sie von HELMHOLTZ [6] hergeleitet worden waren, die kinetische Theorie der Materie zusammen mit dem Energiesatz zu dem Ergebnis führt, daß im Universum im Prinzip nur zyklische (also quasi-periodische) Prozesse ablaufen können. Die vom 2. Hauptsatz der Thermodynamik behauptete Gerichtetheit des Geschehens auf einen Endpunkt der Weltentwicklung (den „Wärmetod" gemäß CLAUSIUS) steht daher nach ENGELS im Widerspruch zur Atomistik und zum Energiesatz und somit zu den Grundlagen der Wärmetheorie selbst.

Er hob hervor, daß die in makroskopischen Bereichen ablaufenden Zyklen zwar extrem lange, aber grundsätzlich endliche Zeitperioden besitzen und der Nachweis solcher zyklischer Prozesse — und damit der Nachweis von den 2. Hauptsatz verletzenden Prozessen — in molekularen Dimensionen zu erwarten ist. Engels hat mit dieser Analyse natürlich vollständig recht: Er trifft den Kern des Problems mit seiner These von der grundsätzlichen Quasi-Periodizität aller im Universum ungestört ablaufenden Prozesse genauso wie mit seinem Hinweis auf die zu erwartenden Entropie-Schwankungen in molekularen Dimensionen.

---

[1]) Der 1. Hauptsatz der Thermodynamik ist der (auf die Wärmelehre angewandte) Satz von der Erhaltung der Energie: In einem abgeschlossenen System — und im Universum als Ganzes — ist die Summe aller Energien (kinetische Energie, potentielle Energie, Wärmeenergie, elektrische Energie usw.) konstant; die verschiedenen Energieformen können sich in feststehenden Verhältnissen ineinander umwandeln, ohne daß sich hierbei die Quantität der Gesamtenergie ändert.

Der 2. Hauptsatz der Thermodynamik sagt aus, daß alle nach dem 1. Hauptsatz möglichen Prozesse so ablaufen, daß eine „Entropie" genannte Größe S zunimmt: In jedem abgeschlossenen System — und im Universum als Ganzes — gilt für jeden Prozeß: $dS\ S \geqq 0$.

Dieser Satz hat zur Konsequenz, daß die Wärmeenergie niemals vollständig, sondern nur zu einem bestimmten Bruchteil in andere Energiearten umgewandelt werden kann, während im Prinzip bei jedem Prozeß auch Wärmeenergie aus anderen Energiearten erzeugt wird. Im Endergebnis verwandelt sich alle Energie in Wärmeenergie, wobei das abgeschlossene System überall und zu allen Zeiten dieselbe Temperatur besitzt. — Auf das Universum angewandt ist dies die von CLAUSIUS formulierte These vom „Wärmetod der Welt".

Um diese Einsicht historisch zu würdigen, erinnere man sich, daß Engels die entsprechenden Stellen der „Naturdialektik“ Anfang der 70er Jahre formulierte — zu einer Zeit also, in der Maxwells Arbeiten zur kinetischen Gastheorie außerhalb Englands wenig bekannt waren und Boltzmann seine Arbeiten zur Begründung der statistischen Thermodynamik gerade erst begonnen hatte. Auch nach Maxwells und Boltzmanns Untersuchungen blieb die Frage nach der Stellung des 2. Hauptsatzes noch jahrzehntelang offen. In einem kleinen Sammelband mit klassischen Arbeiten zur „Kinetischen Theorie“, den der amerikanische Physiker Brush [3] herausgegeben hat, wies auch er darauf hin, daß der erste Nachweis der prinzipiellen Unvereinbarkeit der exakten Gültigkeit des 2. Hauptsatzes der Thermodynamik mit der kinetischen Theorie der Wärme von philosophischer Seite erfolgt ist. Brush kennt aber — das liegt wohl an seinem Wohnort — Engels' „Naturdialektik“ nicht. Er verweist auf die zehn Jahre später von einem deutschen Philosophen ganz anderen Typs angestellten Überlegungen: auf Nietzsches Lehre von der „Ewigen Wiederkehr“ [8].

In der Tat hat Nietzsche um 1884 unter dem direkten Einfluß der Arbeiten des mit ihm gleichaltrigen Boltzmann ebenfalls ausgeführt: Wenn der 2. Hauptsatz als uneingeschränkt gültiges, exaktes Naturgesetz anzusehen wäre, müßte alles, was geschehen könnte, auch schon geschehen sein. Er kommt durch eine Art kombinatorischer Abzählung zu dem Schluß, daß die Physik auf Grund ihrer atomistisch-kinetischen Basis im Prinzip nur zyklische Prozesse gestattet. Auch Nietzsches Argumentation ist bis hierhin völlig korrekt; sie wiederholt allerdings nur das, was Engels bereits zehn Jahre vorher gesagt hatte (und Nietzsche natürlich unbekannt war). Jedoch zeigt sich dann ein für ihn charakteristischer Unterschied zu Engels: Nietzsche hat ja oft scharfe Einzelargumentationen gegeben, diese dann aber immer wieder ins Paradoxe umgewendet, so daß bei ihm im Endergebnis oft das Gegenteil von dem herauskommt, was man sachgemäß erwarten würde. Während Engels' Beweis für die nicht exakte Gültigkeit des 2. Hauptsatzes auf der materialistischen Naturauffassung beruht, wie sie in der Atomistik der kinetischen Theorie der Materie formuliert ist, schließt Nietzsche paradoxerweise: Weil der 2. Hauptsatz der Thermodynamik nicht uneingeschränkt gültig ist, muß die materialistische Naturauffassung falsch sein. — Diesen Schluß kann auch der Herausgeber des eben genannten Buches nicht nachvollziehen. Brush sagt mit Recht, daß hier ein Bruch in der Deduktion Nietzsches besteht.

Innerhalb der mathematischen Physik wurde das Theorem, daß die Atomistik — und damit die statistische Thermodynamik — bei der Erfüllung des Energiesatzes nur auf zyklische (quasiperiodische) Prozesse führen kann, wobei die Perioden in Abhängigkeit von der Größe des Systems sehr groß sein können (und für jedes makroskopische System tatsächlich extrem lang sind), zum erstenmal 1890 in den Arbeiten von Poincaré [10] zum Dreikörperproblem der Himmelsmechanik ausgesprochen[1]). Aus dem POINCARÉschen Theorem zogen nun qualitativ POINCARÉ selbst (1893) und quantitativ ZERMELO [13] (1896) diseelben Schlüsse, wie sie ENGELS auf Grund seiner philosophisch fundierten Analyse gezogen hatte: Unter der Voraussetzung der atomistischen kinetischen Theorie der Materie folgt aus dem Energiesatz die rein statistische Natur des 2. Hauptsatzes, dessen angenäherte Gültigkeit eben auf den langen Perioden der im Universum ablaufenden Zyklen beruht. Wiederum ist nun folgendes interessant: POINCARÉ und ZERMELO, denen die gesamten Hilfsmittel der Mathematik, die sie souverän beherrschten, zur Verfügung standen und die sich voll auf die physikalischen Arbeiten von BOLTZMANN stützen konnten, kamen im Endergebnis für die Perspektiven der Physik zu einem genau entgegengesetzten Schluß wie ENGELS. Sie sagten [10, 13]: Da die Atomistik und die auf ihr beruhende statistische Mechanik — das hieß für sie die materialistische Naturerklärung — dazu führt, daß der 2. Hauptsatz der Thermodynamik keine exakte Gültigkeit haben kann, so sind die Atomistik (und damit die materialistische Naturerklärung) grundsätzlich falsch oder unzureichend. ZERMELO [13, 14] argumentierte daher in einer heftigen Polemik mit BOLTZMANN [1, 2] gegen die Atomistik und schließlich gegen die Existenz von Atomen. Wie PLANCK [9] in seiner wissenschaftlichen „Autobiographie" bemerkt, wurde diese Diskussion von BOLTZMANN deswegen besonders hart geführt, weil hinter ZERMELO dessen Lehrer PLANCK stand, der als führender Thermodynamiker um 1895 noch dazu neigte, den 2. Hauptsatz der Thermodynamik für ein absolut exaktes Naturgesetz zu halten und aus diesem Grunde BOLTZMANNS Atomistik skeptisch gegenüberstand. — Es ist unnötig zu bemerken, daß PLANCK in den wenigen Jahren bis 1900 diese skeptische Position vollständig revidierte und zu einem der Hauptvertreter der Atomtheorie wurde.

Es hat dann wiederum noch einmal zehn Jahre gedauert, bis durch die Arbeiten von EINSTEIN [4] und von v. SMOLUCHOWSKI [12] zur Erklärung der BROWNschen Molekularbewegung und durch den damit verbundenen Nachweis der Schwankungserscheinungen in molekularen Dimensionen die Atomistik und die auf ihr beruhende statistische Thermodynamik endgültig zu einem gesicherten Fundament der Physik wurden.

Ich hielt diesen wissenschaftshistorischen Exkurs für mitteilenswert, weil er meiner Meinung nach die enormen Denkerqualitäten ENGELS zeigt, der, nach allen mir bekannten physikhistorischen Unterlagen, zehn Jahre vor jedem anderen die logische Notwendigkeit der rein statistischen Natur des 2. Hauptsatzes der Thermodynamik und insbesondere den prinzipiellen Tatbestand aufdeckte, daß die kinetische Theorie der Materie im Prinzip

---

[1]) Bei seinem Nachweis des zyklischen Ablaufs aller Prozesse setzte POINCARÉ voraus, daß der Energiesatz gemäß HELMHOLTZ dadurch erfüllt wird, daß zwischen den Atomen (oder Molekülen) nur geschwindigkeitsunabhängige Zentralkräfte wirken.

nur zyklische Prozesse zuläßt. Darüber hinaus lehrt diese Leistung eindrucksvoll die Macht von Erkenntnistheorie und Philosophie beim Zuendedenken von Grundkonzeptionen und -problemen der Physik — wobei die Philosophie die prinzipiellen Fragen aufwirft und für die mathematisch-physikalische Einzeluntersuchung dabei auch die Richtung angibt, in der fundamentale Entdeckungen zu machen sind.

Ich möchte weiterhin hervorheben, daß die unterschiedlichen Schlußfolgerungen, die Engels, Nietzsche, Poincaré und Zermelo aus den zunächst ja übereinstimmenden Ergebnissen ihrer Analyse der Beziehungen von Atomistik und Thermodynamik gezogen haben, die Bedeutung einer konsequenten philosophischen Position aufzeigen. Die mathematischen Untersuchungen von Poincaré und Zermelo sind von einem außerordentlich hohen Niveau und zeigen ihre souveräne Beherrschung der mathematischen Physik. Aber wegen ihrer Vorliebe für eine nicht konsequent materialistische, sondern zumindest teilweise idealistische Konzeption zogen Poincaré und Zermelo aus ihrem Nachweis des prinzipiellen Widerspruchs zwischen der Atomistik und einer exakten Gültigkeit des 2. Hauptsatzes genau den falschen Schluß: Sie behaupteten die Fehlerhaftigkeit bzw. die Insuffizienz der Atomistik. Hingegen hatte Engels — immerhin schon 25 Jahre früher — aus seinem analogen — zwar rein qualitativen, aber völlig korrekten — Resultat die richtige Konsequenz erkannt, die besagt, daß in molekularen Dimensionen Abweichungen vom 2. Hauptsatz zu erwarten sind.

Es ist überhaupt bezeichnend für die mathematisch-physikalischen Leistungen von Poincaré, daß er sich selbst immer im letzten Moment durch einen erkenntnistheoretischen Schlenker, deren Unwissenschaftlichkeit Lenin [7] im „Empiriokritizismus" kritisiert hat, die Möglichkeit zu größten physikalischen Entdeckungen verbaute. Dies ist ihm bei der speziellen Relativitätstheorie so ergangen, vor deren Entdeckung er unmittelbar gestanden hat. In unserem Fall hinderte seine Philosophie ihn daran, die Theorie der Brownschen Bewegung und der Schwankungserscheinungen, die in seinen mathematischen Ergebnissen impliziert sind, zu erkennen.

Literatur

[1] L. Boltzmann, Ann. d. Phys. **57**, 773 (1896).
[2] L. Boltzmann, Ann. d. Phys. **59**, 392 (1897).
[3] S. G. Brush, Kinetische Theorie, Band II, S. 27—30. Berlin, Oxford, Braunschweig 1970.
[4] A. Einstein, Untersuchungen über die Theorie der Brownschen Bewegungen, Ostwalds Klassiker Nr. 199. Leipzig 1922.
[5] F. Engels, Dialektik der Natur. — Karl Marx — Friedrich Engels, Werke Bd. 20, S. 324—327, 544—545, Berlin 1962.

[6] H. v. HELMHOLTZ, Über die Erhaltung der Kraft, Ostwalds Klassiker Nr. 1. Leipzig 1889.
[7] W. I. LENIN, Materialismus und Empiriokritizismus, Moskau 1947.
[8] F. NIETZSCHE, Der Wille zur Macht. — F. Nietzsche, Gesammelte Werke Bd. 19, S. 373, München 1926.
[9] M. PLANCK, Wissenschaftliche Selbstbiographie, S. 21, 2. Aufl., Leipzig 1948.
[10] H. POINCARÉ, Sur le probleme des trois corps et les équatiòns de dynamique, Acta math. 13, 1 (1890).
[11] H. POINCARÉ, Wissenschaft und Hypothese 3. Aufl., S. 178—180, Leipzig 1914.
[12] M. v. SMOLUCHOWSKI, Abhandlungen über die Brownsche Bewegung und verwandte Erscheinungen, Ostwalds Klassiker Nr. 207, Leipzig 1923.
[13] E. ZERMELO, Ann. d. Phys. 57, 485 (1896).
[14] E. ZERMELO, Ann. d. Phys. 60, 392 (1897).

9. Die relativistische Thermodynamik des Universums und die 3°-Kelvin-Strahlung

Vor einigen Jahren wurde durch radioastronomische Beobachtungen die sogenannte 3°-Kelvin-Strahlung entdeckt. Diese Strahlung erfüllt den kosmischen Raum isotrop und genügt angenähert dem PLANCKschen Gesetz für die Wärmestrahlung. Sie ist zu deuten als ein Relikt des Urzustandes des Universums, wie er vor etwa 10^{10} Jahren bestand. — Im folgenden sollen auf eine elementare Weise die Eigenschaften der 3°-Kelvin-Strahlung aus der Thermodynamik der relativistischen Weltmodelle hergeleitet und die Konsequenzen für die Geschichte des Universums diskutiert werden.

Wir gehen von Weltmodellen mit einer isotropen und räumlich homogenen Verteilung der Materie aus, wie sie zuerst von A. A. FRIEDMANN 1922 aus der EINSTEINschen Gravitationstheorie hergeleitet wurden [1]. Das Ruhsystem der kosmischen Materie ist gegeben durch eine Metrik von ROBERTSON-WALKERscher Form:

$$ds^2 = c^2dt^2 - R^2(t)d\sigma^2 \quad (c = \text{Lichtgeschwindigkeit}). \tag{1}$$

Hierbei ist

$$d\sigma^2 = \frac{dx^i dx^i}{\left(1 + \frac{\varepsilon}{4} x^i x^i\right)^2} \quad (\text{mit } i = 1, 2, 3 \text{ und } \varepsilon = \text{const}) \tag{1a}$$

das Linienelement eines dreidimensionalen Raumes $t = \text{const}$ mit konstanter Krümmung; $\varepsilon = 1$ entspricht einer positiven, $\varepsilon = -1$ einer negativen und $\varepsilon = 0$ einer verschwindenden Krümmung dieses dreidimensionalen Raumes [1].

Der Abstand zweier Punkte in einem dreidimensionalen Raum zur Zeit t ist gegeben durch $s = R(t)\int_{P_1}^{P_2} d\sigma$. Für das Volumen V eines dreidimensionalen

Gebietes gilt also

$$V \sim R^3(t), \tag{2}$$

d. h., das Volumen V eines gegebenen Gebietes des Raumes ist eine Funktion der kosmischen Zeit t.

Der gemäß den EINSTEINschen Gleichungen für das Gravitationsfeld zur Metrik (1) gehörende räumlich homogene und isotrope Materietensor hat die Form

$$T_0{}^0 = u(t), \; T_i{}^k = p(t)\delta_i{}^k, \; T_{i0} = 0 \tag{3}$$

(mit $\delta_i{}^k$ = KRONECKER-Tensor; $i, k = 1, 2, 3$).

Die EINSTEINschen Gleichungen (ohne kosmologischen Term) reduzieren sich auf zwei unabhängige gewöhnliche Differentialgleichungen, die sich zusammenfassen lassen in den relativistischen Energiesatz [2]

$$\dot{u} + \frac{3\dot{R}}{R}(u + p) = 0 \tag{4}$$

und die FRIEDMANNsche Differentialgleichung [3]

$$\frac{2\ddot{R}R + \dot{R}^2 + \varepsilon c^2}{R^2} = -\varkappa p c^2 \tag{5}$$

($\varkappa$ = EINSTEINsche Gravitationskonstante; der Punkt bedeutet die Ableitung nach der Zeit t).

Dies sind zwei Gleichungen für die drei Funktionen u, p und R.

Ist eine Zustandsgleichung

$$p = p(u)$$

gegeben, so bestimmt der Energiesatz (4) die Energiedichte u als Funktion von R, und (5) ist dann die Bestimmungsgleichung für R als Funktion von t. Wichtig ist, daß in den Energiesatz (4) die Krümmung ε des dreidimensionalen Raumes nicht eingeht, die Thermodynamik davon also unabhängig ist.

Im Materietensor (3) ist die Dichte der Gesamtenergie u die Summe aus der Dichte der Ruhenergie ϱc^2, der der Strahlungsenergie u_s und der der thermischen inneren Energie i. Der Druck p setzt sich aus dem Strahlungsdruck p_s und dem Gasdruck π zusammen:

$$u = \varrho c^2 + u_s + i, \tag{6a}$$

$$p = p_s + \pi. \tag{6b}$$

Die Zustandsgleichungen lauten [4]

$$p_s = \frac{u_s}{3} \tag{7a}$$

bzw.

$$\pi = \frac{2}{3}\, i, \tag{7b}$$

wobei in (7b) ein einatomiges Gas vorausgesetzt ist, was etwa den kosmischen Verhältnissen entspricht.

Im gegenwärtigen Zustand des Universums findet ein Umsatz von Ruhenergie in strahlende und thermische Energie bei den thermonuklearen Prozessen im Sterninnern statt. In den Sternen und auch in der interstellaren Materie ist ferner ein Austausch von strahlender und thermischer Energie möglich. – Entscheidend für das Verständnis der 3°-Kelvin-Strahlung und damit der Thermodynamik des Universums ist nun die Bemerkung, daß seit dem „Urzustand" des Universums (in dem extreme physikalische Bedingungen herrschten [s. u.]) der Umsatz zwischen den drei Energiearten kosmologisch nicht bedeutsam ist. Es ist also vorauszusetzen, daß beim gegenwärtigen Zustand des Universums und auch einige Milliarden Jahre zurückgerechnet der durch die thermonuklearen und andere Prozesse bewirkte Austausch zwischen den drei Energiearten gegenüber dem Gesamtbetrag dieser drei Energien vernachlässigbar klein ist, weil die den Energieaustausch bewirkenden Prozesse zu wenig zahlreich und zu wenig intensiv sind. (Diese Annahme steht offenbar im logischen Zusammenhang mit der grundlegenden Annahme einer räumlich homogenen Materieverteilung, die davon ausgeht, daß die Existenz von Massenverdichtungen in der Form von Sternen und Sternsystemen in erster Annäherung unwesentlich für die Makrostruktur des Kosmos ist.)

Unter der Voraussetzung eines vernachlässigbaren Austausches zwischen Ruhenergie, Strahlungsenergie und Thermoenergie zerfällt der Energiesatz (4) in drei unabhängige Bedingungen für jede der drei Energiearten:

Für die Ruhenergie folgt mit

$$p = 0 \tag{8a}$$

aus (4)

$$\frac{\dot{\varrho}}{\varrho} = -3\,\frac{\dot{R}}{R} \tag{8b}$$

mit dem Integral

$$\varrho c^2 R^3 = \text{const} \tag{9a}$$

Aus (9a) und (2) folgt

$$M = \varrho V = \text{const}. \tag{9b}$$

Dies besagt, daß bei einem zeitlich abhängigen Volumen V die Dichte der Ruhmasse umgekehrt proportional zum Volumen ist und der Gesamtbetrag der Ruhenergie Mc^2 also erhalten bleibt:

$$Mc^2 = V\varrho c^2 = \text{const}. \tag{9c}$$

Für die strahlende Energie folgt mit der Zustandsgleichung (7a) aus dem Erhaltungssatz (4)

$$\frac{\dot{u}_s}{u_s} = -4\frac{\dot{R}}{R} \tag{10a}$$

mit dem Integral [2, 3]

$$u_s R^4 \sim u_s V R = E_s R = \text{const} \tag{10b}$$

(mit der Gesamtenergie $E_s = u_s V$ der Strahlung).

(10b) besagt, daß sich bei einer Expansion des Volumens die Dichte der Strahlungsenergie gemäß

$$u_s \sim V^{-4/3} \tag{10c}$$

verdünnt, so daß die gesamte strahlende Energie E_s mit $V^{-1/3}$ abnimmt. Mit Hilfe des STEFAN-BOLTZMANNschen Gesetzes kann eine Strahlungstemperatur T_s definiert werden:

$$u_s \sim T_s^4.$$

Mit dieser folgt aus (10b)

$$V^{1/3} T_s = \text{const}, \text{ Entropie } S \sim V T_s^3 = \text{const}. \tag{10d}$$

Die Expansion ist also ein adiabatischer Prozeß ($dS = 0$), und die Strahlungstemperatur T_s ist umgekehrt proportional der Kubikwurzel des Volumens und nimmt entsprechend diesem Gesetz bei der Expansion des Volumens ab (s. [4]). (Zur Zeit beträgt sie eben 3—3,5° Kelvin.)

Die Gesamtenergie E_s der Strahlung setzt sich zusammen aus den Energien $E_\nu = h\nu$ der einzelnen Photonen mit den Frequenzen ν. Eine unmittelbare Wechselwirkung zwischen den Photonen gibt es nicht. Ferner ist eine Wechselwirkung durch die Vermittlung des kosmischen Gases gemäß der Voraussetzung ausgeschlossen, daß von einem Austausch der Strahlungsenergie mit der thermischen Energie abgesehen werden kann.

Daher bedeutet die Abnahme der Gesamtenergie der Strahlung eine Abnahme der Energie jedes einzelnen Photons nach dem allgemeinen Gesetz:

$$E_\nu R = h\nu R = \text{const}. \tag{11}$$

Dies ist VON LAUES Bedingung [3] für die kosmische Rotverschiebung der Frequenzen $\nu \sim R^{-1}$.

Schließlich folgt für die thermische Energie aus dem relativistischen Energiesatz (4) und der Zustandsgleichung (7b)

$$iR^5 \sim iVR^2 = \text{const} \tag{12a}$$

und hieraus für die Gesamtwärmeenergie $I = iV$ des kosmischen Gases

$$IV^{2/3} = \text{const}. \tag{12b}$$

Die Intensität der thermischen Energie ist somit umgekehrt proportional zu $V^{5/3}$, die Gesamtwärmeenergie I nimmt daher proportional $V^{-2/3}$ ab. Definieren wir eine Gastemperatur T_{gas} mit Hilfe der Gasgleichung

$$I_{\text{gas}} \sim T_{\text{gas}},$$

so folgt aus (12b) die adiabatische Abkühlung des kosmischen Gases (s. [4]):

$$T_{\text{gas}} \sim R^{-1} \sim V^{-2/3}. \tag{12c}$$

Es gibt somit für die drei verschiedenen Energieformen drei verschiedene Temperaturen: die Strahlungstemperatur T_s, die Gastemperatur T_{gas} und die der Ruhenergie zuzuordnende Temperatur T_0. Da ein Übergang der Ruhenergie in eine andere Energieform voraussetzungsgemäß ausgeschlossen ist, beträgt die ‚Temperatur der Ruhenergie' gemäß einer von E. SCHRÖDINGER [5] angegebenen Abschätzung

$$\left(\frac{2\pi mk}{h^2}\right)^{2/3} \exp\left(\frac{mc^2}{kT_0}\right) \gtrsim T_0^{3/2}\varrho^{-1}$$

(mit der Ruhmasse m eines Gasteilchens,
k = BOLTZMANN-Konstante).

Diese Temperatur ist somit als ungeheuer hoch anzunehmen. (Wenn man von den Feinheiten der Elementenhäufigkeit absieht, kann man einfach

$$T_0 \to \infty$$

ansetzen.)

Die Existenz von drei verschiedenen kosmischen Temperaturen ist zu interpretieren als eine Folge der Eigentümlichkeit der kosmischen Thermodynamik, die Gesamtruhenergie unverändert zu lassen, während die strahlende Energie und die Wärmeenergie bei der Expansion des Kosmos nach verschiedenen Gesetzen abnehmen, wenn der Austausch zwischen den drei Energiearten vernachlässigt werden kann.

Man kann fragen, inwiefern eine Gravitationsenergie in der kosmischen Thermodynamik zu berücksichtigen ist. Hierzu ist zu sagen, daß in den EINSTEINschen Gravitationsgleichungen

$$R_{\mu\nu} - 1/2 g_{\mu\nu} R = -\varkappa T_{\mu\nu} \quad (\mu, \nu = 0, 1, 2, 3)$$

eine Dichte der Gravitationsenergie nur ein Teil der linken Seite sein kann. Der Energiesatz (4) ist eine spezielle Form des EINSTEINschen allgemein-relativistischen Energieimpulssatzes [1]

$$T_{\mu\,;\nu}^{\nu} \equiv T_{\mu,\nu}^{\nu} - T_{\alpha}^{\nu} \Gamma_{\mu\nu}^{\alpha} + T_{\mu}^{\alpha} \Gamma_{\alpha\nu}^{\nu} = 0,$$

in dem die beiden letzten Terme die Wechselwirkung der Materie mit dem Gravitationsfeld erfassen. Diese Terme reduzieren sich in der Gleichung (4) auf

$$\frac{3\dot{R}}{R} (u + p).$$

Der Energiesatz (4) ist also so zu verstehen, daß über die gravische Feldstärke $\sim \dot{R}/R$ die zeitliche Änderung der Energiedichte u mit der Summe von Energiedichte und Druck $u + p$ gekoppelt ist.

Im Falle des stationären euklidischen Universums ist $\dot{R} = 0$. Der Energiesatz (4) reduziert sich hier auf die Aussage der zeitlichen Konstanz der Energiedichte

$$\dot{u} = 0,$$

was bei fehlender Wechselwirkung zwischen den Energiearten einfach die zeitliche Konstanz ihrer jeweiligen Dichten bedeutet:

$$\dot{\varrho} c^2 = \dot{u}_s = \dot{i} = 0.$$

Da in einem stationären Kosmos alle Volumina zeitlich konstant sind, gilt dann auch

$$Mc^2 = \text{const}, \; E_s = \text{const}, \; I = \text{const},$$

d. h., auch die Gesamtbeträge der Energiearten bleiben erhalten. Das durch verschiedene Zustandsgleichungen bewirkte unterschiedliche Verhalten der verschiedenen Energiearten ist also nur in einem allgemein-relativistischen Kosmos möglich und ist dort eine Folge der Wechselwirkung dieser Energien mit dem Gravitationsfeld.

Daß der relativistische Kosmos tatsächlich nicht stationär ist, folgt aus der FRIEDMANNschen Differentialgleichung (5). Da entsprechend den Beobachtungen gilt: $\varepsilon \approx 0$, können wir mit (10) und (12) für (5) auch schreiben:

$$-\frac{2\ddot{R}R + \dot{R}^2}{R^2} = c^2\varkappa\left(\frac{\text{const}_{\text{I}}}{R^4} + \frac{\text{const}_{\text{II}}}{R^5}\right). \tag{13a}$$

Dies ist für den gegenwärtigen Zustand des Kosmos (mit großem R) nicht wesentlich von

$$2\ddot{R}R + \dot{R}^2 = 0 \tag{13b}$$

verschieden. Aus (13b) folgt das Expansionsgesetz (Gesetz für die Flucht der Galaxien) von EINSTEIN und DE SITTER

$$R \sim t^{2/3}. \tag{13c}$$

Wir können nun aus den allgemeinen thermodynamischen Beziehungen Schlüsse über die Vergangenheit des Kosmos ziehen und hieraus den gegenwärtigen Zustand des Kosmos historisch verstehen. Gegenwärtig überwiegt im Kosmos bei weitem die Ruhenergie, deren Dichte

$$\varrho \approx (10^{-29} \div 10^{-31})\ \text{g cm}^{-3}$$

beträgt. Die durch die 3°-Kelvin-Strahlung gegebene Dichte der Strahlungsenergie ist

$$u_s/c^2 \approx 7 \cdot 10^{-34}\ \text{g cm}^{-3}.$$

Hingegen ist die Dichte der thermischen Energie vernachlässigbar klein:

$$i/c^2 \ll 10^{-35}\ \text{g cm}^{-3}.$$

Dementsprechend übertrifft gegenwärtig die Strahlungstemperatur des Kosmos um viele Größenordnungen die Gastemperatur.

Man entnimmt jedoch aus den Gleichungen (10d) und (12c), daß in der Vergangenheit des Kosmos die Verhältnisse anders waren. Mit abnehmenden kosmischen Distanzen, also mit gegen Null gehenden R, übertrifft zunächst die Strahlungsenergie die Ruhenergie und dann die thermische Energie beide anderen Energiearten. Für $R \to 0$ geht sowohl die Dichte der Strahlungsenergie als auch diejenige der thermischen Energie gegen Unendlich. Sowohl die Strahlungs- wie die Gastemperaturen wachsen mit $R \to 0$ über alle Grenzen.

Hierbei ist nun aber zu beachten, daß für genügend klein gewordene kosmische Distanzen R, bei den dann bestehenden hohen Dichten, Drücken und Temperaturen, die Voraussetzung eines vernachlässigbaren Austausches zwischen den drei Energiearten sicher nicht mehr zutrifft, was die obigen Schlüsse grundsätzlich modifiziert. — Immerhin sieht man, daß zu einer Zeit, in der die kosmischen Abstände auf einen sehr kleinen Bruchteil der heutigen Distanzen zusammengeschrumpft waren, die Ruhenergie im Gegensatz zum heutigen Zustand nur unwesentlich zur Gesamtenergie des Kosmos beigetragen hat und daß die zur damaligen Zeit ungeheuren Temperaturen, Energiedichten und Drücke von Strahlung und Wärme für das Universum entscheidend waren (sogenannter „Urknall" oder „Big Bang" in den Kosmogonien von G. Gamow u. E. Teller [6] u. a.).

Ein Zurückrechnen bis zum Zusammenschrumpfen aller Distanzen auf Null (die kosmologische Singularität) mit unendlichen Dichten und Drücken hat sicher keine physikalische Bedeutung, da nichts über die Zustandsgleichungen der Materie unter so abnormen Verhältnissen bekannt ist:

"The present theory of relativity is based on a division of physical reality into a metric field (gravitation) on the one hand, and into an electromagnetic field and matter on the other hand. In reality space will probably be of a uniform character and the present theory be valid only as a limiting case. For large densities of field and matter, the field equations and even the field variables which enter into them will have no real significance. One may not therefore assume the validity of the equations for very high density of field and of matter, and one may not conclude that the 'beginning of the expansion' must mean a singularity in the mathematical sense. All we have to realize is that the equations may not be continued over such region." [7]

Die allgemein-relativistische Thermodynamik des expandierenden Universums erklärt also erstens die Existenz der sogenannten 3°-Kelvin-Strahlung, d. h. einer isotropen und homogenen kosmischen Hohlraumstrahlung, deren schwarze Temperatur und deren Energiedichte um mehrere Größenordnungen höher sind als die Gastemperatur und die Dichte der thermischen Energie im Universum. Dieses Verhältnis ist ein Ergebnis der Geschichte des Kosmos und bestand nicht immer. Ferner beantwortet die relativistische Thermodynamik die von Schrödinger [5] formulierte Frage nach der Ursache der überwiegenden Bedeutung der Ruhenergie im heutigen Kosmos. Auch dieses Übergewicht ist historisch entstanden, während zur Zeit des ‚Urknalls' die Ruhenergie eine gegenüber den anderen Energien verhältnismäßig kleine Rolle gespielt hatte, wie dies den allgemeinen thermodynamischen Gesetzen, auf die Schrödinger hinweist, entspricht. Derjenige Bruchteil der Energie aber, der zur Zeit des „Urknalls" die Form der Ruhenergie hatte, blieb während der Evolution des Kosmos erhalten (sie wurde bei einer sehr hohen Temperatur „eingefroren"), während der Betrag der beiden anderen Energiearten ständig abnahm.

Literatur

[1] Einstein, A., The Meaning of Relativity, London 1950.
[2] Tolman, R. C., Relativity, Thermodynamics and Cosmology, Oxford 1934.
[3] Laue, M. v., Die Relativitätstheorie, Bd. II, Braunschweig 1953; Einstein a. a. O.

[4] PLANCK, M., Theorie der Wräme, Leipzig 1932.
[5] SCHRÖDINGER, Statistische Thermodynamik, Leipzig 1952.
[6] GAMOV, G. u. TELLER, E. u. a. Physical Rev. 55, 654 (1939).
[7] EINSTEIN, a. a. O., Appendix I, S. 123.

10. Die schwarze Urstrahlung und die Evolution des Kosmos

Eine grundlegende Erkenntnis der Untersuchungen über die Groß-Struktur des uns durch Beobachtungen und theoretische Schlüsse zugänglichen Teiles des Universums ist die der universellen Geschichtlichkeit des Weltalls. Diese Geschichtlichkeit bedeutet, daß nicht nur die einzelnen Teile des Universums, die Sternsysteme, Sterne, Planeten und sonstigen kosmischen Körper eine Geschichte besitzen, sondern auch das Weltall als Ganzes als ein historischer Prozeß aufzufassen ist. Dieser Prozeß ist nicht einfach die Summe der Einzelprozesse, sondern der Gesamtanblick der Welt ändert sich mit dem Laufe der Zeit. Entsprechend den ungeheuren kosmischen Dimensionen ist das Tempo der Entwicklung — gemessen mit normalen irdischen Maßstäben — langsam, jedoch noch vergleichbar mit den geologischen Zeitepochen.

Die Geschichtlichkeit der Welt, die mit dem wissenschaftlichen Stichwort „Evolutionskosmos" angedeutet wird, wurde theoretisch auf Grund der allgemeinen Relativitätstheorie EINSTEINS vorausgesagt. Daß die allgemeine Relativitätstheorie solche Voraussagen machen kann, liegt in ihrer Natur. EINSTEINS Relativitätstheorie ist erstens die Theorie des Gravitationsfeldes, und die Gravitation ist eine weitreichende Wechselwirkung und hat als einzige universellen Charakter. Daher bestimmt die Gravitation die Bewegungsgesetze und die Struktur der großen und voneinander weit entfernten kosmischen Massen.

Ferner zeigte EINSTEIN, daß eine Theorie der Gravitation gleichzeitig eine physikalische Theorie der Eigenschaften von Raum und Zeit in sich schließt, so daß die Struktur des kosmischen Raumes und die Eigenschaften der kosmischen Zeit durch die Relativitätstheorie untersucht werden.

Ausgehend von diesen Gedanken EINSTEINS kam in den Jahren 1922 bis 1924 der sowjetische Mathematiker A. A. FRIEDMANN zu der mathematischen Entdeckung, daß die Annahme eines geschichtslosen, unveränderlichen Kosmos mit den Grundlagen der Physik im Widerspruch steht, und FRIEDMANN konnte auf Grund der EINSTEINschen Relativitätstheorie mathematische Modelle für die Entwicklung des Kosmos angeben. Das zunächst bemerkenswerteste Resultat von FRIEDMANNS mathematischer Analyse war die Voraussage einer allgemeinen Expansion des kosmischen Raumes, d. h. eines ständigen Wachsens der Entfernungen zwischen den jetzt „Galaxien" genannten großen Sternsystemen. Die Entfernungen zwischen den Galaxien waren vor einigen Milliarden Jahren kleiner als sie heute sind und werden nach weiteren Milliarden Jahren mehrfach so groß sein wie heute.

Diese Voraussagen fanden ihre Bestätigung durch die folgenden Entdeckungen der beobachtenden Astronomen, besonders durch die Arbeiten des Deutschen C. Wirtz, des Schweden K. Lundmark und vor allem des Amerikaners E. Hubble (1929). Hubble entdeckte empirisch genau dasjenige Expansionsgesetz, das Friedmann früher theoretisch aus der Relativitätstheorie hergeleitet hatte.

Verfolgt man gemäß dem Friedmannschen Weltmodell die Geschichte des Kosmos in die Vergangenheit, so kommt man notwendig zu dem Resultat, daß vor etwa 10 bis 15 Milliarden Jahren ein stark verdichteter Zustand der kosmischen Materie bestand, in dem der Kosmos völlig anders ausgesehen hat als heute. Was vor diesem verdichteten Zustand war, ist physikalisch zur Zeit noch nicht eindeutig zu beantworten, weil anzunehmen ist, daß unsere gegenwärtige Kenntnis der Naturgesetze noch nicht ausreicht, um die Eigenschaften der Materie einschließlich der Gravitation unter so ungewöhnlichen Bedingungen, wie sie zu diesem Zeitpunkt bestanden, voll verstehen zu können. Es mag sein, daß vor diesem Zustand die kosmische Materie wiederum lockerer verteilt war, der verdichtete Zustand also das Ergebnis einer vorherigen Kontraktion des kosmischen Raumes ist.

Jedoch läßt sich mit Sicherheit sagen, daß dieser frühe Zustand der Entwicklungsphase des Kosmos sich von seinem gegenwärtigen Zustand nicht nur durch die hohe Dichte der kosmischen Materie auszeichnet, sondern vor allem durch extrem hohe Temperaturen der Materie und außerdem durch die Existenz einer sehr intensiven und energiereichen elektromagnetischen Strahlung. Diese Strahlung läßt sich auffassen als ein Photonengas, d. h. als ein Gas, dessen Teilchen nicht Atome oder Moleküle, sondern die Lichtquanten (Photonen) Einsteins sind. Die Energie dieses Gases übertraf im Frühzustand des Universums alle anderen Energieformen vielleicht um ein Vielmillionen- oder gar Milliardenfaches. Der Zustand dieses Photonengases war so, daß er das von Planck 1900 entdeckte Gesetz der schwarzen Strahlung erfüllte.

Die Grundlagen der relativistischen Thermodynamik enthält bereits das 1934 erschienene Lehrbuch über Relativitätstheorie und Kosmologie von R. C. Tolman. Die Metrik eines Friedmannschen Evolutionskosmos ist von der allgemeinen Form

$$ds^2 = c^2 dt^2 - R^2(t) d\sigma^2. \tag{1}$$

Hierbei ist $R(t)$ im wesentlichen der von der Weltzeit t abhängige Radius des dreidimensionalen Raumes. Für irgendein Volumen V dieses Raumes gilt also

$$V \sim R^3(t), \tag{2}$$

d. h., auch das Volumen ist eine Funktion der kosmischen Zeit t. Die relativistische Kosmologie beweist, daß seit der Urverdichtung R eine monoton wachsende Funktion von t war.

Der aus der EINSTEINschen Gravitationstheorie folgende verallgemeinerte Energiesatz, der den Einfluß des Gravitationsfeldes und damit der Raum-Zeit-Struktur auf die Energieumsetzungen enthält, hat für einen FRIEDMANNschen Kosmos die besonders einfache Form

$$\dot{u} + \frac{3\dot{R}}{R}(u + p) = 0. \tag{3}$$

In (3) ist u die Energiedichte, p der Druck, und der Punkt bedeutet die Ableitung nach der kosmologischen Zeit t. Die Energiedichte u kann als Summe der der Massendichte ϱ proportionalen Dichte der Ruhenergie ϱc^2, der Dichte der Strahlungsenergie u_s und der Dichte der inneren thermischen Energie i aufgefaßt werden:

$$u = \varrho c^2 + u_s + i. \tag{4}$$

Der Druck p setzt sich aus dem Strahlungsdruck p_s und dem thermischen Druck π zusammen, welche durch die Zustandsgleichungen

$$3p_s = u_s \tag{5a}$$

und

$$\pi = \frac{2}{3}\, i \tag{5b}$$

bestimmt werden.

Eine wesentliche Voraussetzung der kosmologischen Thermodynamik ist nun, daß seit einem Zeitpunkt, der nicht weit nach dem Zeitpunkt der maximalen Verdichtung lag, kein kosmologisch bedeutsamer Austausch zwischen den drei Energiearten stattgefunden hat. Es gibt zwar ständig lokale Prozesse im Kosmos (insbesondere innerhalb der Sterne), in denen sich die drei Energiearten ineinander verwandeln; aber die Bilanz dieser lokalen Prozesse ist unbedeutend im Vergleich zu der Gesamtenergie des Kosmos.

Daher kann der allgemeine Energiesatz (3) in drei Sätze für jede der drei Energiearten allein aufgeteilt werden. Das Ergebnis sind die drei Integrale

$$\varrho c^2 R^3 \sim Mc^2 = \text{const} \tag{6}$$

für die Ruhenergie Mc^2,

$$u_s R^4 \sim u_s V R = E_s R = \text{const} \tag{7}$$

für die strahlende Energie E_s und

$$iR^5 \sim IR^2 = \text{const} \tag{8}$$

für die Wärmeenergie I. Aus (6) folgt die Konstanz der gesamten Ruhenergie Mc^2 des Kosmos; bei der Expansion des kosmischen Raumes ist die Massendichte ϱ umgekehrt proportional dem Volumen. Hingegen nimmt die Dichte u_s der strahlenden Energie E_s schneller ab als das Volumen anwächst:

$$u_s \sim V^{-4/3}, \tag{9}$$

und die Abnahme der thermischen Energie I ist noch stärker:

$$i \sim V^{-5/3}, \tag{10}$$

so daß von der Urwärme des Kosmos effektiv nichts mehr vorhanden ist. Die Strahlungstemperatur des Kosmos ist daher heute auch sehr viel größer als seine Gastemperatur.

Verfolgt man die Gleichungen rückwärts, so sieht man, daß in der Nähe der Urverdichtung die strahlende Energie E_s sehr viel größer war als die Ruhenergie Mc^2, und daß bei den damaligen extrem hohen Temperaturen eine Unterscheidung von thermischer und strahlender Energie nicht mehr möglich ist. Heute hingegen überwiegt die Ruhenergie im Kosmos bei weitem alle anderen Energieformen.

Die momentane Strahlungstemperatur T_s des Weltalls läßt sich etwa mit Hilfe des STEFAN-BOLTZMANNschen Strahlungsgesetzes definieren:

$$u_s \sim T_s^4. \tag{11}$$

Aus (9) und (11) folgt für die Strahlungstemperatur

$$RT_s = \text{const}, \tag{12a}$$

die somit mit wachsendem Abstand der Galaxien in der Metagalaxis laufend abnimmt.

Auf Grund der relativistischen Dynamik gilt, wie MAX v. LAUE zeigte, für die Energie E_ν (und somit für die Frequenz ν) jedes einzelnen Photons:

$$E_\nu R = h\nu R = \text{const}, \tag{12b}$$

wo h die PLANCKsche Konstante und ν die Frequenz ist. Diese LAUEsche Bedingung (die auch dem HUBBLEschen Gesetz für die Rotverschiebung der Spektrallinien ferner Galaxien zugrunde liegt) folgt aus dem Energiesatz (7), wenn man berücksichtigt, daß es keine Wechselwirkung der Photonen untereinander gibt, und gleichzeitig die Konstanz der Gesamtzahl N der Photonen der Strahlung vorausgesetzt wird, d. h., daß während des Zeitraumes der Expansion Photonen in kosmologisch bedeutsamer Anzahl weder erzeugt noch vernichtet worden sind. Die Zahl N_ν der Photonen einer bestimmten momentanen Frequenz ν ist gegeben durch:

$$N_\nu = \frac{E_\nu}{h\nu}. \tag{13a}$$

Demnach folgt aus dem Energiesatz für die Strahlungsenergie

$$N_\nu h\nu \cdot R = \text{const}, \tag{13b}$$

was bei konstanter Photonenzahl mit LAUES Bedingung (12b) identisch ist.

Nach dem Beginn der kosmischen Expansion nahmen also die Energiedichte und die Temperatur des Photonengases ständig ab. Das Photonengas verdünnte sich nicht nur entsprechend den größeren Räumen, die es erfüllte, sondern die einzelnen Lichtquanten verloren als Folge der Expansion ständig an Energie, was nach den Strahlungsgesetzen von PLANCK und EINSTEIN bewirkte, daß die Frequenz der Strahlung immer kleiner, die Wellenlänge der Strahlung immer größer wurde. Die Gesamtzahl der Teilchen des Photonengases ändert sich aber nicht.

Nach dem PLANCKschen Gesetz besaß das Photonengas am Anfang eine Strahlungstemperatur von vielen Milliarden Grad. — Die Gesetze der relativistischen Photonenmechanik garantieren, daß ein Photonengas mit konstanter Teilchenzahl zu allen Zeiten dem PLANCKschen Strahlungsgesetz genügt, wenn es im Urzustand diesem Gesetz genügte. Nur nimmt gemäß dem PLANCKschen Strahlungsgesetz die Strahlungstemperatur als Folge der Verdünnung des Gases und des gleichzeitigen Energieverlustes jedes einzelnen Lichtquantes gemäß dem LAUEschen Gesetz (12b) ständig ab: $\nu \sim T_s \sim R^{-1}$.

Durch detailliertere Überlegungen unter Zugrundelegung der FRIEDMANNschen relativistischen Weltmodelle und genaueren Voraussetzungen über die physikalischen Eigenschaften der Materie im Anfangsstadium der kosmischen Expansion folgt dann, daß die Temperatur der Urstrahlung in der gegenwärtigen Entwicklungsepoche des Kosmos nur noch einige wenige Grad betragen kann; sie muß aber weiterhin eine schwarze Strahlung sein. Eine schwarze Strahlung mit einer Temperatur von wenigen Grad ist nach dem PLANCKschen Strahlungsgesetz sehr langwellig; die Wellenlänge, bei der die höchste Strahlungsintensität vorliegt, ist von der Größenordnung eines Dezimeters. Dies ist gerade derjenige Wellenbereich, der mit Radioteleskopen erforscht werden kann. Daher müssen Dezimeterwellen als allgemeiner Strahlungshintergrund aus allen Gegenden des Himmels gleichmäßig von den Radioteleskopen empfangen werden.

Eine solche Strahlung ist nun tatsächlich von den Radioastronomen in den USA, der Sowjetunion und Großbritannien in den letzten Jahren entdeckt und erforscht worden. Zunächst wußten die Radioastronomen nicht, was diese Strahlung bedeutete, aber bald folgte die theoretische Aufklärung auf Grund der hier geschilderten Ergebnisse der relativistischen Kosmologie. Bei den weiteren internationalen theoretischen Diskussionen, an denen auch unser Akademie-Institut für relativistische und extragalaktische Forschung in Potsdam-Babelsberg beteiligt war, stellte sich heraus, daß die von den Radioastronomen bestätigte „Schwärze" der Strahlung, d. h. die Gültigkeit des PLANCKschen Strahlungsgesetzes für die Hintergrundstrahlung, das entscheidende Argument für die Evolution des Kosmos im Sinne der von FRIEDMANN und TOLMAN begründeten Theorie ist.

Es zeigte sich, daß der wesentliche Punkt für die Erklärung der radioastronomischen Beobachtungen die aus den Vorstellungen des relativistischen Entwicklungskosmos folgende angenäherte Konstanz der Zahl N der Photonen der Urstrahlung seit dem Beginn der Expansionsphase des Universums sowie das Fehlen einer wesentlichen Wechselwirkung der Photonen untereinander und mit der kosmischen Materie ist. Seit einem Zeitpunkt kurz nach Beginn der Expansion des kosmischen Raumes sind die Photonen der Urstrahlung in wesentlichen Mengen weder erzeugt noch vernichtet noch gestreut worden. Zwar fanden und finden örtlich — besonders in der insterstellaren Materie — solche Streu- und Absorptionsprozesse statt, doch ist die Zahl dieser Prozesse im Vergleich zu der Zahl der Photonen der Urstrahlung so klein, daß dies für das Grundphänomen ohne Bedeutung ist. Gerade die Konstanz der Zahl und die unwesentliche Streuung der Photonen der Urstrahlung ist es, die die dauernde „Schwärze" dieser Strahlung trotz Dichteverminderung und Frequenzverschiebung bewirkt.

Die schwarze Urstrahlung ist so gemeinsam mit dem HUBBLE-Effekt das entscheidende empirische Argument für die Geschichtlichkeit des Universums als Ganzes. Es ist verschiedentlich versucht worden, den Schluß auf eine allgemeine Geschichte des Kosmos dadurch zu umgehen, daß andere Erklärungen für den HUBBLE-Effekt als die sich aus dem FRIEDMANNschen Weltmodell ergebende Raumexpansion vorgeschlagen wurden. Selbst wenn eine dieser nachträglich erfundenen Hypothesen den HUBBLE-Effekt tatsächlich erklären könnte, gibt eine solche Hypothese keine Erklärung für die schwarze Hintergrundsstrahlung. Auch die vor etwa 20 Jahren von den englischen Astrophysikern H. BONDI, T. GOLD und F. HOYLE entwickelte Vorstellung einer ständigen spontanen Neuerzeugung von Materie (und insbesondere auch von Strahlung), die garantieren sollte, daß trotz Raumexpansion sich der Anblick des Universums im Mittel nie ändert, steht im Widerspruch zu den Eigenschaften der schwarzen Urstrahlung. Denn die (sowieso sehr spekulative) Ansicht einer spontanen Neuentstehung von Teilchen und Quanten widerspricht offensichtlich der festgestellten Konstanz der Zahl der Photonen der Urstrahlung.

Die Bedeutung der schwarzen Hintergrundsstrahlung für das astronomische Weltbild besteht also darin, daß sie ein Relikt des Frühzustandes der gegenwärtigen Expansionsperiode des Kosmos ist, so daß durch die Entdeckung der Hintergrundsstrahlung dieser Frühzustand Gegenstand unmittelbarer astronomischer Erfahrung geworden ist.

Literatur

[1] EINSTEIN, A., Grundzüge der Relativitätstheorie, Kosmologischer Anhang. Braunschweig 1956.
[2] SCHRÖDINGER, E., The Expanding Universes. Cambridge 1956.
[3] TOLMAN, R. C., Relativity, Thermodynamics and Cosmology. Oxford 1934.
[4] TREDER, H.-J., Relativität und Kosmos. Berlin, Oxford und Braunschweig 1968.

11. Uhrengang und Energiesatz in der Kosmologie

11.1. Einleitung

Der Energiesatz und die Definition der Energie sind in der allgemeinen Relativitätstheorie weitgehend von der in der klassischen Physik verschieden, und zwar als Folge davon, daß das Gravitationsfeld nach der allgemeinen Relativitätstheorie kein äußeres Kraftfeld ist, sondern mit der Metrik der Raum—Zeit zusammenfällt. Dementsprechend gibt es in der allgemeinen Relativitätstheorie keine eigene Energie des Gravitationsfeldes. Ferner ist aus der analytischen Mechanik wohlbekannt, daß die Gültigkeit des Energiesatzes an skleronome Bedingungen geknüpft ist. Ein zeitabhängiges Gravitationsfeld entspricht hingegen einer zeitabhängigen Metrik, und eine solche zeitabhängige Metrik entspricht rheonomen Bedingungen in der analytischen Mechanik, so daß hier kein Energiesatz gelten kann. — Im allgemeinen ist dann überhaupt der Begriff der Energie nicht mehr allgemein definierbar, sondern höchstens noch in bezug auf bestimmte Bezugssysteme, und die Eigenschaften der Gesamtenergie hängen von der Wahl dieser Bezugssysteme ab. — Dies ist besonders in der relativistischen Kosmologie der Fall, wie im folgenden kurz erörtert wird.

11.2. Kinematik

Ein System von synchron gehenden Uhren, die eine universelle Weltzeit t anzeigen, wird definiert durch eine Kongruenz hyperflächenorthogonaler zeitartiger Geodätischer[1]) mit dem Tangentialvektor $u^\alpha = \frac{dx^\alpha}{ds}$. Für diese

[1]) Wir verwenden im folgenden den absoluten (RICCIschen) Tensor-Kalkül in der Form, wie er bei EINSTEIN [2] eingeführt ist.

Geodätischen verschwindet bei geeigneter Parametrisierung ihre Wirbelung:

$$u_{\alpha,\beta} - u_{\beta,\alpha} = 0 \quad (u_\alpha = g_{\alpha\beta} u^\beta) \tag{1}$$

und es gilt die Geodätengleichung

$$\frac{D}{Ds} u^\alpha = \frac{D^2 x^\alpha}{Ds^2} = u^\alpha{}_{;\lambda} u^\lambda = 0, \quad u^\alpha u^\alpha = g_\beta{}^\alpha u^\alpha u^\beta = 1. \tag{2}$$

Die durch diese Uhren definierte universelle Zeit t entspricht einem synchronen Koordinatensystem

$$\begin{aligned} ds^2 &= c^2\, dt^2 + g_{ik}\, dx^i\, dx^k && \text{(griechische Indizes von } 0, \ldots, 3, \\ &= \mathring{g}_{\mu\nu}\, d\mathring{x}^\mu\, d\mathring{x}^\nu && \text{lateinische Indizes von } 1, \ldots, 3). \end{aligned} \tag{3}$$

(3) ist dasjenige Bezugssystem in bezug auf das die Uhren ruhen (mit EINSTEINscher Summationsvorschrift: $A_\alpha B^\alpha = \sum_\alpha A_\alpha B^\alpha$). Die Weltlinien der Uhren sind dann einfach die Koordinatenlinien der Zeit. Der Weltvierervektor der Uhren hat die einfache Form

$$\mathring{u}^\alpha = \frac{d\mathring{x}^\alpha}{ds} = \delta_0{}^\alpha \quad (\delta^\alpha{}_\beta = \text{KRONECKER-Symbol}) \tag{4}$$

und die Zeitdifferenz Δt ist gleich dem geodätisch gemessenen Abstand $\Delta s/c$ zwischen zwei instantanen dreidimensionalen Räumen

$$\Delta s = \mathring{x}^0_{\mathrm{II}} - \mathring{x}_{\mathrm{I}}{}^0 = c(t_{\mathrm{II}} - t_{\mathrm{I}}). \tag{5}$$

Die Äquivalenz der Uhren im Sinne von MILNE [1] bleibt erhalten, wenn eine Umeichung der Zeit gemäß

$$d\tilde{x}^0 = \varphi^{-1} c\, dt = \varphi^{-1}\, d\mathring{x}^0 \text{ mit } \varphi = \varphi(x^0), \tag{6}$$

also eine reine Transformation der Zeitkoordinaten, durchgeführt wird. Bei dieser Transformation transformiert sich die Zeitkomponente A^0 eines kontravarianten Vektors $A^\mu = A^{*\mu}$ gemäß

$$\tilde{A}^0 = \varphi^{-1} A^{*0} \tag{6a}$$

und eines kovarianten Vektors $A_\mu = A^*{}_\mu$ gemäß

$$\tilde{A}_0 = \varphi A^*{}_0, \tag{6b}$$

die Zeit-Zeit-Komponente g_{00} der Metrik $g_{\mu\nu}$ gemäß

$$\tilde{g}_{00} = \varphi^2 g^*{}_{00} = \varphi^2 \tag{6c}$$

und die Determinante $|g_{\mu\nu}| = g$ der Metrik gemäß

$$g = \varphi^2 g^* = \varphi^2 |g_{ik}|. \tag{6d}$$

Im Unterschied zum synchronen Koordinatensystem (3) ist aber die Zeitdifferenz $\Delta \bar{x}^0$ nicht mehr durch den geodätisch gemessenen Abstand Δs, sondern durch

$$\Delta \bar{x}^0 = \varphi^{-1} \Delta s = \frac{1}{\sqrt{\bar{g}_{00}}} \Delta s \tag{7}$$

gegeben.

Gemäß dem kosmologischen Postulat in seiner von WEYL gegebenen Fassung definieren (bei Vernachlässigung der stochastischen Peculiarbewegungen) die Kerne der Galaxien eine Uhrenäquivalenz. Bei homogener mittlerer Verteilung der Galaxien resultiert dann als synchrone kosmologische Metrik — unabhängig von allen Feldgleichungen — das homogene und isotrope ROBERTSON-WALKERscher Linienelement (vgl. [2]):

$$ds^2 = c^2\, dt^2 - R^2(t) \gamma_{ik}\, dx^i\, dx^k \quad \text{mit} \quad |\gamma_{ik}| = \gamma^2 > 0. \tag{8}$$

In (8) ist

$$d\sigma^2 = \gamma_{ik}\, dx^i\, dx^k = \frac{d\mathfrak{r}^2}{\left(1 + \frac{z}{4} r^2\right)^2} \qquad z = \begin{cases} +1 \\ \ \ 0 \\ -1 \end{cases} \tag{8a}$$

die Metrik eines dreidimensionalen Raumes konstanter Krümmung. Auf Grund der Homogenitäts- und Isotropieforderungen folgt, daß der Materietensor $T_\mu{}^\nu$ im Kosmos die allgemeine Form

$$T_0{}^0 = \varrho c^2,\; T_i{}^k = -\, p \delta_i{}^k,\; T_i{}^0 = 0 \tag{9}$$

mit

$$\varrho = \varrho(t) \quad \text{und} \quad p = p(t) \tag{9a}$$

haben muß, also nur zwei, von der Weltzeit t abhängige, Funktionen ϱ und p enthält. Diese Form von $T_\mu{}^\nu$ ergibt sich von selbst aus den EINSTEINschen Gravitationsgleichungen

$$R_\mu{}^\nu - \frac{1}{2} \delta_\mu{}^\nu R + \lambda \delta_\mu{}^\nu = -\varkappa T_\mu{}^\nu, \tag{10}$$

wenn auf der linken Seite von (10) die Metrik (8) eingesetzt wird. Die kosmische Materie wird so durch ein homogenes und rotationsfreies Kontinuum angenähert.

Aus der Forderung der lokalen Gültigkeit der speziell-relativistischen Physik folgt, daß der Energie-Impulssatz

$$T^{\nu}_{\mu,\nu} = 0$$

der speziellen Relativitätstheorie durch die EINSTEINsche dynamische Gleichung

$$T^{\nu}_{\mu,\nu} = \frac{1}{\sqrt{-g}} \left(\sqrt{-g}\; T_{\mu}{}^{\nu}\right)_{,\nu} - \frac{1}{2} g_{\varkappa\lambda,\mu} T^{\varkappa\lambda} = 0 \tag{11}$$

ersetzt werden muß [2].

Um aus einem differentiellen Erhaltungsatz auf allgemeine Weise einen integralen Erhaltungssatz zu erhalten, ist im allgemeinen notwendig, daß eine entsprechende Bewegungsgruppe existiert (vgl. [3]). Im Falle des Energiesatzes muß diese Bewegungsgruppe einen zeitartigen KILLING-Vektor, d. h. einen Vektor ξ^{μ}, der den Gleichungen

$$\xi_{\mu;\lambda} + \zeta_{\lambda\,\mu} = 0, \quad \xi^{\mu}\xi_{\mu} > 0 \tag{12}$$

genügen muß, als erzeugenden Vektor enthalten. Bei Existenz eines solchen KILLING-Vektors erhält man aus der dynamischen Gl. (11) durch einfaches Überschieben

$$\left(\sqrt{-g}\, T_{\mu}{}^{\nu}\xi^{\mu}\right)_{;\nu} = \left(\sqrt{-g}\, T_{\mu}{}^{\nu}\xi^{\mu}\right)_{,\nu} = 0 \tag{13}$$

und somit die Aussage, daß eine gewöhnliche Divergenz verschwindet. Diese Aussage führt zu einem Integralsatz von der Erhaltung der Energie, wenn insbesondere noch garantiert wird, daß die Metrik im räumlich Unendlichen genügend schnell in eine konstante Metrik übergeht und der KILLING-Vektor ξ^{μ} dabei asymptotisch die MINKOWSKIsche Form

$$\xi^{\mu} = \delta^{\mu}{}_{0} \tag{14}$$

annimmt.

In kosmologischen Räumen (8) mit nichtverschwindendem Materie-Tensor $T_{\mu}{}^{\nu}$ existiert überhaupt kein zeitartiger KILLING-Vektor. Hingegen existiert ein zeitartiger konformaler KILLING-Vektor, d. h. ein Vektor λ^{μ}, der der Gleichung

$$\lambda_{\mu;\nu} + \lambda_{\nu;\mu} = \frac{1}{2} g_{\mu\nu} \lambda_{\tau;}{}^{\tau} \tag{15}$$

genügt [4]. Dieser Vektor besitzt die geforderte Form $\lambda^{\mu} = \delta_{0}{}^{\mu} = \bar{\lambda}^{\mu}$, wenn durch die Transformation

$$d\bar{x}^{0} = c\, d\tau = R^{-1} c\, dt \tag{16a}$$

die synchrone Form der ROBERTSON-WALKERschen Metrik (3) in die konformstatische Form transformiert wird:

$$ds^2 = \bar{g}_{\mu\nu}\, d\bar{x}^\mu\, d\bar{x}^\nu = R^2(c^2\, d\tau^2 - d\sigma^2). \tag{16b}$$

In der Metrik (17) lautet dann die Determinante g der Metrik

$$|\bar{g}_{\mu\nu}| = -R^8\gamma^2 = R^2|g_{in}| = R^2|\mathring{g}_{\mu\nu}|, \tag{17a}$$

und der Weltvektor u^ν bekommt die Form[1])

$$\bar{u}^\nu = R^{-1}\delta_0{}^\nu \quad \text{d. i.} \quad \varphi = R. \tag{17b}$$

Für den Vektor $\bar{\lambda}^\mu = \delta_0{}^\mu$ gilt mit (16b) in der Tat

$$\begin{aligned}\frac{1}{2}\left(\bar{\lambda}_{\mu;\nu} + \bar{\lambda}_{\nu;\mu}\right) &= \frac{1}{2}\,\bar{g}_{\mu\nu,0} = \eta_{\mu\nu}\, RR' \\ &= \frac{1}{4}\,\bar{\lambda}^\alpha{}_{;\alpha}\,\bar{g}_{\mu\nu}.\end{aligned} \tag{18}$$

Existiert ein konformaler KILLING-Vektor λ^μ, so erhalten wir durch Überschieben der dynamischen Gl. (11) die Gleichung

$$(\sqrt{-g}T_\mu{}^\nu\lambda^\mu)_{,\nu} - \frac{1}{4}\,T(\sqrt{-g}\lambda^\nu)_{,\nu} = 0. \tag{19}$$

Wir sehen aus (19), daß bei Existenz eines konformalen KILLING-Vektors λ^μ aus der dynamischen Gleichung das Verschwinden einer gewöhnlichen Divergenz genau dann folgt, wenn die Spur $T = T_\alpha{}^\alpha$ des Materietensors verschwindet, das heißt in unserem Falle, wenn $T = \varrho - 3p = 0$ gilt.

Mit der Metrik (16b), dem Materietensor (9) und dem konformalen KILLING-Vektor $\bar{\lambda}^\mu = \delta_0{}^\mu$ lautet (19)

$$(T_0{}^0R^4\bar{\lambda}^0)' - \frac{1}{4}\,T(R^4\bar{\lambda}^0)' = (T_0{}^0R^4)' - TR^3R' = 0. \tag{20}$$

Wegen der Transformationseigenschaften (6a)—(6d) entnimmt man aus (18), daß (19) und damit (20) invariant gegenüber einer Umeichung (6) der Zeit ist; (20) gilt also bei beliebiger Wahl der Uhrenäquivalenz. Hingegen hat der Vektor λ^μ für alle anderen Formen der Metrik die allgemeine Form $\bar{\lambda}^\mu = \delta^\mu{}_0 R\varphi^{-1}$ und ist daher für $R \neq \varphi$ nicht asymptotisch minkowskisch.

---

[1]) Der zu einer Fundamentalpartikel gehörende Energie-Impuls-Vektor ist $p_\alpha = mg_{\alpha\nu}u^\nu$. Es ist also $p_\alpha{}^* = m\delta_\alpha{}^0$ und $\bar{p}_\alpha = mR\,\delta_\alpha{}^0 = Rp_\alpha{}^*$.

11.3. Dynamik

Die verschiedenen Formen des konformalen KILLING-Vektors erlauben nun verschiedene physikalisch äquivalente Interpretationen der Verhältnisse von Dynamik und Kinetik in einem Kosmos, der dem kosmologischen Postulat genügt. Wir betrachten zunächst einen Strahlungskosmos mit $T = 0$; dann ist (19) ein echter Erhaltungssatz, der mit $T_0{}^0 = u$ lautet:

$$(\sqrt{-g}\,T_\mu{}^\nu \delta_0{}^\mu)_{,\nu} = \gamma(uR^4)' = 0. \tag{21}$$

Unter Zugrundelegung der Form (16b) der Metrik ist das Volumenelement des instantanen dreidimensionalen Raumes $\bar{x}^0 = \text{const}$ definiert durch

$$d\bar{V} = \sqrt{-\bar{g}}\; d^3x = \gamma R^4 d^3x, \tag{22}$$

und wir können (21) lesen

$$(u\bar{V})' = 0, \tag{23}$$

also als Erhaltung der Gesamtstrahlungsenergie E des Kosmos:

$$\bar{E} = u\bar{V} = \text{const.}$$

Bei jeder anderen Wahl der Uhrenäquivalenz ist das räumliche Volumenelement durch

$$d\tilde{V} = \sqrt{-\tilde{g}}\; d^3x = \varphi R^3 \gamma\, d^3x \tag{24}$$

gegeben, und der Erhaltungssatz (21) besagt dann die Nichterhaltung der Strahlungsenergie gemäß dem allgemeinen Satz

$$\tilde{\lambda}^0 \tilde{V} u = \tilde{\lambda}^0 \tilde{E} = \text{const}, \tag{25}$$

der im Falle der synchronen ROBERTSON-WALKERschen Metrik (8) zur bekannten LAUE-TOLMANschen Relation [5, 6]

$$\mathring{\lambda}^0 u \mathring{V} = R u \mathring{V} = R \mathring{E} = \text{const} \tag{25a}$$

wird.

Der Unterschied: Erhaltung oder Nichterhaltung ist für die Strahlungsenergie allein natürlich nur ein Unterschied in der Sprechweise: Nur im Falle der konform euklidischen Metrik hat der konformale KILLING-Vektor die MINKOWSKIsche Form $\lambda^\mu = \delta_0{}^\mu$. In allen anderen Fällen ist er nur konformal zum MINKOWSKIschen Vektor:

$$\lambda^\alpha = \delta_0{}^\alpha R \varphi^{-1}.$$

Wäre λ^μ ein echter KILLING-Vektor, so ergäbe sich keine nichttriviale Freiheit in den Interpretationsmöglichkeiten der dynamischen Gleichung. Nun ist aber λ^μ tatsächlich nur ein konformaler KILLING-Vektor, und das Verschwinden des 2. Terms in (19) hängt von der Zustandsgleichung der Materie ab [7].

Wie in einer früheren Arbeit diskutiert, zerlegen wir den Materietensor in drei Anteile [3, 8]

$$T_0{}^0 = \varrho c^2 + u = i, \quad T_1{}^1 = -p - \pi. \tag{26}$$

In ihm bedeutet

$$\varrho c^2 \tag{26a}$$

der Anteil der Ruhenergie,

$$u = 3p \tag{26b}$$

den Anteil der Strahlungsenergie und

$$i = \frac{3}{2}\pi \tag{26c}$$

den Anteil der thermischen Energie. Wir können annehmen, daß es seit dem Frühzustand des Kosmos keine kosmologisch bedeutsame Umsetzung zwischen den drei Energien gegeben hat, so daß jeder Term für sich allein der dynamischen Gleichung genügt. Wir erhalten so die 3 Gleichungen [3, 8]

$$\varrho' R^4 + 3\varrho R^3 R' = 0, \tag{27a}$$
$$u' R^4 + 4u R^3 R' = 0, \tag{27b}$$
$$i' R^4 + 5i R^3 R' = 0, \tag{27c}$$

mit den Integralen

$$\varrho R^3 = \text{const}, \tag{28a}$$
$$u R^4 = \text{const}, \tag{28b}$$
$$i R^5 = \text{const}. \tag{28c}$$

In Abhängigkeit von der Wahl der Uhrenäquivalenz (und damit in Abhängigkeit von der Definition des Volumenelements dV des instantanen dreidimensionalen Raumes) haben die Integrale (28) eine verschiedene Bedeutung. Entsprechend den Transformationsformeln (6a) und (6d) ist das Produkt von instantanem Raumvolumen und konformalem KILLING-Vektor gegenüber der Festsetzung des Uhrenganges eine Invariante:

$$V\lambda^0 = \tilde{V}\tilde{\lambda}^0. \tag{29}$$

Mit Hilfe dieser Invarianten schreiben wir die Integrale (28):

$$\varrho V \frac{\lambda^0}{R} = \frac{M\lambda^0}{R} = \text{const} \quad \text{mit} \quad M = \varrho V, \tag{30a}$$

$$u V \lambda^0 = E \lambda^0 = \text{const} \quad \text{mit} \quad E = u V \tag{30b}$$

und

$$i V \lambda^0 R = I \lambda^0 R = \text{const} \quad \text{mit} \quad I = i V. \tag{30c}$$

Die allein meßbare Änderung des Verhältnisses der 3 Größen E, Mc^2 und I mit dem Weltradius R ist ersichtlich von der Wahl der Uhrenäquivalenz unabhängig. Hingegen hängt die R-Abhängigkeit der einzelnen Gesamtenergien von der Definition der Uhrenäquivalenz, d. h. von der Wahl der Normaluhren ab.

Wählen wir insbesondere die Uhrenäquivalenz gemäß

$$\lambda^\mu = \bar{\lambda}^\mu = \delta_0{}^\mu, \; u^\mu = \bar{u}^\mu = R^{-1}\,\delta_0{}^\mu,$$

die Metrik also konform-statisch, so gilt der Satz von der Erhaltung der Strahlungsenergie $\bar{E}$, und die Ruhenergie $\bar{M}c^2$ der kosmischen Materie wächst mit dem Weltradius: $\bar{M} \sim R$. — Wählen wir hingegen die Uhrenäquivalenz entsprechend den synchronen Bezugssystemen:

$$u^\mu = \mathring{u}^\mu = \delta_0{}^\mu, \quad \lambda^\mu = \mathring{\lambda}^\mu = R\delta_0{}^\mu,$$

so gilt der Satz von der Erhaltung der Ruhenergie $M^*c^2 = \text{const}$, und die Strahlungsenergie ist reziprok zum Weltradius $E^* \sim R^{-1}$.

Diese beiden Interpretationen entsprechen den beiden von Milne [1] (s. auch [9]) in seiner kinematischen Relativitätstheorie ausgezeichneten Uhrenäquivalenzen mit den Zeiten τ und t. Ganz allgemein sind in Übereinstimmung mit Milnes Postulaten beliebige Uhrenäquivalenzen erlaubt, die jeweils andere Formen der korpuskularen und Elektrodynamik bestimmen. Für die Entropie der Strahlung gilt allgemein die Formel

$$\frac{\lambda^0}{R} S \sim V \frac{\lambda^0}{R} T^3 = \text{const} \tag{30}$$

mit der aus dem Stefan-Boltzmannschen Gesetz bestimmten Strahlungstemperatur T.

Die Uhrenäquivalenz mit der Zeitkoordinate τ entspricht dann dem Bild eines Kosmos, dessen Expansion nicht adiabatisch erfolgt:

$$\bar{E} = \text{const}, \quad \bar{S} \sim R \tag{31a}$$

und mit $E_\nu = N_\nu h\nu$ findet man hieraus

$$\bar{\nu} = \text{const}. \tag{31b}$$

Aber der Gang der materiellen Uhren wird entsprechend dem Anwachsen ihrer Energie kontinuierlich beschleunigt: In der Tat gilt für den Uhrengang entsprechend (7):

$$\Delta\tau = \frac{\Delta t}{R} \sim R^{-1}.$$

Hingegen entspricht die Uhrenäquivalenz mit der Zeitkoordinate t dem Bild eines adiabatisch expandierenden Kosmos [8]

$$E^*R = \text{const}, \qquad (32\text{a})$$

$$S^* = \text{const} \qquad (32\text{b})$$

und

$$\nu^*R = \text{const} \qquad (32\text{c})$$

und der Gang der materiellen Uhren ist konstant und unabhängig vom Weltradius R. — Alle anders bestimmten Uhrenäquivalenzen enthalten beides: eine nichtadiabatische Expansion des Kosmos gemäß

$$S = \text{const}\,\frac{R}{\lambda^0} = \text{const}\,\varphi$$

und eine Beschleunigung des Uhrenganges gemäß (7):

$$\frac{\Delta x^0}{c} = \frac{\lambda^0}{R}\,\Delta t = \Delta t\,\varphi^{-1}.$$

In jedem Falle ist der Kosmos nichtstationär, da die Nichtexistenz eines echten zeitartigen Killing-Vektors die Zeitabhängigkeit invariant charakterisiert. In der Tat gilt für alle Interpretationen dasselbe Verdünnungsgesetz für den Strahlungsstrom

$$I = \frac{R^2(x^0 - x_1{}^0)}{R^2(x^0 - x_2{}^0)}\,I_{\text{stationär}},$$

weil die Verdünnung der verschiedenen Energiearten in jeder Interpretation durch dieselben Gesetze (28) gegeben ist.

Interpretationsabhängig ist hingegen die Definition des Volumenelements und damit diejenige der Gesamtenergien. Zu jeder Definition des Volumenelements gehört aber eine besondere Uhrenäquivalenz, wodurch die Invarianz aller Aussagen über meßbare Beziehungen gesichert wird.

Literatur

[1] MILNE, E. A., Relativity, Gravitation and World Structure, Oxford 1935.
[2] EINSTEIN, A., Grundzüge der Relativitätstheorie, 5. Aufl., Berlin, Oxford, Braunschweig 1969.
[3] TREDER, H.-J., Relativität und Kosmos, Berlin, Oxford, Braunschweig 1968.
[4] HECKMANN, O., u. E. SCHÜCKING, Relativistic Cosmology, in: L. WITTEN, Gravitation. New York, London 1962.
[5] LAUE, M. v., Die Relativitätstheorie, Bd. II, Braunschweig 1953.
[6] TOLMAN, R. C., Relativity, Thermodynamics and Cosmology, Oxford 1934.
[7] TREDER, H. J., Naturwissenschaften 15, 440 (1968).
[8] TREDER, H. J., Forschungen und Fortschritte 41, 132 (1967).
[9] HECKMANN, O., Theorien der Kosmologie, Berlin, Heidelberg, New York 1968.

12. Energiesatz und Zeitrichtung in der Kosmologie

A. UNSÖLD [1] hat die Frage nach der Brechung des Energiesatzes und des Prinzips der Umkehrbarkeit der Zeit in der Kosmologie aufgeworfen. UNSÖLD bemerkt, daß die kosmologische Singularität auf eine Brechung des Energiesatzes hindeutet. — Allgemein ist die Gültigkeit der 10klassischen Erhaltungssätze der Dynamik (d. h. der Existenz von 10 ersten Integralen der Bewegungsgleichungen für Teilchen und Felder) an die Existenz entsprechender Symmetrien der Raum-Zeit gebunden; sie hängt also von der Parameterzahl und der Struktur der in der Raum-Zeit gestatteten Lie-Gruppe ab. Die Gültigkeit des Energiesatzes verlangt insbesondere die Existenz eines zeitartigen Killing-Vektors, der die Zeitunabhängigkeit der Weltgeometrie zum Ausdruck bringt. Nur wenn ein solches zeitartiges Killing-Vektorfeld existiert, entspricht der — gemäß dem Nötherschen Theorem — aus der Invarianz einer relativistischen Theorie gegenüber Verschiebungen des Nullpunktes der Zeit-Koordinate folgenden Differential-Identität ein integraler Erhaltungssatz für eine kovariant definierte Größe „Energie". Für wesentlich zeitabhängige Gravitationsfelder ist der Energiesatz demnach grundsätzlich gebrochen und im allgemeinen eine „Energie" überhaupt nicht kovariant definierbar [2].

Ein homogener isotroper Kosmos vom ROBERTSON-WALKERschen Typ besitzt, wenn er Materie oder Strahlung enthält, keinen zeitartigen KILLING-Vektor, sondern nur einen zeitartigen konformalen KILLING-Vektor [3]. Daher ist in allen relativistischen Weltmodellen allgemein der Energiesatz gebrochen, unabhängig von der Existenz einer kosmologischen Singularität. In der ROBERTSON-WALKERschen Metrik bleibt zwar die Ruhenergie der kosmologischen Fundamentalpartikel ($dx^\alpha/d\tau = \delta_0{}^\alpha$) erhalten, so daß die Gesamt-Ruhenergie Mc^2 der Galaxien konstant ist. Hingegen nimmt während der kosmischen Expansion sowohl die Gesamt-Energie der Strahlung U wie die thermische Gesamt-Energie I der intergalaktischen Materie ständig ab; zumindest asymptotisch gelten TOLMANS Beziehungen [4]:

$$U \sim R^{-1}, \quad I \sim R^{-2},$$

wo R der Weltradius ist. Diese Formeln enthalten die phänomenologische Theorie der schwarzen Hintergrundsstrahlung ([2] und [5]).

Weltmodelle mit einer kosmologischen Konstanten $\lambda > 0$, die asymptotisch in das DE SITTER-Universum übergehen, besitzen einen Ereignis-Horizont. Unter sehr allgemeinen Voraussetzungen ergibt sich, daß bei einer Anzahl dieser Weltmodelle alle avancierten Felder unterdrückt sein müssen [6]. Als Folge hiervon ist diejenige Richtung der ROBERTSON-WALKERschen Weltzeit t, in bezug auf die das Universum expandiert, gleich der physikalischen und der subjektiven Zeitrichtung von der Vergangenheit in die Zukunft. Es läßt sich leicht zeigen, daß eine Umkehr der kosmologischen Zeitrichtung (Zeitspiegelung: $t \to -t$) gleichzeitig eine Umkehr der physikalischen und der subjektiven Zeitrichtung bewirkt und somit tatsächlich unbeobachtbar ist [2]. — Dies scheint mir übrigens ein wesentliches Argument dafür zu sein, Weltmodelle mit einer kosmologischen Konstanten $\lambda > 0$ anderen Modellen vorzuziehen.

Literatur

[1] UNSÖLD, A.: Naturwissenschaften **55**, 225 (1968).
[2] Vgl. TREDER, H.-J.: Relativität und Kosmos. Berlin-Oxford-Braunschweig 1968.
[3] Vgl. HECKMANN, O., u. E. SCHÜCKING, in: WITTEN, L., Gravitation. — New York-London 1962.
[4] TOLMAN, R. C.: Relativity, Thermodynamics and Cosmology. 1934.
[5] TREDER, H.-J.: Forsch. u. Fortschr. **41**, 132 (1967).
[6] Vgl. SCIAMA, D.: Proc. Roy. Soc. A **273**, 484 (1963).

III, GRAVITATIONSFELD ALS MAKROSKOPISCHES FELD

13. Die Erforschung der Gravitation

13.1. Die allgemeine Schwere

Das Phänomen der allgemeinen Schwere ist dem Menschen seit Urzeiten vertraut. Es ist eine einfache Erfahrung, daß ein losgelassener Gegenstand im allgemeinen auf den Boden fällt, und daß es einer Anstrengung bedarf, um einen größeren Gegenstand vom Boden aufzuheben, wobei bei sonst gleichen Bedingungen die Anstrengung mit der wachsenden Größe des Gegenstandes wächst. Ferner ist es ebenfalls eine einfache Beobachtung, daß ein schräg nach oben geworfenes Geschoß sich auf einer gekrümmten Wurfbahn schließlich wieder dem Erdboden nähert. Scheinbare Ausnahmen von diesen allgemeinen Erfahrungen bei sehr leichten Körpern beruhen auf dem Auftrieb und dem Widerstand der Luft. Die Aufklärung dieses Tatbestandes ist eine Leistung der Physik des 17. Jahrhunderts. Immerhin enthalten bereits die beschreibenden Worte „schwer" und „leicht" eine qualitative Beschreibung des Phänomens der allgemeinen Schwerkraft.

Wissenschaftliche Reflexion über die Schwerkraft gab es bereits in der griechischen Naturphilosophie. Als Erschwernisse bei dieser Reflexion erwiesen sich aber die Universalität des Schwereeinflusses und die praktische Konstanz des Schwerefeldes in der Nähe der Erdoberfläche, die eine quantitative Erforschung der Schwerkraft nicht nahelegte, so daß die griechische Naturphilosophie in einer qualitativen Beschreibung der aus dem täglichen Leben bekannten Schwerewirkungen steckenblieb.

Die wissenschaftliche Erforschung der Gravitation begann gleichzeitig mit der Entstehung der Physik am Ausgang der Renaissance überhaupt und ist ein wesentlicher Bestandteil der Entwicklung der Mechanik und theoretischen Astronomie in der Zeit von Galilei und Kepler bis Newton. Bereits die Fallversuche von Galileo Galilei (um 1600) führten zu den grundsätzlichen Aussagen über die Bewegung beliebiger Körper in einem homogenen Schwerefeld, wie es in der Nähe der Erdoberfläche existiert. Galilei formulierte bei seinen Untersuchungen der Grundbegriffe der Mechanik wie den der Beschleunigung $\mathfrak{b} = \frac{d\mathfrak{v}}{dt}$ als der zeitlichen Änderung der Geschwindigkeit $\mathfrak{v}$ und konstatierte, daß alle Körper durch das homogene Schwerefeld der Erde gleich stark beschleunigt werden ($b = g = \text{const}$). Hiermit entdeckte Galilei — wie später klar wurde — die wohl wichtigste Eigenschaft der Gravitation, die sie von allen anderen Kräftefeldern grundsätzlich unterscheidet.

Die erste große Theorie der Schwerkraft enthält das universelle Gravitationsgesetz von ISAAC NEWTON. Sie war eine Synthese der Ergebnisse der Experimentalphysik GALILEIS (1576—1600), der auf TYCHO BRAHES Beobachtungen der Mars-Bewegung fußenden Planetentheorie KEPLERS (1602—1619) und den geodätischen Ausmessungen der Erde durch PICARD (1669).

NEWTONS Theorie war ein integrierender Bestandteil seiner Begründung der theoretischen Physik und der Himmelsmechanik und war das Vorbild der entstehenden Theorien anderer Kräfte, insbesondere der elektrischen und magnetischen, deren Erforschung zu NEWTONS Zeiten begann.

Während das Phänomen der Schwere dem Menschen also seit Urzeiten bekannt ist und der Beginn der wissenschaftlichen Untersuchung der Schwerkraft mit dem Beginn der neuzeitlichen Physik überhaupt zusammenfällt, sind die anderen grundlegenden physikalischen Wechselwirkungen erst in neuerer und neuester Zeit bekannt geworden. Wir wissen nun, daß die Gravitation eine von einer Anzahl von Wechselwirkungen ist, die das dynamische Verhalten und die Struktur der Materie bestimmen, und zwar nimmt sie in dieser „Hierarchie der Wechselwirkungen" eine extreme Stellung ein, die durch ihre Schwäche im Vergleich zu den anderen Wechselwirkungen charakterisiert ist.

Die Kräfte, die im Atomkern zwischen den Nukleonen wirken, sowie die elektrischen Kräfte zwischen dem Atomkern und den Elektronen der Atomschale sind 10^{40} bis 10^{36}mal größer als die zwischen den Elementarteilchen im Atom wirkende Gravitationskraft. Selbst die sogenannten „schwachen" Wechselwirkungen aus der Kernphysik, die den radioaktiven Zerfall bestimmen, sind noch etwa 10^{26}mal stärker als die Gravitationskräfte. Somit ist die Gravitation für die Struktur der Atome und Elementarteilchen anscheinend ohne jede Bedeutung.

Man kann sich zunächst wundern, aus welchem Grunde die Gravitation im täglichen Leben eine so große Rolle spielt und warum sie so viel früher als alle anderen Wechselwirkungen der Gegenstand der physikalischen Forschung geworden ist. Eine der Ursachen ist die große Reichweite der Gravitation. Der Verlauf der Gravitation wird durch das NEWTONsche Gravitationsgesetz (siehe unten) bestimmt, während die sogenannten „starken" Wechselwirkungen zwischen den Nukleonen im Atomkern nur bei unmittelbarer Berührung dieser Teilchen wirksam werden, d. h., ihr Wirkungsradius ist gleich dem Durchmesser der Nukleonen und beträgt demnach nur etwa 10^{-13} cm.

Nun wird aber z. B. die elektrische Wechselwirkung durch das COULOMBsche Gesetz bestimmt, das dieselbe mathematische Form hat wie das NEWTONsche Gravitationsgesetz, jedoch fehlt den elektrischen Kräften die Universalität der Gravitation. Es gibt elektrisch positiv und negativ geladene und dementsprechend auch elektrisch neutrale Körper. Eine genügend große Anhäufung von Materie ist im Mittel elektrisch neutral, so daß die elektrischen Wechselwirkungen auch nur in relativ kleinen Bereichen wirksam werden. Man kann auch sagen, daß die elektrischen und auf ähnliche Weise die magnetischen Kräfte abschirmbar sind und im allgemeinen in der Natur auch abgeschirmt werden.

Aus GALILEIS Fallversuchen, nämlich aus seiner Entdeckung der Universalität der Beschleunigung aller Körper im homogenen Schwerefeld an der Erdoberfläche, folgt aber bereits die Nichtabschirmbarkeit der Gravitation im Rahmen der für diese Fallversuche möglichen Meßgenauigkeiten.

13.2. Das Newtonsche Gravitationsgesetz

Wir wollen nun die Eigentümlichkeiten der NEWTONschen Gravitationstheorie und die in ihr enthaltene GALILEIsche Entdeckung der Universalität der Schwere etwas genauer diskutieren.

Das NEWTONsche Bewegungsgesetz für die Bewegung eines Körpers K_{I} unter dem Einfluß einer beliebigen Kraft $\mathfrak{K}$ lautet

$$m_{\mathrm{I}}\mathfrak{b}_{\mathrm{I}} = \mathfrak{K}_{\mathrm{I}}. \tag{1}$$

In (1) ist m die träge Masse des Körpers, d. h. sein Beharrungsvermögen; der Widerstand, den der Körper der ihn beschleunigenden Kraft $\mathfrak{K}_{\mathrm{I}}$ entgegensetzt: $\mathfrak{b}_{\mathrm{I}} = \dfrac{\mathfrak{K}_{\mathrm{I}}}{m_{\mathrm{I}}}$. Die Beschleunigung eines Körpers ist also der auf ihn wirkenden Kraft $\mathfrak{K}$ direkt und seiner trägen Masse m umgekehrt proportional. Die Kraft $\mathfrak{K}$ ist nun das Produkt eines vorgegebenen Kraftfeldes $\mathfrak{F}$ und einer (passiven) Ladung Q_{I} des Körpers K_{I}, mit der dieser an das Kraftfeld $\mathfrak{F}$ „angekoppelt" ist, d. h. auf Grund der es mit diesem Kraftfeld in Wechselwirkung tritt:

$$\mathfrak{K}_{\mathrm{I}} = Q_{\mathrm{I}}\mathfrak{F}. \tag{2}$$

Für die Beschleunigung des Körpers folgt somit

$$\mathfrak{b}_{\mathrm{I}} = \frac{Q_{\mathrm{I}}}{m_{\mathrm{I}}}\,\mathfrak{F}. \tag{3}$$

In einem vorgegebenen Kraftfeld $\mathfrak{F}$ ist somit die Beschleunigung $\mathfrak{b}$ des Körpers seiner spezifischen Ladung

$$\frac{Q}{m} \tag{4}$$

proportional.

Die NEWTONsche Gravitationstheorie sagt nun aus, daß das Kraftfeld der Gravitation, die von einem zweiten Körper K_{II} erzeugt wird, durch das

NEWTONsche Gravitations-Potential

$$\Phi = \frac{-fM_{II}}{r} \qquad (r = \text{Abstand von } K_I \text{ und } K_{II}) \tag{5}$$

gegeben ist und lautet:

$$\mathfrak{F} = -\operatorname{grad} \Phi = -\frac{fM_{II}}{r^3}\,\mathfrak{r}. \tag{6}$$

In (6) bedeutet M_{II} die das Feld erzeugende (aktive) schwere Masse des zweiten Körpers K_{II}. Somit gilt für die Bewegung des Körpers K_I im NEWTONschen Gravitationsfeld des Körpers K_{II}

$$m_I \mathfrak{b}_I = -f\,\frac{Q_I M_{II}}{r^3}\,\mathfrak{r}. \tag{7}$$

In (7) ist also m_I die träge Masse des ersten Körpers, Q_I seine Ladung in bezug auf die Gravitation und M_{II} die aktive schwere Masse des zweiten, das Gravitationsfeld erzeugenden Körpers.

Genauso wie der Körper K_{II} erzeugt auch der Körper K_I ein Schwerefeld, das seinerseits auf K_{II} wirkt. Das NEWTONsche Kraftgesetz lautet dann analog

$$m_{II} \mathfrak{b}_{II} = \frac{fQ_{II} M_I}{r^3}\,\mathfrak{r}. \tag{8}$$

Hierbei ist m_{II} die träge Masse von K_{II}, Q_{II} dessen ihn an das Gravitationsfeld ankoppelnde Gravitationsladung und M_I die das Feld erzeugende (aktive) schwere Masse von K_I.

Die Bewegung zweier Körper im Gravitationsfeld hängt also von insgesamt 6 Größen ab, von denen je 3 zu einem Körper gehören. — (f ist die universelle NEWTONsche Gravitationskonstante s. u.)

Nun sagt das GALILEIsche Fallgesetz, daß alle Körper in einem vorgegebenen Gravitationsfeld gleich beschleunigt werden und daß diese Beschleunigung also insbesondere unabhängig ist von der trägen Masse m des betreffenden Körpers. Aus (4) folgt dann, daß das Verhältnis von (passiver) Gravitationsladung Q und träger Masse m eine universelle Konstante sein muß, die der Einfachheit halber gleich 1 gesetzt werden kann (das ist nur eine Frage der willkürlichen Wahl der Meßeinheiten):

$$\frac{Q_I}{m_I} = \frac{Q_{II}}{m_{II}} = \cdots = \frac{Q_N}{m_N} = \cdots = 1. \tag{9}$$

(Passive) Gravitationsladung und träge Masse jedes Körpers sind also universell proportional und identifizierbare Größen.

Aber auch die Größen Q und M stehen in enger Beziehung zueinander. In der NEWTONschen Mechanik gilt das Gegenwirkungs-Prinzip (der Satz von der Erhaltung des Massenmittelpunktes eines Systems von mehreren Körpern). Auf Grund dieses Satzes muß — bis auf das Vorzeichen — die Kraft, die der Körper I auf den Körper II ausübt, gleich der Kraft sein, die der Körper II auf den Körper I ausübt. Durch Vergleich von (7) und (8) sehen wir, daß dies genau dann der Fall ist, wenn Q und M zueinander proportional sind:

$$\frac{Q_I}{M_I} = \frac{Q_{II}}{M_{II}} = \cdots = \frac{Q_N}{M_N} = \cdots = 1. \tag{10}$$

Der Proportionalitäts-Faktor ist wiederum eine universelle Konstante, die auch hier gleich 1 gesetzt wird. Diese Wahl des Proportionalitäts-Faktors entspricht der Einführung der Konstante f im NEWTONschen Gravitationsgesetz, der NEWTONschen Gravitations-Konstante (s. u.). Das NEWTONsche Gravitationsgesetz, das die Wechselwirkung zweier Körper bestimmt, wird somit geschrieben:

$$m_I \mathfrak{b}_I = -m_{II} \mathfrak{b}_{II} = -\frac{f\, m_I m_{II}}{r^3}\, \mathfrak{r}. \tag{11}$$

Das ist die Form, die NEWTON seinem Gesetz von vornherein gegeben hat. Unsere Diskussion zeigt aber, daß in diesem Gesetz mehrere bemerkenswerte Eigenschaften der Gravitation stecken. Wie merkwürdig insbesondere die Proportionalität von träger Masse m und passiver Gravitationsladung Q ist, zeigt der Vergleich zu der Bewegung eines Körpers im elektrischen Feld: $\mathfrak{E}$ sei die Feldstärke eines elektrischen Feldes. Dann ist die auf einen Körper wirkende elektrische Kraft gegeben durch das Produkt dieses Kraftfeldes mit der elektrischen Ladung e_I des Körpers, und das NEWTONsche Bewegungsgesetz lautet also

$$m_I \mathfrak{b}_I = e_I \mathfrak{E}, \tag{12}$$

so daß für die Beschleunigung

$$\mathfrak{b}_I = \frac{e_I}{m_I}\, \mathfrak{E} \tag{13}$$

folgt. Bei vorgegebenem Kraftfeld $\mathfrak{E}$ ist die Beschleunigung also keine Konstante, sondern sie hängt von einer körperspezifischen Größe der spezifischen Ladung $\frac{e}{m}$ des Körpers ab. Diese spezifische Ladung kann beide Vorzeichen annehmen und auch Null sein.

Aber auch die aus dem Gegenwirkungsgesetz folgende Proportionalität der passiven Gravitationsladung Q und der aktiven, felderzeugenden Gravitationsladung verdient Aufmerksamkeit. Sie schließt insbesondere die Voraussage ein, daß f entweder tatsächlich — wie bei NEWTON — eine Konstante, oder doch wenigstens eine von der Stärke des Gravitationsfeldes selbst unabhängige Funktion ist, d. h., sie impliziert eine Linearität und damit Additivität der Gravitationswirkungen mehrerer Massen M. Werden etwa zwei Körper K_A und K_B mit den Massen M_A und M_B zu einem Körper K_C vereinigt, so addiert sich in der NEWTONschen Theorie einfach ihr Schwerefeld $\mathfrak{F}_C = \mathfrak{F}_A + \mathfrak{F}_B$. Diese Eigentümlichkeit der NEWTONschen Theorie enthält auch die differentielle Form des NEWTONschen Gesetzes, die POISSONsche Differential-Gleichung

$$\Delta \Phi = 4_{\text{II}} f \varrho . \tag{14}$$

Auf der rechten Seite von (14) steht die Massendichte ϱ oder genauer die Dichte der aktiven Gravitationsladung. Diese ist gegeben durch

$$\varrho = \frac{dM}{dV} \qquad (V = \text{Körper-Volumen}). \tag{15}$$

In (14) wird vorausgesetzt, daß f eine Konstante ist.

Da die Quelldichte (15) des Gravitationsfeldes gleich der Dichte der trägen Masse m ist, gilt notwendigerweise stets

$$\varrho \geq 0,$$

da die träge Masse m (aus Gründen, die wir auf Grund der Quantentheorie gut verstehen) niemals negativ sein kann. Daher wächst mit wachsender Ausdehnung eines Systems auch seine schwere Masse M und damit das von diesem System erzeugte Gravitations-Potential Φ. Dies erklärt, weshalb trotz der außerordentlichen Schwäche der Gravitationskraft im atomaren Bereich in makroskopischen Dimensionen das Gravitationsfeld eine bedeutende Rolle spielt und in kosmischen Größenordnungen alle anderen Kräfte dominiert.

Die NEWTONsche Gravitationstheorie behauptet die Universalität des NEWTONschen Gravitationsgesetzes. Nicht nur die Gravitations-Wechselwirkung zwischen zwei Körpern, sondern die zwischen beliebig vielen Körpern wird durch das NEWTONsche Gravitationsgesetz beschrieben:

$$\mathfrak{K}_{\text{I}} = -m_{\text{I}} \sum_{L \neq I} \frac{m_L}{r^3_{\text{IL}}} \mathfrak{r}_{\text{IL}} . \tag{16}$$

Im Laboratorium wurde schließlich die gegenseitige Anziehung zweier Massen von H. CAVENDISH (1798) nachgewiesen. CAVENDISHs mit Hilfe einer Drehwaage ausgeführten Experimente dienten zur Bestimmung der Gravitations-Konstante f auf Grund des NEWTONschen Gesetzes. Diese Bestimmung, die gleichzeitig eine experimentelle Nachprüfung des NEWTONschen Gesetzes im Laboratorium war, wurde verschiedene Male und mit wachsender Genauigkeit wiederholt. Wichtig waren insbesondere die Experimente von P. v. JOLLY (1881). Der beste Wert ist zur Zeit

$$f = (6{,}668 \pm 0{,}005) \cdot 10^{-8}\,\mathrm{dyn\,cm^2g^{-2}}. \tag{17}$$

Im Rahmen dieser Genauigkeit ist f tatsächlich als universelle Konstante nachgewiesen.

Aus den NEWTONschen Gravitations- und Bewegungsgesetzen folgen für die Bewegung zweier Körper die KEPLERschen Gesetze. Die Gravitations-Wechselwirkung mehrerer Körper war Gegenstand der klassischen Himmelsmechanik von EULER über LAPLACE und GAUSS bis POINCARÉ und STRÖMGREN und führte zum Ausbau der astronomischen Störungsrechnung und zu Untersuchungen über das Mehrkörper-Problem. Der Vergleich dieser mathematischen Theorien mit den astronomischen Beobachtungen bestätigte die exakte Gültigkeit des NEWTONschen Gravitationsgesetzes für die Bewegung der Planeten, Satelliten, Kometen etc. im Sonnensystem (bis auf eine kleine Differenz in der Bewegungstheorie des Planeten Merkur (s. u.) und einigen kleinen Schwierigkeiten in der Mondtheorie).

Seit den von W. HERSCHEL um 1800 begonnenen Untersuchungen über Doppel- und Mehrfachsterne wurde die Gültigkeit des NEWTONschen Gravitationsgesetzes auch außerhalb des Sonnensystems nachgewiesen. Die Stellar-Dynamik des 19. und 20. Jahrhunderts bewies die allgemeine Gültigkeit des NEWTONschen Gesetzes für die Gravitations-Wechselwirkung zwischen Sternen und Sternsystemen. [Erst bei der Untersuchung der Dynamik der Metagalaxis und bei der der physikalischen Eigenschaften überdichter und übermassenreicher Sterne treten grundsätzliche Abweichungen von der NEWTONschen Theorie auf (s. u.).]

13.3. Einsteins geometrische Gravitationstheorie

Unerklärt blieb in der NEWTONschen Gravitationstheorie die im Vergleich zu allen anderen Kräften wohl merkwürdigste Eigenschaft der Gravitation, nämlich ihre Universalität, die sich darin ausdrückt, daß alle Körper und Systeme dieselbe spezifische Gravitationsladung $\frac{Q}{m} = 1$ besitzen.

Wie bereits gesagt, hat schon GALILEI diesen Tatbestand im Rahmen seiner damaligen Meßgenauigkeit gesichert. Wie außergewöhnlich diese Eigenschaft der Gravitations-Wechselwirkung ist, zeigte dann die genaue

Kenntnis der elektrischen und magnetischen Kräfte, für die ein analoges Gesetz ja nicht gilt.

Im Rahmen der NEWTONschen Theorie haben träge Masse m und Gravitationsladung Q logisch nichts miteinander zu tun; der Widerstand, den ein Körper einer Beschleunigung entgegensetzt (sein Beharrungsvermögen), ist für beliebige Kräfte definiert, und die Gravitationsladung beschreibt die Wechselwirkung eines Körpers mit einem bestimmten Typ von Kraftfeld. Jedoch zeigten immer genauere Versuche die strenge Gültigkeit des GALILEIschen Gesetzes. Solche Versuche sind z. B. die Messung der Schwingungsdauer eines Pendels. In der vereinfachten Theorie für kleine Schwingungen eines mathematischen Pendels der Länge l im Schwerefeld g der Erde gilt

$$ml \frac{d^2\varphi}{dt^2} = -Qg\varphi. \tag{18}$$

Die Schwingungsdauer ist daher durch

$$T = 2\pi \sqrt{\frac{ml}{Qg}} \tag{19}$$

gegeben und hängt somit von der spezifischen Gravitationsladung $\frac{Q}{m}$ des Körpers ab. Aus den Experimenten folgt aber, daß die Schwingungsdauer eines mathematischen Pendels, unabhängig von seinen physikalischen Eigenschaften, stets durch

$$T = 2\pi \sqrt{\frac{l}{g}} \tag{20}$$

gegeben ist, die spezifische Ladung also universell 1 ist. — Versuche dieser Art haben F. W. BESSEL (um 1840) — Verwendung eines Reversions-Pendels — und mit entscheidender Steigerung der Genauigkeit R. EÖTVÖS (um 1900) — Verwendung eines Torsions-Pendels — durchgeführt. EÖTVÖS fand, daß gilt:

$$\frac{Q}{m} = 1 \pm 10^{-9}, \tag{21a}$$

wo $\pm 10^{-9}$ der der Meßgenauigkeit entsprechende mögliche Fehler ist. In der Zwischenzeit ist der mögliche Fehler noch um eine Größenordnung gesenkt worden (R. H. DICKE 1957):

$$\frac{Q}{m} = 1 \pm 10^{-10}. \tag{21b}$$

Das Naturgesetz: „Alle Körper haben — unabhängig von ihrem physikalischen und chemischen Zustand — dieselbe spezifische Gravitationsladung $\frac{Q}{m}$“ ist eines der experimentell am genauesten bestätigten Gesetze der Physik. In der NEWTONschen Gravitationstheorie konnte dieses Gesetz nur als ein erstaunlicher Zufall angesehen werden. Die Grundlage der EINSTEINschen Theorie der Gravitation ist gerade dieses Äquivalenzgesetz. EINSTEIN bemerkte, daß dieses Gesetz die Gravitation vor allen anderen Kräften auszeichnet und also die Grundlage jeder Deutung der Gravitation sein muß. Alle anderen Eigenschaften der Gravitationskraft müssen nach EINSTEIN von diesem Grundsatz her verstanden werden. Es gelang EINSTEIN in seiner allgemeinen Relativitätstheorie, eine solche Theorie der Gravitation aufzustellen, indem er, wie dies der Name „Allgemeine Relativitätstheorie“ zum Ausdruck bringt, gleichzeitig von seiner Entdeckung der speziellen Relativitätstheorie ausging.

Die spezielle Relativitätstheorie und die in ihr enthaltenen Kenntnisse über die Maximalgeschwindigkeit, mit der sich physikalische Wirkungen ausbreiten können, die Vakuum-Lichtgeschwindigkeit c, mußten notwendig zu einer Modifizierung der NEWTONschen Gravitationstheorie führen, da die NEWTONsche Theorie die unendliche Fortpflanzungsgeschwindigkeit der Gravitation einschließt und dementsprechend die NEWTONsche Gravitations-Dynamik mit dem speziellen Relativitäts-Prinzip nicht vereinbar war. Es ergab sich so die Aufgabe, die NEWTONsche Theorie so zu modifizieren, daß sie sich in die spezielle Relativitätstheorie einfügte. Versuche hierzu sind um 1910 von verschiedenen Physikern unternommen worden. EINSTEIN bemerkte aber, daß eine physikalisch gehaltvolle Gravitationstheorie im Rahmen der speziellen Relativitätstheorie nicht zu schaffen ist, und die geniale Idee EINSTEINS war, die auf der Relativitätstheorie beruhende Modifikation der NEWTONschen Gravitationstheorie zu verbinden mit dem Versuch, die Universalität der spezifischen Gravitationsladung zu deuten.

Grundlegend bei der Aufstellung der EINSTEINschen allgemein-relativistischen Theorie der Gravitation waren Gedankenexperimente, die die Konsequenzen der Universalität der spezifischen Gravitationsladung zum Ausdruck brachten. Diese Gedankenexperimente zeigten, daß es durch Laboratoriumsbeobachtungen allein nicht möglich ist, zwischen dem Einfluß eines (in kleinen Gebieten immer angenähert homogenen) Gravitationsfeldes einerseits und der Wirkung der Trägheitskräfte in einem beschleunigt bewegten Bezugssystem andererseits zu unterscheiden. Ferner kompensieren sich in einem frei fallenden Laboratorium gerade die Gravitations- und Trägheitskräfte wegen der Universalität der spezifischen Gravitationsladung, so daß die Physik in einem solchen freifallenden Laboratorium so abläuft, als ob dieses Laboratorium in einem gravitationsfreien Raum ruht. In einem solchen Laboratorium gelten dann exakt die Gesetze der speziellen Relativitätstheorie. Im Rahmen der speziellen Relativitätstheorie wird der Übergang von einem ruhenden zu einem beliebig beschleunigt bewegten Laboratorium durch raum-zeitliche Koordinaten-Transformationen bestimmt, nämlich durch die Einführung von krummlinigen Koordinaten in der speziell-relativistischen Raum-Zeit-Welt.

Aus allem folgt gemäß EINSTEIN mit Notwendigkeit der geometrische Charakter des Gravitationsfeldes: Sowohl die Wirkung von Trägheitskräften wie von Gravitationskräften führt zu einer krummlinigen beschleunigten Bewegung der Körper. Jedoch gibt es bei den Trägheitskräften immer Bezugssysteme, in bezug auf die diese Bewegungen wieder geradlinig und unbeschleunigt sind. Hingegen gilt dies für die Gravitationskräfte immer nur in kleinen Gebieten des Laboratoriums (streng genommen nur in unendlich kleinen Raum-Zeit-Gebieten). Daher unterscheidet sich die speziell-relativistische im Großen von der allgemein-relativistischen Raum-Zeit-Welt.

Die speziell-relativistische Raum-Zeit-Welt ist ohne Gravitation eben und ungekrümmt. Die allgemein-relativistische Raum-Zeit-Welt ist hingegen ein gekrümmter vierdimensionaler RIEMANNscher Raum. Die mathematische Charakteristik dieser Eigenschaften ist, daß in der speziell-relativistischen Raum-Zeit der sogenannte RIEMANNsche Krümmungstensor R^i_{klm} (eine Größe, die 20 unabhängige Komponenten enthält) überall verschwindet:

$$R^i_{klm} = 0. \tag{22}$$

In der allgemein-relativistischen Relativitätstheorie ist der RIEMANNsche Krümmungstensor von Null verschieden. Der RIEMANNsche Tensor ist ein Funktional des Tensors, der die Metrik

$$ds^2 = \sum g_{ik}\, dx^i dx^k \tag{23}$$

der RIEMANNschen Raum-Zeit bestimmt. Dieser metrische Tensor g_{ik} der Raum-Zeit ist gemäß EINSTEIN die Verallgemeinerung des NEWTONschen Gravitationspotentials. Der metrische Tensor g_{ik} besitzt 10 unabhängige Komponenten, so daß die EINSTEINsche Theorie eine sehr viel allgemeinere mathematische Struktur zur mathematischen Bestimmung der Gravitation zugrunde legt als die NEWTONsche Theorie, in der das Gravitationspotential durch eine einzige Funktion Φ erfaßt wurde. In der NEWTONschen Theorie wirkt das Gravitationspotential in einem vorgegebenen dreidimensionalen euklidischen Raum; gemäß der EINSTEINschen Theorie ist die Gravitation mit der Geometrie eines vierdimensionalen RIEMANNschen gekrümmten Raumes identisch.

Die Bestimmung der Geometrie ist also gleichbedeutend der Bestimmung des Gravitationsfeldes und umgekehrt. Entsprechend den 10 Größen g_{ik} werden 10 Gleichungen benötigt, die die Verallgemeinerungen der einen POISSON-Gleichung (14) der NEWTONschen Theorie sind. Diese 10 EINSTEINschen Gleichungen folgen aus der Bemerkung, daß sie eben Verallgemeinerungen der POISSON-Gleichung sein sollen und daß die Massendichte ϱ in dieser Gleichung gemäß der speziellen Relativitätstheorie eine Komponente des Energie-Impuls-Spannungstensors T_i^k ist (dieser Tensor faßt Energiedichte, Impulsdichte, Massenstromdichte, Drucke und Spannungen mathematisch zusammen). Die EINSTEINschen Gleichungen lauten:

$$R_i^k - \frac{1}{2}\,\delta_i^k R = -\frac{8\pi f}{c^4}\,T_i^k. \tag{24}$$

Hierbei sind

$$R_i^k = \sum_l R_i{}^l{}_l{}^k \tag{24a}$$

und

$$R = \sum_l{}' R_l{}^l \tag{24b}$$

Kontraktionen des großen RIEMANN-Tensors, und der EINSTEIN-Tensor

$$E_i^k = R_i^k - \frac{1}{2}\,\delta_i^k R \tag{25}$$

enthält 10 algebraisch unabhängige Komponenten. Während also die linke Seite der EINSTEINschen Gleichungen die Geometrie der Raum-Zeit enthält, steht auf der rechten Seite eine einfache Verallgemeinerung der NEWTONschen Massendichte. Alle Eigentümlichkeiten der NEWTONschen Theorie bezüglich der Additivität der Gravitationsladungen gelten somit auch in der EINSTEINschen Theorie.

13.4. Allgemeine Relativitätstheorie und Astronomie

In der Astronomie werden die EINSTEINschen Korrekturen zur NEWTONschen Mechanik und Gravitationstheorie dann bedeutsam, wenn die Relativgeschwindigkeiten v der Himmelskörper nicht mehr klein gegenüber der Lichtgeschwindigkeit c sind, und ferner, wenn das Gravitationsfeld so stark wird, daß die Abweichungen der Metrik von der des ebenen euklidischen Raumes und von der der NEWTONschen Zeit, also die RIEMANNsche Krümmung der Raum-Zeit, wesentlich wird.

So ist die NEWTONsche Himmelsmechanik eine sehr gute Näherung z. B. für die Bewegung der Planeten um die Sonne, wenn für die Relativgeschwindigkeit v des Planeten zur Sonne gilt

$$v << c^2 \tag{26}$$

und wenn ferner gilt

$$\frac{fM}{r} << c^2. \tag{27}$$

In letzterer Beziehung ist

$$a = \frac{fM}{c^2} \quad \text{(mit der Sonnenmasse } M \text{ und der Gravitationskonstante } f) \tag{28}$$

der sogenannte Gravitationsradius der Sonne (der nach KARL SCHWARZSCHILD auch „SCHWARZSCHILD-Konstante“ genannt wird), und r bedeutet die Entfernung vom Sonnenmittelpunkt.

Sind hingegen in einem astronomischen System die zu berücksichtigenden räumlichen Abmessungen R von derselben Größenordnung wie der Gravitationsradius des Systems der Masse M, gilt also anstelle von (27)

$$a = \frac{fM}{c^2} \approx R \tag{29}$$

oder gar

$$a > R, \tag{29a}$$

so ist die Geometrie von Raum und Zeit völlig von dem euklidischen Raum und von der NEWTONschen Zeit verschieden. — Desgleichen werden merkliche Abweichungen von der klassischen Mechanik dann auftreten, wenn $v \approx c$ ist.

Der Gravitationsradius der Sonne beträgt aber nur 1,5 km, und dies ist sehr klein gegenüber der astronomischen Einheit von ca. 150 Millionen km, und die Geschwindigkeiten der Planeten relativ zur Sonne betragen $v \approx 10^{-4}$ c. Da in der Himmelsmechanik also gleichzeitig die Ungleichungen (26) und (27) erfüllt sind, reicht die klassische Himmelsmechanik für fast alle theoretischen und astronomischen Untersuchungen aus. Wenn allerdings die Meßgenauigkeit sehr hoch wird, lassen sich auch kleine Abweichungen von der klassischen Theorie nachweisen. Die Meßgenauigkeit muß dann so groß sein, daß die Meßfehler wesentlich kleiner sind als die kleincn Größen

$$\frac{v^2}{c^2} \quad \text{und} \quad \frac{a}{r}.$$

Das bekannteste Resultat dieser kleinen Abweichungen von der klassischen Himmelsmechanik ist die Tatsache, daß ein Planet um die Sonne — als Zweikörpersystem betrachtet (d. h. nach gedanklicher Abschaltung aller

Störungen durch die übrigen Planeten) — keine geschlossene KEPLER-Bahn beschreibt, sondern seine Bahn vielmehr eine sich langsam drehende Rosette bildet. Diese Perihel-Bewegung wird sich nach (26) und (27) bei dem Planeten am stärksten bemerkbar machen, der der Sonne am nächsten und dessen Relativgeschwindigkeit am höchsten ist. Dies ist der Merkur, und in der Tat ist eine Perihelbewegung von 43″ im Jahrhundert von LEVERRIER und NEWCOMB festgestellt worden. Ein Sechstel dieses Effektes beruht auf der speziell-relativistischen Korrektur der NEWTON-GALILEIschen Bewegungsgleichungen (Abhängigkeit der Planetenmasse von der Geschwindigkeit); fünf Sechstel sind sozusagen allgemein-relativistischen Ursprungs.

Die Positionsastronomie und die Radarastronomie setzen die geradlinige Fortpflanzung der elektromagnetischen Wellen im Vakuum voraus. Diese Voraussage ist allgemein-relativistisch zu korrigieren. Für die Bewegung des Lichtes gilt natürlich die Ungleichung (26) nicht, so daß auch bei schwachen gravischen Feldern eine Abweichung von der klassischen Astronomie auftritt. Eine dieser Abweichungen ist die Abhängigkeit der tatsächlichen Lichtgeschwindigkeit vom lokalen Gravitations-Potential wegen der Masse $\frac{h\nu}{c^2}$ der Photonen einerseits und wegen der Abweichung der Geometrie des dreidimensionalen Raumes von der euklidischen Geometrie andererseits. Beides zusammen führt zu einem ortsabhängigen Brechungs-Index n des Vakuums, der durch das tensorielle Gravitationsfeld bestimmt wird. Die bekannteste Methode, diesen Brechungs-Index zu verifizieren, sind die Messungen der Verschiebungen der Positionen der Fixsterne am Himmel während einer Sonnenfinsternis gegenüber ihren Positionen am Nachthimmel. Eine direkte Bestimmung von n liefern laufende Radarmessungen der momentanen Entfernungen der Erde von den sonnennahen Planeten Merkur und Venus. Die Abhängigkeit von n von dem Gravitations-Potential der Sonne führt zu Differenzen der euklidisch berechneten Abstände zu den aus den Laufzeiten der Radar-Echos berechneten. Diese Differenz kann maximal 6 km betragen. (Durch über vier Milliarden Meßimpulse umfassende Meßreihen ist es I. SHAPIRO 1967/68 gelungen, diese Differenz tatsächlich zu verifizieren.)

Starke Abweichungen der physikalischen Eigenschaften eines astronomischen Systems (Stern, Sternhaufen, Galaxis, Metagalaxis u. a.) von den aus der klassischen Physik folgenden treten — wie gesagt — dann auf, wenn der Gravitationsradius a von derselben Größenordnung wie die geometrischen Abmessungen R des Systems ist. Unmittelbar ist das Verhältnis von Gravitationsradius und geometrischer Ausdehnung eines Himmelskörpers meßbar durch den Wert der EINSTEINschen Rotverschiebung der Spektrallinien der Frequenz ν, die aus dem vom Gravitations-Potential abhängigen Uhrengang folgt. Diese Verschiebung der Spektrallinien durch ein Schwerefeld gegenüber den auf der Erde (genauer ohne Einfluß der

Gravitation) gemessenen Linien beträgt

$$\frac{\Delta\nu}{\nu} = -\frac{fM}{c^2 R}, \tag{30}$$

ist also ein direktes Maß für das Verhältnis $a:R$.

Da die Massendichte eines Körpers nie negativ sein kann, wird bei endlicher, nicht nach Null gehender Massendichte ϱ mit wachsendem Umfang des Systems das Verhältnis von Gravitationsradius und geometrischer Dimension R immer größer. Denn der Gravitationsradius wächst bei konstanter Dichte ϱ mit dem Kubus der Dimension

$$a \sim \varrho R^3. \tag{31}$$

Daraus folgt für eine vorgegebene Massendichte ϱ, daß Gravitationsradius und geometrische Dimension eines Systems von der gleichen Größenordnung $a \doteq R$ sind, wenn gilt

$$R \doteq \frac{c}{\sqrt{f\varrho}} \tag{32}$$

bzw.

$$\frac{c}{\sqrt{f\varrho}} \doteq \frac{Mf}{c^2}. \tag{33}$$

Entweder muß also die Massendichte sehr groß sein, oder bei kleiner Massendichte muß das System eine – im Vergleich zur Sonnenmasse – sehr große Gesamtmasse besitzen.

Kosmische Gebilde, die den Bedingungen (32) bzw. (33) genügen, sind typisch allgemein-relativistische Objekte, deren physikalische Eigenschaften nur auf Grund der allgemeinen Relativitätstheorie verstanden werden können und deren Deutung mit Hilfe von Vorstellungen der klassischen Physik zu Widersprüchen führen muß. – Für die Erde beträgt der Gravitationsradius noch nicht einmal 1 cm, und da der Erdradius über 6000 km beträgt, läßt sich das Gravitationsfeld der Erde also völlig korrekt mit Hilfe der Newtonschen Gravitationstheorie im euklidischen Raum beschreiben. Bei der Sonne beträgt der Gravitationsradius 1,5 km, während der Sonnenradius ca. 700000 km beträgt. Auch die Sonne ist also grundsätzlich klassisch zu verstehen. – Doch wurden durch feine Messungen sowohl für die Erde als auch für die Sonne die Einsteinschen Linienverschiebungen (30) nachgewiesen.

Eine normale Galaxis umfaßt zwar einige 10^{11} Sonnenmassen, so daß ihr Gravitationsradius auch einige 10^{11} km beträgt; das ist aber sehr klein gegenüber den geometrischen Abmessungen der Galaxien, die etwa 10^4 bis 10^5 Lichtjahre betragen.

Es gibt jedoch in unserer Galaxis typisch allgemein-relativistische Gebilde. Einen Grenzfall bilden die Weißen Zwerge mit einer Masse von der Größenordnung der Sonnenmasse M und mit einer Dichte von $\varrho \approx 10^6$ g/cm³. Bei diesen Sternen beträgt der Gravitationsradius etwa den 10^{-4}ten Teil des geometrischen Radius, so daß entsprechend leicht Rotverschiebungen $\Delta\nu = -10^{-4}\,\nu$ der Spektrallinien dieser Sterne nachweisbar sind. — Ein Endstadium der Sternentwicklungen bilden die Neutronen- bzw. Baryonensterne, deren Dichte ϱ die Kerndichte eventuell noch übersteigt; $\varrho \approx (10^{14}-10^{19})$ g/cm³. Die Masse solcher Sterne ist etwa von der Größenordnung der Sonnenmasse; daher kann der Gravitationsradius mit dem geometrischen Radius vergleichbar werden, und in extremen Fällen sogar

$$a \geq R \tag{34}$$

sein. Bei dem Erreichen dieser SCHWARZSCHILDschen Grenze $a \approx R$ versagen alle Vorstellungen der irdischen Physik, und es ergeben sich grundlegende Abweichungen der Eigenschaften der Materie eines so verdichteten Sterns von den aus der irdischen Physik bekannten Gesetzen (s. u.).

Das andere Extrem einer sehr kleinen Dichte, aber extrem großen Massen stellt die Metagalaxis, d. h. der uns prinzipiell zugängliche Teil des Universums, dar. Diese Metagalaxis umfaßt vielleicht 10^{23} bis 10^{24} Sonnenmassen, und für die mittlere Massendichte mag gelten

$$\varrho \approx (10^{-29} - 10^{-31})\ \mathrm{g/cm^3}.$$

Der Gravitationsradius der Metagalaxis ist also sicher mit ihrem geometrischen Radius vergleichbar. Dies bringt es mit sich, daß kein statischer Kosmos existieren kann. Alle Schlüsse über die Struktur des Kosmos müssen davon ausgehen, daß wir innerhalb eines nichtstationären, extrem relativistischen Gebildes leben (weshalb wir natürlich auch eine durch die Metagalaxis bewirkte EINSTEINsche Rotverschiebung nicht messen können). Wegen der Nichtstationarität der Metagalaxis tritt eine neue Art von Rotverschiebung der Spektrallinien ferner Galaxien auf, die angenähert mit der Entfernung der extragalaktischen Systeme von unserer Galaxis zunimmt (HUBBLE-Effekt)

$$\frac{\Delta\nu}{\nu} = -kr = -\frac{v}{c}. \tag{35}$$

Dieses Phänomen läßt sich allgemein-relativistisch als eine Expansion des kosmischen Raumes erklären, d. h. als stetiges Wachsen des Abstandes zwischen den einzelnen Galaxien. Der Versuch einer Erklärung im Rahmen der NEWTONschen Physik führt hingegen zu Widersprüchen.

13.5. Gravitationstheorie und Mikrophysik

Durch die fundamentale Entdeckung, daß die Universalität der spezifischen Gravitationsladung die Geometrisierung des Gravitationsfeldes und somit die RIEMANNsche Struktur der relativistischen Raum-Zeit-Welt bedingt, wurde die EINSTEINsche Gravitationstheorie die bisher konsequenteste Form einer klassischen Feldtheorie überhaupt.

Vor allem sind die Art und Weise, in der das Gravitationsfeld auf makroskopische Materie wie auch auf das elektromagnetische Feld (und somit auch auf die Ausbreitung des Lichtes) einwirkt, durch die Geometrisierung der Gravitation eindeutig bestimmt: die Dynamik von Körpern und Feldern unter dem Einfluß der Gravitation folgen aus der gravitationsfreien, speziell-relativistischen Dynamik auf mathematisch eindeutigem Wege. Dieser mathematisch eindeutige Weg bringt die Universalität der spezifischen Gravitationsladung zum Ausdruck.

EINSTEINS Geometrisierung der Gravitation hat auch wichtige Folgen für den physikalischen Inhalt der Gravitationsdynamik. Da die RIEMANNsche Raum-Zeit-Welt in der EINSTEINschen Gravitationstheorie im allgemeinen Falle völlig inhomogen und anisotrop ist, sind die in der klassischen Physik und in der speziellen Relativitätstheorie grundlegenden Begriffe „Energie", „Impuls", „Drehimpuls", „Schwerpunkt" nicht mehr allgemein definierbar. Diese Grundbegriffe der NEWTONschen Dynamik haben in der EINSTEINschen Gravitationsdynamik eine Bedeutung nur für von der Umwelt nahezu isolierte Systeme und sind im allgemeinen keine Größen der Gravitationsphysik.

Dies ist von großer Bedeutung für das Problem der Gravitationsstrahlung, d. h. der Ausbreitung von Gravitationsfeldern im Raum. Die EINSTEINsche Theorie fordert als relativistische Theorie eine endliche Ausbreitungsgeschwindigkeit auch der Gravitationswirkungen und zeigt, daß diese Ausbreitungsgeschwindigkeit dieser „Gravitationswellen" gleich der Lichtgeschwindigkeit ist. Da jedoch ein Gravitationsstrahlung aussendendes System notwendig nicht von der Umwelt isoliert ist (denn die Strahlung breitet sich über den ganzen Raum aus), ist die Frage nach dem durch die Gravitationswellen transportierten Energie-Impuls nicht unproblematisch. Dies ist wohl der wichtigste Grund für die Schwierigkeiten, die die theoretische Behandlung der Gravitationsstrahlung bereitet.

Um so wichtiger sind die experimentellen Forschungen, in denen versucht wird, entweder im Laboratorium Gravitationsstrahlung zu erzeugen und zu empfangen, oder wenigstens von vermuteten kosmischen Quellen ausgestrahlte Gravitationswellen zu registrieren. Diese Versuche sind außerordentlich schwierig, da die zu erwartenden Effekte extrem klein und kaum von der Mikroseismik und anderen Störungen zu unterscheiden sind. Daher haben die an verschiedenen Orten angestellten Versuche auch noch zu keinem abschließenden Ergebnis geführt, das mit Sicherheit die Gravitationsstrahlung nachgewiesen hätte.

Diese Schwierigkeiten spiegeln sich wider bei den Ansätzen zu einer Quantentheorie des Gravitationsfeldes, für die zur Zeit noch jeder empirische Zugang fehlt und deren theoretische Grundlagen noch sehr unsicher sind. Überhaupt muß festgestellt werden, daß sowohl die NEWTONsche wie die EINSTEINsche Gravitationstheorie bahnbrechend oder wenigstens modellbildend für die gesamte Entwicklung der Physik und Astronomie waren, daß aber trotz dieses hohen theoretischen Niveaus unsere sichere Kenntnis über die Gravitation wesentlich geringer ist als die aller anderen physikalischen Felder. Die wichtigste Ursache hierfür ist natürlich die geringe Möglichkeit zu einer experimentellen Erforschung des Gravitationsfeldes. Die Himmelsmechanik einschließlich der relativistischen Effekte, Lichtablenkung und Rotverschiebung setzen nur die Kenntnis des statischen zeitunabhängigen Gravitationsfeldes voraus und beruhen allein auf dem NEWTONschen Gravitationsgesetz und EINSTEINS geometrischer Interpretation der Universalität der Gravitation. Auch die relativistische Theorie der Bewegung des Merkur-Perihels benutzt nur die Eigenschaften des zeitunabhängigen Gravitationsfeldes einer kugelsymmetrischen Masse. Wir haben also keinerlei direkte Kenntnisse über die zeitabhängigen Gravitationsfelder. Solche Kenntnisse liefert auch nicht die relativistische Kosmologie, deren Weltmodelle auf besonderen Vereinfachungen der EINSTEINschen Theorie beruhen und deren empirische Sicherheit zur Zeit nocht nicht groß genug ist, um wenigstens im Rahmen dieser Vereinfachungen die Gravitationstheorie mit den Beobachtungen streng vergleichen zu können.

Diejenigen Eigentümlichkeiten des Gravitationsfeldes, die seine besondere physikalische Stellung bedingen — die Universalität einerseits und die extreme Schwäche andererseits — sind auch ein schwerwiegendes Hindernis für die empirische Erforschung der Gravitation. Diese beiden Besonderheiten der Gravitation machen es auch so schwierig, das Gravitationsfeld in das Schema der Quantentheorien der übrigen Wechselwirkungen (Kernkräfte, Elektromagnetismus, schwache Wechselwirkungen) einzufügen, da grundlegende Vorstellungen der Quantentheorie für die Gravitationstheorie sicherlich nicht zutreffen werden.

Aber auch die mathematischen Hilfsmittel, mit denen die allgemeine Relativitätstheorie die Wechselwirkung des Gravitationsfeldes mit den Elementarteilchen beschreibt, sind wohl noch nicht abgeschlossen. EINSTEIN entwickelte die allgemein-relativistische Gravitationstheorie als Theorie der Wechselwirkung des Gravitationsfeldes mit der makroskopischen phänomenologischen Materie und mit dem elektromagnetischen Feld. Ende der 20er Jahre wurde insbesondere durch P. A. M. DIRAC die speziell-relativistische Quantenfeldtheorie der Materiefelder entwickelt und hierbei gezeigt, daß diese Materiefelder mit einer allgemeineren mathematischen

Struktur zu beschreiben sind als die phänomenologische Materie und das elektromagnetische Feld. Diese neuen Strukturen, die Spinoren, waren zunächst nicht in der RIEMANN-EINSTEINschen Raum-Zeit unterzubringen. Die mathematischen Schwierigkeiten ließen sich jedoch schnell überwinden, und bereits 1930 war durch Arbeiten von V. BARGMANN, EINSTEIN, V. FOCK, L. INFELD, D. IWANENKO, W. MAYER, E. SCHRÖDINGER und H. WEYL ein mathematischer Kalkül geschaffen worden, der die Wechselwirkung des Gravitationsfeldes mit den Materiefeldern zureichend beschreibt. Dieser Kalkül enthält aber tatsächlich eine gewisse Verallgemeinerung der EINSTEINschen Idee der Geometrisierung der Gravitation und somit auch eine verallgemeinerte mathematische Formulierung des Prinzips der Universalität der Schwere. An die Stelle der 10 Komponenten des metrischen Tensors treten die 16 Komponenten von 4 Vektorfeldern $h_i{}^A$, aus denen sich durch „Verschmelzung" die 10 g_{ik} bilden lassen:

$$g_{ik} = \sum_{A=1}^{4} h_i{}^A h_{Ak}, \tag{36}$$

während sich umgekehrt die 16 Komponenten der 4 Vektorfelder nicht auf die 10 Komponenten des metrischen Tensors zurückführen lassen. Die EINSTEINschen Gravitationsgleichungen bestimmen nun nicht alle 16 Komponenten dieses verallgemeinerten Gravitationsfeldes, sondern eben nur die 10 Kombinationen (36).

Für die Makrophysik bedeutet dies keine Schwierigkeit, da die phänomenologische Materie durch „Verschmelzen" der spinoriellen Materiefelder entsteht.

Es ist aber schon frühzeitig die Idee geäußert worden, die EINSTEINsche Gravitationstheorie dadurch zu verallgemeinern, daß auch in bezug auf die Gravitationsgleichungen die 16 Komponenten $h_i{}^A$ die Rolle des Gravitations-Potentials übernehmen. Die so entstehende Geometrie ist ebenfalls von EINSTEIN (1928—1931) untersucht worden. Man kann das Verhältnis einer 16 komponentigen Gravitationstheorie zur allgemein-relativistischen Gravitationstheorie etwa so beschreiben: Die RIEMANNsche Raum-Zeit der allgemeinen Relativitätstheorie hat eine amorphe oder — wie EINSTEIN sagte — molluskelare Struktur. Hingegen entspricht einer 16 komponentigen Gravitationstheorie eine Raum-Zeit mit einer kristallinen Struktur. Die Raum-Zeit mit dieser Geometrie ist also strukturierter als die Raum-Zeit in der allgemeinen Relativitätstheorie.

Nach den grundlegenden Untersuchungen von EINSTEIN wurden die 16 komponentigen Gravitationstheorien lange Zeit nicht weiterverfolgt, weil die Wechselwirkung zwischen dem Gravitationsfeld und den Materiefeldern der Elementarteilchen nicht im Vordergrund des physikalischen Interesses stand. Mit den beginnenden Versuchen, eine einheitliche Feldtheorie der Elementarteilchen zu entwickeln (besonders bekannt geworden ist die einheitliche Feldtheorie von HEISENBERG) ist die Frage der Einbeziehung des Gravitationsfeldes in eine solche umfassende Theorie wiederum sehr bedeutungsvoll geworden, und in den letzten Jahren sind eine Anzahl von 16komponentigen Gravitationstheorien untersucht worden (D. IWANENKO, C. MØLLER, H.-J. TREDER u. a.).

Diese Theorien, die die quantentheoretische Erkenntnis über die Materie in die Gravitationstheorie aufnehmen wollen, sind nicht nur strukturierter als die allgemeine Relativitätstheorie, sondern entfernen sich im weiteren Verfolg des von EINSTEIN eingeschlagenen Weges noch weiter von der NEWTONschen Auffassung als die allgemeine Relativitätstheorie. Insbesondere ist die Kopplung des Gravitationsfeldes an die Materie — also die Quellseite der Gravitationsgleichungen — anders einführbar als bei NEWTON und EINSTEIN, und die bei NEWTON und EINSTEIN vorausgesetzte lineare Additivität der Quelldichten ist hier nicht mehr notwendig.

Zur Bestimmung der 16 Komponenten werden 4 Vektorgleichungen benötigt (H.-J. TREDER 1967). Dementsprechend sind aus dem EINSTEINschen Materietensor 4 Vektoren zu bilden, was hier ohne weiteres möglich ist. Diese Vektoren sind die Quellen des Gravitationsfeldes:

$$-8\pi \frac{f}{c^4} \sum_l h^A{}_l \left(T^l{}_i - \frac{1}{2} g^l{}_i T)\right). \tag{37}$$

Sie enthalten das Gravitationsfeld $h_l{}^A$ also selbst in expliziter Form. Daher ist die „effektive Gravitationskonstante“ keine konstante Zahl, sondern ein vom Gravitationsfeld abhängiges 16komponentiges Schema (quadratische Matrix). Dies bedeutet eine nichtadditive Abhängigkeit des Gravitationsfeldes von seinen Quellen[1]). (Ferner hängen die g_{ik} bilinear von den $h_i{}^A$ ab.)

Es liegt auf der Hand, daß eine solche allgemeinere Theorie zusätzlich zu den allgemein-relativistischen Effekten weitere neue physikalische Effekte voraussagt, die weder in der NEWTONschen noch in der EINSTEINschen Theorie enthalten sind. Eine solche allgemeinere Theorie wird dann physikalisch interessant, wenn das Zutreffen oder Nichtzutreffen dieser vorausgesagten neuartigen Effekte experimentell nachprüfbar ist (s. u.).

Es sei auf eine Analogie zur Elektrodynamik hingewiesen. Die Elektrodynamik des Vakuums verwendet zwei universelle Konstanten, die Dielektrizitäts-Konstante ε_0 und die Permeabilität μ_0 des Vakuums. Die Quantenphysik erlaubt die exakte Beschreibung der Wechselwirkung des

---

1) Eine andere Gravitationstheorie mit 16 Potentialen läßt sich in EINSTEINS unsymmetrischen Verallgemeinerungen der RIEMANNschen Geometrie (1945—1955) formulieren, wenn in diese Geometrie ein Materietensor eingeführt wird, der die unsymmetrische Verallgemeinerung des allgemein-relativistischen Materietensors ist (D. SCIAMA 1958). Dieser allgemeine Tensor soll die spinoriellen Eigenschaften der Materie widerspiegeln.

elektromagnetischen Feldes mit der Materie. Diese Wechselwirkung führt phänomenologisch dazu, daß innerhalb der Materie die Dielektrizitäts-Konstante und die Permeabilität durch allgemeinere orts-, zeit- und feldstärkeabhängige Matrizen ersetzt werden. Hierdurch sind die Eigenschaften der mit der Materie wechselwirkenden elektromagnetischen Felder viel reichhaltiger als diejenigen im Vakuum der klassischen Physik. — Analoge Verhältnisse könnten auch für die Gravitationstheorie bestehen, nur eben in einer viel kleineren Größenordnung entsprechend der Schwäche des Gravitationsfeldes. Versuche, solche Effekte im Laboratorium zu finden, wurden bereits im vorigen Jahrhundert von M. FARADAY und A. KUNDT u. a. gemacht. Sie scheiterten an der Kleinheit der zu erwartenden Effekte.

13.6. Gravitationskollaps oder Abschirmung der Schwerkraft?

Die unumschränkte Additivität der Feldquellstärken bringt sowohl in der NEWTONschen als auch in der EINSTEINschen Theorie prinzipielle Schwierigkeiten mit sich, wenn extrem große Massen bzw. extrem hohe Dichten betrachtet werden. Diese Schwierigkeiten haben öfter zu der Vermutung geführt, daß durch zusätzliche Absorptions- bzw. Abschirmeffekte die Additivität der gravischen Quellen eingeschränkt ist (C. ISENKRAHE 1879, H. VON SEELIGER und A. KORN um 1900, K. F. BOTTLINGER 1912, Q. MAJORANA um 1920 u. a.).

In der allgemeinen Relativitätstheorie führen diese Schwierigkeiten zu den sogenannten Singularitäten, nämlich zu der kosmologischen Singularität, dem sogenannten „Urknall“ am Weltanfang, sowie zum Gravitationskollaps als Endstadium der Sternentwicklung. Diese Singularitäten sind eine Folge davon, daß das lokale Gravitationsfeld bei wachsender Dichte unbegrenzt anwächst, bis schließlich die mit dem Gravitationsfeld identische Geometrie der Raum-Zeit völlig entartet. Dies drückt sich physikalisch darin aus, daß die Elementarteilchen der Materie in der Umgebung einer solchen Singularität spontan und ursachenlos entweder verschwinden oder entstehen, wodurch alle grundlegenden Gesetze der Quanten- und Elementarteilchentheorie verletzt werden — zum Beispiel der Satz von der Erhaltung der Baryonenzahl.

Ein solches Endstadium muß in der Geschichte eines Sternes von der Größe der Sonnenmasse oder größer auftreten. Der kritische Moment ist dann erreicht, wenn der geometrische Radius des Sterns durch ständige Kontraktion in die Nähe des SCHWARZSCHILDschen Radius gelangt (dies wurde u. a. von J. R. OPPENHEIMER (1938), A. EINSTEIN (1939) und J. A. WHEELER (um 1960) gezeigt).

Eine Nichtadditivität der Quellen, wie sie oben beschrieben worden ist, kann hingegen kosmologische Singularität („Antikollaps“) und Gravitationskollaps verhindern. Die „effektive Gravitationskonstante" hängt hier so vom Gravitationsfeld ab, daß sie mit wachsender Stärke des Feldes immer kleiner wird, so daß ein weiteres Anwachsen der Feldstärke verhindert wird. Im Endresultat bildet sich entweder ein stabiler Zustand oder ein periodischer Schwingungszustand heraus.

Der Unterschied zwischen der allgemein-relativistischen und der 16 komponentigen Gravitationstheorie wird natürlich erst dann bedeutsam, wennn das Gravitationsfeld sehr stark ist. In der Himmelsmechanik und erst recht auf der Erde haben wir es mit schwachen Gravitationsfeldern zu tun. Daher unterscheiden sich die Konsequenzen beider Theorien kaum. Zum Beispiel ergeben sich in beiden Theorien dieselben Bewegungsgleichungen. Erst zur himmelsmechanischen Störungsrechnung liefert die 16 komponentige Gravitationstheorie sehr kleine Korrekturen. Diese hängen damit zusammen, daß die effektive aktive Gravitationsmasse eines Planeten vom Gravitationspotential der Sonne abhängt und in der Sonnennähe (Perihel) etwas kleiner ist als in der Sonnenferne (Aphel). Diese schwache periodische Änderung der effektiven Gravitationsmasse wirkt sich sowohl auf die Bahnen ihrer Satelliten als auch auf die Störungen der Planeten untereinander aus. Es ist grundsätzlich möglich, die Existenz solcher Effekte astronomisch (und eventuell auch gravimetrisch) nachzuprüfen.

Das unterschiedliche Verhalten der verschiedenen Gravitationstheorien in Extremfällen der Expansion des Kosmos und des Gravitationskollapses von Sternen läßt sich qualitativ leicht übersehen:

Sowohl in der NEWTONschen als auch in der EINSTEINschen Theorie wird die Wirkung einer großen Masse M_I auf eine kleine Masse M_{II} angenähert durch das Gravitationspotential beschrieben. Dieses Gravitationspotential — und erst recht die dazugehörige Gravitationskraft — wächst über alle Grenzen, wenn der Abstand R von M_I und M_{II} gegen Null geht. Daher ergibt sich bei Verdichtung etwa eines Sternes ein starkes Anwachsen der Gravitationswechselwirkung in ihm und dieses führt seinerseits zu einer weiteren Verdichtung.

Für den gesamten Kosmos gab es einen überverdichteten Zustand vor ca. 15 Milliarden Jahren, und in der allgemeinen Relativitätstheorie ergibt sich daraus die kosmologische Singularität (der „Urknall"). Über diese Singularität hinaus lassen sich die physikalischen Gesetze nicht fortsetzen; formal entspricht die Singularität einer gleichzeitigen spontanen Entstehung aller Elementarteilchen. — Beim Gravitationskollaps eines Sternes ist M_I im wesentlichen die Sternmasse; ein singulärer Zustand ergibt sich beim Endstadium des Zusammenbruchs des Sterns, bei dem der Sternradius kleiner als der SCHWARZSCHILDsche Radius des Sterns wird. In diesem Endstadium verschwinden die Elementarteilchen der Sternmaterie aus der physikalischen Raum-Zeit.

Diese theoretischen Aussagen ändern sich bereits, wenn die Gravitationskonstante f als eine Funktion von Raum und Zeit angenommen wird. Die

„Gravitationskonstante“ ist dann in Wahrheit eine 11. Feld-Variable des Gravitationsfeldes, und an die Stelle der allgemeinen Relativitätstheorie tritt eine Verallgemeinerung der EINSTEINschen Gravitationstheorie, die nicht mit 10, sondern mit 11 Gravitations-Potentialen arbeitet. Solche Theorien wurden aus verschiedenen Gründen von P. A. M. DIRAC, P. JORDAN, R. H. DICKE u. a. vorgeschlagen und insbesondere auf Fragen der Kosmologie und der Sternentwicklung angewandt. — Das einfachste, von JORDAN 1944/47 entwickelte Weltmodell dieser Art nimmt an, daß die Gravitationskonstante umgekehrt proportional zum Radius R des Universums ist:

$$f \sim \frac{1}{R}. \tag{38}$$

Auch die 11 komponentige Gravitationstheorie führt angenähert auf ein quasi-NEWTONsches Gravitations-Potential, das die Wirkung einer großen Masse M auf eine andere kleine Masse bestimmt. Ist M_I die Masse des gesamten Universums, so gilt dann angenähert

$$\Phi \sim -\frac{M_\mathrm{I}}{R^2}, \tag{39}$$

d. h., das singuläre Anwachsen der Gravitation ist für den Urzustand des Universums hier noch größer als nach der allgemeinen Relativitätstheorie. Um diese Singularität zu vermeiden, fordert JORDAN, daß die gesamte Masse M_I des Universums früher kleiner war als jetzt und daß das Anwachsen der kosmischen Massen etwa durch das Gesetz

$$M_\mathrm{I} \sim R^2 \tag{40}$$

gegeben sei. Dieser Massenzuwachs ist als laufende spontane Entstehung von Elementarteilchen entweder in der Form von kompakten Galaxien oder von dichten und massenreichen Sternen zu deuten. Die Ur-Singularität der allgemeinen Relativitätstheorie wird in der 11 komponentigen Gravitationstheorie somit über die ganze Geschichte des Kosmos verteilt.

In der 16 komponentigen Gravitationstheorie gemäß TREDER (1967) ergibt sich für die Wirkung einer sehr großen und sehr dichten Masse M_I auf nahe kleine Massen anstelle des NEWTONschen Potentials angenähert der Ausdruck

$$\Phi \approx -\frac{\left(1-\frac{|\Phi|}{c^2}\right) f M_\mathrm{I}}{R}. \tag{41}$$

Der Vergleich mit dem NEWTONschen Potential zeigt, daß (41) als NEWTONsches Potential mit einer vom Potential abhängigen „effektiven Gravitationskonstante“

$$f_{\text{effektiv}} \approx f\left(1 - \frac{|\Phi|}{c^2}\right) \tag{42}$$

aufgefaßt werden kann. Wird das NEWTONsche Potential sehr groß, so ist die „effektive Gravitationskonstante“ angenähert proportional dem Radius R des Universums (oder — allgemeiner — dem Radius des betrachteten großen und dichten kosmischen Systems):

$$f_{\text{effektiv}} \sim R.$$

Die effektive Gravitationskonstante geht gegen Null, wenn die kosmischen Entfernungen auf Null zusammenschrumpfen. Die gravischen Wechselwirkungen bleiben auch bei sehr großen Dichten und Massen beschränkt. Beim Gravitationskollaps eines Sterns oder Sternsystems sind daher die subatomaren Wechselwirkungen in der Lage, den Kollaps abzubremsen. Für die Geschichte des Kosmos selbst ergibt sich (anstelle der Ur-Singularität), daß vor etwa 15 Milliarden Jahren ein sehr verdichteter Zustand der kosmischen Materie bestand, bei dem die mittleren Massendichten etwa gleich der Dichte der Materie im Atomkern waren. Vor diesem verdichteten Zustand kontrahierte das Universum in Form eines Gravitationskollapses des gesamten Kosmos. Dieser Kollaps war mit einem allmählichen Nullwerden der effektiven Gravitationskonstante verbunden und wurde schließlich bei Erreichen der Kerndichte abgefangen, wobei die Bewegung in die heutige Expansions-Bewegung umschlug.

Die zuletzt diskutierten Fragen sind natürlich in jeder Form der Gravitationstheorien noch weitgehend hypothetisch. Wie aber auch immer die weitere Entwicklung der Gravitationsforschung aussehen wird — sie muß und wird auf dem von EINSTEIN gelegten Fundament der Geometrisierung der Gravitation aufbauen und ein weiterer Schritt auf dem von EINSTEIN gewiesenen Weg in Richtung einer Verschmelzung der Gravitationstheorie mit der Quantenphysik sein.

14. Die Problematik des globalen Determinismus der allgemeinen Relativitätstheorie[1])

Gewöhnlich gilt die EINSTEINsche Gravitationstheorie im Gegensatz zur Quantentheorie als Musterbeispiel einer deterministischen Theorie im Sinne der strengsten klassischen Determinismus-Vorstellung. Um meine zunächst

[1]) Vortrag auf dem Symposium „Determinismus und Gesetzmäßigkeit in der modernen Naturwissenschaft“ der Abteilung Philosophische Probleme der modernen Naturwissenschaft des Instituts für Philosophie der Humboldt-Universität (Berlin, 11. bis 13. Oktober 1962).

etwas mathematisch abstrakten Überlegungen über die globalen Kausalitätszusammenhänge in der allgemeinen Relativitätstheorie von vornherein zu pointieren, möchte ich folgende These aussprechen: Von einem bestimmten mathematischen Gesichtspunkt aus ist die Quantenphysik das Musterbeispiel einer deterministischen Theorie, während nach der allgemeinen Relativitätstheorie ein Determinismus, der sich über größere Zeiträume erstreckt, sehr problematisch wird.

Der genannte mathematische Gesichtspunkt bezieht sich einfach auf die Struktur der fundamentalen Gleichungen der Quantenphysik und der allgemeinen Relativitätstheorie: auf die Schrödinger-Gleichung einerseits und die Einsteinschen Gravitationsgleichungen andererseits. Die nichtrelativistische Schrödinger-Gleichung: $ih \frac{\partial}{\partial t} \psi = H\psi$, die die Verhältnisse in einer *vorgegebenen* Raum-Zeit-Mannigfaltigkeit V_{3+1} beschreibt, sagt mathematisch aus, daß aus der Kenntnis der ψ-Funktion zu einem bestimmten Zeitpunkt $t = a$ diese Funktion zu allen beliebigen Zeitpunkten t folgt. Die Schrödinger-Gleichung impliziert also einen absoluten Determinismus im Laplaceschen Sinn für die ψ-Funktion. Da dieser Determinismus sich in einer vorgegebenen Raum-Zeit-Mannigfaltigkeit abspielt, hat er bei genügend guten mathematischen Eigenschaften der Anfangswerte von ψ durchaus globalen Charakter. Man kann vom Zeitpunkt $t = -\infty$ ohne weiteres auf den Zeitpunkt $t = +\infty$ schließen.

Die Einsteinschen Gravitationsgleichungen

$$E_{\mu\nu} \equiv R_{\mu\nu} - \frac{1}{2} g_{\mu\nu} R = -\varkappa T_{\mu\nu},$$

bzw. diejenigen für das Vakuum

$$R_{\mu\nu} = 0$$

sind zwar nun auch partielle Differentialgleichungen, nämlich quasi-lineare hyperbolische Differentialgleichungen 2. Stufe für die Gravitationspotentiale $g_{\mu\nu}$; d. h. die höchsten Ableitungen der $g_{\mu\nu}$ in $E_{\mu\nu}$ sind die zweiten, und in diesen ist $E_{\mu\nu}$ linear und analog gebaut wie eine Wellengleichung. Mit $\partial_\nu(\sqrt{-g}\, g^{\mu\nu}) = 0$, d. h. bei Benutzung der „harmonischen Koordinaten" (Fock) gilt im Vakuum:

$$g^{\sigma\tau} \partial_\sigma \partial_\tau (\sqrt{-g}\, g^{\mu\nu}) = \sqrt{-g}\, t^{\mu\nu}(g^{\sigma\tau}, \partial_\lambda g^{\sigma\tau}),$$

wobei $t^{\mu\nu}$ bilinear in $\partial_\lambda g^{\sigma\tau}$ ist. Jedoch wird die Geometrie der Raum-Zeit, in der das Gravitationsfeld existiert, ebenfalls erst durch die Einsteinschen Gleichungen definiert, da das Gravitationspotential $g_{\mu\nu}$ ja mit dem metrischen Fundamentaltensor der Riemannschen Raum-Zeit-Welt V_4 identisch ist.

Die Tatsache nun, daß die Geometrie des Raumes, in dem das physikalische Geschehen vor sich geht, erst durch die Gleichungen, die dieses physikalische Geschehen beschreiben, definiert wird, hat zur Folge, daß ein Kausalzusammenhang im Sinne des klassischen Determinismus gemäß der allgemeinen Relativitätstheorie allgemein nur für endliche Raum-Zeit-Bereiche besteht.

Bekanntlich hat die spezielle Relativitätstheorie dem Kausalitätsbegriff der klassischen Physik eine sehr scharfe mathematische Definition gegeben: Es wird 1. verlangt, daß ein physikalischer Zustand, etwa die Struktur eines physikalischen Feldes, bei Vorgabe von konsistenten Anfangswerten zu einem bestimmten Zeitpunkt (raumartige Anfangsmannigfaltigkeit) $t = 0$, für alle Zeiten bestimmt ist — bis auf unwesentliche Umeichungen von redundanten Variablen. Es wird darüber hinaus 2. verlangt, daß dieser Kausalnexus nur zwischen zeitartig zueinander gelegenen Ereignissen (Weltpunkten der Minkowskischen Welt) besteht. Betrachten wir nämlich die von einem Weltpunkt P ausgehenden bzw. empfangenen Lichtstrahlen, so definieren uns diese einen raum-zeitlichen Kegel, wobei der Kegelmantel eben der Bewegung mit Lichtgeschwindigkeit entspricht. Die Punkte innerhalb des Kegels ($ds^2 > 0$) liegen zeitartig zu P und stellen die erlittene Vergangenheit bzw. die aktive Zukunft von P dar. Der Weltpunkt P steht im Prinzip im Kausalzusammenhang mit allen Punkten des Kegelinneren und des Kegelmantels. Hingegen besteht keinerlei Kausalnexus zu den Punkten außerhalb des Kegels ($ds^2 < 0$), und zwar als Folge davon, daß die Lichtgeschwindigkeit c die höchste Ausbreitungsgeschwindigkeit eines physikalischen Prozesses ist.

In der Tat läßt sich zeigen, daß im Rahmen der *vorgegebenen* Minkowski-Welt — bei vernünftigen mathematischen Forderungen bezüglich der Differenzierbarkeit der Feldgrößen — für alle physikalischen Felder (ausgenommen das Gravitationsfeld) die Kausalität im Sinne der speziellen Relativitätstheorie beweisbar ist und zwar wieder im globalen Sinn: es gibt keine Schranken für die räumlichen und zeitlichen Abmessungen des betrachteten Gebietes des Minkowskischen V_4.

In der allgemeinen Relativitätstheorie wird nun der Lichtkegel, der uns den Kausalnexus geometrisch beschreibt, gerade erst durch die Einsteinschen Gravitationsgleichungen definiert, d. h. die Form des Licht„kegels“ ist jetzt nicht mehr a priori gegeben, sondern ergibt sich erst aus der Struktur der $g_{\mu\nu}$ selbst (die Bahn der Lichtstrahlen wird durch das Gravitationsfeld bestimmt). Dies hat natürlich zur Folge, daß der Licht„kegel“ im Raum-Zeit-Diagramm im großen nicht mehr die Form eines „Kegels“ hat, sondern ein irgendwie „verbogenes“ Gebilde sein wird. Nur in infinitesimaler Umgebung eines Punktes P ist der allgemeine relativistische Lichtkegel mit dem Minkowskischen Kegel durch P identisch. Selbst dies gilt aber nur unter der Voraussetzung, daß die Funktionen $g_{\mu\nu}(x^\lambda)$ so beschaffen sind, daß nicht die Signatur der Welt an verschiedenen Punkten des V_4 verschieden ist.

Unter der Signatur des Raumes verstehen wir die Tatsache, daß es in der speziellen Relativitätstheorie 3 raumartige und eine zeitartige Richtung gibt, und diese Signatur drückt sich gerade in der infinitesimalen Struktur des Lichtkegels aus. In der speziellen Relativitätstheorie kann global

$$g_{\mu\nu} = \eta_{\mu\nu} = \begin{pmatrix} -1 & & & \\ & -1 & & \\ & & -1 & \\ & & & +1 \end{pmatrix}$$

gesetzt werden. Der RIEMANNsche V_4 hat dieselbe Signatur wie die MINKOWSKI-Welt, wenn in der infinitesimalen Umgebung jedes Punktes $g_{\mu\nu}(P) = \eta_{\mu\nu}$ erreichbar ist, so daß $g < 0$ gilt.[1])

Aus physikalischen Gründen ist es nun klar, daß in Gebieten, in denen das Gravitationsfeld schwach ist, die Geometrie des V_4 nicht wesentlich von der MINKOWSKIschen Geometrie abweicht. Es werden also für schwache Gravitationsfelder die Kausalbeziehungen der speziellen Relativitätstheorie gelten. Wie steht es aber für beliebige Gravitationsfelder?

Bereits HILBERT hat gezeigt, daß, wenn die Determinante der $g_{\mu\nu}$ nirgends verschwindet, bei analytischen Anfangswerten[2]) für $t = 0$ die EINSTEINschen Gravitationsgleichungen — entsprechend dem Existenzsatz von CAUCHY-KOWALEWSKI — innerhalb eines genügend kleinen aber endlichen Zeitintervalls Δt den Zustand des Gravitationsfeldes bis auf triviale Änderungen des Bezugssystems eindeutig festlegen. Später wurde von STELLMACHER [1] gezeigt, daß — unter wesentlich schwächeren Differenzierbarkeitshypothesen — auch die EINSTEINschen Gleichungen nur zwischen zeitartig oder lichtartig zueinander gelegenen Punkten einen Kausalnexus gestatten. HILBERTS Resultate konnten durch Mme FOURÈS [2] auch für wesentlich schwächere Differenzierbarkeitshypothesen bewiesen werden. — Jedoch gelten alle diese Überlegungen nur für genügend kleine Zeiträume und unter der Voraussetzung, daß in diesem Zeitraum die Determinante der $g_{\mu\nu}$ nirgends verschwindet.

Geht man etwa von analytischen Anfangswerten auf $t = 0$ aus, so erlauben die EINSTEINschen Gleichungen eine sukzessive Bestimmung einer Reihenentwicklung nach steigenden Potenzen von t, wobei die Entwicklungskoeffizienten sukzessive aus den Gleichungen

$$(R_{\mu\nu})_{t=0} = \left(\frac{\partial}{\partial t} R_{\mu\nu}\right)_{t=0} = \cdots = \left(\frac{\partial^n}{\partial t^n} R_{\mu\nu}\right)_{t=0} = \cdots = 0$$

folgen. Es kann aber nun innerhalb des Konvergenzradius dieser Reihe etwa eine raumartige Hyperfläche S existieren, auf der die Determinante der $g_{\mu\nu}$ verschwindet. In diesem Fall werden einige der kontravarianten $g^{\sigma\tau}$

---

[1]) $g = \det g_{\mu\nu}$.

[2]) Diese müssen die Anfangsbedingungen $E_\mu{}^0 = 0$ befriedigen.

irregulär, und die Voraussetzung des CAUCHY-KOWALEWSKI-Existenzsatzes ist nicht mehr erfüllbar, da die kontravarianten $g^{\sigma\tau}$ ja als Koeffizienten in die EINSTEINschen Gleichungen eingehen.

Um konkret rechnen zu können, muß man immer ein spezielles Koordinatensystem zugrunde legen. Dieses Koordinatensystem wird im allgemeinen nicht den ganzen Raum überdecken sondern in endlicher Entfernung von der Ausgangsmannigfaltigkeit $t = 0$ irregulär werden, etwa dadurch, daß auf einer raumartigen Hyperfläche S die Determinante Null wird. — Man könnte nun annehmen, daß man durch schrittweise Einführung verschiedener Koordinatensysteme doch, ausgehend von $t = 0$, zu einem den ganzen V_4 überdeckenden Kausalzusammenhang gelangt. Dies ist aber nicht allgemein möglich, da unter Umständen die von den Punkten der Anfangsmannigfaltigkeit $t = 0$ ausgehenden Lichtkegel überhaupt nicht die ganze Welt V_4 überdecken.

Die EINSTEINschen Gleichungen können nämlich z. B. ergeben, daß es eine raumartige Hyperfläche S [eine Zeit $t(x^\nu) = a$] gibt, zu der alle von den Punkten P auf $t = 0$ ausgesandten Lichtstrahlen asymptotisch verlaufen, so daß sie niemals in den Bereich $t \geqq a$ eindringen. Da nun alle Wirkungen innerhalb der Lichtkegel stattfinden, heißt dies, daß überhaupt keine Wirkung von $t = 0$ in den Bereich $t \geqq a$ eindringen kann. Dies kann rein mathematisch sowohl für den gesamten Raum als auch für irgendwelche begrenzten Ausschnitte des Raumes der Fall sein. — Auf die Möglichkeit, daß die Lichtkegel in der allgemeinen Relativitätstheorie unter physikalisch nicht a priori auszuschließenden Bedingungen so verlaufen können, sind vor einigen Jahren PAPAPETROU und ich [3] gestoßen. Ungefähr gleichzeitig haben auf etwas andere Weise auch PERES und ROSEN [4] ein analoges Ergebnis erhalten.

Hierbei ist insbesondere zu beachten, daß im Gegensatz zu den in der Literatur verbreiteten gegenteiligen Behauptungen die EINSTEINschen Gleichungen durchaus mit dem örtlichen Verschwinden der Determinante g der $g_{\mu\nu}$ vereinbar sind [5]. Je nach Art des Verschwindens der Determinante g kann diese eine Änderung der Signatur des V_4 an der Stelle des Verschwindens oder sogar in einem endlichen Gebiet bedeuten. Dann schließt sich an die Hyperfläche mit $g = 0$ ein Bereich an, in dem $g > 0$ ist, was eben bedeutet, daß die Signatur des Raumes hier von der MINKOWSKIschen verschieden ist. In einem solchen Gebiet könnte es beispielsweise überhaupt nur 4 raumartige und keine zeitartige Richtung geben, so daß dann auch keine Nullrichtung existiert. Es ist evident, daß ein solcher Bereich eine Sperre für den Kausalzusammenhang ist: Das Licht kann in einen solchen Bereich nicht eindringen, einfach weil es in ihm keine lichtartige Richtung gibt.

Es sei bemerkt, daß etwas Ähnliches auch im Inneren eines zylinderartigen Gebildes möglich ist, das die Geschichte einer geschlossenen gewöhnlichen Fläche S_2 darstellt:

Auf der Zylinderfläche Z ist $g = 0$, und im Inneren von Z haben wir einen Raum mit 4 raumartigen und keiner Zeitrichtung. Keine Wirkung kann von außen in dieses Innere eindringen, weil im Inneren gar kein Ereignis stattfinden kann [6].[1])

Man kann zeigen, daß ein solches Gebilde sich einerseits wie ein ideal starrer Körper der klassischen Mechanik und andererseits wie eine absolut schwarze Sphäre (Informationsloch) verhält. Ein solcher Zylinder mag im Sinn von Einstein ein Modell für den harten Kern von Elementarteilchen sein [7]. Diese Auffassung entspricht der alten Einsteinschen Idee, daß die Elementarteilchen Gebiete mit extrem starken Feldern sind. In der Tat ist ja bei der Existenz eines solchen Zylinders sogar die Signatur des Raumes von der Minkowskischen verschieden. Man kann einen solchen Zylinder als eine topologische Singularität der Metrik auffassen in dem Sinn, daß global eine extreme Abweichung von den Verhältnissen besteht, die bei schwachen Feldern vorhanden sind.

Die Bemerkung, daß es sich hier um die globale Topologie des V_4 handelt, führt uns nun wieder zu den anfangs gemachten Bemerkungen über den Determinismus in der Quantenphysik einerseits und der Relativitätstheorie andererseits zurück. — Die Bemerkung über den strengen Determinismus der Schrödinger-Gleichung bezieht sich offenbar nur auf eine Seite der Quantenphysik, nämlich auf die Feldgleichung für die ψ-Funktion. Der „Indeterminismus" in der Quantenphysik ist aber eine Folge davon, daß die ψ-Funktion und somit die Schrödinger-Gleichung nicht die vollständige Beschreibung der physikalischen Situation im Sinne der klassischen Physik ist. Die Quantenphysik gibt ja auch zusätzliche Vorschriften über die Zuordnung der Eigenschaften der Schrödinger-Funktion zu den physikalischen Observablen, die zu der Schrödinger-Gleichung hinzutreten müssen.

Cum grano salis kann man nun sagen, daß in der allgemeinen Relativitätstheorie eine (zunächst allerdings nur formal) analoge Situation besteht. Die Einsteinschen Gravitationsgleichungen nebst den zugehörigen Anfangs- und Randwerten, die Eigenschaften des Gravitationsfeldes, die sich aus der Tatsache ergeben, daß für die $g_{\mu\nu}$ partielle Differentialgleichungen gelten, stellen nur einen Teil dessen dar, was zur Beschreibung des physikalischen Zustandes eines Gravitationsfeldes notwendig ist. — Hat man eine vorgegebene Lösung $g_{\mu\nu}(x^\lambda)$ der Einsteinschen Gravitationsgleichungen, so bedarf es zu ihrer physikalischen Interpretation noch der Festlegung der physikalischen Bedeutung der benutzten Koordinaten x^λ. Insbesondere muß man sich entscheiden, welche globale Topologie man der Welt V_4 aus physikalischen Gründen zuschreiben will. Ist die Topologie global gewählt, so sind nur noch reguläre Koordinatentransformationen $\bar{x}^\nu = \bar{x}^\nu(x^\tau)$ zulässig, die dann weiter nichts als der Übergang von einem Bezugssystem zu einem anderen sind. Entsprechend der Mannigfaltigkeit der möglichen

[1]) Die Signatur beträgt —4, alle Wellengleichungen werden zu elliptischen Gleichungen.

Interpretationen der x^τ kann jedoch zu einer lokalen Lösung $g_{\mu\nu}(x^\tau)$ der EINSTEINschen Gleichungen eine unendliche Mannigfaltigkeit von globalen Raumstrukturen angegeben werden. Von einer solchen Globalstruktur des V_4 zu einer davon verschiedenen, die zu der ersten lokal isometrisch ist, gelangt man durch irreguläre Transformationen des Koordinatensystems. Jedem dieser global verschiedenen Räume entspricht eine andere physikalische Situation. — Aus der Mannigfaltigkeit dieser mit einer lokalen Lösung der EINSTEINschen Gravitationsgleichungen prinzipiell verträglichen physikalischen Situationen wird man mit Hilfe zusätzlicher Argumente diejenige bzw. diejenigen auszuwählen haben, die der physikalischen Realität entsprechen.[1]) Man möchte vermuten, daß jede Lösung der EINSTEINschen Gleichungen mindestens eine globale Topologie zuläßt, die eine physikalische reale Situation annähernd beschreibt (eventuell sollte es zu jeder lokalen Lösung genau eine solche physikalische Interpretation geben—bis auf *reguläre* Koordinatentransformationen). — Zusammenfassend erhalten wir folgendes:

Die EINSTEINschen Gleichungen legen die Struktur des Gravitationsfeldes nur für endliche Bereiche fest und sind nicht ausreichend, um die Gesamtstruktur des Gravitationsfeldes und damit die Gesamtstruktur des Raumes zu bestimmen. Je nach der Interpretation der Koordinaten x^τ, die in der konkreten Form der Lösung $g_{\mu\nu}(x^\tau)$ der EINSTEINschen Gleichungen auftreten, bestimmt ein und dieselbe Lösung der EINSTEINschen Gleichungen physikalisch ganz verschiedene globale Situationen, darunter eine Mannigfaltigkeit von solchen Situationen, die der Realität nicht entsprechen werden. Hingegen gibt es andere Interpretationen, die tatsächlich auf physikalisch reale Verhältnisse führen.

Eine solche Interpretation sieht etwa so aus, daß in ihr topologische Singularitäten auftreten, die im Sinne von EINSTEINS Programm [9] als Elementarteilchen deutbar sind, wobei die lokale Struktur des Gravitationsfeldes so beschaffen ist, daß dieses Feld auch als Gravitationsfeld gedeutet werden kann, das zu einer diskreten phänomenologischen Energie-Massen-Verteilung gehört. Bei der letzteren Interpretation der Lösung würde man also zu einer phänomenologischen Theorie mit Feldquellen gelangen, bei der richtigen Interpretation hingegen zu einer Feldtheorie der Elementarteilchen.[2]) — Hierauf haben zuerst an Hand des kugelsymmetrischen

---

[1]) Dieser Tatbestand wurde vor fast 50 Jahren zuerst bei der Untersuchung der kosmologischen Lösungen der EINSTEINschen Gleichungen erkannt (elliptischer und sphärischer EINSTEIN-Kosmos, verschiedene lokal-isometrische DE-SITTER-Kosmen). Später führte die Diskussion der kugelsymmetrischen (SCHWARZSCHILDschen) Lösungen der Feldgleichungen zu der Erkenntnis, daß ganz allgemein die Form der lokalen Lösung $g_{\mu\nu}(x)$ die globale Struktur des V_4 nicht vollständig festlegt. — Lehrreiche elementare Beispiele hierfür enthält ein Aufsatz von MARDER [8].

[2]) EINSTEINsche Räume, die im Sinne des EINSTEINschen Programms Elementarteilchen darstellen, haben eine nichteuklidische metrische Topologie. Es scheint so, daß sie alle inkomplett sind und daß das Komplettieren des Raumes notwendig zu einer

Gravitationsfeldes EINSTEIN und ROSEN [10] hingewiesen. Jedoch ist dieser Hinweis bis vor kurzem nicht weiter verfolgt worden.

Hieraus entnehmen wir folgendes philosophisch und methodisch Interessante:

Die allgemeine Relativitätstheorie gestattet nicht nur keinen globalen Determinismus im Sinne der klassischen Vorstellungen, sondern sie zeigt auch, daß diejenige Seite der Physik, die diesen Determinismus zum Ausdruck bringt, nämlich die partiellen Differentialgleichungen (Feldgleichungen), nur eine Seite der physikalischen Realität erfaßt. Die Realität ist viel reichhaltiger als der mechanische Determinismus, wie er mathematisch in partiellen Differentialgleichungen zum Ausdruck kommt. Der mechanische Determinismus ist nur eine — und zwar prinzipiell beschränkte — Seite der allgemeinen Gesetzmäßigkeit. Es erscheint bemerkenswert, daß die allgemeine Relativitätstheorie, die in einer elementaren Auffassung das Musterbeispiel einer mechanisch-deterministischen Theorie ist, bei konsequenter Weiterführung ihrer physikalischen Grundgedanken gerade dazu führt, die Beschränktheit dieses Determinismus zu erkennen und ihn konkret zu überwinden.

Literatur

[1] STELLMACHER, F. K., Zum Anfangswertproblem der Gravitationsgleichungen. Math. Annalen **115**, 136 (1937).

[2] FOURÈS-BRUHAT, Y., Thèoreme d'existance pour certains systèmes d'équations aux dérivées partielles non-linaires. Acta Math. **88**, 141 (1952).

[3] PAPAPETROU, A., und TREDER, H., Zur Frage der Existenz von singularitätsfreien Lösungen der allgmein-relativistischen Feldgleichungen, die Teilchenmodelle darstellen könnten. I, II Annalen der Physik (7) **3**, 360 (1959); **6**, 311 (1960).

[4] PERES, A., und ROSEN, N., On Cauchy's problem in general relativity. Nuovo Cimento **13**, 428 (1959).

[5] TREDER, H., Gravitationsfelder mit Nullstellen der Determinante der $g_{\mu\nu}$. Annalen der Physik (7) **9**, 283 (1962). TREDER, H., Über Gravitationsfelder mit auf Hyperflächen verschwindender Determinante g. Proceedings of the Jablonna Conference on Relativistic Theories of Gravitation. Warschau (im Druck).

[6] Ebenda.

[7] EINSTEIN, A., Physik und Realität. Franklin Institute, Journal **221**, 313 (1936). TREDER, H., Gravitationsfelder ..., a. a. O. TREDER, H., Gravitonen. Fortschr. Physik **11**, 81—108 (1963). WHEELER, J. A., Geometrodynamics. New York 1962.

---

globalen Metrik mit phänomenologischen Feldquellen führt. — Entsprechend den verschiedenen physikalischen Situationen, die sie beschreiben, lassen sich lokal isometrische Räume mit verschiedenen Topologien experimentell unterscheiden. Zum Beispiel kann man mit Hilfe von Streuexperimenten feststellen, ob der V_4 komplett oder inkomplett ist [11].

[8] MARDER, L., Locally isometric space-times. Recent Developments in General Relativity. Pergamon Press u. Warschau 1962, S. 333 bis 339.
[9] EINSTEIN, A., Physik und Realität, a. a. O.
[10] EINSTEIN, A., Physik und Realität, a. a. O.
EINSTEIN, A., und ROSEN, N., The particle problem in the general theory of relativity, Physical Review (2) 48, 73 (1935).
[11] TREDER, H., Gravitationsfelder ..., a. a. O. TREDER, H., Gravitonen, a. a. O. WHEELER, J. A., a. a. O.

15. Elementare Betrachtungen zum Gravitationskollaps

I.

Das Phänomen des Gravitationskollaps im Rahmen der klassischen Physik (NEWTONsche Gravitationstheorie und NEWTONsche Mechanik) wurde um 1900 von H. v. SEELIGER diskutiert. SEELIGER wies darauf hin, daß das NEWTONsche Potential

$$\Phi = -\frac{fm}{r} \quad (f = \text{NEWTONsche Gravitationskonstante})$$

wegen der unbeschränkten Additivität der felderzeugenden Massen

$$m = \sum_{a} m_a = \int_V \varrho dV$$

bei endlicher Massendichte $\varrho > 0$ zu unendlich großen Kräften $\sim \partial_i \Phi$ führt, wenn ein unendlich großes Volumen $V \to \infty$ mit Materie erfüllt ist. SEELIGER bemerkte, daß unter diesen Umständen die Bewegungen der Massen unbestimmt werden und kollapsartige Zusammenbrüche eines gravitierenden Systems zu erwarten sind, wobei dann $\varrho \to \infty$ geht.

Das Neue in der relativistischen Theorie des Gravitationskollapses ist, daß ein kollapsartiger Zusammenbruch eines Systems in einen Zustand mit unendlich großer Dichte $\varrho \to \infty$ schon für endliche Massen m zu erwarten ist.

Diese Entdeckung wurde 1939 von OPPENHEIMER und Mitarbeitern [1] gemacht und danach von EINSTEIN und Mitarbeitern [2] weiter analysiert. Durch neuere Untersuchungen insbesondere von WHEELER und Mitarbeitern [3] wurde die statische und dynamische Theorie des Gravitationskollapses zum zentralen Problem der relativistischen Astrophysik und gemäß WHEELERS Bemerkung zur „beharrlichsten Krise der heutigen Physik" [4].

Es ist eine große Anzahl von mathematischen und relativistisch-astrophysikalischen Untersuchungen vorgelegt worden, die die Bedingungen für das Auftreten spezieller Formen des Gravitationskollapses und die damit verbundenen Phänomene eingehend untersuchen. Es sind aber in der Literatur auch wiederholt Ideen vorgetragen worden, die versuchen, das Phänomen des Gravitationskollapses auf spezielle Symmetrieeigenschaften der Gravitationsfelder und auf spezielle kinematische Voraussetzungen über die Anfangsbewegungen der kollabierenden Materie zu beschränken. — Im folgenden soll der Gravitationskollaps auf ganz elementare physikalische Prinzipien zurückgeführt werden. Aus der Allgemeinheit dieser Prinzipien ist dann zu entnehmen, daß der Gravitationskollaps in der von OPPENHEIMER, EINSTEIN und WHEELER aufgezeigten Art tatsächlich ein im Rahmen der NEWTONschen und EINSTEINschen Gravitationstheorie unvermeidliches Phänomen ist.

II.

Wir betrachten zunächst die Gleichgewichtstheorie des Gravitationskollapses, also die Frage nach den möglichen Gleichgewichtszuständen von gravitierender Materie vorgegebener Masse m. Um ganz elementar argumentieren zu können, betrachten wir eine Gaskugel. Die Teilchen dieses Gases bewegen sich zwischen den Stößen nur unter Einfluß des gemeinsamen Gravitationsfeldes, also frei im Sinne der allgemeinen Relativitätstheorie. Damit diese Gaskugel quasistationär ist, müssen nach dem Ergodensatz die Bahnen der Teilchen fastperiodisch sein. Wir betrachten ein Teilchen, das sich außerhalb der Gaskugel befindet. Damit dieses Teilchen nicht in die Gaskugel stürzt, muß die Geschwindigkeit des Teilchens v entsprechend dem Virialsatz mindestens gleich der Kreisgeschwindigkeit v_R ($\dot{r} = 0$) sein. (Alle anderen fastperiodischen Bahnen erfordern die Geschwindigkeiten $v > v_R$.) Das Problem der gravischen Stationarität der Gaskugel reduziert sich auf die Frage nach der Erreichbarkeit von Kreisgeschwindigkeiten v_R.

Hierbei werden keinerlei Voraussetzungen darüber gemacht, auf welche Weise das Teilchen seine Geschwindigkeit erreicht hat, ob durch die Wirkung irgendwelcher nichtgravischen Kräfte oder auf Grund seiner Anfangsgeschwindigkeit und der freien Bewegung im Gravitationsfeld. Ferner kann die Geschwindigkeit des Teilchens sowohl das Ergebnis seiner gaskinetischen Temperaturbewegung sein oder auch Anteil an der geordneten Bewegung der Gaskugel (z. B. einer Rotation der Gaskugel).

Die Bedingungen für die Kreisbewegung in einem NEWTONschen Potential

$$\Phi = -\frac{Mc^2}{r} \qquad \text{(II. 1)}$$

lauten in der NEWTONschen Mechanik

$$\frac{v^2_R}{c^2} = \frac{M}{r}. \qquad \text{(II. 2)}$$

Hierbei ist $M = fmc^{-2} = fc^{-2}\int \varrho dV$ die in Längeneinheiten ausgedrückte Masse der Gaskugel der Dichte ϱ. Die NEWTONsche Potentialform (II. 1) setzt Kugelsymmetrie der Gaskugel voraus. Eventuelle Abweichungen von der Kugelsymmetrie führen zu einem Potential

$$\Phi = -\frac{m}{r} - \frac{Q(\vartheta, \varphi)}{r^3} - \cdots \quad (Q > 0), \tag{II. 1a}$$

in dem, mit einem Quadrupolterm beginnend, auch Potentiale höherer Ordnungen auftreten. Solche Zusatzterme erhöhen nach dem Virialsatz die Mindestgeschwindigkeit, die für fastperiodische Bewegungen nötig ist, oder sie schließen die Fastperiodizität aus. Die Betrachtung der Kreisbewegungen im kugelsymmetrischen Monopolpotential führt also zur Mindestgeschwindigkeit für fastperiodische Bewegungen.

Aus (II. 2) lesen wir ab, daß in der NEWTONschen Mechanik die Kreisgeschwindigkeit v_R größer gleich der Lichtgeschwindigkeit c sein muß, wenn der Abstand r des Teilchens vom Mittelpunkt der Gaskugel

$$r \leqq M \tag{II. 2a}$$

beträgt [5]. Das heißt, ist eine Gaskugel vom Radius R so massenreich und so dicht, daß z. B. bei konstant angenommener Dichte ϱ

$$M = \frac{4\pi f}{3c^2}\varrho R^3 \geqq R \tag{II. 3}$$

gilt, so können sich in der Nähe der Gaskugel Teilchen nur dann stationär bewegen, wenn ihre Geschwindigkeit v_R größer gleich der Lichtgeschwindigkeit c ist. Für kleinere Geschwindigkeiten stürzen sie notwendig in die Gaskugel. Nun ist in der NEWTONschen Mechanik die Lichtgeschwindigkeit aber nicht ausgezeichnet; ein Teilchen kann beliebig hohe Geschwindigkeiten annehmen, und man sieht, daß eine unendlich hohe Geschwindigkeit nur dann erforderlich wird, wenn die schwere Masse $M \to \infty$ geht.

Es gibt keine konsistente speziell-relativistische Gravitationstheorie. In der allgemeinen Relativitätstheorie tritt an die Stelle des NEWTONschen Potentials die äußere SCHWARZSCHILDsche Lösung[1])

$$ds^2 = \frac{-dr^2}{1 - \frac{2M}{r}} - r^2(d\vartheta^2 + \sin^2\vartheta\, d\varphi^2) + c^2\left(1 - \frac{2M}{r}\right) dt^2. \tag{II. 4}$$

---

[1]) In „Krümmungs-Koordinaten“, für die das Gravitationspotential $\Phi = \frac{c^2}{2}(g_{00} - 1)$ beträgt.

Damit in dieser Metrik fastperiodische Bewegungen möglich sind, müssen zumindest Kreisbewegungen (mit $\dot{r} = 0$) möglich sein. Das geodätische Bewegungsgesetz liefert hierfür die Gleichungen

$$r^3\dot{\varphi}^2 = Mc^2\dot{t}^2 \left(\text{mit } \dot{a} = \frac{da}{d\tau},\ \tau = \text{Eigenzeit}\right) \tag{II. 5}$$

und

$$-r^2\dot{\varphi}^2 + c^2\left(1 - \frac{2M}{r}\right)\dot{t}^2 = A^2 \quad (\text{mit } A = \text{const}), \tag{II. 6}$$

aus denen die LAUEsche Bedingung für die Kreisbewegung in der äußeren SCHWARZSCHILDschen Metrik folgt:

$$\frac{c^2}{r}(r - 3M)\,\dot{t}^2 = A^2. \tag{II. 7}$$

Für Bewegungen mit Unterlichtgeschwindigkeit ist die rechte Seite stets größer Null, die linke Seite aber nur dann, wenn

$$r > 3M$$

gilt. Daher sind Kreisbewegungen nicht mehr möglich, wenn sich das Teilchen dem Schwerezentrum $r = 0$ bis zu Distanzen

$$r \leqq 3M$$

genähert hat.

Entscheidend für LAUES Bedingung ist der speziell-relativistische Satz, daß die Lichtgeschwindigkeit die Höchstgeschwindigkeit ist. Hingegen hängt diese Bedingung kaum von der exakten Struktur des Gravitationsfeldes ab. Man beachte nämlich, daß in die Bedingung für die Kreisbewegung von den beiden allgemeinen, ein statisches kugelsymmetrisches Gravitationsfeld charakterisierenden Funktionen aus

$$ds^2 = g_{rr}(r)\,dr^2 - r^2(d\vartheta^2 + \sin^2\vartheta\,d\varphi^2) + g_{00}\,c^2 dt^2 \tag{II. 8}$$

nur die Funktion $g_{00}(r)$ eingeht, hingegen nicht die die Abweichung von der dreidimensionalen euklidischen Metrik bestimmende Funktion $g_{rr}(r)$.

Die Form des verallgemeinerten NEWTONschen Gravitationspotentials $g_{00}(r)$ ist aber bereits weitgehend durch allgemeine physikalische Prinzipien und im Anschluß an die NEWTONsche Gravitationstheorie festgelegt [6].

Ersetzen wir etwa die exakte SCHWARZSCHILDsche Metrik durch ihre linearisierte Form

$$ds^2 = -\left(1 + \frac{2M}{r}\right) dr^2 - r^2 (d\vartheta^2 + \sin^2 \vartheta d\varphi^2) + c^2 \left(1 - \frac{2M}{r}\right) dt^2, \quad \text{(II. 9)}$$

die die Lösung der linearisierten EINSTEINschen Gleichungen

$$\Box g_{ik} = -2\varkappa \left(T_{ik} - \frac{1}{2} \eta_{ik} T\right) \quad \text{(II. 10)}$$

ist [7], so erhalten wir dieselbe LAUEsche Bedingung für die Kreisbewegungen wie aus der strengen EINSTEINschen Theorie; der Gravitationskollaps ist also kein typisch allgemein-relativistischer Effekt.

Bei jeder Modifikation der EINSTEINschen Gravitationstheorie, die die Forderung der asymptotischen Gültigkeit des NEWTONschen Gravitationsgesetzes erfüllt, unterscheidet sich das Gravitationspotential g_{00} durch das Auftreten zusätzlicher Terme $\sim \frac{1}{r^n}$ $(n > 1)$, also von solchen Termen die schneller als $\frac{1}{r}$ im Unendlichen verschwinden. Das charakteristische einer solchen verallgemeinerten SCHWARZSCHILDschen Metrik erkennt man, wenn man einen zusätzlichen Term in g_{00} einführt, der von zwei Konstanten M und α abhängt. Die Metrik lautet dann:

$$ds^2 = g_{rr} dr^2 - r^2(d\vartheta^2 + \sin^2 \vartheta d\varphi^2) + c^2 \left(1 - \frac{2M}{r} - \frac{\alpha M^2}{r^2}\right) dt^2. \quad \text{(II. 11)}$$

In diesem Falle folgt für die Kreisbewegung die Bedingung

$$\frac{c^2 \dot{t}^2}{r^2} (r^2 - 3Mr - 2\alpha M^2) = A^2. \quad \text{(II. 12a)}$$

Hier ist also eine Kreisbewegung nicht mehr möglich, wenn

$$r \leqq \frac{3M}{2} + M \sqrt{2\alpha + \frac{9}{4}} = r_{\mathrm{I}} \quad \text{(II. 12b)}$$

gilt. Wir erhalten also nur eine numerische Korrektur zur EINSTEINschen Theorie. — Im Fall reiner Anziehung gilt nämlich $\alpha > 0$, so daß (II. 12a) für $r > 0$ nur eine Wurzel hat. (Die 2. Wurzel für negative r hat keine Bedeutung, weil r notwendig positiv ist).

Wäre hingegen $\alpha < 0$, so gäbe es zwei Wurzeln r_I und r_{II} der Gleichung

$$r^2 - 3Mr - 2\alpha M^2 = 0 \qquad \text{(II. 12c)}$$

für positive r. In diesem Falle würde im Gebiet

$$r_I \geqq r \geqq r_{II}$$

keine Kreisbahn möglich sein, wohl jedoch wieder für kleinere Distanzen $r_{II} > r$. Ein solches Gravitationspotential $g_{00}(r)$ enthält aber ersichtlich außer dem negativen Attraktionspotential $\sim \frac{M}{r}$ auch einen positiven abstoßenden Anteil $\sim \frac{1}{r^2}$, der für kleine r den Anziehungsterm überwiegen kann. Es wird also ad hoc eine abstoßende Kraft eingeführt. Bei rein negativem Potential (reine Anziehung) werden durch die Bedingung, daß die Teilchengeschwindigkeit stets kleiner c ist, auch für Metrik (II. 11) Kreisbahnen für kleine Distanzen vom Schwerezentrum ausgeschlossen.

Ein spezieller Fall einer durch Terme höherer Ordnung in $\frac{1}{r}$ modifizierten SCHWARZSCHILDschen Metrik ist das statische kugelsymmetrische Gravitationsfeld in der Tetradentheorie der Gravitation [9]. Diese Metrik lautet:

$$ds^2 = -\frac{r^2}{(r-b)^2}\,dr^2 - r^2(d\vartheta^2 + \sin^2\vartheta\,d\varphi^2) + c^2\left(\frac{r-a-b}{r-b}\right)^2 dt^2. \qquad \text{(II. 13a)}$$

Die Metrik (II. 13a) wird für

$$r = a + b \quad (a = M) \qquad \text{(II. 13b)}$$

wesentlich singulär (mit $g = g_{00} = 0$) derart, daß keine physikalischen Teilchen in den inneren Bereich $r < a + b$ gelangen können und dieser innere Bereich überhaupt keine Beziehung zur umgebenden physikalischen Raum-Zeitmannigfaltigkeit hat; es ist demnach immer

$$r \geqq a + b \qquad \text{(II. 13c)}$$

zu fordern. — Die Bedingung für die Kreisbewegung zeigt dann, daß Kreisbahnen nur in den Bereichen

$$r > r_I \quad \text{und} \quad r < r_{II}$$

möglich sind, wobei r_I und r_{II} durch

$$r_{I,II} = a + b \pm \sqrt{b^2 + ab} \qquad \text{(II. 13d)}$$

definiert sind. Hier hat aber die zweite Wurzel r_{II} wegen der Bedingung (13c) keine physikalische Bedeutung. Demnach finden wir, daß Kreisbahnen nur für Distanzen

$$r > a + b + \sqrt{b^2 + ab} \tag{II. 13d}$$

möglich sind[1]).

Die Tetradentheorie der Gravitation liefert aber auch ein Beispiel dafür, wie der Kollaps tatsächlich vermieden werden kann, nämlich dadurch, daß die innere Lösung der Gravitationsgleichungen für physikalisch sinnvolle Materie ausschließt, daß durch zu dichte Packung der Materieteilchen die geometrisierte schwere Masse M größer als der geometrische Radius R der Materiekugel wird.

In der Tetradentheorie der Gravitation existiert also kein Gravitationsfeld, für das $\frac{M}{r} > 1$ gilt, so daß die Bedingungen für die Kreisbewegungen für diese Gebiete keine physikalische Bedeutung haben.

Allgemein gibt es also zwei Möglichkeiten, mit dem Gravitationskollaps fertig zu werden: entweder die Zulassung von Bewegungen mit Überlichtgeschwindigkeit, d. h. Brechung der Kausalität, oder eine Einschränkung der beliebigen Additivität der felderzeugenden schweren Massen. Dies bedeutet dann die Einführung einer Abschirmung der Schwerkraft durch die Massen selbst.

III.

Während also die allgemeine Relativitätstheorie für die Gleichgewichtstheorie des Gravitationskollapses nichts grundsätzlich Neues gegenüber der NEWTONschen Theorie bringt, ist die allgemeine Relativitätstheorie das äquivalente Mittel zur Behandlung der Dynamik des Gravitationskollapses. Für die Behandlung der Dynamik des Gravitationskollapses ist ausschlaggebend die Nichtexistenz eines zeitartigen KILLING-Vektors ξ^a in RIEMANN-EINSTEINschen Raum-Zeit-Mannigfaltigkeiten, die mehrere Massen enthalten.

Die dynamischen Verhältnisse in Räumen ohne hyperflächenorthogonalen zeitartigen KILLING-Vektor, d. h. ohne Vektorfelder, für die gleichzeitig gilt

$$\xi^\alpha \xi_\alpha = g^{\alpha\beta} \xi_\alpha \xi_\beta > 0 \quad (\alpha, \beta = 1, 2, 3, 0), \tag{III. 1a}$$

$$\xi_{[\alpha} \xi_{\beta;\lambda]} = 0 \tag{III. 1b}$$

und

$$\xi_{\alpha;\beta} + \xi_{\beta;\alpha} = 0, \tag{III. 1c}$$

---

[1]) Ein Spezialfall der Metrik (II. 13a) ist mit $b = -a = -M$ das statische kugelsymmetrische Vakuumfeld der NORDSTRÖMschen skalaren Gravitationstheorie in der Form von EINSTEIN und FOKKER. — Die NORDSTRÖMsche Theorie ist bekanntlich diejenige Gravitationstheorie, die am ehesten als speziell-relativistische Theorie des Gravitationsfeldes interpretiert werden kann. Sie ist aber mit der allgemeinen Äquivalenz von trägen und schweren Massen prinzipiell nicht vereinbar.

wurde zunächst für den Spezialfall der FRIEDMANNschen Evolutions-Kosmen untersucht. Die hier von EINSTEIN gefundene Ungleichung, die einen Gravitationskollaps bzw. Gravitations-Antikollaps erzwingt, läßt sich leicht verallgemeinern und führte zu Untersuchungen von OPPENHEIMER, WHEELER, LANDAU und anderen. Auch hier sind die mathematischen Grundlagen sehr einfach. Schwierigkeiten treten jedoch in der Literatur bei der physikalischen Interpretation auf.

Eine vierdimensionale Raum-Zeit-Welt läßt sich aufspalten in einen gewöhnlichen dreidimensionalen Raum V_3 und in die universelle Zeit t mit der Koordinate $x^0 = ct$, wenn eine zeitartige Faserung des V_3 mit fest vorgegebener Richtung des Zeitvektors konstruiert wird. Insbesondere kann die Faserung so gewählt werden, daß der Zeit-Vektor orthogonal zum V_3 ist. Das Linienelement der vierdimensionalen Raum-Zeit-Mannigfaltigkeit lautet dann (synchrones Koordinatensystem)

$$ds^2 = g_{ik}\, dx_i\, dx_k + f^2(x^0) dx^{02}, \tag{III. 2}$$

und die Weltlinien der Vektoren

$$\lambda^\alpha = \delta_0{}^\alpha \tag{III. 3a}$$

sind zeitartige Geodätische der Raum-Zeit V_4:

$$\lambda^\alpha{}_{;\beta}\lambda^\beta = \delta_0{}^\mu{}_{;0} = f^{-1}\dot{f}, \tag{III. 3b}$$

und durch geeignete Wahl der x^0-Koordinaten kann die Bogenlänge zu 1 normiert werden:

$$g_{00} = f^2 = 1. \tag{III. 4}$$

Die Konstruktion basiert auf einem durch die Gleichung

$$z = x^0 = 0 \quad \text{mit} \quad z_{,\nu} = \delta_\nu{}^0 = \lambda_\nu \tag{III. 5a}$$

gegebenen V_3 und stellt den V_4 als eine Folge von raumartigen Hyperflächen

$$x^0 = ct = \text{const} \tag{III. 5b}$$

dar, die die Geschichte des Raumes darstellen. Der Koordinatenabstand $\Delta x^0 = c\Delta t$ ist gleich dem in der Eigenzeit gemessenen zeitlichen Abstand zwischen diesen Räumen.

Die Konstruktion bricht im allgemeinen nach endlicher Eigenzeit $\Delta x^0 = ct_0$ zusammen, wenn zu dieser Zeit Kaustiken entstehen, d. h. Schnittpunkte der die Konstruktion aufspannenden Geodätischen. Für diese Schnittpunkte entarten die Räume V_3 zu niederdimensionalen Gebilden (Punkte, Linien, Flächen), und die Determinante

$$-g = -\,|g_{ik}|$$

des metrischen Fundamentaltensors verschwindet, wenn nicht gleichzeitig andere Singularitäten auftreten, gemäß

$$|g_{ik}| \to (t - t_0)^6, \to (t - t_0)^4, \to (t - t_0)^2.$$

Auf Grund der EINSTEINschen Gravitationsgleichungen ist das Auftreten von kaustischen Singularitäten unvermeidlich, wenn der Vektor λ^α nicht ein KILLING-Vektor ξ^α ist. (In letzterem Falle hängt die Metrik g_{ik} nicht von der Zeit-Koordinate x^0 ab.)

Die EINSTEINschen Gleichungen lauten

$$R_\alpha{}^\beta = -\varkappa \left(T_\alpha{}^\beta - \frac{1}{2}\,\delta_\alpha{}^\beta T\right) \left(\varkappa = \frac{8\pi f}{c^4}\right). \tag{III. 6}$$

Für alle physikalische Materie, in der die Lichtgeschwindigkeit Grenzgeschwindigkeit ist, muß die Abschätzung

$$\left(T_{\alpha\beta} - \frac{1}{2}\,g_{\alpha\beta}\,T\right) v^\alpha v^\beta > 0 \tag{III. 7}$$

selten, wobei v^α ein beliebiger zeitartiger Vektor $v^\alpha v_\alpha > 0$ ist. Insbesondere gilt in einem synchronen Koordinatensystem für normale Materie

$$R_0{}^0 = -\frac{\varkappa}{2}\,(\varrho c^2 + 3p) < 0. \tag{III. 8a}$$

Andererseits gilt mit der Abkürzung

$$\varkappa_{ab} = -\dot{g}_{ab} \left(\dot{a} = \frac{\partial a}{\partial x^0}\right)$$

für die linke Seite

$$R_0{}^0 = \frac{1}{2}\,\varkappa_i{}^i + \frac{1}{4}\,\varkappa_k{}^i \varkappa_i{}^k, \tag{III. 8b}$$

so daß nach Umformungen die Ungleichung

$$\frac{\partial}{\partial x^0}\left(\frac{1}{\varkappa_i{}^i}\right) \geqq \frac{1}{6} \tag{III. 9a}$$

resultiert.

Nun gilt

$$\varkappa_i{}^i = \frac{\partial}{\partial x^0}\,(\ln[-g]), \tag{III. 9b}$$

so daß aus (III. 9a) folgt, daß, wenn zu irgendeiner Zeit $\varkappa_i^i > 0$ gilt, die Determinante $-g$ mit abnehmendem t monoton abnimmt, also in der Vergangenheit einmal den Wert Null angenommen hatte. Eine Singularität in der Zukunft werden wir als kinematischen Kollaps, die Singularität in der Vergangenheit als kinematischen Anti-Kollaps bezeichnen.

Landau und Lifschitz [10], die diese elementaren Rechnungen angegeben haben, bemerken hierzu, daß ihnen keine physikalische Bedeutung zukäme, da hier ja nur der Zusammenbruch von Koordinatensystemen beschrieben und durch modifizierte Wahl des Koordinatensystems vermieden werden kann. Die Tatsache, daß die kaustische Singularität keine physikalische Bedeutung haben kann, folge bereits daraus, daß es schon in der speziell-relativistischen Minkowski-Welt Koordinatensysteme gibt, die zu kaustischen Singularitäten führen. In der Tat bekommt man solche kaustischen Koordinatensysteme in der speziellen Relativitätstheorie, wenn man etwa Bezugssysteme benutzt, deren Hyperflächen $x^0 = \text{const.}$ durch Punkte gebildet werden, die gleichmäßig zueinander beschleunigt sind. Nimmt man an, daß diese gleichmäßige Beschleunigung in drei, zwei oder einer Richtung erfolgt, während die Punkte in den übrigen Richtungen zueinander ruhen, so erhält man bzw.

$$ds^2 = c^2dt^2 - c^2t^2(dx^2 + \operatorname{Sin}^2 x[d\vartheta^2 + \sin^2 \vartheta d\varphi^2]), \qquad \text{(III. 10a)}$$

$$ds^2 = c^2dt^2 - c^2 (\operatorname{Sin}^2 x dx^2 + \operatorname{Sin}^2 x d\varphi^2) - dz^2, \qquad \text{(III. 10b)}$$

$$ds^2 = c^2dt^2 - dz^2 - dy^2 - c^2t^2dx^2. \qquad \text{(III. 10c)}$$

(Physikalisch besagen diese Formeln, daß gleichmäßig zueinander beschleunigte Massenpunkte nach der speziellen Relativitätstheorie je nach Bewegungsrichtung einen Kollaps oder Anti-Kollaps aufweisen.)

Die Ansicht von Landau und Lifschitz ist aber nicht richtig, denn es besteht ein wesentlicher Gegensatz zwischen dem Minkowskischen Raum und Räumen und Welten ohne hyperflächenorthogonalen zeitartigen Killing-Vektor: Im Minkowskischen Raum und anderen Räumen mit hyperflächenorthogonalem zeitartigen Killing-Vektor können wir die vierdimensionale Welt durch konstante Faserung von dreidimensionalen Räumen erhalten, wenn wir von geeigneten Anfangshyperflächen ausgehen, etwa von solchen, die z. B. Punkten entsprechen, die gemäß der speziellen Relativitätstheorie relativ zueinander ruhen. Allgemein müßten wir von den raumartigen Hyperflächen $z = \text{const}$ ausgehen, deren Normalvektor $p_v = z_{,v}$ ein Killing-Vektor ist. Dann entsteht die Raum-Zeit-Welt durch einfache Translation der Hyperflächen längs der Weltlinien dieses Killing-Vektors, und die Einsteinschen Gleichungen führen zu keinem Kollaps, weil eben $-\dot{g}_{ik} = \varkappa_{ik} = 0$ gilt. Die Aufspaltung des V_4 in Raum und Zeit ist hier immer global durchführbar. Wenn aber in einer Raum-Zeit überhaupt kein zeitartiger Killing-Vektor existiert, dann gibt es überhaupt keine raumartige Hyperfläche, die mit konstant vorgegebener Zeitrichtung so gefasert werden kann, daß die entsprechende Raum-Zeit-Metrik global singularitätsfrei ist. Dies heißt, die globale Aufspaltung einer solchen Raum-Zeit-Welt in Raum und Zeit ist nicht möglich, da zur Überdeckung dieser Raum-Zeit-Welt mindestens zwei synchronisierte Koordinatensysteme notwendig sind.

Der wesentliche Unterschied zwischen Kaustiken in der MINKOWSKI-Welt (und allgemeinen Welten, die einfach als direktes Produkt $V_3 \times T$ dargestellt werden können) sowie von Raum-Zeiten mit wesentlich zeitabhängiger Metrik (d. h. Metrik ohne zeitartigen KILLING-Vektor) ist also, daß im ersten Falle Kaustiken durch geeignete Wahl des Koordinatensystems global vermeidbar sind, im zweiten Falle aber bei Aufspaltung des V_4 in Raum und Zeit Kaustiken notwendig auftreten. In diesem Sinne hat das Phänomen des kinematischen Kollapses bzw. Anti-Kollapses eine invariante Bedeutung mit weitgehenden Konsequenzen für den Kausalnexus und die Dynamik der Materie.

Die allgemeine Relativitätstheorie sagt aus, daß eine Raum-Zeit-Welt, die mindestens zwei normale physikalische Körper enthält, eine notwendig wesentlich zeitabhängige Metrik trägt [11]. Daher existiert grundsätzlich in keinem physikalisch interessanten Raum ein zeitartiger KILLING-Vektor. Nehmen wir nun an, daß ein (oder mehrere) Gebiete des dreidimensionalen Raumes V_3 Materieteilchen enthalten, und nehmen wir ferner an, daß die nichtgravische Wechselwirkung zwischen diesen Materieteilchen vernachlässigt werden kann, so bewegen sich alle diese Teilchen nach der allgemeinen Relativitätstheorie auf zeitartigen geodätischen Weltlinien

$$\frac{D}{D\tau} u^\alpha = u^\alpha{}_{;\beta} u^\beta = 0. \tag{III. 11}$$

Wir haben nun zwei Fälle zu unterscheiden: Die materiellen Teilchen können entweder relativ zueinander rotieren, so daß es nicht möglich ist, ein allgemein-relativistisches Bezugssystem einzuführen, in dem alle Teilchen gleichzeitig ruhen, oder die Teilchen befinden sich nicht in Rotationsbewegung zueinander; dann ist ein allgemein-relativistisches Ruhsystem mit $u^\alpha = \delta_0{}^\alpha$ einführbar. Die Einführbarkeit oder Nichteinführbarkeit eines allgemein-relativistischen Ruhsystems hängen davon ab, ob für Vierergeschwindigkeits-Vektoren (Tangentialvektoren der Weltlinien) u^α der Teilchen gilt

$$u_{[\alpha} u_{\beta;\lambda]} = 0 \tag{III. 11a}$$

oder

$$u_{[\alpha} u_{\beta;\lambda]} \neq 0. \tag{III. 11b}$$

Gilt (III. 11a), so sind die Weltlinien der freien Teilchen hyperflächenorthogonal

$$u_\alpha = \psi Z_{,\alpha}, \qquad \text{(III. 12a)}$$

und es gibt synchrone Bezugssysteme (universelle Ruhsysteme), in denen mit

$$u^\alpha = \delta_0{}^\alpha \qquad \text{(III. 12b)}$$

auch

$$ds^2 = dx^{02} - g_{ik}dx^i dx^k \qquad \text{(III. 12c)}$$

gilt.

Die synchronen Bezugssysteme sind also die im vorigen Abschnitt untersuchten Koordinatensysteme, jedoch mit dem Unterschied, daß die hyperflächenorthogonalen Geodätischen jetzt teilweise nicht nur mathematische Kurven, sondern die Weltlinien physikalischer Teilchen sind. Das oben diskutierte Schneiden der Geodätischen auf Punkten, Kurven oder Flächen bedeutet hier also den realen Zusammenstoß von materiellen Teilchen, also einen echten physkialischen Effekt, und die Entartung der dreidimensionalen Metrik entspricht einer Divergenz der Teilchendichte ϱ.

Die Teilchen- und damit die Massendichte in der Kaustik wird unendlich groß. Die Kaustik bedeutet hier also eine echte physikalische Singularität. Dies kommt insbesondere auch dadurch zum Ausdruck, daß aus den Einsteinschen Gleichungen für freie Teilchen (mit $p = 0$) folgt:

$$R = -\frac{\varkappa}{2}\varrho,$$

d. h., auch der Krümmungsskalar, also eine invariante Größe, divergiert.

Aus der Unvermeidbarkeit eines kinematischen Kollapses oder Anti-Kollapses in zeitabhängigen Riemann-Einsteinschen Welten folgt also, daß jede rotationsfreie Materiewolke, deren Teilchen sich allein unter dem Einfluß der Gravitation bewegen, je nach Bewegungsrichtung zumindest entweder in der Vergangenheit unendlich verdichtet war (Anti-Kollaps) oder in der Zukunft zu unendlicher Dichte zusammenstürzt (Kollaps). — Dies ist der allgemeine Inhalt eines von Raychauchdhuri [12] speziell für kosmologische Räume ausgesprochenen Theorems. — Dieses Verhalten ist ersichtlich unabhängig davon, ob die Materiewolken die einzigen Quellen der Gravitationsfelder sind oder ob weitere Quellen im Endlichen oder Unendlichen existieren.

Ein Kollaps ist nur dann vermeidbar, wenn außer der Gravitation noch andere Kräfte auf die Teilchen wirken, so daß dementsprechend die Weltlinien der Teilchen keine Geodätischen sind und daher die kinematische Konstruktion nicht den wahren Bewegungsbahnen entspricht, oder wenn die Teilchen von vornherein rotieren. Man entnimmt nämlich aus unserer Konstruktion, daß, wenn die Rotation zu einer Zeit Null war, sie zu allen Zeiten verschwindet [13].

Die Überlegungen des Abschnitts II zeigen aber, daß ein Kollaps unvermeidlich ist, wenn sich die Teilchen so weit genähert haben, daß das Verhältnis ihrer Gesamtmasse M zur Systemausdehnung R durch $M \gtrsim R$ gegeben ist.

Diese elementaren allgemeinen Überlegungen enthalten im Grundsätzlichen die volle Theorie des Kollapses bzw. Anti-Kollapses und damit auch die Theorie der kosmologischen Ursingularität.

IV.

Was zunächst die kosmologischen Modelle betrifft, so gehen diese im allgemeinen von der Existenz eines universellen kosmischen Synchronismus aus, d. h., sie postulieren die Existenz einer universellen kosmischen Zeit, die mit den Eigenzeiten der kosmischen Partikel zusammenfällt. Dies bedeutet, daß in der durch orthogonale Faserung eines dreidimensionalen Kosmos $x^0 =$ const. erzeugten raum-zeitlichen Metrik

$$ds^2 = c^2 dt^2 + g_{ik} dx^i dx^k \tag{IV. 1}$$

die Weltlinien der kosmischen Partikel im Mittel durch die orthogonalen Geodätischen gegeben sind, für die Vierergeschwindigkeiten also $u^\alpha = \delta_0{}^\alpha$ gilt. Bei Wahl der kosmischen Zeitrechnung in Richtung der Expansion des Kosmos ist daher die Aussage unvermeidlich, daß in endliche Eigenzeit zurückgerechnet eine kosmische Ursingularität bestand, bei der die Materiedichte (und auch die Strahlungsdichte) unendlich groß war.

Wir bemerken, daß dieser Schluß unabhängig davon ist, welche zusätzlichen Voraussetzungen über die Struktur der Metrik $d\sigma^2 = -g_{ik} dx^i dx^k$ der dreidimensionalen Räume $x^0 =$ const. gemacht werden. Verschiedene Formen der dreidimensionalen Metriken $d\sigma^2$ können nur den Zeitpunkt und eventuell auch die Form der Ursingularität ändern, nicht jedoch ihr Auftreten. Denn wie auch immer die metrischen Tensoren $g_{ik}(x^l, x^0)$ aussehen — auf Grund der Form (IV. 1) des Linienelements der Raum-Zeit bilden die Weltlinien der kosmischen Partikeln eine hyperflächenorthogonale Kongruenz von Geodätischen, die auf Grund der EINSTEINschen Gleichungen in der Vergangenheit (oder Zukunft) kaustische Schnittpunkte besitzt. Dieser Schluß hat eine sehr weitgehende Bedeutung. Die Standard-Form der kosmischen Metrik sind die sogenannten FRIEDMANN-Modelle, die einen räumlich homogenen und isotropen Kosmos beschreiben [14]:

$$ds^2 = c^2 dt^2 - R(t) \frac{d\mathfrak{r}^2}{\left(1 + \frac{k}{4} r^2\right)^2}. \tag{IV. 2}$$

Nun ist das dreidimensionale Linienelement

$$d\sigma^2 = -R^2 \frac{d\mathfrak{r}^2}{\left(1 + \frac{k}{4} r^2\right)^2} \tag{IV. 2a}$$

physikalisch als Mittelwert über eine stochastisch schwankende Metrik $-\bar{g}_{ik}(x^l, x^0)$ zu deuten:

$$d\sigma^2 = -\bar{g}_{ik} dx^i dx^k. \tag{IV. 3}$$

Insbesondere können nun die Metriken g_{ik} auch solche Störungen enthalten, die einer freien Gravitationsstrahlung entsprechen, und man kann annehmen, daß $(\bar{g}_{ik} - g_{ik})^2$ für alle Schwankungen in der frühen Vergangenheit des Kosmos sehr viel stärker war als jetzt.

Auch die Wechselwirkung eines Teilchens mit einem gravischen Strahlungsfeld ändert nichts an seinem geodätischen Bewegungsgesetz, und das gravische Strahlungsfeld modifiziert überhaupt nicht die rechte Seite der Feldgleichungen.

Es mag also für die Beschreibung der Vergangenheit des Kosmos das FRIEDMANNsche Linienelement (IV. 2) nicht ausreichen, sondern es möge irgendein gestörtes Linienelement

$$ds^2 = c^2 dt^2 - R^2(t) \frac{(\delta_{ik} + \gamma_{ik})}{\left(1 + \frac{k}{4} r^2\right)^2} dx^i dx^k \quad \text{mit} \quad \gamma_{ik} = \gamma_{ik}(x^l, t) \tag{IV. 4}$$

die Vergangenheit des Kosmos beschreiben. Der Übergang von (IV.2) zu (IV. 4) kann aber nur den Zeitpunkt t (und den Charakter) der Ursingularität ändern, nicht jedoch ihr Auftreten verhindern.

Möglichkeiten zur Verhinderung einer Ursingularität bestünden nur durch starke nichtgravische Kräfte oder durch die Existenz einer universellen Rotation der kosmischen Materie. Letztere würde bedeuten, daß die Form $u^\alpha = \delta_0{}^\alpha$ (Geschwindigkeitsvektor) nicht gleichzeitig mit der Form (IV. 1) der Metrik bestehen kann, sondern daß vielmehr ganz allgemein

$$g_{00} \neq 1, \; g_{0i} \neq 0$$

ist. Die Kovektoren $u_\alpha = g_{\alpha 0}$ liefern somit ein direktes Maß für die Eigenrotation der kosmischen Materie:

$$u_{\alpha;\beta} - u_{\beta;\alpha} = g_{\alpha 0,\beta} - g_{0\alpha,\beta}.$$

Aber auch dann ist der Kollaps (bzw. Anti-Kollaps) unvermeidlich, wenn die kosmische Materie zu einem Zeitpunkt so stark verdichtet war, daß das lokale Gravitationspotential von der Größenordnung *Eins* war.

Was schließlich den Gravitationskollaps eines Sterns oder Sternsystems gemäß OPPENHEIMER betrifft, so nehmen wir an, daß bis zu einer bestimmten Zeit $t = t_0$ die Sternmaterie auf Grund des durch thermonukleare Prozesse im Sterninnern erzeugten Druckes im Gleichgewicht war und daß nach Erschöpfen aller thermonuklearen Prozesse ein Zusammenbruch des Sterns beginnt. Bis zum Zeitpunkt des Zusammenbruchs wollen wir Kugelsymmetrie und Homogenität der Sternmaterie $\left(p = p(r), \frac{\partial}{\partial r}\varrho = 0\right)$ annehmen; dann ist bis zum Zeitpunkt des Zusammenbruchs des Sterns (d. i. für $t > t_0$) das Gravitationsfeld im Sterninnern durch die innere SCHWARZSCHILDsche Metrik für $r \leqq r_m = \text{const}$

$$ds^2 = \frac{-dr^2}{\left(1 - \left(\frac{r}{K}\right)^2\right)} - r^2 d\omega^2 + \frac{1}{4}\left(3\sqrt{1 - \left(\frac{r_m}{K}\right)^2} - \sqrt{1 - \left(\frac{r}{K}\right)^2}\right) c^2 dt^2 \tag{IV. 5}$$

gegeben [15]. Der Gravitationsdruck des Sterns muß durch einen hydrostatischen Druck $p(r)$ kompensiert werden, dessen Verlauf durch

$$p = \frac{1}{\varkappa K^2} \frac{\cos\Theta - \cos\Theta}{\cos\Theta_m - \frac{1}{3}\cos\Theta} \quad \text{mit} \quad \begin{array}{l} r = K\sin\Theta \\ r_m = K\sin\Theta_m \end{array} \tag{IV. 6}$$

gegeben ist. Der räumliche Anteil der inneren SCHWARZSCHILDschen Metrik ist ein Ausschnitt aus einem sphärisch gekrümmten dreidimensionalen Raum mit dem Krümmungsradius $K = \text{const}$. Da die einzige kugelsymmetrische Vakuumlösung der EINSTEINschen Gravitationsgleichungen die äußere SCHWARZSCHILDsche Metrik

$$ds^2 = \frac{-dr^2}{1 - \frac{2M}{r}} - r^2 d\omega^2 + \left(1 - \frac{2M}{r}\right) c^2 dt^2 \tag{IV. 7}$$

ist, muß das Gravitationsfeld außerhalb des Sterns durch diese Metrik beschrieben werden. Auf der Grenzfläche $r = r_m$ verschwindet der hydrostatische Druck:

$$p = 0 \quad \text{für} \quad r = r_m = K\sin\Theta_m \tag{IV. 8}$$

und die stetig differenzierbare Anschließbarkeit von innerer und äußerer Metrik ist dann gegeben, wenn die SCHWARZSCHILD-Konstante M gemäß

$$M = \frac{4\pi f}{3c^2}\varrho r_m{}^3 \tag{IV. 9}$$

bestimmt wird.

Nehmen wir nun an, daß thermonukleare Prozesse im Kerninnern für $t \geqq t_0$ nicht mehr in der Lage sind, den Druck p zu erzeugen, so bricht der Stern für $t \geqq t_0$ zusammen. An die Stelle der inneren SCHWARZSCHILDschen Metrik tritt dementsprechend eine FRIEDMANNsche Metrik (IV. 2) mit $p = 0$. Da hiermit die Kugelsymmetrie nicht geändert wird, ist die äußere Metrik nach wie vor die SCHWARZSCHILDsche mit notwendig konstantem M, nur wächst der Gültigkeitsbereich der Metrik mit schrumpfendem Sternradius $r_m(t)$.

Die FRIEDMANNsche Metrik wird durch die Differentialgleichung [16]

$$\left(\frac{dR}{dx^0}\right)^2 = \frac{C}{R} - k \quad \text{mit} \quad k = -\varepsilon \tag{IV. 10}$$

bestimmt. In (IV. 10) ist ε ersichtlich die Energie-Konstante, und die Gleichung hat die Form eines NEWTONschen Energiesatzes für radiale Bewegungen im kugelsymmetrischen Gravitationspotential. Da der Stern vor dem Zusammenbruch stabil war, ist die Energiekonstante notwendig kleiner Null. Da die Krümmung der FRIEDMANNschen Metrik durch $\frac{R}{\sqrt{k}}$ gegeben ist, bedeutet dies, daß der Raum sphärisch gekrümmt ist.

Der Wert der Energiekonstante ε wird durch die Forderung bestimmt, daß zum Zeitpunkt $t = t_0$ der Krümmungsradius der FRIEDMANNschen Metrik gleich dem Krümmungsradius der inneren SCHWARZSCHILDschen Metrik ist:

$$\frac{R(t_0)}{\sqrt{k}} = K = \frac{r_m(t_0)}{\sin \Theta_m}. \tag{IV. 11}$$

Die Konstante C in (IV. 10) ist gemäß dem relativistischen Energiesatz durch

$$C = \frac{8\pi f}{3c^2}\, \varrho R^3 \tag{IV. 12}$$

gegeben. Aus (IV. 9) und (IV. 11) ergibt sich der Zusammenhang zwischen C und der schweren Masse M des Sterns (wobei der Index 0 immer den Wert für $t = t_0$ bedeutet):

$$\begin{aligned} C &= \frac{8\pi f \varrho_0 R_0{}^3}{3c^2} = \frac{8\pi f}{3c^2}\, k^{\frac{3}{2}}\, \varrho_0 K^3 = \frac{8\pi}{3c^2}\, \frac{k^{\frac{3}{2}}}{\sin^3 \Theta_m}\, r_m{}^3 \varrho_0 \\ &= 2M \left(\frac{\sqrt{k}}{\sin \Theta_m}\right)^3 = 2M\alpha^3. \end{aligned} \tag{IV. 13}$$

Durch (IV. 11) und (IV. 13) ist die stetig differenzierbare Anschließbarkeit der äußeren SCHWARZSCHILDschen Metrik längs der Flächen

$$r_m(t) = \frac{R(t)}{\sqrt{k}} \sin \Theta_m \tag{IV. 14}$$

bei geeigneter Koordinatenwahl gewährleistet.

Die FRIEDMANNsche Gleichung (IV. 10) läßt sich mit $2M\alpha^3 = C$ und $R = \alpha r$ als Ähnlichkeitstransformation des quasi-NEWTONschen Energiesatzes in den Koordinaten r und t

$$\alpha^2 \dot{r}^2 = \frac{2\alpha^2 f m}{r} + \varepsilon c^2 \tag{IV. 15}$$

deuten. Die kollabierenden kugelsymmetrischen Sterne gemäß OPPENHEIMER und ein FRIEDMANNscher Kosmos, als dessen Ausschnitt das Sterninnere beschrieben wird, gehen also durch eine Ähnlichkeitstransformation auseinander hervor, bei der die charakteristischen Größen des Sterns (Radius, Masse, Energie) die entsprechenden Größen des FRIEDMANN-Kosmos zugeordnet werden. Diese Zuordnung erfolgt so, daß die linearen Abmessungen um den Faktor $\alpha = \sqrt{\frac{k}{\sin \Theta_m}}$ gedehnt werden. In diesem Sinne ist der Sternkollaps ein Modell des Evolutionskosmos.

Literatur

[1] OPPENHEIMER, J. R., und G. M. VOLKOFF, Phys. Rev. **55**, 374 (1933); OPPENHEIMER, J. R., und H. SNYDER, Phys. Rev. **56**, 455 (1939).
[2] EINSTEIN, A., Ann. Math. **40**, 922 (1939).
[3] HARRISON, B. K., K. S. THORNE, M. WAKANEO und J. A. WHEELER, Gravitation Theory and Gravitation Collapse, Chicago 1965.
[4] WHEELER, J. A., Einsteins Vision, Berlin, Heidelberg, New York 1968.
[5] BERGMANN, P. G., The Riddle of Gravitation, S. 226ff., New York 1968.
[6] Vgl. H.-J. TREDER, Relativität und Kosmos, S. 69ff., Berlin, Oxford, Braunschweig 1968.
[7] v. LAUE, M., Die Relativitätstheorie, Bd. II, Braunschweig 1953.
[8] TREDER, H.-J., Ann. Phys. **20**, 194 (1967); Mber. Dt. Akad. Wiss. Berlin **9**, 283 (1967).
[9] Vgl. H.-J. TREDER, l. c. Anm. 8; v. BORZESKOWSKI, H.-H., Ann. Phys. **22**, 326 (1969).
[10] LANDAU, L. D., und E. M. LIFSCHITZ, Klassische Feldtheorie, Berlin 1963.
[11] Vgl. z. B. L. INFELD und J. PLEBANSKI, Motion and Relativity, Warschau 1960.
[12] Vgl. O. HECKMANN und E. SCHÜCKING, Relativistic Cosmology, in: J. L. WITTEN, Gravitation, New York und London 1963.

[13] In der Tat folgt aus

$$\frac{Du^\alpha}{D\tau} = u^\alpha{}_{;\beta} u^\beta = 0$$

für

$$u_{\alpha;\beta} - u_{\beta;\alpha} = \omega_{\alpha\beta}$$

die relativistische Verallgemeinerung des HELMHOLTZschen Wirbelsatzes. Es ist:

$$\frac{D}{D\tau}\,\omega_{\alpha\beta} = \omega^\lambda{}_\beta u_{\alpha;\lambda} - \omega^\lambda{}_\alpha u_{\beta;\lambda}.$$

Dies ist ersichtlich die allgemeine vierdimensionale Formulierung des 2. HELMHOLTZschen Wirbelsatzes. Man liest ab, daß die zeitliche Änderung der Rotation verschwindet, wenn $\omega_{\alpha\beta}$ selbst verschwindet (vgl. H. TREDER, Gerlands Beiträge 78 (1969).

[14] Vgl. z. B. l. c. Anmerkung [12].

[15] Vgl. M. v. LAUE, l. c. Anmerkung [7].

[16] Vgl. H. BONDI, Cosmology, Cambridge 1960.

16. Materie und Raumstruktur: Zur Interpretation der Einsteinschen Vakuum-Gleichungen

1. Die EINSTEINsche Gravitationstheorie sagt aus, daß das freie Gravitationsfeld durch den metrischen Fundamentaltensor einer vierdimensionalen RIEMANNschen Mannigfaltigkeit V_4 gegeben ist. Von diesem V_4 wird im allgemeinen gefordert, daß der metrische Tensor stückweise mindestens einmal stetig differenzierbar ist und daß seine Signatur s durch

$$s = (-1, -1, -1, +1)$$

gegeben ist, so daß es mit Hilfe von reellen regulären Transformationen möglich ist, an einem Punkt P des V_4 (oder auch gleichzeitig an abzählbar vielen Punkten P_i des V_4) die g_{ik} auf die LORENTZ-MINKOWSKIsche Form:

$$(g_{ik})_P = \eta_{ik}$$

zu bringen. Für Gebiete des V_4, in denen nur ein Gravitationsfeld vorhanden ist (Vakuum der allgemeinen Relativitätstheorie), besagt die EINSTEINsche Theorie, daß dieser V_4 ein Spezieller EINSTEINscher Raum ist, also gilt:

$$R_{ik} = 0. \tag{1}$$

Durch (1), die Vorgabe von natürlichen Nebenbedingungen und die Wahl eines Koordinatensystems ist die Metrik des V_4 im lokalen Sinne eindeutig bestimmt. Hingegen macht die allgemeine Relativitätstheorie keine eindeutigen Aussagen über die Metrik des V_4 für den allgemeinen Fall, daß außer dem Gravitationsfeld auch noch andere Felder oder Materien in dem betrachteten Raumgebiet des V_4 vorhanden sind. Die EINSTEINsche Theorie reduziert sich hier auf die allgemeinen qualitativen Aussagen über den V_4, der also ein beliebiger RIEMANNscher Raum mit LORENTZ-MINKOWSKIscher Struktur sein kann, der nur die Stetigkeitsbedingungen erfüllen muß.[1])

Der nicht verschwindende EINSTEINsche Tensor

$$E_{ik} \equiv R_{ik} - \frac{1}{2} g_{ik} R$$

definiert dann die den Raum erfüllende Materie:

$$E_{ik} \overset{d}{=} -T_{ik}. \tag{2}$$

Faßt man die Definitionsgleichung (2) als Feldgleichung auf, so ist das Problem unterbestimmt: (2) ist gleich 10 Gleichungen für die 20 Größen g_{ik} und T_{ik}.

In der allgemeinen Relativitätstheorie werden daher bekanntlich zusätzliche Bedingungen eingeführt, die neben die Feldgleichungen (2) treten. Diese Nebenbedingungen werden physikalisch interpretiert als Gleichungen für den Materietensor T_{ik}. Sie ergeben sich aus physikalischen Annahmen über de Struktur von T_{ik} und nicht aus der Geometrie.

EINSTEIN hat diesen in der allgemeinen Relativitätstheorie zunächst als notwendig erscheinenden Dualismus von vornherein als unbefriedigend befunden und verlangt, daß die gesamte relativistische Physik von rein geometrischen Bedingungen für die Raum-Zeit-Welt V_4 zurückzuführen ist.

EINSTEINS Idee war, die gesamten physikalischen Gleichungen in der Form der Vakuumgleichungen (1) zu erhalten, also als ein System von Differentialgleichungen, das die Geometrie der Raum-Zeit lokal bis auf Isometrien bestimmt, wenn natürliche Nebenbedingungen wie z. B. die GALILEIschen Grenzbedingungen

$$g_{ik} \to \eta_{ik}, \quad \text{für} \quad r \to \infty \tag{3}$$

vorgegeben sind.

Ein Weg, dieses Programm zu erfüllen, ist die Aufstellung von einheitlichen Feldtheorien, die darauf beruhen, daß der vierdimensionale RIEMANN-

---

[1]) Wird auf die Forderung verzichtet, daß es Koordinatensysteme gibt, in denen die lokale Metrik des V_4 stetig differenzierbar ist, so bedeutet dies entweder die Existenz von gravischen Stoßwellen erster Ordnung oder die Existenz von gravischen Flächenbelegungen. Eine nicht koordinatenbedingte Unstetigkeit der Metrik selbst ist mit einer regulären Riemannschen Metrik nicht verträglich. Vgl. TREDER [1], PAPAPETROU u. TREDER [2], SYNGE [3].

sche Raum durch einen Raum mit allgemeineren geometrischen Eigenschaften ersetzt wird. So ist der RIEMANNsche Raum z. B. dadurch ausgezeichnet, daß das Lemma von RICCI

$$g_{ik;l} = g_{ik;l} - g_{is}\Gamma_{kl}{}^{s} - g_{sk}\Gamma_{il}{}^{s} \equiv \varphi_{ikl} = 0$$

gilt und die Torsion

$$S_{kl}{}^{i} \equiv \frac{1}{2}\left(\Gamma_{kl}{}^{i} - \Gamma_{lk}{}^{i}\right)$$

verschwindet. Läßt man eine oder beide Bedingungen fallen, erhält man zusätzlich zu den g_{ik} die neuen Feldgrößen φ_{ikl} und S_{kli}, die dann durch ein umfangreicheres System von Feldgleichungen zu bestimmen sind. Die bedeutendste Theorie dieser Art ist die unsymmetrische Feldtheorie von EINSTEIN, deren Geometrie Prof. HLAVATÝ umfassend untersucht hat.

Es ist aber auch bemerkt worden, daß die Gleichungen (2) ausdrücken, daß jede Materie ihr Abbild im EINSTEINschen Tensor E_{ik} hat, sich also jedes Materiefeld im Gravitationsfeld widerspiegelt. Diese Widerspiegelung ist zwar nicht notwendig eineindeutig, jedoch ist für eine große Klasse von Materiefeldern eine weitgehende Eindeutigkeit vorhanden. RAINICH, WHEELER, HLAVATÝ u. a. haben daher vorgeschlagen, die allgemeine Relativitätstheorie so zu deuten, daß die Bedingungen für den Materietensor über Identität (2) als Bedingungen gedeutet werden, die der RIEMANNsche Krümmungstensor des V_4 zu erfüllen hat. Diese Bedingungen legen dann aber natürlich die Metrik nicht mehr eindeutig fest, im Gegensatz zu EINSTEINS Programm der einheitlichen Feldtheorie.

Es ist nun aber zu beachten, daß die Forderung der Gültigkeit der EINSTEINschen Vakuumgleichungen (1) nur lokal zu einer eindeutigen Bestimmung der Geometrie bis auf Isometrien führt. Die Gleichungen (1) sind für die Festlegung der Globalstruktur des V_4 nur notwendige aber nicht hinreichende Bedingungen. Lokal-isometrische Räume können völlig verschiedenen Globalstrukturen besitzen, und diese verschiedenen Globalstrukturen können dann verschiedene physikalische Situationen repräsentieren.

Umgekehrt hängt die globale Erfüllbarkeit der EINSTEINschen Gleichungen (1) davon ab, welche Forderungen an die Globalstruktur des V_4 oder bestimmte Untermannigfaltigkeiten des V_4 gestellt werden. Dies ist insbesondere dann wichtig, wenn gefordert wird, daß der V_4 außer der Tatsache, daß er ein EINSTEINscher Raum ist, auch noch bestimmte weitere Symmetrieeigenschaften (Existenz von KILLING-Feldern u. ä.) aufweisen soll. Tatsächlich enthält so vom globalen Gesichtspunkt aus die allgemeine Relativitätstheorie mehr Freiheiten als sie sich lokal in den 10 Komponenten der g_{ik} widerspiegeln.

Wir wollen im Folgenden eine Interpretation der EINSTEINschen Gleichungen (1) vorschlagen, bei der sich das reine globale Vakuum und RIEMANNsche Räume mit Materie nur durch ihre globalen Eigenschaften unterscheiden, während lokal überall die EINSTEINschen Vakuumgleichungen (1) erfüllt sein sollen.

2. In den letzten Jahren ist von verschiedenen Autoren vorgeschlagen worden, den physikalischen Inhalt der EINSTEINschen Gravitationstheorie dadurch zu erweitern, daß bestimmte analytische und geometrische Voraussetzungen über die Struktur der EINSTEINschen Raum-Zeit-Mannigfaltigkeit V_4 fallen gelassen werden. Während in der Standardauffassung der allgemeinen Relativitätstheorie explizit oder implizit vorausgesetzt wurde, daß der V_4 der allgemeinen Relativitätstheorie ein topologisches Homolog zur MINKOWSKI-Welt ist, werden nach dem Vorgang von EINSTEIN und ROSEN RIEMANNsche Räume mit sehr viel allgemeinerer Globalstruktur in die Physik eingeführt.

In der relativistischen Kosmologie haben bereits EINSTEIN und DE SITTER Räume mit nicht-minkowskischer Topologie betrachtet. Das Neue in der heutigen Entwicklung ist, daß solche Räume auch für nicht kosmologische Fragen als relevant angesehen werden.

Diese Bestrebungen gipfelten in den Arbeiten zur Geometrodynamik (Wormhole Topology von WHEELER, Schweizer Käse-Universum von BELINFANTE etc.). Auch ist angeregt worden, das Postulat der LORENTZ-MINKOWSKIschen Signatur der Raum-Zeit fallen zu lassen und entweder Räume zuzulassen, die in bestimmten Gebieten eine andere Signatur tragen (TREDER) oder sogar die LORENTZ-MINKOWSKIsche Signatur des V_4 nur als Mittelwert für genügend große Bereiche einzuführen (LANCZOS) [4].

Weiter sind die Stetigkeit und die Differenzierbarkeitshypothesen, die der Standardauffassung der allgemeinen Relativitätstheorie zugrundeliegen, aufgegeben worden, wobei die betreffenden Autoren höchstens nur noch die stückweise Erfüllung dieser Bedingungen verlangen.

Die einfachsten Ansätze dieser Art sind die Deutung der materiellen Teilchen als „echte Singularitäten" der Raum-Zeit-Metrik gemäß EINSTEIN, INFELD und HOFFMANN, oder ihre Deutung als Pseudo-Singularitäten im Brückenmodell gemäß EINSTEIN und ROSEN.

Physikalisch liegt allen diesen Vorstellungen explizit oder implizit die Bemerkung zugrunde, daß die EINSTEINschen Gleichungen (1) als Feldgleichungen stark redundant sind. Die Feldgrößen selbst sind in keiner Feldtheorie und erst recht nicht in der allgemeinen Relativitätstheorie unmittelbar meßbar. Vielmehr lassen sich stets nur Oberflächenintegrale messen, die dadurch Mittelwerte der Feldgrößen angeben. Bereits bei der Diskussion des Energieimpulskomplexes in der allgemeinen Relativitätstheorie hat EINSTEIN [5] betont, daß in der allgemeinen Relativitätstheorie auch solchen differentiellen Größen, die in den speziellen relativistischen Feldtheorien konsistent definierbar sind, keine Bedeutung mehr zu-

zukommen braucht. Erst die tatsächlich meßbaren Integralgrößen der speziellen relativistischen Feldtheorien sind auch in der allgemeinen Relativitätstheorie definierbar.

Ein einfaches Beispiel für die Bedeutung der Unterscheidung meßbarer Integrale und nicht meßbarer differentieller Größen liefert gemäß RAINICH [6] die MAXWELLsche Theorie. In der MAXWELLschen Theorie mißt man niemals die Feldstärke oder die Induktion des elektromagnetischen Feldes, sondern ihre Mittelwerte über einen eventuell sehr kleinen Raum-Zeit-Bereich. In der üblichen MAXWELLschen Theorie wird allerdings angenommen, daß dieser Raum-Zeit-Bereich im Prinzip beliebig klein gemacht werden kann. Wird diese Annahme fallen gelassen, so bekommt die MAXWELLsche Theorie eine andere physikalische Bedeutung als ihre Standardinterpretation. Schreibt man die MAXWELLschen Gleichungen in ihrer Integralform, indem man für beliebige geschlossene Integrationsflächen C_2 fordert:

$$\int_{C_2} F^{kl} \mathscr{E}_{klmn} dx^m \Lambda dx^n = 0, \tag{4}$$

$$\int_{C_2} F_{mn} dx^m \Lambda dx^n = 0, \quad \text{wo} \quad \delta C_2 = 0, \tag{5}$$

so gewinnt man aus dieser Integralform dann die Differentialform der Gleichungen

$$(\sqrt{-g}\, F^{kl})_{,l} = 0, \tag{6}$$

$$F_{[kl,i]} = 0, \tag{7}$$

wenn man annimmt, daß die Feldstärke F_{kl} einmalig stetig differenzierbar ist und der GAUSSsche Integralsatz unbeschränkt anwendbar ist. Letzteres bedeutet, daß gelten muß:

$$C_2 = \delta C_3. \tag{8}$$

Läßt man hingegen (8) fallen, so ist die Gleichung (4) nicht mehr mit der Gleichung (6) äquivalent. Vielmehr kann gleichzeitig mit (6)

$$\frac{1}{8\pi} \int_{C_2} F^{kl} \mathscr{E}_{klmn} dx^m \Lambda dx^n = e \quad (= \text{Gesamtladung}) \tag{9}$$

gelten. Dies bedeutet, daß man für die eine Gruppe der MAXWELLschen Gleichungen zwei mögliche Fälle zu unterscheiden hat:

1. Es gilt (6) und es ist stets $C_2 = \delta C_3$,
dann gilt (4), und die elektrische Gesamtladung e ist 0, wenn die Ladungsdichte überall verschwindet.

2. Es gibt unter den Flächen C_2 solche, für die gilt

$$C_2 - \delta C_3 \neq 0 .$$

Dann ist (6) mit (9) verträglich.

In solchen Räumen gibt es elektrische Gesamtladungen e, obwohl die Ladungsdichte überall 0 ist. (WHEELER nennt dies suggestiv „Ladung ohne Ladung") [7].

Da hingegen freie magnetische Ladungen nicht zugelassen werden, ist die Äquivalenz von (5) und (7) unabhängig von der Homotopieklasse der Flächen C_2 zu verlangen. Dies geschieht durch die Bedingung

$$F_{kl} = A_{l,k} - A_{k,l} .$$

3. Wir wollen nun andeutungsweise zeigen, wie ein analoges Verfahren in der allgemeinen Relativitätstheorie angewandt werden kann, das so zu einer Konzeption von „Materie ohne Materie" führt. Unsere weiteren Überlegungen sind eine formale Verallgemeinerung derjenigen Überlegungen, die die Geometrodynamik zur rein geometrischen Darstellung von Massen etc. benutzt.

Wir zerlegen auf übliche Weise die linke Seite der Feldgleichungen (2) in einen divergenzartigen Term und bei einem weiteren Term, der nur erste Ableitungen enthält.

$$\sqrt{-g}\, E_i^k = \vartheta_i^{kl}{}_{,l} + t_i^k = -\sqrt{-g}\, T_i^k \tag{10}$$

mit

$$\vartheta_i^{kl}{}_{,kl} = 0 . \tag{10a}$$

In (10) ist t_i^k der EINSTEINsche Pseudotensor. Da wir fordern, daß dieser Pseudotensor nur erste Ableitungen enthält, ist diese Zerlegung eindeutig. Jedoch ist das Superpotential ϑ_i^{kl} nur bis auf eine geschlossene äußere Differentialform $\mathcal{U}_i^{kl}$ bestimmt, die selbst divergenzartig ist und deren Divergenz verschwindet:

$$\mathcal{U}_i^{kl} = W_i^{klm}{}_{,m} \tag{11}$$

mit

$$\mathcal{U}_i^{kl}{}_{,l} = 0 . \tag{11a}$$

Gleichzeitig mit (10) gilt also auch

$$\vartheta_i^{kl}{}_{,l} + \mathcal{U}_i^{kl}{}_{,l} = -t_i^k - \sqrt{-g} T_i^k . \tag{12}$$

Es gilt aber das Lemma von EINSTEIN:

$$\int_{C_3} \mathcal{U}_i^{kl} n_l \, dC_3 = 0 \tag{13}$$

für alle geschlossenen Hyperflächen C_3, d. h. für

$$\delta C_3 = 0. \tag{14}$$

Mit von Freud können wir ϑ_i^{kl} so wählen, daß

$$\vartheta_i^{kl} = -\vartheta_i^{lk} \tag{15}$$

gilt.

Integrieren wir nun (14) über ein einfach zusammenhängendes Gebiet C_4 des V_4, so gilt (wenn die g_{ik} zweimal differenzierbar sind) der Gaussssche Integralsatz, und wir erhalten mit $C_3 = \delta C_4$:

$$\int\limits_{C_3} \vartheta_i^{kl} n_l dC_3 = -\int\limits_{C_4} (t_i^k + \sqrt{-g}\, T_i^k) dC_4. \tag{16}$$

Diese Gleichung enthält nur noch erste Ableitungen der g_{ik} und wegen (13) und (14) gilt

$$\int\limits_{C_3} \mathfrak{U}_i^{kl} n_l dC_3 = 0, \tag{16a}$$

so daß die linke Seite von (16) unabhängig von der speziellen Wahl der Superpotentiale ϑ_i^{kl} ist. Die Gleichungen in (16) sind keine Tensorgleichungen. Die allgemeine Kovarianz kommt aber dadurch zum Ausdruck, daß das Integrationsgebiet C_4 beliebig ist.

Ist das Integrationsgebiet C_4 leer, so gilt

$$\int\limits_{C_3} \vartheta_i^{kl} n^l dC_3 + \int\limits_{C_4} t_i^k dC_4 = 0. \tag{17}$$

Wählen wir dann als Integrationsbereich C_4 einen sehr flachen Zylinder mit den Grundhyperflächen

$$Z = \pm \varepsilon$$

und führen dann den Grenzübergang $\varepsilon \to 0$ aus, so folgen aus (17) für differenzierbare g_{ik} sofort die Sprungrelationen für die ersten Ableitungen:[1])

$$\begin{aligned} \lim_{\varepsilon \to 0} [(-\Gamma^t_{mn} + \Gamma^l_{nl}\delta^t{}_m)_{z=+\varepsilon} \\ - (-\Gamma^t_{mn} + \Gamma^l_{nl}\delta^t{}_m)_{z=-\varepsilon}] z_{,t} \\ = -[\Gamma^t_{mn}] z_{,t} + [\Gamma^l_{ml}] z_{,n} = 0. \end{aligned} \tag{18}$$

[1]) Vgl. Anmerkung 1, S. 141.

Verlangen wir daher an Stelle der zweimaligen nur noch einmalige Differenzierbarkeit des metrischen Tensors, so müssen wir die EINSTEINschen Gleichungen (1) durch die Integralbedingungen (17) ersetzen, wobei wir fordern, daß diese Integralbedingungen für jedes beliebige Integrationsgebiet C_4 des V_4 gelten. Die Integralbedingungen (17) sind also eine Verallgemeinerung der EINSTEINschen Gleichungen (1).

Setzen wir wieder zweimalige Differenzierbarkeit voraus und verlangen die Erfüllung von (16) bzw. (17) für beliebige Gebiete C_4 und nehmen weiter an, daß die Topologie dieser Bereiche so beschaffen ist, daß der GAUSSsche Integralsatz anwendbar ist, so erhalten wir aus den Gleichungen (16) zunächst rückwärts die Integralgleichungen

$$\int_{C_4} \vartheta_i{}^{kl}{}_{,l} dC_4 = -\int_{C_4} (t_i{}^k + \sqrt{-g}\, T_i{}^k) dC_4 . \tag{19}$$

Da diese Bedingungen für jeden Integrationsbereich C_4 erfüllt sein müssen, sind sie trivialerweise mit den EINSTEINschen Gleichungen (2) identisch. Gilt insbesondere

$$\int_{C_4} \sqrt{-g}\, T_i{}^k dC_4 = 0, \quad \text{für beliebiges } C_4, \tag{19a}$$

so ist dies mit (1) gleichbedeutend.

Betrachten wir aber nun Räume V_4 mit einer nicht-elementaren topologischen Struktur (setzen wir also insbesondere nicht einen einfachen topologischen Zusammenhang des V_4 voraus), so lassen sich die Integralbedingungen (17) so interpretieren, daß der Inhalt nicht mit demjenigen der EINSTEINschen Differentialgleichungen (1) identisch ist.

Betrachten wir in einem solchen V_4 irgendeine geschlossene Hyperfläche C_3, bezeichnen wir mit C_4 die Menge aller regulären Punkte des V_4, die von C_3 umschlossen werden, so ist C_3 im allgemeinen nicht die Berandung des Gebietes C_4. Im allgemeinen Fall haben wir also

$$\delta C_4 - C_3 \equiv C_3{}^0 \neq 0 . \tag{20}$$

Wir führen nun anstelle von (16) die allgemeineren Integralbedingungen

$$\int_{C_3} \vartheta_i{}^{kl} n_l dC_3 + \int_{C_4} t_i{}^k dC_4 = -\int_{C_4} \sqrt{-g}\, T_i{}^k dC_4 \tag{21}$$

ein, mit der Nebenbedingung

$$\delta C_3 = 0 . \tag{21a}$$

Wegen (20) dürfen wir nicht mehr die allgemeine Anwendbarkeit des GAUSSschen Integralsatzes voraussetzen, so daß (21) nicht mehr (19) impliziert.

Die Integralbedingungen (21) sind genau dann mit den EINSTEINschen Gleichungen (2) identisch, wenn folgendes der Fall ist:

1. (21) gilt für jedes beliebige Gebiet C_4 des V_4.
2. Es ist $C_3 = \delta C_4$.
3. Die g_{ik} sind zweimal differenzierbar.

Als physikalisch relevante Lösungen der Integralbedingungen (21), die wir für jedes Gebiet C_4 postulieren, sehen wir nun diejenigen Lösungen an, bei denen gleichzeitig die EINSTEINschen Gleichungen (1)

$$R_{ik} = 0$$

als Nebenbedingungen erfüllt sind. Wegen (20) folgt jedoch aus (1) nicht mehr das Verschwinden des Ausdruckes

$$\int\limits_{C_3} \vartheta_i^{kl} n_l dC_3 + \int\limits_{C_4} \mathbf{t}_i^k dC_4 \equiv M_i^k \quad (= \text{Affintensor}), \tag{22}$$

so daß formal anstelle (19a)

$$\int\limits_{C_4} \sqrt{-g}\, T_i^k dC_4 = M_i^k \tag{22a}$$

gesetzt werden kann.

Es gibt demnach RIEMANNsche Räume V_4, in denen überall die EINSTEINschen Vakuumgleichungen (1) erfüllt sind, jedoch die Integralform (21) der EINSTEINschen Gleichungen inhomogen ist. Da nun aber, wie gesagt, nur Integralwerte meßbar sind, so repräsentieren diese Räume Gravitationsfelder mit Materie, obwohl die Differentialgleichungen homogen sind, die Materiedichte $\sqrt{-g}\, T_i^k$ also tatsächlich überall verschwindet.

Wir erhalten somit (— wie in der Elektrodynamik —) folgende alternativen Darstellungen:

Gegeben sind die Integralbedingungen

$$\int\limits_{C_3} \vartheta_i^{kl} n_l dC_3 + \int\limits_{C_4} \mathbf{t}_i^k dC_4 = M_i^k \quad (= \text{Affintensor}),$$

mit

$$\delta C_3 = 0.$$

Hierbei repräsentiert C_3 beliebige Hyperflächen und der Integrationsbereich C_4 enthält sämtliche regulären Punkte des V_4, die innerhalb C_3 liegen. Fordern wir dann als Nebenbedingungen

$$C_3 = \delta C_4,$$

dann folgt aus dem Nichtverschwinden der „Materieintegrale“ M_i^k für bestimmte Integrationsbereiche C_4 die Existenz einer Materiedichte in diesen Integrationsbereichen, also

$$E_{ik} = -T_{ik} \neq 0 .$$

Verlangen wir hingegen das Verschwinden der Materiedichte T_{ik} an jedem Weltpunkt, postulieren also die EINSTEINschen Vakuumgleichungen

$$E_{ik} = R_{ik} = 0 ,$$

dann folgt aus dem Nichtverschwinden der „Materieintegrale“ M_{ik} sofort

$$\delta C_4 - C_3 = C_3^0 \neq 0 ,$$

d. h. die Nichtanwendbarkeit des GAUSSschen Integralsatzes.

Um dieses Programm einer „Materie ohne Materie“ konkret zu erfüllen, ist die Aufgabe zu lösen, die beiden Interpretationen der EINSTEINschen Gleichungen miteinander in Beziehung zu setzen und d. h., zu untersuchen, welche Globalstruktur des V_4 in der zweiten Interpretation mit welcher Materiedichte T_i^k in der Standard-Interpretation korrespondiert.

Es sei hier abschließend nur ein elementarer formaler Zusammenhang zwischen den beiden Interpretationen skizziert, der einen Weg zur Lösung der genannten Aufgabe andeutet. — Indem wir im Folgenden die Indizes unterdrücken, schreiben wir die EINSTEINschen Vakuumgleichungen (1) in der Form

$$\vartheta_{l,}{}^{l} + \boldsymbol{t} = 0 .$$

Die Identitäten (22) lauten dann

$$\int\limits_{C_3} \vartheta^l n_l dC_3 = -\int\limits_{C_4} \boldsymbol{t} dC_4 - M ,$$

und wir setzen formal

$$M = -\int\limits_{C_4} \boldsymbol{F} dC_4 , \quad (\boldsymbol{F} = \sqrt{-g}\, T) .$$

Betrachten wir nun eine Homotopieklasse von geschlossenen Hyperflächen C_3, die alle in eine minimale Hyperfläche C_3^0 zusammenziehbar sind, dann gilt für jede Hyperfläche C_3:

$$C_3 = \delta C_4 - C_3^0 , \ \delta C_3 = 0 .$$

Aus der obigen Integralbedingung folgt nun gemäß dem GAUSSschen Satz

$$\int\limits_{C_3^0} \vartheta^l n_l dC_3^0 = M .$$

Hieraus folgt weiter, daß der betrachtete einfache Fall von „Materie ohne Materie“ mit einer Materiedichte in (2) korrespondiert, die durch

$$F \sim M\delta(C_3{}^0), \quad (\delta(x) = \text{DIRACsche Deltafunktion}) \tag{23}$$

gegeben ist. Die korrespondierende Materiedichte ist also singulär.

Literatur

[1] TREDER, H., Gravitative Stoßwellen, Berlin 1962.
[2] PAPAETROU, A., u. TREDER, H., Math. Nachr. **23**, (371) (1962).
[3] SYNGE, J. L., Relativity: The General Theory. Amsterdam 1960.
[4] TREDER, H. J., The Gravitons and Einstein's Particle Problem. Atti. Con. Relativ. Gen. Roma, 193—201 (1964).
[5] EINSTEIN, A., Sitz. Preuss. Akad. Wiss., 458 (1918).
[6] RAINICH, G. Y. J., Am. Math. Soc., **27**, (106) (1925).
[7] WHEELER, J. A., Geometrodynamics. New York: 1962.

17. Die Schwere des Lichtes in klassischen und relativistischen Gravitationstheorien

In geometrischen Gravitationstheorien, wie DEHNEN und HÖNL [1] bemerkt haben, hängen der sogenannte 3. und 4. relativistische EINSTEIN-Effekt, die Lichtablenkung und die Laufzeitverzögerung des Lichtes im Schwerefeld, von nur einer Funktion, der effektiven Lichtgeschwindigkeit

$$c^* = \sqrt{\frac{g_{00}}{g_{11}}} \approx c\left(1 - \frac{fM}{rc^2}[1 + X]\right) < c \quad (X \geqq 0) \tag{1}$$

ab. In der Tat ergibt sich in einem sphärisch-symmetrischen Gravitationsfeld erster Näherung die Lichtablenkung aus dem Prinzip der geodätischen Bewegung

$$\delta\int ds = \delta\int \sqrt{-\left(1 + 2X\frac{fM}{c^2r}\right)d\mathfrak{r}^2 + \left(1 - \frac{2fM}{c^2r}\right)c^2dt^2} = 0 \tag{2}$$

längs einer Nullinie

$$ds = 0 \tag{3}$$

und die Laufzeitverzögerung einfach aus der in (3) enthaltenen Definition von c^*. Die verschiedenen Formen der geometrischen Gravitationstheorien (EINSTEINsche allgemeine Relativitätstheorie, die Skalar-Tensor-Theorie oder andere Modifikationen der EINSTEINschen Theorie (so z. B. [2])) unterscheiden sich dann nur durch den Wert von X.

Dieser Tatbestand ist aber eine Eigentümlichkeit der geometrischen Gravitationstheorien, in denen entsprechend dem EINSTEINschen Äquivalenz- und Kovarianzprinzip die Bewegung einer Partikel im Schwerefeld durch die kovariante Schreibung der speziell-relativistischen Bewegungsgleichungen in der gegebenen Raum-Zeit-Metrik erfaßt wird und gemäß dem Prinzip der lokalen Konstanz der Lichtgeschwindigkeit alle lichtartigen Partikel isotrope Weltlinien besitzen. — Wird hingegen die Fortpflanzung des Lichtes unter dem Einfluß des Gravitationsfeldes in Gravitationstheorien diskutiert, die nicht auf diesen Prinzipien beruhen — insbesondere in Gravitationstheorien, in denen die Gravitationskraft durch einen echten Vektor dargestellt wird und es eine wahre potentielle Gravitationsenergie gibt —, so besteht die in [1] bemerkte Identität beider Lichteffekte nicht mehr. Daher ist der Nachweis, daß Lichtablenkung und Laufzeitverzögerung beide durch c^* gegeben sind, tatsächlich ein experimentum crucis für die geometrische Gravitationstheorie und so ein „4. Test" für EINSTEINS relativistische Deutung der Gravitation.

Um dies an einem genügend allgemeinen Fall zu sehen, betrachten wir die Bewegung einer lichtartigen Partikel unter dem Einfluß eines verallgemeinerten NEWTONschen Gravitationspotentials Φ einer Masse M. Dieses Potential Φ soll außer von der Distanz r noch von der Relativgeschwindigkeit v der Lichtpartikel relativ zu M abhängen. Ein mit den Prinzipien der klassischen Mechanik verträglicher allgemeiner Ansatz ist dann das kombinierte Gravitationspotential vom NEWTON-WEBER-RIEMANNschen Typ [3]:

$$\Phi = -\frac{fM}{r}\left(1 - \alpha\,\frac{\dot{r}^2}{c^2} - \beta\,\frac{v^2}{c^2}\right). \tag{4}$$

Hier bedeutet c jetzt die Lichtgeschwindigkeit im gravitationsfreien Raum bzw. in unendlicher Entfernung von der schweren Masse; α und β sind reine Zahlen. Potentiale der Form (4) sind in der Gravitationstheorie in der Zeit von 1870 bis 1920 eingehend diskutiert worden.

Mit

$$\alpha = 3, \qquad \beta = 0$$

ist (4) das seinerzeit viel diskutierte Gravitationspotential von GERBER (1898) [4], mit

$$\alpha = -1, \qquad \beta = 2$$

das von PAINLEVÉ (1920) propagierte Potential von M. LEVY (1890). Allgemein liefert (4) mit

$$\alpha + 2\beta = 3$$

den korrekten EINSTEINschen Wert für die Periheldrehung.

Für die Deflektion einer aus dem Unendlichen kommenden Lichtpartikel findet man [3]

$$\delta\varphi = (1 + \alpha + \beta)\,\frac{2fM}{rc^2}, \tag{5}$$

und für die Lichtgeschwindigkeit ergibt sich der Näherungsausdruck

$$c^* \approx c\,(1 + [1 - \alpha - \beta]\,\frac{fM}{rc^2}. \tag{6}$$

Man sieht, daß die Beziehungen zwischen Lichtablenkung und Lichtgeschwindigkeit c^* in solchen quasi-NEWTONschen Gravitationstheorien völlig anders sind als in den quasi-EINSTEINschen. Insbesondere ergibt sich im NEWTONschen Fall $\alpha = \beta = 0$, wie bekannt, der halbe EINSTEINsche Wert für $\delta\varphi$ (SOLDNER 1801), jedoch eine Beschleunigung der Lichtpartikel durch das Schwerefeld

$$c^* \approx c\left(1 + \frac{fM}{rc^2}\right) > c, \tag{7}$$

so daß — im Gegensatz zu der bekannten Behauptung LENARDS [5] — EINSTEINS ältere Theorie (1911) mit $X = 0$ und die NEWTONsche Theorie tatsächlich auf unterschiedliche Gravitationsoptiken führen [6]. — In der allgemeinen Relativitätstheorie werden gemäß HILBERT [7] alle Partikel mit einer Geschwindigkeit

$$|\dot{r}| > \frac{1}{\sqrt{3}}\,c\left(1 - \frac{2fM}{rc^2}\right) \tag{8}$$

relativ zu M durch das Gravitationsfeld abgebremst, die Partikel also abgestoßen, während die NEWTONsche Theorie eine Beschleunigung der Lichtpartikel aussagt. — Mit dem Potential (5) ergibt sich eine Abbremsung einer Lichtpartikel, wenn $\alpha + \beta > 1$ ist [3], d. h. Φ stark von der Geschwindigkeit abhängt.

Aus diesen Bemerkungen erhellt erneut, daß die grundsätzlichen Differenzen zwischen einer allgemein-relativistischen und einer klassischen Gravitationstheorie sich nicht für die Himmelsmechanik ergeben, sondern für die Gravitationsoptik. Die relativistischen Effekte sind für Partikel mit $v^2 \ll c^2$ im Prinzip durch eine quasi-NEWTONsche Gravitationstheorie vom Typ (5) modellierbar, die optischen EINSTEIN-Effekte hingegen nicht [3].

Literatur

[1] Dehnen, H., u. Hönl., H.: Naturwissenschaften 58, 619 (1971).
[2] Treder, H.-J., Gravitationstheorie und Äquivalenzprinzip. Berlin 1971.
[3] Treder, H.-J., Die Relativität der Trägheit. Berlin 1972.
[4] Gerber, P., Ann. Phys. 4. Folge 52, 415 (1917) (Zuerst veröffentlicht 1898).
[5] Lenard, P., ibid. 4. Folge 65, 593 (1921).
[6] Treder, H.-J., ibid. 7. Folge 25, 261 (1970).
[7] Hilbert, D., Mathem. Annalen 92, 1 (1924). Siehe auch: David, Hilbert, Gesammelte Abhandlungen, Bd. III, 2. Aufl. Springer 1970 (Erstveröffentlichung: D. Hilbert, Grundlagen der Physik II. Göttinger Nachrichten 1916).

18. Kreuzexperimente in der allgemeinen Relativitätstheorie und die experimentelle Bestimmung des Riemannschen Krümmungstensors

1. Aus der Universalität der Gravitation leitet die Einsteinsche Gravitationstheorie her, daß das Gravitationsfeld mit der metrischen Struktur der physikalischen Raum-Zeit identisch ist. Da aber alle Experimente in Raum und Zeit durchzuführen sind, ist die Gravitationswirkung prinzipiell nicht eliminierbar, denn dies würde bedeuten, das Laboratorium aus der Raum-Zeit herauszunehmen.

Die Universalität der Gravitation bringt es andererseits mit sich, daß das Gravitationsfeld auf alle physikalischen Prozesse in der gleichen Weise einwirkt, unabhängig von Quantität und Qualität der am Prozeß beteiligten Teilchen und Felder. Lassen wir daher ein Laboratorium L sich mit seinem gesamten Inhalt im Gravitationsfeld frei bewegen, so ist ein Gravitationseffekt lokal nicht konstatierbar: alle Körper fallen in einem homogenen Gravitationsfeld gleich schnell. Erst, wenn die räumlichen Abmessungen oder auch die Zeitdauer der Experimente sehr groß wird, läßt sich in L überhaupt ein Gravitationseinfluß in Form von Gezeitenwirkungen konstatieren. Die einzelnen Elementarprozesse im Laboratorium werden hiervon nicht berührt. — Um den technischen Komplikationen mit den Gezeitenkräften aus dem Wege zu gehen, denken wir uns unser Laboratorium genügend klein (ein Beispiel für ein solches Laboratorium ist ein Raumschiff auf einer ballistischen Bahn[1])). In einem frei bewegten Laboratorium ist also die Wirkung des Gravitationsfeldes zwar nicht abgeschirmt, wohl aber durch die Trägheitskräfte voll kompensiert. Daher verhält sich ein im gravischem Feld frei bewegtes Laboratorium L in bezug auf alle in L ausgeführten Messungen genau so, als wenn überhaupt kein Gravitationsfeld vorhanden wäre [1].

[1]) Innerhalb des Laboratoriums besteht dann nur noch die Gravitationswechselwirkung zwischen den Teilen des Laboratoriums selbst.

2. Alle physikalischen Meßwerte sind skalare Größen. Diese Skalare sind entweder die Werte von Invarianten, oder sie sind das Ergebnis der Projektion tensorieller Größen auf ein gewähltes Bezugssystem, das mathematisch auf natürliche Weise durch ein orthonormiertes Tetradenfeld $h_i{}^A(x^l)$ dargestellt wird.

Die Meßwerte $T^{A\cdots}_{B\cdots}$ eines Tensors $T^{i\cdots}_{h\cdots}$ sind also gegeben durch die natürlichen Komponenten dieses Tensors in bezug auf $h_i{}^A$ [5, 6]:

$$T^{A\cdots}_{B\cdots} = h_i{}^A \dots h_B{}^h \dots T^{i\cdots}_{h\cdots}. \tag{1}$$

Hierbei genügen die Tetraden $h_i{}^A$ den Orthonormierungsbedingungen[1])

$$g_{ik} = h_i{}^A h_k{}^B \eta_{AB}, \quad \eta_{AB} = h_A{}^i h_B{}^k g_{ik} \tag{2}$$

(mit η_{AB} — MINKOWSKI — Tensor).

Mit (2) sind auch alle Tetraden [5]

$$\bar{h}_i{}^A = \omega^A{}_B h_i{}^B \tag{3}$$

orthonormiert, für die die Koeffizienten-Matrix der Bedingung

$$\omega^B{}_C \omega_B{}^A = \omega^A{}_B \omega_C{}^B = \delta_C{}^A \tag{4}$$

genügt, d. h. für die die Koeffizienten-Matrix $\omega_A{}^B(x^i)$ die Matrix von lokalen LORENTZ-Rotationen am Punkt $P = \{x^i\}$ ist.

Anschaulich bedeutet die Projektion der Tensoren $T^{i\cdots}_{k\cdots}$ auf die $h_i{}^A$ gemäß (1) das Anlegen von Etalons an die zu messenden Größen. Die Größen $T^{A\cdots}_{B\cdots}$ sind die natürlichen Komponenten der raum-zeitlichen Größen $T^{i\cdots}_{k\cdots}$ in bezug auf ein vorgegebenes Bezugssystem $\{h_i{}^A(x^l)\}$. Alle Operationen sind jeweils für einen Weltpunkt $P = \{x^\nu, t\}$ erklärt, der der momentalen Lage des Laboratoriums entspricht.

Das mit dem Laboratorium mitbewegte Bezugssystem, in dem also das Laboratorium selbst ruht, ist gegeben durch das begleitende (kanonische FRENETsche) Vierbein $h_i{}^A(s)$ der Weltlinie $\mathscr{L} : x^i = x^i(s)$ von L. Längs $\mathscr{L}$ gehen die instantanen Ruhsysteme von L allgemein durch einen FERMI-WALKER-Transport auseinander hervor [4]:

$$h^A_{i;l} u^l + h_k{}^A (u_i u^k_{;l} u^l - u^k u_{i;l} u^l) = 0 \tag{5}$$

$$\left(\text{wo } u^l = \frac{dx^l}{ds} \text{ — Tangentialvektor von } \mathscr{L}\right).$$

[1]) Die kleinen lateinischen Indizes sind raum-zeitliche Indizes, die großen lateinischen Indizes numerieren die Tetraden. Alle lateinischen Indizes laufen von 0 bis 3, die griechischen Indizes laufen von 1 bis 3.

Die Aussage, daß irgendwelche sich im Laboratorium befindenden Teilchen und Felder im Laboratorium ruhend mittransportiert werden, bedeutet, daß die betreffenden tensoriellen Größen, die deren Physik beschreiben, demselben Fermi-Walker-Transport wie L unterworfen sind, z. B.

$$[A^i_{;l} + A_k(u^i u^k_{;l} - u^k u^i_{;l})]u^l = 0. \tag{6}$$

Aus (5) und (6) folgt die Unveränderlichkeit der Meßwerte beim gleichzeitigen Fermi-Walker-Transport sowohl der zu messenden Größen als der Meßeinrichtung:

$$A^B_{,l} u^l = \frac{d}{ds} A^B = 0. \tag{7}$$

Gilt umgekehrt für die Meßwerte (7), so sind die physikalischen Größen A^i und die Bezugstetraden $h_i{}^A$ demselben Fermi-Walker-Transport unterworfen.

Der Fermi-Walker-Transport bedeutet die Bewegung des Laboratoriums unter dem Einfluß einer nichtuniversellen Kraft

$$K^i \sim u^i_{;l} u^l = \frac{D^2 x^i}{Ds^2}.$$

Die Wirkung einer solchen Kraft auf verschiedene physikalische Systeme ist aber im allgemeinen von der Struktur dieser Systeme selbst abhängig. Unter der Wirkung einer nichtuniversellen Kraft werden das Laboratorium L und die mit ihm verbundene Meßeinrichtung M einem anderen Transport unterliegen als die im Laboratorium befindlichen physikalischen Teilsysteme. — Daher ist die Beziehung (7), die denselben Fermi-Walker-Transport von Meßinstrumenten und zu messenden Größen voraussetzt, im allgemeinen verletzt.

Schirmt man das Laboratorium von allen nichtuniversellen Wechselwirkungen mit der Umwelt ab, so bleibt ein im Gravitationsfeld kräftefrei bewegtes Laboratorium übrig.

Für ein kräftefrei bewegtes Laboratorium ist die Weltlinie $\mathscr{L}$ eine Geodätische, und der Fermi-Walker-Transport geht in den Levi-Civitaschen-Transport längs $\mathscr{L}$ über [1], [3]. Gemäß dem Einsteinschen Äquivalenzprinzip unterliegt der gesamte Inhalt des (abgeschirmten) Laboratoriums diesem Levi-Civita-Transport. Wir haben somit für das Eigenbezugssystem des Laboratoriums (das sind die kanonischen begleitenden Tetraden der Geodätischen $\mathscr{L}$) die Gleichungen

$$h^A_{i;l} u^l = \frac{D}{Ds} h_i{}^A = 0 \tag{8}$$

und z. B. für eine beliebige (ungestörte) vektorielle Größe im Laboratorium L

$$A^i_{;l}u^l = \frac{D}{Ds} A^i = 0, \tag{9}$$

so daß für die Unveränderlichkeit aller Meßwerte in einem frei bewegten Laboratorium folgt

$$\frac{d}{ds} A^B = (A^i_{;l} h_i{}^B + A^i h^B_{i;l}) u^l = 0. \tag{10}$$

Aus (10) folgt mit (8) wiederum (9), also der Paralleltransport von A^i längs der Geodatischen $\mathscr{L}$. Daß das kräftefrei bewegte Laboratorium in bezug auf seinen Inhalt ein kräftefreies Ruhsystem realisiert, spiegelt sich in den FERMI-Koordinaten des Laboratoriums wider. In den FERMI-Koordinaten ist die geodatische Weltlinie $\mathscr{L}$ des Laboratoriums durch die Gleichung

$$x^\nu = 0 \quad (\nu = 1, 2, 3)$$

beschrieben, und es gilt

$$(g_{ik})_{x^\nu=0} = \eta_{ik}, \quad (\Gamma^i_{kl})_{x^\nu=0} = 0.$$

Das Laboratorium ruht also in FERMI-Koordinaten am Ort $x^0 = 0$ und ist dort kräftefrei.

Zwei Laboratorien L_{I} und L_{II} mögen sich zu einer Zeit $t = t_1$ am Punkte P_1 des Raumes befinden. Wir nehmen an, daß L_{I} und L_{II} im Sinne der speziellen Relativitätstheorie völlig gleichartig sind und daß ferner — ebenfalls im speziellen — relativistischen Sinne — auch alle physikalischen Prozesse und Meßoperationen in L_{I} und L_{II} symmetrisch ablaufen.

Die Laboratorien L_{I} und L_{II} sollen dann auf zwei verschiedenen geodätischen Bewegungsbahnen $\mathscr{L}_{\text{I}}$ und $\mathscr{L}_{\text{II}}$ bewegt werden, derart, daß sie sich zur Zeit $t = t_2$ am gemeinsamen Punkte P_2 befinden. Am Punkte P_1 wurden innerhalb der Laboratorien L_{I} und L_{II} Messungen durchgeführt, die zur Bestimmung der Werte $(A^B)_{\text{I}}$ und $(A^B)_{\text{II}}$ führen. Galt dann beim Vergleich der Messungen am Punkte P_1

$$(A^B)_{\text{I}} = (A^B)_{\text{II}}, \tag{11}$$

so gilt dies wegen (10) auch am Punkte P_{II}, wie auch immer die Wege $\mathscr{L}_{\text{I}}$ und $\mathscr{L}_{\text{II}}$ gewählt waren (vorausgesetzt ist nur die freie Bewegung der Laboratorien).

Wir ändern nun das Experiment so ab, daß wir am Punkte P_1 wiederum die Gültigkeit von (11) voraussetzen, aber nach der Bewegung zum Punkte P_2 die Komponenten eines Vektors aus dem Laboratorium L_{II} mit den

Maßstäben $\underset{\mathrm{I}}{h_i{}^A}$ aus dem Laboratorium L_{I} bestimmen. Diese Operation führt zu Ergebnissen, die weder mit den Eigenmeßergebnissen in L_{I} und L_{II} noch untereinander übereinstimmen, d. h., es gilt am Punkte P_2

$$(A^i \underset{\mathrm{I}}{h_i{}^B})_{L\mathrm{I}} = (A^i \underset{\mathrm{II}}{h_i{}^B})_{L\mathrm{II}} \neq (A^i \underset{\mathrm{II}}{h_i{}^B})_{L\mathrm{I}} \neq (A^i \underset{\mathrm{I}}{h_i{}^B})_{L\mathrm{II}}. \tag{12}$$

Die Ungleichung (12) ist eine direkte Folge der Existenz eines Gravitationsfeldes, d. h. der Krümmung der Raum-Zeit V_4, und die Differenzen

$$(A^i \underset{\mathrm{I}}{h_i{}^B})_{L\mathrm{II}} - (A^i \underset{\mathrm{II}}{h_i{}^B})_{L\mathrm{II}} \tag{13a}$$

und

$$(A^i \underset{\mathrm{II}}{h_i{}^B})_{L\mathrm{I}} - (A^i \underset{\mathrm{I}}{h_i{}^B})_{L\mathrm{I}} \tag{13b}$$

sind ein direkt von den gewählten Wegen $\mathscr{L}_{\mathrm{I}}$ und $\mathscr{L}_{\mathrm{II}}$ abhängiges Maß für die Krümmung der V_4.

3. Um dies einzusehen, betrachten wir zwei infinitesimale Bewegungsbahnen $\mathscr{L}_{\mathrm{I}}$ und $\mathscr{L}_{\mathrm{II}}$ und denken uns diese durch Addition einer beiden Bahnen gemeinsamen Kurve $\bar{\mathscr{L}}$ zu geschlossenen infinitesimalen Kurven $\bar{\mathscr{L}}_{\mathrm{I}}$ und $\bar{\mathscr{L}}_{\mathrm{II}}$ ergänzt, die die Flächen dF_{I} bzw. dF_{II} einschließen und benutzen hierzu den symbolischen Kalkül von Levi-Civita [3].

Die Änderung ΔA^i des Vektors A^i bei dem Transport um $\mathscr{L}_{\mathrm{I}}$ ist gegeben durch[1])

$$\underset{\mathrm{I}}{\Delta A^i} = -\frac{1}{2} R^i_{klm} A^k \underset{\mathrm{I}}{dF^{lm}}. \tag{14a}$$

Die Änderung der $\mathscr{L}_{\mathrm{I}}$ begleitenden Bezugstetraden bei demselben Transport sei gegeben durch

$$\underset{\mathrm{I}}{\Delta h_i{}^B} = \frac{1}{2} R^k_{ilm} \underset{\mathrm{I}}{dF^{lm}} h_k{}^B. \tag{14b}$$

Entsprechend ist die Änderung des Vektors A^i bei dem Transport längs $\mathscr{L}_{\mathrm{II}}$ gegeben durch

$$\underset{\mathrm{II}}{\Delta A^i} = -\frac{1}{2} R^i_{klm} A^B \underset{\mathrm{II}}{dF^{lm}} \tag{15a}$$

und die Änderung der begleitenden Bezugstetraden durch

$$\underset{\mathrm{II}}{\Delta h_i{}^B} = \frac{1}{2} R^k_{ilm} h_k{}^B \underset{\mathrm{II}}{dF^{lm}}. \tag{15b}$$

[1]) Man beachte, daß das Vorzeichen des Flächenelements dF^{lm} vom Bewegungssinn abhängt.

Für die Änderung $\underset{\mathrm{I}}{\Delta} A^B$ der Meßwerte A^B bei der Messung mit Maßstäben M_{I} aus dem eigenen Laboratorium finden wir (bis zu Termen höherer Ordnung)

$$\underset{\mathrm{I}}{\Delta}(A^i h_i{}^B) = \underset{\mathrm{I}}{\Delta} A^i h_i{}^B + A^i \underset{\mathrm{I}}{\Delta} h_i{}^B = \underset{\mathrm{I}}{\Delta}(g_{ik} A^i h^{Bk}) = g_{ik} \Delta (A^i h^{Bk}) \tag{16}$$

und somit (entsprechend der Konstanz der Eigenmeßwerte):

$$\begin{aligned} \underset{\mathrm{I}}{\Delta} A^B &= \frac{1}{2}\, dF_{\mathrm{I}}{}^{lm} \left(-R^i_{klm} h_i{}^B A^k + R^k_{ilm} h_k{}^B A^i\right) \\ &= \frac{1}{2}\, dF_{\mathrm{I}}{}^{lm} \left(R_{iklm} + R_{kilm}\right) h^{Bi} A^k = 0 \end{aligned} \tag{17}$$

(denn für den Riemann-Tensor besteht die Symmetrie

$$R_{iklm} = -R_{kilm}).$$

4. Werden hingegen die Messungen gekreuzt durchgeführt, so erhalten wir eine Differenz der Meßwerte. Für die Messung von Größen aus L_{I} mit den Meßgeräten M_{II} gilt:

$$\underset{\mathrm{I}}{\Delta} A^i h_i{}^B + A^i \underset{\mathrm{II}}{\Delta} h_i{}^B = -\frac{1}{2} A^k h_i{}^B R^i_{klm} (\underset{\mathrm{I}}{dF^{lm}} - \underset{\mathrm{II}}{dF^{lm}}), \tag{18a}$$

und für die Messung der Größen aus L_{II} mit den Geräten M_{I} erhalten wir den vorzeichengespiegelten Ausdruck

$$\underset{\mathrm{II}}{\Delta} A^i h_i{}^B + A^i \underset{\mathrm{I}}{\Delta} h_i{}^B = -\frac{1}{2} A^k h_i{}^B R^i_{klm} (\underset{\mathrm{II}}{dF^{lm}} - \underset{\mathrm{I}}{dF^{lm}}). \tag{18b}$$

Für die Differenz der Meßwerte bei Kreuzmessungen folgt also:

$$\begin{aligned} &\underset{\mathrm{I}}{\Delta} A^i h_i{}^B + A^i \underset{\mathrm{II}}{\Delta} h_i{}^B - \underset{\mathrm{II}}{\Delta} A^i h_i{}^B - A^i \underset{\mathrm{I}}{\Delta} h_i{}^B \\ &= -A^k h_i{}^B R^i_{klm} (\underset{\mathrm{I}}{dF^{lm}} - \underset{\mathrm{II}}{dF^{lm}}) = -A^k h_i{}^B R^i_{klm} \int_{\mathscr{L}_{\mathrm{I}} - \mathscr{L}_{\mathrm{II}}} \xi^l d\xi^m. \end{aligned} \tag{19}$$

Diese Differenz ist tatsächlich durch den Riemannschen Krümmungstensor R^i_{klm} und damit durch das Gravitationsfeld gegeben.

Da das Vorzeichen der umlaufenen Fläche dF^{lm} vom Umlaufsinn abhängt, gilt für zwei Laboratorien L_{I} und L_{II}, die dieselbe Kurve aber in entgegengesetzter Richtung umlaufen:

$$\begin{aligned} &\underset{\mathrm{I}}{\Delta} A^i h_i{}^B + A^i \underset{\mathrm{II}}{\Delta} h_i{}^B - \underset{\mathrm{II}}{\Delta} A^i h_i{}^B - A^i \underset{\mathrm{I}}{\Delta} h_i{}^B \\ &= -2 A^k h_i{}^B R^i_{klm} dF^{lm}. \end{aligned} \tag{20}$$

Ein Kreuzmessungsexperiment kann man also im Prinzip mit 2 Satelliten ausführen, die auf nahezu derselben KEPLER-Bahn ein Schwerezentrum der Masse M am Ort $r = 0$ in entgegengesetzten Richtungen (also rechtläufig und gegenläufig) umlaufen. Der Austausch der zu messenden Größen soll jeweils im Moment der Begegnung der beiden Satelliten erfolgen. Nehmen wir an, daß die beiden Satelliten L_{I} und L_{II} völlig gleich sind, so ist die Größe des Kreuzeffektes leicht anzugeben:

Da der Effekt tensorieller Art ist, hängt seine Größe zunächst von der Orientierung der zu messenden Größen und der Meßeinrichtung relativ zur raum-zeitlichen Krümmung ab. Sind diese Orientierungen so gewählt, daß der Effekt maximal wirksam wird, so finden wir für das Verhältnis der Differenz von Kreuzgrößen und Eigengrößen

$$\Delta A^B = -A^k h_i{}^B R^i_{klm} dF^{lm} \tag{21}$$

zu den Eigengrößen

$$A^B = (A^k h_k{}^B)_{\text{I}} = (A^k h_k{}^B)_{\text{II}}$$

selbst die Beziehung

$$\frac{\Delta A^B}{A^B} \approx -R^i_{klm} dF^{lm}. \tag{22}$$

Für die nichtverschwindenden Komponenten des RIEMANNschen Tensors des zentral-symmetrischen Gravitationsfeldes der Masse M gilt[1])

$$R^i_{klm} \doteq \frac{fM}{c^2 r^3}. \tag{23a}$$

Die in einem Umlauf zu umlaufende Fläche ist wegen der nahezu kreisförmigen Bahn[1]):

$$dF \doteq r^2. \tag{23b}$$

Der relative Effekt der Kreuzmessung ist demnach gleich dem Verhältnis des SCHWARZSCHILD-Radius $a = fMc^{-2}$ der Masse M zum Bahnradius r [1]):

$$\Delta A^B \doteq A^B \frac{a}{r}. \tag{23c}$$

Wird nun aber dieselbe kreisförmige KEPLER-Bahn von den Satelliten N-mal umlaufen, so ist die umschriebene raum-zeitliche Hyperfläche, die

---

[1]) Jeweils bis auf Faktoren der Größenordnung 1.

in (19) eingeht

$$dF \doteq Nr^2. \tag{24a}$$

Der Effekt ist also proportional der Zahl N der Kepler-Umläufe

$$\Delta A^B \doteq N A^B \frac{a}{r} \tag{24b}$$

(Der Kreuzmessungs-Effekt verhält sich also analog zu einem solenoidalen Effekt in der Elektrodynamik.)[1])

Literatur

[1] Einstein, A., Grundzüge der Relativitätstheorie. 5. Aufl., Berlin, Oxford, Braunschweig, 1969.
[2] Fokker, A. D., Time and Space, Weight and Inertia. Pergamon Press, 1965.
[3] Levi-Civita, T., The Absolute Differential Calculus. London and Glasgow, 1928.
[4] Synge J. L., Relativity: The General Theory. Amsterdam, 1960.
[5] Treder, H.-J., Lorentz-Gruppe, Einstein-Gruppe und Raumstruktur. In: „Entstehung, Entwicklung und Perspektiven der Einsteinschen Gravitationstheorie". Berlin, 1960.
[6] Treder, H.-J., Foundations of Physics, 1, 72, 1970.

19. Äquivalenzprinzip und Abschirmung der Schwerkraft

I.

Die empirische Grundlage der allgemeinen Relativitätstheorie Einsteins ist das sogenannte schwache Äquivalenzprinzip. Aus der durch die Eötvös-Dickeschen Versuche experimentell bis zur extrem hohen Genauigkeit von $1:10^{-11}$ gesicherten universellen Proportionalität von träger und passiver schwerer Masse folgerte Einstein die lokale Äquivalenz der Gravitation und der Trägheitswirkungen in der allgemeinen Dynamik der Teilchen und Felder. — Für die Diskussion einer möglichen Erweiterung der von Einstein 1915 speziell angegebenen Form einer allgemein-relativistischen Gravitationstheorie ist die Unterscheidung von schwachem und starkem Äquivalenzprinzip von Bedeutung, und der Unterschied zwischen diesen beiden Formen des Äquivalenzprinzips hängt damit zusammen, daß zunächst nur die Äquivalenz von träger und passiver schwerer Masse ge-

[1]) Ist A^i gerade die orientierte Rotationsachse eines kugelsymmetrischen Kreisels, so entspricht unser Kreuzmessungs-Effekt gerade der geodätischen Präzession von de Sitter und Fokker [2].

sichert werden kann [1]. Im folgenden soll einiges Grundsätzliche über den physikalischen Inhalt des schwachen und des starken Äquivalenzprinzips gesagt werden. Die Masse geht in die NEWTONsche Gravitationsdynamik in drei verschiedenen Bedeutungen ein:

erstens als Trägheitswiderstand, *träge Masse* m_I, zweitens als Kopplungskonstante, die angibt, wie stark ein vorgegebenes Gravitationsfeld der Feldstärke $F_i = -\frac{\partial \Phi}{\partial x^i}$ auf einen Körper einwirkt; diese Kopplungskonstante ist die *passive Gravitationsmasse* m_p, und schließlich drittens als *aktive Gravitationsmasse* m_A, nämlich als Quellstärke des Gravitationsfeldes.

In den beiden ersten Bedeutungen gehen die Massen in das NEWTONsche Bewegungsgesetz ein:

$$m_I \frac{d^2x^i}{dt^2} = -m_p \frac{\partial \Phi}{\partial x^i}, \tag{1}$$

in der dritten Bedeutung steht sie im NEWTONschen Gravitationspotential:

$$\Phi = -\frac{m_A}{r}. \tag{2}$$

Die Äquivalenz zwischen träger und schwerer Masse bedeutet, daß — bei geeigneter Wahl der Maßeinheiten — universell gesetzt werden kann

$$m_I = m_p. \tag{3}$$

Aus dem NEWTONschen Gegenwirkungsprinzip folgt eine universelle Proportionalität von aktiver und passiver Gravitationsmasse

$$m_A = f m_p, \tag{4}$$

wobei f die NEWTONsche Gravitationskonstante ist.

Nun ist das Gegenwirkungsprinzip identisch mit dem Satz von der Erhaltung des Massenmittelpunktes, und dieser Satz ist in einer allgemeinen RIEMANNschen Raum-Zeit, wie sie nach der EINSTEINschen Gravitationstheorie einem allgemeinen Gravitationsfeld entspricht, generell gebrochen. Daher kann grundsätzlich nicht vom NEWTONschen Gegenwirkungsprinzip ausgegangen werden. Vielmehr muß im Rahmen des himmelsmechanisch Gestatteten die Brechung der universellen Proportionalität (4) von passiver und aktiver schwerer Masse in allgemeinen relativistischen Gravitationstheorien zugelassen werden. Die verschiedenen relativistischen Gravitationstheorien unterscheiden sich hier nur in der Art und Weise, wie die Brechung des Gegenwirkungsprinzips zustande kommt.

II.

Bezüglich der Struktur der allgemein-relativistischen Raum-Zeit-Welt haben wir drei fundamentale Transformationsgruppen zu unterscheiden, die in der speziell-relativistischen Minkowskischen Raum-Zeit-Welt zusammenfallen und dort miteinander identifiziert werden. Diese Transformationsgruppen sind:

1. Die Einstein-Gruppe der allgemeinen Koordinatentransformationen

$$\bar{x}^i = \bar{x}^i(x^l) \quad i, l = 1, 2, 3, 4. \tag{5}$$

2. Die Lie-Gruppe der in der Raum-Zeit möglichen kräftefreien Bewegungen von Körpern und Feldern ohne Verzerrung ihrer Struktur. — In der ebenen Raum-Zeit der speziellen Relativitätstheorie kann jede reale Verlagerung eines Körpers in bezug auf ein vorgegebenes Koordinatensystem mathematisch ersetzt werden durch eine Veränderung des Koordinatensystems bei festgehaltener Lage des Körpers. Die Bedingung dafür, daß dies in einer allgemeinen Riemannschen Raum-Zeit wenigstens im unendlich Kleinen möglich ist, ist die Erfüllbarkeit der sogenannten Killingschen Gleichung

$$\xi^i \partial_i g_{kl} = -g_{ki} \partial_l \xi^i - g_{il} \partial_k \xi^i,$$

die im allgemeinsten Falle überhaupt keine Lösungen besitzt [2].

3. Die Lorentz-Gruppe, die den Wechsel der Bezugssysteme beschreibt. Diese Bezugssysteme kann man sich physikalisch durch ein $(3+1)$-dimensionales System von normalen Maßstäben und Normaluhren realisiert denken. Mathematisch werden diese Bezugssysteme durch die viermal 4 Komponenten eines Tetradenfeldes $h_i{}^A$ $(A = 1, 2, 3, 4)$ (bzw. — was prinzipiell dasselbe ist — durch die Komponenten eines metrischen Spinvektorfeldes $\sigma_i{}^{\alpha\dot{\beta}}$ $(\alpha, \beta = 1, 2)$) dargestellt [3]. — Zwischen der Metrik g_{ik} und dem Tetradenfeld besteht die Orthogonalitätsbeziehung

$$g_{ik} = \eta_{AB} h_i{}^A h_k{}^B, \quad \eta_{AB} = h_A{}^i h_B{}^k g_{ik} \tag{6}$$

bzw.

$$g_{ik} = \sigma_i{}^{\alpha\dot{\beta}} \sigma_k{}^{\mu\dot{\nu}} \gamma_{\alpha\mu} \gamma_{\dot{\beta}\dot{\nu}}, \quad \gamma_{\alpha\beta} \gamma_{\dot{\nu}\dot{\mu}} = \sigma^i{}_{\alpha\dot{\mu}} \cdot \sigma^k{}_{\beta\dot{\nu}}\, g_{ik},$$

und die Lorentzschen Drehungen eines Bezugssystems sind gegeben durch die Transformationsgruppe

$$h_i'{}^A = \omega^A{}_B(x^l) h_i{}^B, \quad \omega^A{}_B \omega_C{}^B = \delta_C{}^A.^{1)} \tag{7}$$

[1]) η_{AB} ist der Minkowskische, $\delta^A{}_B$ der Kroneckersche Tensor.

Für die Form der Äquivalenzprinzipien sind nur die erste und dritte Transformationsgruppe von Bedeutung; die zweite Gruppe beschreibt die innere Struktur spezieller Gravitationsfelder.

III.

Unter Verwendung dieser Begriffsbildungen lassen sich nun die Äquivalenzprinzipien leicht formulieren. Für alle Tensorfelder ist nur die EINSTEIN-Gruppe der Koordinatentransformationen von Bedeutung, da alle Tensorausdrücke von selbst LORENTZ-Invarianten sind. Das EINSTEINsche Äquivalenzprinzip lautet hier:
Sind die dynamischen Gleichungen für tensorielle Materie in kanonischer Form, d. h. mit höchstens 1. Ableitungen formuliert, so wird der Einfluß der Gravitation auf die Dynamik dieser Materie dadurch erhalten, daß diese Gleichungen in explizit EINSTEIN-*kovarianter Form geschrieben werden* (LORENTZ-invariant sind sie von selbst).

Für diese EINSTEIN-kovariante Schreibweise ist die Einführung des metrischen Tensors g_{ik} und seiner 1. Derivierten (nämlich der CHRISTOFFELschen drei Index-Symbole)

$$\Gamma^i_{kl} = \frac{1}{2}\, g^{im}(-\partial_m g_{kl} + \partial_k g_{lm} + \partial_l g_{mk})$$

notwendig. Da die 1. Derivierten nur Affin-Tensoren sind, gilt somit auch folgende Fassung des Äquivalenzprinzips für tensorielle Materie: *Lokal, d. h. in der infinitesimalen Umgebung eines Punktes P der Raum-Zeit-Welt, gelten die Gleichungen der speziellen Relativitätstheorie auch bei Existenz eines Gravitationsfeldes.*

Für spinorielle Materie ist die alte EINSTEINsche Fassung des schwachen Äquivalenzprinzips nicht ausreichend, denn alle speziell-relativistischen Gleichungen für die spinorielle Materie sind von selbst invariant gegenüber der EINSTEIN-Gruppe. Das schwache Äquivalenzprinzip für spinorielle Materie ergibt sich aus der Forderung, daß die durch Fusion aus den Spinorfeldern entstehenden Tensorfelder das schwache Äquivalenzprinzip in der EINSTEINschen Form erfüllen. Daher lautet das schwache Äquivalenzprinzip für spinorielle Materie:
Man erhält den Einfluß des Gravitationsfeldes auf die allgemeine Dynamik der spinoriellen Materie dadurch, daß die kanonischen Bewegungsgleichungen LORENTZ-*kovariant und* EINSTEIN-*invariant formuliert werden.* — Das schwache Äquivalenzprinzip für die spinorielle Materie ist ersichtlich dual zum Äquivalenzprinzip für die tensorielle Materie, impliziert aber letzteres Prinzip entsprechend seiner Herleitung ([3, 4]).

Für die explizit LORENTZ-kovariante Schreibweise der spinoriellen Felder reichen die 10 g_{ik} und ihre Derivierten nicht aus; hierzu werden vielmehr alle 16 Tetradenkomponenten bzw. alle 16 Spinvektorkomponenten nebst ihren 1. Derivierten benötigt. Das sogenannte Drei-Index-Symbol für die Spinor-Übertragung

$$\Lambda^{\alpha}_{\beta l} = \frac{1}{2} \sigma^{i\alpha\dot{\gamma}} \sigma_{i\beta\dot{\gamma};l}$$

ist ein Vektor in bezug auf die EINSTEIN-Gruppe, aber keine LORENTZ-kovariante Größe, und kann durch geeignete LORENTZ-Transformationen lokal zum Verschwinden gebracht werden.

IV.

In der speziellen Relativitätstheorie werden die metrischen Spinvektoren und damit die Tetradenfelder konventionell fixiert, derart, daß durch diese Fixierung ein pseudo-euklidischer Fernparallelismus definiert ist. Dieser Fernparallelismus zeichnet in der speziellen Relativitätstheorie die Inertial-Systeme vor allen anderen Bezugssystemen aus. In diesen Inertialsystemen haben (bei Verwendung von pseudo-cartesischen Koordinaten) die Tetraden die Form

$$h_l{}^A = \delta_l{}^A, \tag{8}$$

und die metrischen Spinvektoren sind die DIRAC-PAULIschen Spinmatrizen. Bleiben in der Gravitationstheorie die Tetradenfelder grundsätzlich freibeweglich, d. h., ist die Gravitationstheorie grundsätzlich allgemein LORENTZ-kovariant, so läßt sich das schwache Äquivalenzprinzip für spinorielle Materie ebenfalls auf eine EINSTEINsche Form bringen: *Metrik g_{ik} und Tetraden $h_l{}^A$ sind lokal immer so wählbar, daß die Bewegungsgleichungen für die spinorielle Materie auch bei Existenz eines Gravitationsfeldes lokal mit den speziell relativistischen Gleichungen übereinstimmen.*

V.

Das starke Äquivalenzprinzip folgt aus den oben angegebenen Formulierungen des schwachen Äquivalenzprinzips auf Grund der Bemerkung, daß der Einfluß der Gravitation auf tensorielle Materie eindeutig durch die Vorgabe des metrischen Tensors g_{ik} definiert ist. Ist dann die Raum-Zeit-Struktur selbst ebenfalls vollständig durch den metrischen Tensor definiert, so gilt für alle physikalischen Erscheinungen — einschließlich der Gravitation selbst —: *In der infinitesimalen Umgebung eines Weltpunktes gilt die spezielle Relativitätstheorie.* — Der Unterschied zwischen spezieller und allgemeiner Relativitätstheorie besteht dann darin, daß in der speziellen Relativitätstheorie die infinitesimalen Umgebungen aller Weltpunkte alle in derselben MINKOWSKIschen Raum-Zeit-Mannigfaltigkeit liegen, während in der allgemeinen Relativitätstheorie jede dieser Umgebungen in einer anderen MINKOWSKIschen Mannigfaltigkeit liegt. Die Aussage, daß infinitesimal exakt die spezielle Relativitätstheorie gilt, auch dann, wenn ein Gravitationsfeld vorhanden ist, ist das starke Äquivalenzprinzip. — Aus der behaupteten Gültigkeit des starken Äquivalenzprinzips folgt daher umgekehrt, daß die Geometrie der Raum-Zeit und damit das Gravitationsfeld vollständig und ausschließlich durch den metrischen Tensor g_{ik} bestimmt ist. Werden für die Gravitation noch zusätzlich andere Feldgrößen festgelegt — etwa die als Feld-Funktion verstandene Gravitationszahl f bzw. die 16 Komponenten $h_i{}^A$ bzw. $\sigma_i{}^{\alpha\dot{\beta}}$ —, so ist das starke Äquivalenzprinzip gebrochen, denn die zur Verfügung stehenden Transformationen der EINSTEIN-Gruppe reichen nicht mehr aus, alle gravischen Größen lokal zu eliminieren.

VI.

Für die Dynamik tensorieller Materie sind starkes und schwaches Äquivalenzprinzip ersichtlich identisch. Daher kann sich bei der tensoriellen Materie eine Brechung des starken Äquivalenzprinzips (im Unterschied zur Erfüllung des schwachen) nur über die gravische Wirkung der Materie bemerkbar machen. Dies bedeutet, daß dann die universelle Proportionalität von passiver und aktiver Gravitationsmasse gebrochen ist, indem an die Stelle eines konstanten skalaren Proportionalitätsfaktors eine allgemeine Funktion tritt, die explizit oder implizit vom Gravitationsfeld selbst abhängt. Auf diese Weise wird dann auch das Gegenwirkungsprinzip gebrochen, so daß eine Brechung des starken Äquivalenzprinzips auch eine zusätzliche Brechung des Gegenwirkungsprinzips impliziert.

Für spinorielle Materie besteht bereits kinematisch und dynamisch ein Unterschied zwischen den Forderungen des starken und des schwachen Äquivalenzprinzips. Nur das starke Äquivalenzprinzip verlangt die LORENTZ-Kovarianz der Gesamttheorie: Dynamik der Materie plus Feldgleichungen für die Gravitation. Das schwache Äquivalenzprinzip gestattet hingegen die Fixierung der Tetradenfelder durch die Gravitationsfelder bis auf starre LORENTZ-Rotationen. Demnach erlaubt das schwache Äquivalenzprinzip die Einführung einer ausgezeichneten Klasse von Bezugssystemen für die spinorielle Materie.

VII.

Diejenige Gravitationstheorie, in der das starke Äquivalenzprinzip gilt, ist die EINSTEINsche Gravitationstheorie von 1915.

Entsprechend dem starken Äquivalenzprinzip bestimmen die g_{ik} allein Geometrie und Gravitation. Demnach sind die Feldgleichungen für die Gravitation als EINSTEIN-kovariante Differentialgleichungen zu definieren, in deren homogenen Teil nur die g_{ik} und deren Ableitungen eingehen[1]). Die natürliche Forderung über den Anschluß der allgemein-relativistischen Gravitationstheorie an die NEWTONsche Gravitationstheorie (als Entar-

[1]) Siehe auch den Anhang.

tungsfall ersterer Theorie) führen dann auf den allgemeinen Ausdruck

$$R_{ik} + a g_{ik} R = -\varkappa T_{ik} \quad \varkappa = \frac{8\pi f}{c^4}, \quad a = \text{const.} \tag{9}$$

für die Gravitationsgleichungen.

Dieser Ausdruck genügt ersichtlich dem starken Äquivalenzprinzip, da der RICCIsche Tensor R_{ik} und der Krümmungs-Skalar $R = g_{ki} R_{ik}$ nur aus dem Tensor g_{ik} und seinem 1. und 2. Derivierten gebaut sind. Die allgemeine EINSTEIN-Kovarianz hat zur Folge, daß mit einer Lösung

$$g_{kl}(x^i) \tag{10a}$$

von (9) auch alle EINSTEIN-transformierten Metriken

$$\bar{g}_{mn}(\bar{x}^i) = \frac{\partial x^k}{\partial \bar{x}^m} \frac{\partial x^l}{\partial \bar{x}^n} g_{kl} \tag{10b}$$

Lösungen von (9) sind. Daher müssen zwischen den 10 Komponenten von (9) 4 Differential-Identitäten bestehen. (Diese sind mathematisch einfach die Konsequenzen der BIANCHIschen Identitäten für den RIEMANNschen Krümmungstensor.) Es gilt

$$R^k_{i;k} = \frac{1}{2} R_{;i} \text{ d. h. } -\varkappa T^k_{i;k} = \left(\frac{1}{2} + a\right) R_{;i}. \tag{11}$$

Damit dann die Gravitationsgleichungen (9) auch mit dem schwachen Äquivalenzprinzip verträglich sind, ohne zu einer Überbestimmung zu führen, müssen die Differential-Identitäten (11) auch aus der Gravitationsdynamik der tensoriellen Materie folgen, die auf Grund des schwachen Äquivalenzprinzips hergeleitet wird. Aus der EINSTEIN-kovarianten Schreibung der speziell-relativistischen Gleichungen folgt aber für den Materie-Tensor die dynamische Gleichung

$$T^k_{i;k} = 0. \tag{12}$$

Diese ist die entsprechend dem schwachen Äquivalenzprinzip gegebene EINSTEIN-kovariante Fassung des differentiellen Energie-Impulssatzes

$$\partial_k T_i^{\ k} = 0 \tag{12a}$$

der speziellen Relativitätstheorie. Durch Vergleich von (10) und (11) folgt sofort die Bestimmung der Konstante a in (9):

$$a = -\frac{1}{2}. \tag{13}$$

Mit (13) wird (9) zu den EINSTEINschen Gravitationsgleichungen

$$E_{ik} = R_{ik} - \frac{1}{2} g_{ik} R = -\varkappa T_{ik}. \tag{14}$$

VIII.

Bei allgemeineren Gravitationstheorien ist zu sichern, daß die allgemeine EINSTEIN-Kovarianz der Gravitationsgleichungen nur zu trivialen Identitäten führt, d. h., daß eine genügend große Anzahl von Eichparametern enthalten ist. Da die Gravitationsgleichungen in diesen allgemeineren Theorien unabhängig vom starken Äquivalenzprinzip formuliert werden, folgt in ihnen die Gravitationsdynamik der Materie grundsätzlich nicht aus den Gleichungen für das Gravitationsfeld, sondern ausschließlich aus dem schwachen Äquivalenzprinzip und den Feldgesetzen der Materie. Schon bei Forderung des schwachen Äquivalenzprinzips liefern die Feldgleichungen der Materie von selbst die identische Erfüllung der dynamischen Gleichung (12).

IX.

Eine besondere Form einer nur das schwache Äquivalenzprinzip erfüllenden Gravitationstheorie ist die von mir vorgeschlagene Tetradentheorie der Gravitation (TREDER [4], [5]). Nach dieser Theorie definiert die Gravitationswirkung eine allgemeine Brechung der LORENTZ-Kovarianz, indem durch Feldgleichungen und Grenzbedingungen ein universeller Fernparallelismus (vgl. [2]) definiert wird, der durch ein Tetraden- bzw. Spinvektor-Feld

$$h_l{}^A = h_l{}^A(x^i) \text{ bzw. } \sigma_l{}^{\alpha\dot{\beta}} = \sigma_l{}^{\alpha\dot{\beta}}(x_i) \tag{15}$$

gegeben ist. Dieser Fernparallelismus paßt im allgemeinen nicht in eine ebene Raum-Zeit und definiert daher über (6) eine gekrümmte RIEMANNsche Raum-Zeit-Welt. — Physikalisch bedeutet dieser Fernparallelismus die Auszeichnung einer Klasse von Bezugssystemen als „inertialste“ [5].

Eine Begründung dieser Gravitationsgleichungen ergibt sich aus Analogieschlüssen zur Quantenfeldtheorie. Grundlegend ist hierbei die Form der Kopplung zwischen der Materie und der Gravitation, die nicht — wie in der NEWTONschen oder in der EINSTEINschen Theorie — quellartig, sondern potentialartig ist (eine Art FERMI-Kopplung an Stelle von Kopplungen vom YUKAWA-Typ). Die Gravitationsgleichungen sind demnach homogene Differentialgleichungen und lauten in ihrer einfachsten Schreibweise (unter Verwendung von pseudo-cartesischen Koordinaten) gemäß TREDER [4, 5]

$$\Box h^A{}_l + \frac{\varkappa}{2} h^A{}_r (T_l{}^{*r} + \eta_{lk} \eta^{rm} T^{*k}_m) = 0. \tag{16}$$

Entsprechend diesen Gleichungen ist die Quelldichte eines statischen Gravitationsfeldes, die bei EINSTEIN und NEWTON

$$R_4{}^4 = -\varkappa T_4{}^{*4} \left(T_k{}^{*l} = T_k{}^l - \frac{1}{2}\,\delta_k{}^l T \right), \quad \text{bzw.} \quad \Delta\Phi = 4\pi f \varrho \tag{17}$$

lautet[1]), durch

$$\Delta h_4{}^4 = \varkappa h_4{}^4 T_4{}^{*4} \tag{18}$$

gegeben, d. h. die effektive aktive Gravitationsmasse (die effektive Gravitationszahl) hängt vom quasi-NEWTONschen Gravitationspotential $h_4{}^4$ selbst ab und zwar derart, daß eine Selbstabschirmung der Gravitationswirkung eintritt, indem mit wachsendem quasi-NEWTONschem Gravitationspotential die effektive Gravitationsmasse abnimmt [4].

Untersuchungen, die bei uns von den Herren v. BORZESZKOWSKI, KASPER, KREISEL und LIEBSCHER durchgeführt worden sind [6], zeigen, daß diese Selbstabschirmung physikalisch sehr erwünschte Konsequenzen hat, nämlich das Vermeiden der kosmologischen Singularität, Abbremsung des Gravitationskollapses bei überdichten Sternen, Vermeidung von Paradoxien bezüglich der Erhaltung der Baryonenzahl u. ä. Ferner zeigte sich, daß diese Gravitationstheorie ebenfalls alle bekannten allgemein-relativistischen Effekte im Rahmen der Meßgenauigkeit liefert. Eine grundsätzliche experimentelle Differenz ergibt sich aus der Brechung des starken Äquivalenzprinzips und der damit verbundenen Brechung der Äquivalenz von aktiver und passiver schwerer Masse.

X.

Durch die Einwirkung des quasi-NEWTONschen Gravitationspotentials $h_4{}^4$ ist die effektive Gravitationsmasse M eines dichten Körpers K, der aus einer sehr großen Zahl N von Teilchen besteht, immer kleiner als die Summe $\sum_n^N M_n$ der aktiven Gravitationsmassen M_n der einzelnen freien Teilchen $M < \sum_n^N M_n$. (Hierbei wird unter der effektiven aktiven Gravitationsmasse M immer das gravimetrisch gemessene „Gewicht" des kugelsymmetrischen Teils des nach Kugelfunktionen entwickelten NEWTONschen Potentials des Körpers K verstanden.) Hingegen addieren sich die trägen und passiven Massen m_n der Teilchen zur trägen und passiven Masse

$$m = \sum_n^N m_n \text{ von } K.$$

[1]) Der EINSTEINsche Ausdruck folgt aus den Theoremen von TOLMAN bzw. EINSTEIN und PAULI (Vgl. z. B. [2]).

Diese Abhängigkeit der effektiven Gravitationsmasse vom Gravitationspotential bedeutet, wie eine von E. LIEBSCHER [7] ausgeführte Rechnung zeigt, für die Planetenbewegung folgendes:

Es sei M_0 die gravimetrisch gemessene Masse des Planeten entsprechend der NEWTON-EINSTEINschen Theorie (bis auf den Faktor f ist M_0 gleich der passiven und der trägen Masse m des Planeten). Dann besteht zwischen M_0 und der gemäß der Tetradentheorie gravimetrisch zu messenden Masse M die Beziehung

$$M = M_0 \left(1 - \frac{2fM_\odot}{c^2R}\right). \tag{19}$$

Hierin ist $M_\odot$ die Sonnenmasse, R der Abstand des Planeten von der Sonne und f die NEWTONsche Gravitationskonstante. Hieraus ergibt sich ein Unterschied zwischen den gravimetrisch bestimmten Planetenmassen im Aphel und Perihel, welcher durch

$$\Delta M = \frac{4fM_\odot}{c^2R}\, \varepsilon M \quad (\varepsilon = \text{numerische Exzentrität}) \tag{20}$$

gegeben ist. Für die Erdmassen folgt hieraus:

$$\Delta M_{♁} = 6{,}6 \cdot 10^{-10} M_{♁} \tag{21}$$

und für den Merkur

$$\Delta M_{☿} = 2{,}06 \cdot 10^{-8} M_{☿}. \tag{22}$$

(Bei dieser Rechnung sind bereits alle speziell-relativistischen Effekte usw. berücksichtigt.)

Wichtig ist, daß alle Gravitationstheorien, die eine Abschirmung der Schwerkraft — nämlich eine Abhängigkeit der effektiven Gravitationskonstante vom Gravitationspotential selbst — enthalten und auf diese Weise das starke Äquivalenzprinzip verletzen, zu einem zumindest größenordnungsmäßig gleichen Effekt führen müssen, wie in meinen Arbeiten gezeigt worden ist. Die Existenz oder Nichtexistenz der in (19) angegebenen Abhängigkeit der effektiven Planetenmassen von der Entfernung zur Sonne ist also tatsächlich ein entscheidendes Experiment für oder gegen die Gültigkeit des starken Äquivalenzprinzips. — Wenn das starke Äquivalenzprinzip bestätigt ist, ist die EINSTEINsche Theorie die einzig mögliche.

Anhang

In der EINSTEINschen Gravitationstheorie mit starkem Äquivalenzprinzip bedeutet die Einführung von Tetraden bzw. Spinvektoren in die Gravitationsgleichungen nur die Verwendung von (redundanten) anholonomen

Koordinaten, d. h. eine Projektion der Gleichungen auf die Tetraden- bzw. Spinvektorfelder. Die Gleichungen lauten mit (6)

$$E_{AB} = R_{AB} - \frac{1}{2}\eta_{AB}R = -\varkappa T_{AB}$$

bzw.

$$E_{\alpha\dot{\beta}\gamma\dot{\delta}} = R_{\alpha\dot{\beta}\gamma\dot{\delta}} - \frac{1}{2}\gamma_{\alpha\gamma}\gamma_{\dot{\beta}\dot{\delta}}R = -\varkappa T_{\alpha\dot{\beta}\gamma\dot{\delta}}$$

mit

$$R_{AB} = h^i{}_A h_B{}^k R_{ik} \text{ usw.}$$

bzw.

$$R_{\alpha\dot{\beta}\gamma\dot{\delta}} = \sigma^i{}_{\alpha\dot{\beta}}\sigma^k{}_{\gamma\dot{\delta}}\, R_{ik} \quad \text{usw.}$$

Die Variationsableitungen der EINSTEINschen Wirkungsfunktion $\mathfrak{R} = \sqrt{-g}R$ sind

$$\frac{1}{2}\,\frac{\delta\mathfrak{R}}{\delta h_i{}^A} = -\sqrt{-g}\,E^{ik}h_k{}^A$$

bzw.

$$\frac{1}{2}\,\frac{\delta\mathfrak{R}}{\delta\sigma_i{}^{\alpha\beta}} = -\sqrt{-g}\,E^{ik}\sigma_k{}^{\alpha\beta}.$$

Literatur

[1] Vgl. DICKE, R. H., Remarks on the Observational Basis of General Relativity. In: H. Y. CHIU und W. F. HOFFMANN (ed), Gravitation and Relativity, S. 1, New York und Amsterdam, S. 1ff., 1964.
[2] Vgl. TREDER, H.-J., Relativität und Kosmos. Berlin, Oxford und Braunschweig 1960.
[3] TREDER, H.-J., Lorentz-Gruppe, Einstein-Gruppe und Raum-Struktur. In: H.-J. TREDER (ed), Entstehung, Entwicklung und Perspektiven der Einsteinschen Gravitationstheorie, Berlin 1966.
[4] TREDER, H.-J., Annalen der Physik **20**, 194 (1967), Mber. Dt. Akad. Wiss. Berlin **9**, 427 (1967); Abstracts of 5. International Conference on Gravitation and the Theory of Relativity, 280, Tbilissi 1968.
[5] TREDER, H.-J., Mathematische Nachrichten, Mber. Dt. Akad. Wiss. Berlin **10**, 471 (1968).
[6] BORZESZKOWSKI, H. H. v., Annalen der Physik **22**, 326 (1969); KREISEL, E., Annalen der Physik **23**, 180 (1969); LIEBSCHER, D.-E., Mber. Dt. Akad. Wiss. Berlin **9**, 573 (1967).
[7] LIEBSCHER, D. E., Abstracts of 5. International Conference on Gravitation and the Theory of Relativity, S. 258f., Tbilissi 1968, International Journal of Theoretical Physics (im Druck).

IV. GRAVITATION UND ELEMENTARTEILCHEN

20. Allgemeine Relativitätstheorie und Quantenfeldtheorie

Die Quantenfeldtheorie fordert, daß bei der Feldquantisierung der Materietensor T_{ik} auf der rechten Seite der Gravitationsgleichungen ein Feldoperator wird. Dementsprechend muß auch der EINSTEIN-Tensor $R_{ik} - \frac{1}{2} g_{ik}R$ ein Feldoperator sein. Das setzt natürlich voraus, daß das Gravitationsfeld selbst ein Tensorfeld ist, dessen Quanten (Gravitonen) den Spin 2 besitzen. (Aus Kovarianz-Gründen sind vektorielle und skalare Gravitonen unmöglich.) Das Gravitationsfeld läßt sich mit den Methoden der kanonischen Quantisierung, angewandt auf ein entartetes Feld (d. h. mit Nebenbedingungen), quantisieren. Dabei tritt eine technische Schwierigkeit auf: Die Nichtlinearität der Gravitationsgleichungen erfordert, daß die Kausalitätsfunktionen selbst (ebenso die Propagatoren) zu Operatoren gemacht werden.

Nun ist folgendes zu beachten: Kommutatoren, Kausalitätsfunktionen und dergleichen sind in der Raum-Zeit definiert; die Raum-Zeit selbst aber wird durch die g_{ik}, d. h. durch das Gravitationsfeld, bestimmt. Die Quantisierung der Gravitation impliziert daher eine Quantisierung der metrischen Struktur der Raum-Zeit. Andererseits sind raum-zeitliche Größen wie Linienelement, Abstand oder Krümmung, c-Zahlen und damit uneingeschränkt meßbare Größen. Die einzige Möglichkeit, diese beiden Eigenschaften der Raum-Zeit zu vereinbaren, ist die Annahme, daß die geometrischen Größen statistische Erwartungswerte von entsprechenden Feldoperatoren sind. Daher ist eine wesentliche Modifikation der Raum-Zeit-Geometrie erforderlich, wobei die Struktur der Differentialgeometrie selbst eine statistische Interpretation erfordert.

DIRAC hat eine konsistente Methode für die kanonische Quantisierung der EINSTEINschen Gravitationsgleichungen vorgeschlagen. Sie basiert auf der Auszeichnung einer raumartigen Hyperfläche $x^0 = \text{const.}$ Diese ist selbst eine V_3 mit der Metrik $g_{\alpha\beta}$, in der die zu den $g_{\alpha\beta}$ kanonisch konjugierten Impulse $p^{\alpha\beta}$ proportional zu $\Gamma^0{}_{\alpha\beta}$ sind. Die Vertauschungsrelationen für die V_3 sind dann

$$[g_{\alpha\beta}(x), p^{\mu\nu}(x')] = \frac{1}{2} (\delta_\alpha{}^\nu \delta_\beta{}^\nu + \delta_\alpha{}^\nu \delta_\beta{}^\mu)\, \delta(x - x'),$$

wobei griechische Indizes von 1 bis 3 laufen (Koordinaten in der V_3) und x für (x^1, x^2, x^3) steht. Wie bereits oben erklärt wurde, muß die Metrik, wenn sie in den Vertauschungsrelationen vorkommt, ein Operator sein; der Begriff der Raumartigkeit erfordert eine neue Definition.

Es ist einfacher, die linearisierte Gravitationstheorie mit einem MINKOWSKIschen Untergrund zu quantisieren. Dies unterscheidet sich nur technisch — nicht grundsätzlich — von der Quantisierung einer linearisierten Störung der Gravitation in einer gegebenen RIEMANNschen V_4. Natürlich berücksichtigt eine linearisierte Theorie nicht vollständig die EINSTEINschen Gleichungen. Darüber hinaus ist die Annahme eines schwachen Gravitationsfeldes, die der Linearisierung zugrunde liegt, wegen der quantentheoretischen Fluktuationen selbst in kleinen Raum-Zeit-Gebieten illusorisch: Für die Größenordnungen der Fluktuationen Δg_{ik} und $\Delta \Gamma^i_{kl}$ der Metrik bzw. der Affinität folgen aus den HEISENBERGschen Unbestimmtheitsrelationen bei einer Unbestimmtheit ΔL in der Lokalisation eines Punktes Beziehungen der Form:

$$\Delta g \cdot (\Delta L)^2 \gtrsim h f c^{-3} \equiv l^2$$

$$\Delta \Gamma \cdot (\Delta L)^3 \gtrsim h f c^{-3} \equiv l^2.$$

Daraus folgt aber, daß die Fluktuationen des Gravitationsfeldes beliebig groß werden, wenn $\Delta L \to 0$ geht; damit verliert die linearisierte Theorie ihren eigentlichen Sinn. Die Fluktuationen der Metrik g_{ik} sind von der Größenordnung $\Delta g = 1$, wenn ΔL selbst von der Größenordnung

$$\Delta L \simeq \sqrt{h f c^{-3}} = l \simeq 10^{-33}\,\text{cm} \quad (f = \text{Gravitationskonstante})$$

ist. Diese PLANCKsche Elementarlänge l wurde bereits 1906 von PLANCK als Konstante eingeführt, die Gravitation (repräsentiert durch die NEWTONsche Konstante f), Relativitätstheorie (repräsentiert durch die Grenzgeschwindigkeit c) und das Wirkungsquantum h miteinander verknüpft.

Nun ist es notwendig, daß Δg kleiner als 1 bleibt: Das Vorhandensein der Elementarlänge l basiert auf der Tatsache, daß das Verhältnis von träger und schwerer Masse nach dem Äquivalenzprinzip konstant ist, und deshalb ist ein Anwachsen der Trägheit eines am Meßprozeß beteiligten Körpers von einem entsprechenden Anwachsen seines gravitativen Einflusses auf die g_{ik} begleitet. Die geometrische Bedeutung der g_{ik} erfordert aber, daß deren Fluktuationen Δg_{ik} nicht zu groß werden, da andererseits die Signatur der MINKOWSKIschen Raum-Zeit (oder auch die Raumartigkeit von DIRACS Hyperfläche $x^0 = \text{const}$) zerstört werden könnte. Es muß immer

$$|\Delta g| < 1$$

verglichen mit den MINKOWSKIschen Werten:

$$\eta_{ik} = \begin{pmatrix} 1 & & & \\ & -1 & & \\ & & -1 & \\ & & & -1 \end{pmatrix},$$

sein. Demnach verliert der Begriff der Länge unter der Grenze l seine physikalische Bedeutung.

Nun ist für die Messung einer Länge L ein Etalon nötig, dessen DE BROGLIEsche Wellenlänge Λ kleiner als L ist:

$$\Lambda = hcE^{-1} < L$$

wobei E seine (kinetische) Energie $E = cp$ und p sein Impuls sind. Dieses Λ kann aber nicht beliebig klein gemacht werden, seine untere Grenze ist der SCHWARZSCHILD-Radius $a = fEc^{-4}$ des Etalons, der als kugelsymmetrischer Meßkörper angenommen wird; andernfalls würde der Meßkörper sozusagen unter seinen eigenen SCHWARZSCHILD-Horizont kollabieren und so unfähig werden, irgendeine Information zu liefern. Daher gilt: $a \lesssim \Lambda \lesssim L$, und l ist so nicht nur die unterste Schranke für einen physikalisch sinnvollen Längenbegriff, sondern auch die absolut unterste Schranke hinsichtlich der physikalischen Realisierbarkeit der Meßoperationen: Es ist unmöglich, eine Länge zu messen, die kleiner ist als l.[1])

Die Quantentheorie der Gravitation scheint also darauf hinzudeuten, daß in „pico-physikalischen" Bereichen das Konzept der RIEMANNschen Geometrie nicht einfach anwendbar ist, ja nicht einmal Konzeptionen, die der Geometrie metrischer Mannigfaltigkeiten entlehnt sind. Dies bedeutet aber letzten Endes, daß eine Fusion von Quanten- und Gravitationstheorie auch weitreichende Konsequenzen für die Grundlagen der Quantenfeldtheorie überhaupt haben wird.

Ein weiteres Problem ergibt sich, wenn wir Gebiete mit starken Gravitationsfeldern, also mit einer großen lokalen Krümmung und kleinem Krümmungsradius der V_4 betrachten. Alle Informationen über den Mikrokosmos erhält man durch makrophysikalische Experimente. Die Quantentheorie als Theorie des Mikrokosmos benötigt — nach NIELS BOHR — die Makrophysik als Metatheorie für ihre eigene Interpretation. Die Möglichkeit makrophysikalischer Operationen ist aber in stark gekrümmten Raum-Zeit-Bereichen durch die Struktur der Raum-Zeit selbst eingeschränkt.

---

[1]) Im Bereich $a \geqq \Lambda$ wird die Gravitation eine „starke" Wechselwirkung; es ist: $\frac{fE^2}{hc^5} = \frac{fm^2}{hc} \gtrsim 1.$

Nehmen wir an, daß in einem solchen Gebiet die von der Raum-Krümmung herrührenden Verzerrungen größenordnungsmäßig vergleichbar werden mit den Werten, die wir durch räumliche und zeitliche Beobachtungen bei makrophysikalischen Messungen gewinnen. Dann werden Meßoperationen, die in einer ebenen V_4 möglich sind, hier unausführbar oder sie verlieren zumindest ihre ursprüngliche Bedeutung. — In anderen Worten: Obwohl wir den Einfluß der Gravitation auf die mikrophysikalischen Prozesse im einzelnen noch nicht kennen, wissen wir schon, daß die makrophysikalische Theorie der Messungen, welche für die Interpretation der mikrophysikalischen Größen notwendig ist, abgeändert werden muß. Eine kritische Revision der Quantentheorie der Messung, wie sie einst BOHR gefordert hat, steht für den Fall der Messungen in starken Gravitationsfeldern noch aus.

21. Das Einstein-Bohrsche Kasten-Experiment[1])

In den Diskussionen über eine mögliche Verschmelzung von Quantenfeldtheorie und allgemein-relativistischer Gravitationstheorie spielen Gedanken-Experimente schon deswegen eine besondere Rolle, weil zur Zeit auf diesem Gebiet reale Experimentiermöglichkeiten nicht bestehen und mathematische Ansätze mit klarer physikalischer Bedeutung noch nicht vorliegen. Eine mehrfach diskutierte Gruppe von Gedanken-Experimenten dieser Art führt z. B. zu der Überzeugung, daß die Berücksichtigung von allgemein-relativistischen Effekten in der Quantentheorie (oder von Quanteneffekten in der allgemeinen Relativitätstheorie) eine unterste Meßschranke für Längen- (und damit für Zeitmessungen) ergibt. Diese Meßschranke ist durch die von PLANCK bereits 1906 aus dimensionstheoretischen Gründen eingeführte und nach ihm „PLANCKsche Elementarlänge“ genannte Größe

$$l = \sqrt{\frac{hf}{c^3}}$$

gegeben, nämlich derjenigen Länge, die aus den drei Fundamentalkonstanten Lichtgeschwindigkeit c, Wirkungs-Quantum h und Gravitationskonstante f bildbar ist.

Während diese Gruppe von Gedanken-Experimenten in ihrer physikalischen Bedeutung einigermaßen zu durchschauen ist (vgl. z. B. [4]), hätte ein anderes Gedanken-Experiment — in seiner bisherigen Deutung ernst

[1]) Dieser Aufsatz ist die etwas überarbeitete deutsche Fassung eines Beitrages „On the EINSTEIN-BOHR-Box-Experiment“ der in einer Festschrift erschienen ist, die Professor ALFRED LANDÉ anläßlich seines 80. Geburtstages zugeeignet ist.

genommen — eine beunruhigende Konsequenz, wie Prof. Landé in seinem Buch „New Foundations of Quantum mechanics“ [2] hervorhebt. Auf den Seiten 122 und 123 dieses Buches behandelt Prof. Landé nämlich das sogenannte „Einstein-Bohrsche Kasten-Experiment“, und er bemerkt hierbei, daß das allgemeine Resultat der bekannten von Bohr [1] gegebenen Deutung des Einsteinschen Gedankenversuches (betreffend die scharfe Bestimmung von Energieänderung durch Wägung) wäre, daß die Quantenmechanik von der relativistischen Gravitationstheorie logisch abhängig sein müßte, indem prinzipiell die 4. Heisenbergsche Unschärfe-Relation gemäß Bohr nur auf Grund der Einsteinschen Uhrenverzögerung im Schwerefeld mit der Funktionsweise einer Federwaage vereinbar ist[1]). Prof. Landé bemerkt, daß dieses paradoxe Resultat gegen Bohrs Deutung des Einsteinschen Kastenversuches spricht. —

Demgegenüber betont Rosenfeld in seiner ausführlichen Diskussion über das Verhältnis von „Quantentheorie und Gravitation“ [3], daß Bohr nur eine Inkonsequenz der Einsteinschen Schlußweise aufgedeckt hätte, indem Einsteins Vorschlag, die Federwaage zur Energiemessung zu benutzen, beide Äquivalenz-Prinzipien (Äquivalenz zwischen Energie und träger Masse, Äquivalenz zwischen träger und schwerer Masse) voraussetze und das 2. Äquivalenz-Prinzip eben die Einsteinsche Zeit-Dilatation einschließe. Rosenfeld führt weiter aus, daß das Gravitationsfeld im Einsteinschen Kasten-Experiment nur eine Vermittlerrolle spiele und daß es im Grunde genommen nur auf die Bestimmung des Impuls-Austausches von Feder und Kasteninhalt ankomme. Wir werden weiter unten sehen, daß tatsächlich die Rolle des Gravitationsfeldes im Kasten-Experiment völlig zufällig ist, wobei sich aber auch ergibt, daß die Heranziehung der Einsteinschen Zeit-Dilatation zur Deutung dieses Experimentes gemäß Bohr nicht der Sachlage entspricht.

In der Tat hat Prof. Landé bemerkt, daß gemäß den Einsteinschen Äquivalenz-Prinzipien die Einsteinsche Dilatation die Proportionalität von Energie-, Zeit- und Ortsverschiebung (δE, δT und δq) bewirkt:

$$-\frac{\delta E}{E} = \frac{\delta T}{T} = \frac{g}{c^2}\,\delta q, \tag{1}$$

so daß aus einer Unschärfe der Zeitmessung ΔT, die aus Δq resultiert, nicht eine Reziprozität der Unschärfe von Energie und Zeit herleitbar sein kann.

Um in die Diskussion eintreten zu können, erinnern wir an die Argumentationen von Einstein und Bohr [1]. Gegen die allgemeine Gültigkeit der 4. Heisenbergschen Unschärfe-Relation $\Delta E \cdot \Delta T \geqq h$ wandte Einstein ein, daß es auf Grund der Äquivalenz-Prinzipien möglich ist, den Energie-

[1]) Solche weitgehenden Schlüsse sind tatsächlich wiederholt und auch neuerdings wieder gezogen worden. Prof. Landés Kritik entzieht ihnen aber von vornherein jede Grundlage.

Inhalt E eines Gefäßes durch Wägung zu bestimmen, etwa dadurch, daß dieses Gefäß an einer Federwaage aufgehängt wird. Die Wägung besteht dann in einer Messung der jeweiligen Ausdehnung q der Feder (die der Einfachheit halber als nach dem HOOKEschen Gesetz — mit der Federkonstante α — deformierbar angenommen wird). An dem Gefäß ist an der Öffnung eine Verschlußklappe angebracht, und EINSTEIN nimmt an, daß dieser Verschluß von einer Uhr gesteuert wird. Zu zwei bestimmten, vorher vorgegebenen Zeitpunkten — T_1 und T_2 — wird der Verschluß automatisch geöffnet und wieder geschlossen. Verläßt dann während der Zeit $T = T_2 - T_1$ irgendein Partikel das Gefäß, so ist nach EINSTEIN ersichtlich die Genauigkeit der Fixierung des Zeitpunktes dieser Energieänderung unabhängig von der Genauigkeit der Wägung des Energie-Inhalts. Daher läßt sich der Zeitpunkt der Änderung des Energie-Inhalts mit einer Schärfe feststellen, die nicht durch die HEISENBERGsche Relation gegeben ist.

Hiergegen wandte nun BOHR ein, daß die Ablesung der Länge q der Feder nur mit einer Unschärfe Δq möglich ist, die durch

$$\Delta q \geqq \frac{h}{\Delta p} \tag{2}$$

gegeben ist, und daß die Unschärfe Δp des Kasten-Impulses „offensichtlich wiederum kleiner“ sein muß „als der Gesamt-Impuls, der während des ganzen Zeit-Intervalls T des Wägeverfahrens von dem Gravitationsfeld auf einen Körper mit der Masse Δm gegeben werden kann“. Daher gilt gemäß BOHR

$$\frac{h}{\Delta q} \approx \Delta p < gT\Delta m = Tg\,\frac{\Delta E}{c^2}, \tag{3}$$

und BOHR schließt: „Je genauer die Ablesung von q am Zeiger durchgeführt wird, desto länger muß das Wäge-Intervall T sein, wenn man eine gegebene Genauigkeit Δm beim Wägen des Kastens mit Inhalt erzielen will.“ (Hierbei ist g die Schwerebeschleunigung.)

Da nun nach der allgemeinen Relativitätstheorie eine Verschiebung der Lage des Kastens um den Betrag Δq in Richtung des Schwerefeldes eine Verschiebung ΔT des Uhrenganges gemäß der EINSTEINschen Formel für die Rotverschiebung im Schwerefeld:

$$\Delta T = \frac{Tg}{c^2}\,\Delta q \tag{4}$$

bewirkt, folgt aus der Unschärfe Δq der Ortsablesung einerseits und der Bedingung (3) für die Dauer T des Wägevorganges andererseits gerade die HEISENBERGsche Unschärfe-Relation:

$$\Delta E \cdot \Delta T \geqq h. \tag{5}$$

Der kritische Punkt des BOHRschen Arguments ist m. E. die Beziehung (3) zwischen der Unschärfe des Kasten-Impulses und der Zeitdauer T der Wägung. Wir kommen hierauf später noch zurück. Zunächst wollen wir durch ein etwas modifiziertes EINSTEINsches Experiment zeigen, daß die Berücksichtigung der Zeit-Dilatation (4) nicht die Erklärung des EINSTEINschen Kasten-Experiments liefern kann. Wir nehmen an, daß das Gefäß praktisch masselos ist und ununterscheidbare elektrisch geladene Teilchen — z. B. Protonen — enthält, die in Ruhe zueinander und zum Beobachter sein mögen. Ferner mögen die Protonen genügend weit voneinander entfernt sein, so daß die Gesamt-Energie E des Kastens durch die Summe der Ruh-Energie der einzelnen Protonen $Mc^2 = \sum m_p c^2 = E$ gegeben ist[1]). Da alle Protonen dieselbe spezifische Ladung $\frac{e}{m_p}$ besitzen, gilt ein Äquivalenz-Prinzip, das bei der hier beschriebenen Situation die Proportionalität von Gesamt-Ladung Q, Gesamt-Energie E und Gesamt-Masse M ausdrückt:

$$Q = \frac{e}{m_p} \sum m_p = \frac{e}{m_p} M = \frac{e}{m_p c^2} E. \tag{6}$$

Wir hängen den so präparierten Kasten in einem homogenen elektrostatischen Feld auf, das etwa von einer negativ geladenen Fläche erzeugt wird. Die Feldstärke dieses homogenen Feldes ist dann gegeben durch $\mathfrak{F} = \{F, O, O\}$, und wir finden eine Proportionalität der Elongation q der Feder zur Gesamtladung Q des Kastens:

$$\alpha q = FQ, \tag{7}$$

Wegen (6) liefert dies auch eine Proportionalität zwischen der Elongation und dem Energie-Inhalt des Kastens.

Bei entsprechender Anwendung der BOHRschen Überlegungen erhalten wir zwischen der Unschärfe Δp des Kasten-Impulses, der Unschärfe Δq der Elongation und derjenigen der Energie ΔE einerseits sowie der Dauer des Wägevorganges T andererseits die Beziehung

$$\frac{h}{\Delta q} \approx \Delta p < \Delta Q \cdot F \cdot T = \frac{e}{m_p c^2} \Delta E \cdot F \cdot T. \tag{8}$$

Es gibt hier jedoch nicht mehr eine EINSTEINsche Dilatation $\frac{\Delta T}{T}$ der Zeit, d. h. die Unschärfe Δq der Elongation bewirkt keine Unschärfe ΔT des Zeitintervalls T.

---

[1]) Realistischer könnten anstelle der Elementarpartikel auch Tröpfchen treten, die jeweils eine Elementarladung tragen, die Versuchsanordnung also von der Form des MILLIKANschen Versuches sein.

Wir können uns somit vorstellen, daß während der Öffnungsdauer T des Kastens einige Protonen aus dem Kasten hinaus diffundieren (mit sehr kleiner Geschwindigkeit), wobei bei der Wägung im homogenen elektrostatischen Feld keinerlei Beziehung zwischen der Unschärfe der Zeit- und der Unschärfe der Energiemessung besteht. Trifft also BOHRS Rettung der 4. HEISENBERGschen Unschärfe-Relation für das Schwerefeld tatsächlich zu, so würde die Unschärfe-Relation für Messungen im elektrostatischen Feld ungültig werden.

In der Tat ist aber BOHRS Abschätzung (3) der Unschärfe der Elongation der Feder nicht einzusehen. Denn die Unschärfe des Kasten-Impulses kommt ja durch den Eingriff des Beobachters bei dem Versuch, die Federlänge q abzulesen, zustande, und diese Störung durch den Beobachter hat nichts zu tun mit der Wirkung des Schwerefeldes (oder elektrostatischen Feldes) auf den Kasten. Daher kann keine Beziehung zwischen der Dauer der Wägung und der Störung des Kasten-Impulses bestehen. — Es ist in der Tat auch nicht einzusehen, weshalb mit wachsender Wägezeit der Kasten-Impuls immer ungenauer werden soll. Es muß deshalb die EINSTEINsche Fragestellung selbst neu durchdacht werden, weil BOHRS Versuch, EINSTEIN ad absurdum zu führen, nicht geglückt ist.

EINSTEINS Voraussetzung, daß es möglich ist, zu scharfen Zeitpunkten sowohl die Anfangs- als auch die End-Energie zu bestimmen, ist natürlich richtig. Die Frage ist nur, wie nahe die Zeitpunkte dieser Messungen aneinander heranrücken können. Wie durch die Diskussionen von BOHR und HEISENBERG evident geworden ist, behauptet ja $\Delta E \cdot \Delta T \geqq h$ überhaupt nicht eine Verknüpfung der Unschärfen von Energie- und Zeitmessungen an stationären Systemen; sie behauptet vielmehr, daß zur Bestimmung einer Energie-Differenz $E_1 - E_2$ mit einer Unschärfe ΔE zwischen dem Zeitpunkt der ersten und zweiten Messung ein Zeitraum $\Delta T \geqq \frac{h}{\Delta E}$ liegen muß. Daher hat die 4. Unschärfe-Relation eine direkte Bedeutung nur für nichtstationäre Systeme, indem sie die Lebensdauer (Halbwertzeit) ΔT des nichtstationären Zustandes mit der Energie-Streuung (Linienbreite) dieses Zustandes verbindet, so daß, wenn der Anfangszustand des nichtstationären Systems scharf gegeben ist, die Energie des Endzustandes eine Linienbreite von

$$\Delta E \approx \frac{h}{\Delta T} \tag{9}$$

aufweist. Dies bedeutet folgendes:

Betrachten wir ein Ensemble $\sum$ von bestimmten quasistationären Systemen, deren Anfangszustand eine scharf vorgegebene Energie E_1 besitzt. Dann werden im Endzustand die Energien der Ensemble-Mitglieder statistisch streuen, und zwar mit einer Halbwertsbreite, die durch (9) gegeben ist. Die End-Energie E_2 jedes einzelnen Ensemble-Mitgliedes ist scharf meßbar, nur besitzen diese Ensemble-Mitglieder trotz derselben Anfangs-Energie jeweils eine verschiedene End-Energie (sie haben dann also auch verschiedene Energie-Quanten abgegeben).

Ein solcher quasistationärer Zustand führt nun auch zur Unschärfe-Relation für den BOHR-EINSTEINschen Kasten. Betrachten wir ein Ensemble $\sum$ dieser Kästen, die im Anfangszustand sämtlich dieselbe Federspannung und dieselbe Gesamt-Energie besitzen sollen:

Vor der Emission eines Teilchens aus dem Kasten befand sich das System „Kasten + Feder" in einem stationären Ruhezustand. Im Moment der Emission eines Teilchens der Masse dm gelangt das System „Kasten + Feder" zunächst in keinen stabilen Zustand, denn die Federspannung und die Schwerkraft sind nicht mehr im Gleichgewicht. Das System beginnt zu schwingen, und zwar mit einer Amplitude dq proportional der Änderung der an der Feder wirkenden Kraft:

$$\alpha\, dq = g \cdot dm. \tag{10}$$

Das System wird so zu einem quasiharmonischen Oszillator mit der Schwingungs-Energie

$$\frac{\alpha}{2}(dq)^2 = g \cdot dm \cdot dq. \tag{11}$$

Solange der Kasten auf und ab schwingt, ist die Änderung dq der Feder-Elongation und damit dm nicht ablesbar. — Jedoch ist das System in Wahrheit kein harmonischer Oszillator; die Schwingungen sind vielmehr gedämpft, indem in der Feder durch innere Reibung die Schwingungs-Energie (11) in Wärme-Energie umgesetzt wird und diese durch Wärmeleitung (oder Wärmestrahlung) schließlich aus dem System abfließt. Der Wärmeabfluß ist ein dissipativer Prozeß, bei dem notwendig Information verlorengeht: Die abtransportierte Energie ist nicht scharf bestimmt, sondern streut, so daß jedes System des Ensembles $\sum$ einen etwas anderen Energie-Verlust hat. — Ohne daß man Einzelheiten diskutieren muß, folgt aus den alllgemeinen Eigenschaften einer gedämpften Schwingung, daß die Schwankung ΔE des Gesamtbetrages der abgeströmten Energien der Mitglieder von $\sum$ reziprok proportional der mittleren Lebensdauer ΔT des Oszillationszustandes ist:

$$\Delta E \approx \frac{h}{\Delta T}.$$

Nach totaler Dämpfung der Schwingung kann die Elongation der Feder und damit der Energie-Inhalt eines Systems scharf abgelesen werden. Die einzelnen Systeme des Ensembles $\sum$ besitzen jedoch in diesem Endzustand etwas verschiedene Energie-Inhalte, da sie bei der Dämpfung ihrer Schwingungen eben etwas verschiedene Energiemengen ΔE verloren haben. Daher pendeln sich die verschiedenen Systeme dieses Ensembles nicht alle auf die gleiche Elongation ein, sondern die Elongationen der Federn streuen. Entsprechend den verschiedenen Energie-Inhalten der Kästen haben wir

$$\alpha \Delta q = \frac{\Delta E}{c^2} g = \frac{gh}{c^2 \Delta T}. \tag{12}$$

Die Streuung Δq ist um so größer, je kürzer die mittlere Lebensdauer ΔT des quasistationären Schwingungszustandes ist, und die Beziehung zwischen Lebensdauer und Energie-Streuung ist durch die HEISENBERGsche Unschärfe-Relation gegeben.

Das EINSTEINsche Paradox löst sich somit auf folgende Weise:

Das EINSTEINsche System — Kasten + Feder — geht bei der Emission eines Partikels aus dem Kasten in einen quasistationären Schwingungszustand über. Durch Dämpfung dieser Schwingung pendelt sich das System auf den Endzustand ein. Die Energie dieses Endzustandes streut von Experiment zu Experiment, und diese Streuung ΔE ist um so größer, je kürzer die Zeit ΔT ist, die das System im Mittel zum Einpendeln benötigt. Daher müssen bei den Messungen der Energie-Inhalte die Bestimmungen der Anfangs- und Endelongationen mindestens um $\Delta T = \frac{h}{\Delta E}$ auseinander liegen, wenn die Bestimmung des Endzustandes mit einer reproduzierbaren Genauigkeit ΔE erfolgen soll. — Die Erfüllung der 4. Unschärfe-Relation ist somit eine Konsequenz der Quanten-Eigenschaften der Feder und hat nichts mit einer Beziehung der Quanten- und Gravitationstheorie zu tun.

Ich danke Prof. A. LANDÉ und Prof. L. ROSENFELD für die Diskussionen, die ich mit ihnen seinerzeit über EINSTEINS Paradox und BOHRS Lösungsvorschlag gehabt habe und Herrn O. SINGER für seine kritischen Bemerkungen zum Manuskript.

Literatur

[1] BOHR, N., Diskussion mit Einstein über erkenntnistheoretische Probleme in der Atomphysik. In: P. A. SCHILPP (Editor), Albert Einstein als Philosoph und Naturforscher, Deutsche Ausgabe, Stuttgart 1955.

[2] LANDÉ, A., New Foundations of Quantum Mechanics. Cambridge 1965.

[3] ROSENFELD, L., Quantentheorie und Gravitation. In: H.-J. TREDER (Editor), Entstehung, Entwicklung und Perspektiven der Einsteinschen Gravitationstheorie, Berlin 1966.

[4] TREDER, H.-J., Die Quantentheorie des Gravitationsfeldes und die Plancksche Elementarlänge. In: Physikertagung 1965, Plenarvorträge, Stuttgart 1965. Mber. Dt. Akad. Wiss. Berlin 8, 311 (1966).

22. Elementarlänge, Tachyonen und Kausalität

Die spezielle Relativitätstheorie formuliert zwei fundamentale Prinzipien als notwendige Grundgesetze für alle physikalischen Erscheinungen. Das erste Prinzip ist das spezielle Relativitätsprinzip, das das klassische (GALILEIsche) Prinzip der Relativität der Geschwindigkeiten mit EINSTEINS Prinzip der Konstanz der Vakuum-Lichtgeschwindigkeit c vereinigt. Gemäß dem speziellen Relativitätsprinzip lassen sich kinematisch, d. h. nach ihren Geschwindigkeiten v, drei Arten von Wechselwirkungen und damit drei Arten der diese Wechselwirkungen vermittelnden Teilchen oder Quanten unterscheiden:

1. Teilchen mit Unterlichtgeschwindigkeit $v < c$
2. Teilchen mit Lichtgeschwindigkeit $v = c$
3. Teilchen mit Überlichtgeschwindigkeit $v > c$

Die Teilchen der ersten Art sind die Körper der Makrophysik sowie die eigentlichen Elementarteilchen. Ist die Teilchengeschwindigkeit v relativ zu einem Bezugssystem kleiner als c, so ist sie in jedem Bezugssystem kleiner als c, und es ist unmöglich, ein Teilchen, das in einem Bezugssystem eine Geschwindigkeit $v < c$ hat, durch irgendeinen physikalischen Prozeß auf Lichtgeschwindigkeit oder Überlichtgeschwindigkeit zu beschleunigen.

Für die Teilchen mit Lichtgeschwindigkeit (Lichtquanten, Neutrinos) gilt, daß in jedem beliebigen Bezugssystem ihre Geschwindigkeit gleich c ist und daß es im Vakuum keinen physikalischen Prozeß gibt, der diese Geschwindigkeit ändert. — Teilchen mit Überlichtgeschwindigkeit (wenn es solche gibt) haben schließlich in jedem beliebigen Bezugssystem Geschwindigkeiten v, die größer als die Lichtgeschwindigkeit c sind, und es ist unmöglich, sie auf eine Geschwindigkeit $v \leqq$ c abzubremsen.

Diese kinematischen Verhältnisse drücken sich dynamisch darin aus, daß die Teilchen mit Unterlichtgeschwindigkeiten alle eine endliche reelle Ruhmasse m_0 besitzen ($m_0^2 > 0$), die sich mit Lichtgeschwindigkeit bewegenden Quanten jedoch eine verschwindende Ruhmasse haben ($m_0 = 0$) und schließlich die Überlichtgeschwindigkeits-Teilchen eine endliche imaginäre Ruhmasse ($m_0^2 < 0$). Bei den gewöhnlichen Teilchen mit reeller Ruhmasse wächst die Energie mit wachsender Geschwindigkeit.

Die Teilchenenergie geht gegen Unendlich, wenn sich die Teilchengeschwindigkeit der Lichtgeschwindigkeit nähert. Die Energie der Lichtquanten ist von ihrer Geschwindigkeit unabhängig. Bei den Überlichtgeschwindigkeits-Teilchen nimmt die Energie mit wachsender Geschwindigkeit ab und wird Null, wenn die Geschwindigkeit unendlich groß wird; die Energie geht gegen Unendlich, wenn sich v der Lichtgeschwindigkeit nähert.

Die von FEINBERG „Tachyonen" genannten hypothetischen Überlichtteilchen sind also mit dem speziellen Relativitätsprinzip vereinbar. Das

Relativitätsprinzip sagt nur, daß weder ein Teilchen mit reeller Ruhmasse noch ein Lichtquant zu einem Tachyon werden kann und umgekehrt auch ein Tachyon niemals auf Unterlichtgeschwindigkeit gebracht werden kann. Vielmehr müßten die Tachyonen bereits bei ihrem Entstehen in einem Elementarprozeß Überlichtgeschwindigkeit bekommen. Die Frage ist also, ob Elementarprozesse denkbar sind, bei denen „Überlichtteilchen" erzeugt werden.

Die Behauptung, daß es solche Elementarprozesse nicht geben sollte, folgt aus dem 2. Grundprinzip der speziellen Relativitätstheorie, dem Einsteinschen Kausalitätsprinzip. Wirkungen und Signale, die zwei raum-zeitliche Ereignisse miteinander verbinden, unterteilen sich gemäß dem speziellen Relativitätsprinzip in sich mit Unterlichtgeschwindigkeit, Lichtgeschwindigkeit und Überlichtgeschwindigkeit fortpflanzende. Kann die Verbindung zwischen zwei Ereignissen E_I und E_{II} durch Teilchen vermittelt werden, die sich mit Unterlichtgeschwindigkeit bewegen, so sagt man mit Einstein, daß die beiden Ereignisse „zeitartig" zueinander liegen. Muß die Verbindung zweier Ereignisse durch Teilchen erfolgen, die sich mit Lichtgeschwindigkeit bewegen, so heißen diese Ereignisse „lichtartig" zueinander gelegen. Wäre schließlich die Verbindung zweier Ereignisse nur durch Teilchen möglich, die sich mit Überlichtgeschwindigkeit fortpflanzen, so nennt Einstein diese Ereignisse „raumartig" zueinander gelegen.

Die Kausalität verlangt nun, daß zwischen zwei miteinander wirkungsmäßig verbundenen Ereignissen das eine Ereignis E_I die Ursache und das andere Ereignis E_{II} die Wirkung ist. Es muß unabhängig von der speziellen Wahl des Bezugssystems und damit von der Beurteilung durch die Physiker wahr sein, daß die Ursache E_I zeitlich früher als die Wirkung E_{II} ist. Eine solche zeitliche Reihenfolge von Ursache und Wirkung besteht aber auf Grund des speziellen Relativitätsprinzips nur dann, wenn die Ereignisse zeitartig oder lichtartig zueinander liegen. Eine bezugssystemunabhängige Unterscheidung von Ursache und Wirkung ist hingegen nicht möglich für raumartig zueinander gelegene Ereignisse.

Daher forderte Einstein, daß es zwischen raumartig zueinander gelegenen Ereignissen überhaupt keinen Wirkungs- oder Signalaustausch geben kann, da ein solcher Austausch das Kausalitätsprinzip verletzt. Hieraus schloß Einstein weiter, daß es demnach keine Teilchen gibt, die sich mit Überlichtgeschwindigkeit bewegen, denn diese Teilchen würden eine akausale Verknüpfung zwischen Ereignissen mit sich bringen. Teilchen mit Überlichtgeschwindigkeit würden bedeuten, daß es Wirkungsketten gibt, bei denen es von der Wahl des Bezugssystems und vom Bewegungszustand des Beobachters abhängt, ob zeitlich die Ursache vor der Wirkung oder die Wirkung vor der Ursache liegt — im Gegensatz zum Kausalitätsprinzip. Aus diesem Grunde können die „Tachyonen" auch keine beobachtbaren Elementarteilchen sein. Ihre hypothetische Einführung läßt sich nur dann rechtfertigen, wenn sie als prinzipiell nicht beobachtbar postuliert werden.

Es sind seit vielen Jahren von namhaften Physikern (unter anderem von HEISENBERG) Zweifel darüber geäußert worden, ob das EINSTEINsche Kausalitätsprinzip uneingeschränkt auch für die kleinsten Bezirke der Mikrophysik anwendbar ist oder ob innerhalb der Physik der Elementarteilchen nicht doch eine Verletzung der EINSTEINschen Kausalität möglich ist. HEISENBERG z. B. nimmt an (s. u.), daß eine solche Verletzung der Kausalität dann möglich ist, wenn der räumliche Abstand zwischen den Ereignissen nicht größer als die von ihm postulierte Elementarlänge $l \approx 10^{-13}$ cm ist bzw. die zeitliche Distanz zwischen den beiden Ereignissen kleiner als die Elementarzeit $\tau \approx \frac{l}{c} \approx 10^{-24}$ s ist. Die HEISENBERGsche Elementarlänge ist hierbei eine absolute Meßschranke, so daß eine Kausalitätsverletzung nicht beobachtbar ist.

Dementsprechend postuliert auch FEINBERG, daß seine hypothetischen Tachyonen eine maximale Lebensdauer von $\frac{l}{c}$ haben, so daß sie nur raumartige Ereignisse miteinander verbinden können, deren räumlicher Abstand höchstens gleich der Elementarlänge l ist. Grundsätzlich ist also die Tachyonen-Hypothese die besondere Form der alten Hypothese der Existenz einer Elementarlänge l, unterhalb derer zwar die EINSTEINsche Kausalität verletzt ist, die gleichzeitig aber auch eine Meßschranke bedeutet.

Die Vorstellung der Existenz einer kleinsten Länge l entstand in der Quanten- und Feldtheorie aus der Notwendigkeit, durch eine geeignete „Abschneidevorschrift" das mathematische Unendlichwerden physikalischer Größen (z. B. der Energie) zu verhindern. Das Wesentliche dieses „Abschneidens" erkennt man an Hand der HEISENBERGschen Unschärferelation. Aus dieser folgt, daß, wenn der Ort x mit einer Genauigkeit Δx bestimmt wird, dies zu einer Unschärfe (und damit zu einer statistischen Schwankung) Δp des Impulses p führt, welche durch $\Delta p \Delta x \geqq h$ gegeben ist. Die statistische Schwankung des Impulses z. B. eines Elementarteilchens wird also unendlich groß, wenn der Ort ideal scharf bestimmt wird.

$$\Delta p = \frac{h}{\Delta x} \to \infty \quad \text{für} \quad \Delta x \to 0$$

Über die Beziehung zwischen Impuls p und Energie E

$$E = c\sqrt{m_0^2 c^2 + p^2}$$

des Teilchens folgt dann auch eine unendlich große Schwankung ΔE der Energie. Allgemein ergibt sich aus Quanten- und Feldtheorie, daß bestimmte physikalische Größen divergieren (d. h. insbesondere unendlich groß sein müßten, wenn die Gleichungen der Feldtheorie für beliebig kleine Raum-Zeit-Gebiete gültig blieben.

March und Heisenberg nahmen bereits vor 30 Jahren an, daß diese mathematischen Paradoxien eine Folge der Vorstellung sind, daß beliebig kleine Längen- und Zeitdistanzen meßbar sind.

Sie schlugen vor, statt dessen anzunehmen, daß die physikalische Raum-Zeit so strukturiert ist, daß es nicht möglich ist, durch eine Messung zwei Punkte voneinander zu unterscheiden, deren (mathematische) Entfernung voneinander kleiner als eine Elementarlänge l ist. Ferner soll es auch nicht möglich sein, zwei Ereignisse voneinander zu unterscheiden, deren zeitlicher Abstand kleiner als eine Elementarzeit $\tau = \frac{l}{c}$ ist (nämlich dem Quotienten aus der kleinsten Länge l und der größten Geschwindigkeit c). — Dann ist es auch nicht möglich, für diese kleinen Raum-Zeit-Dimensionen Kausalbeziehungen zu definieren. Denn wenn zwei Ereignisse E_{I} und E_{II} nicht mehr voneinander unterscheidbar sind, kann man auch nicht mehr sagen, daß E_{II} die Wirkung von E_{I} ist bzw. daß E_{II} auf E_{I} zeitlich folgt.

Durch das gleichzeitige Versagen der metrischen Vorstellungen und der Kausalbeziehungen in diesen kleinen Raum-Zeit-Bereichen wird es prinzipiell möglich, die Konzeption einer Elementarlänge und einer Elementarzeit mit der Relativitätstheorie zu vereinbaren. Insbesondere folgt aus dieser Konzeption, daß alle Elementarteilchen einen effektiven Durchmesser besitzen, der im Ruhsystem von der Größenordnung l ist, und daß ferner für Teilchen mit reeller Ruhmasse die Lebensdauer $T \geqq \frac{l}{c}$ ist. (Hingegen ist $\frac{l}{c}$ die maximale Lebensdauer eines Teilchens mit imaginärer Ruhmasse.)

Die Abschätzung der Größe der Elementarlänge l ergibt sich aus theoretischen und empirischen Daten der Quanten- und Elementarteilchenphysik, z. B. aus den Streuexperimenten zur Bestimmung der Wirkungsquerschnitte von Elementarteilchen. (Es wird angenommen, daß es einen kleinsten Wirkungsquerschnitt gibt, der $\sim l^2$ ist.) Theoretische Überlegungen zeigen, daß die aus der Nukleonenmasse μ, der Planckschen Konstante h und der Lichtgeschwindigkeit c bildbare Länge, die „Compton-Wellenlänge des Nukleons"

$$\Lambda_c = \frac{h}{\mu c} \approx 10^{-13}\,\text{cm} = 1\,\text{Fermi}$$

von der Größenordnung der Elementarlänge ist, da sie die charakteristische Größe für den Wirkungsquerschnitt eines Nukleons ist. Auf dieselbe Größenordnung von 1 Fermi für den Radius eines Elektrons führten interessanterweise auch die Schlüsse der klassischen Elektronentheorie, die schon um 1900 von Abraham und Lorentz begründet wurde. — Heisen-

BERG, IWANENKO u. a. haben versucht, die Elementarlänge als dritte Grundkonstante der Physik (neben h und c) in eine einheitliche Feldtheorie der Elementarteilchen einzuführen[1]).

23. Zur Frage einer kosmologischen Ruhmasse der Gravitonen

In vielen Arbeiten (TONNELAT, 1965) behaupten die Autoren, daß die EINSTEINschen Vakuumgleichungen mit kosmologischem Term

$$R_{kl} + \lambda g_{kl} = 0 \tag{1}$$

Gravitonen mit einer sehr kleinen, aber endlichen Ruhmasse ergeben. Nach diesen Arbeiten ist das Quadrat der Ruhmasse der Gravitonen durch die kosmologische Konstante

$$\lambda \sim \frac{\mu^2 c^2}{h^2} = k^2 \tag{2}$$

gegeben.[2])

In einigen Arbeiten (TREDER 1963) habe ich Argumente für einen entgegengesetzten Standpunkt angegeben: Ich habe behauptet, daß die EINSTEINschen Gravitationsgleichungen mit kosmologischem Term genau so wie die üblichen EINSTEINschen Gleichungen Gravitonen mit der Ruhmasse Null definieren. In der vorliegenden Arbeit wird ein allgemeiner Beweis für meine Behauptung gegeben.

---

[1]) Es sei noch darauf hingewiesen, daß in der Physik neben der Heisenbergschen Elementarlänge l noch eine zweite, sehr viel kleinere Elementarlänge diskutiert wird; die von MAX PLANCK bereits 1906 aus Dimensionsbetrachtungen hergeleitete Plancksche Elementarlänge

$$l_{\text{Planck}} = \sqrt{\frac{hf}{c^3}} \approx 10^{-33}\,\text{cm}.$$

Für l_{Planck} ist charakteristisch, daß in ihre Definition die Gravitationskonstante f eingeht. l_{Planck} ergibt sich — ohne zusätzliche Hypothesen — als Elementarlänge, wenn eine Synthese von Quantentheorie und allgemeiner Relativitätstheorie versucht wird. l_{Planck} ist das massenunabhängige geometrische Mittel von COMPTON-Wellenlänge Λ_c und EINSTEINschem Gravitationsradius $a = \frac{fm}{c^2}$ eines beliebigen Teilchens:

$$l_{\text{Planck}} = \sqrt{\Lambda_c a}.$$

Die PLANCKsche Elementarlänge wäre natürlich ohne physikalische Bedeutung, wenn die MARCH-HEISENBERGsche Länge es tatsächlich schon unmöglich macht, 10^{20}mal weiter voneinander entfernte Punkte zu unterscheiden.

[2]) P. G. BERGMANN unterstützt diese Ansicht in seiner Arbeit über die Skalar-Tensor-Theorie der Gravitation (BERGMANN 1968).

In meinen früheren Arbeiten habe ich die Ausbreitung infinitesimaler Störungen γ_{kl} des Gravitationsfeldes im ebenen MINKOWSKI-Raum diskutiert. Mit dem MINKOWSKI-Tensor η_{kl} ist der metrische Tensor durch

$$g_{kl} = \eta_{kl} + \gamma_{kl} \quad (\text{mit } |\gamma_{kl}| \ll 1) \tag{3}$$

gegeben. Die unphysikalischen vektoriellen Gravitonen werden durch die HILBERTschen Koordinatenbedingungen

$$\left(\gamma_i{}^k - \frac{1}{2}\,\delta_i{}^k\gamma\right)_{,k} = 0 \quad (\text{mit } \gamma = \eta^{kl}\gamma_{kl}) \tag{4}$$

ausgeschlossen. Mit (3) und (4) erhält man aus (1) die linearisierten EINSTEINschen Gleichungen

$$\frac{1}{2}\,\eta^{mn}\gamma_{kl,mn} + \lambda(\eta_{kl} + \gamma_{kl}) = 0. \tag{5}$$

Dies bedeutet, daß wir für die γ_{kl} nicht die homogenen Gleichungen

$$\eta^{mn}\gamma_{kl,mn} + k^2\gamma_{kl} = 0 \tag{6}$$

vom KLEIN-GORDON-YUKAWA-Typ finden. In der Tat, die exakte kugelsymmetrische Lösung der kosmologischen EINSTEINschen Gleichung (1) lautet (in SCHWARZSCHILDschen Polarkoordinaten):

$$ds^2 = -\left(1 - \frac{2m}{r} + \frac{\lambda}{3}\,r^2\right)^{-1} dr^2 - r^2 d\Omega^2 + \left(1 - \frac{2m}{r} + \frac{\lambda}{3}\,r^2\right) c^2 dt^2. \tag{7}$$

Diese WEYL-TREFFTZ-Lösung (7) ist gemäß dem BIRKHOFFschen Theorem die einzige kugelsymmetrische Lösung von (1). Die Metrik (7) ist eine erste Näherung der Lösung der linearisierten Feldgleichungen

$$\Delta\gamma_{kl} = 2\lambda\eta_{kl}; \tag{8}$$

Gleichung (8) entspricht der inhomogenen Gleichung (5) und nicht einer Gleichung (6) vom YUKAWA-Typ.

Diejenigen Autoren, die die kosmologische Konstante λ gemäß (2) als Quadrat der Ruhmasse der Gravitonen interpretieren, bringen als ein allgemeines Argument für ihre Ansicht vor, daß die Variation der kosmologischen Gleichung (1) Gleichungen vom YUKAWA-Typ für die Störungen des Gravitationsfeldes ergibt.

Die durch (1) definierte Metrik g_{kl} sei gestört. Wir können diese Störungen durch die Variationen δg_{kl} der Hintergrundmetrik g_{kl} beschreiben:

$$g_{kl} \to g_{kl} + \delta g_{kl} = g_{kl} + \gamma_{kl}. \tag{9}$$

Die Variation (9) der Metrik ergibt eine Variation der CHRISTOFFEL-Symbole Γ^i_{kl} gemäß der Formel von PALATINI:

$$\delta\Gamma^i_{kl} = \frac{1}{2} g^{ir} (-\gamma_{kl;r} + \gamma_{lr;k} + \gamma_{rk;l}). \tag{10}$$

(Die kovarianten Ableitungen sind bezüglich der Hintergrundsmetrik g_{kl} definiert.)

Aus (10) ergibt sich eine Variation des RICCI-Tensors:

$$\delta R_{kl} = -\delta\Gamma^i_{kl;i} + \delta\Gamma^i_{ki;l}. \tag{11}$$

Aus (1) folgt für die gestörten EINSTEINschen Gleichungen

$$R_{kl} + \delta R_{kl} + \lambda(g_{kl} + \delta g_{kl}) = 0. \tag{12}$$

Die Hintergrundsmetrik g_{kl} erfüllt die Gleichung (1). Daher hat man die Gleichungen

$$\delta R_{kl} + \lambda\delta g_{kl} = 0 \tag{13}$$

für die Ausbreitung der Störungen $\delta g_{kl} = \gamma_{kl}$. Die Gleichungen (13) sind ersichtlich vom YUKAWA-Typ. Aus (13) ergeben sich aber mit (10) und (11) die Gleichungen

$$\frac{1}{2} (\gamma_{kl;}{}^s{}_s + \gamma_{;kl} - \gamma^s_{k;ls} - \gamma^s_{l;ks}) + \lambda\gamma_{kl} = 0 \tag{14}$$

(TREDER 1962). Die vektoriellen Gravitonen werden durch die kovariante Verallgemeinerung der HILBERTschen Bedingungen

$$\left(\gamma_k{}^l - \frac{1}{2}\delta\gamma_k{}^l\right)_{;l} = 0 \quad (\text{mit } \gamma = g^{m}\gamma_{mn}) \tag{15}$$

ausgeschlossen. Gleichung (14) führt mit den Bedingungen (15) zu

$$\gamma_{kl;}{}^s{}_s - 2R_{mkln}\gamma^{mn} + R_k{}^n\gamma_{ln} + R_l{}^n\gamma_k{}^n + 2\lambda\gamma_{kl} = 0. \tag{16}$$

Das bedeutet, daß wir Ausbreitungsgleichungen erhalten, die Terme mit dem RIEMANN-Tensor und Terme mit dem RICCI-Tensor der Hintergrundsmetrik enthalten.

Aus den EINSTEINschen Gleichungen $R_{kl} = 0$ ohne den kosmologischen Term resultieren die Gleichungen

$$\gamma_{kl;}{}^s{}_s - 2R_{mkln}\gamma^{mn} = 0. \tag{17}$$

Wenn aber die Hintergrundsmetrik die kosmologischen Gleichungen (1) erfüllt, haben wir

$$R_k^{\,n}\gamma_{ln} + R_l^{\,n}\gamma_{kn} = -2\lambda\gamma_{kl}\,. \tag{18}$$

Die Terme in (16) mit der kosmologischen Konstanten λ werden folglich durch die Terme mit dem RICCI-Tensor $R_k^{\,l}$ kompensiert.

Somit ergeben sich aus den kosmologischen Gleichungen (1) für die Störungen $\delta g_{kl} = \gamma_{kl}$ dieselben Ausbreitungsgleichungen (17) wie aus den Gleichungen

$$R_{kl} = 0\,.$$

Das bedeutet, daß die Endform der Ausbreitungsgleichungen für die Störungen des Gravitationsfeldes von der Existenz eines kosmologischen Terms in den EINSTEINschen Vakuumgleichungen unabhängig ist. Die Gravitonen, die mit diesen Störungen verbunden sind, haben somit auch für eine kosmologische Konstante $\lambda \neq 0$ die Ruhmasse Null. Die kosmologische Konstante hat keinerlei Zusammenhang mit einer Gravitonen-Ruhmasse.

Der allgemeine Ansatz, daß neben den g_{ik} auch die „kosmologische Konstante" λ variiert wird

$$R_{kl} + \delta R_{kl} = -\lambda g_{kl} - \delta(\lambda g_{kl}) = -(\lambda g_{kl} + g_{kl}\delta\lambda + \lambda\gamma_{kl})\,, \tag{19}$$

führt schließlich über

$$\delta R_{kl} = -(\delta\lambda) g_{kl} - \lambda\gamma_{kl} \tag{20}$$

zu der inhomogenen Fortpflanzungsgleichung

$$\gamma_{kl;\,s}^{\;\;\;\;s} - 2R_{mkln}\gamma^{mn} = -2(\delta\lambda)g_{kl}\,. \tag{21}$$

(Diese Darstellung subsummiert auch den Fall eines MINKOWSKIschen Hintergrundsfeldes $g_{mn} = \eta_{mn}$.)

Literatur

BERGMANN, P. G., Comments on the Scalar-Tensor Theory. International Journal of Theoretical Physics, Vol. 1, No. 1 (1968).

TONNELAT, M. A., Les Théories Unitaires de l'Électromagnetisme et de la Gravitation. Paris 1965.

TREDER, H.-J., Gravitonen. Fortschritte der Physik, 11, 81–108 (1963).

TREDER, H.-J., Gravitative Stoßwellen. Berlin 1962.

24. Zur Bedeutung der Einsteinschen Gravitationstheorie für die Struktur der Elementarteilchen und Atome

In der gemeinsamen Arbeit, die der bekannte Atomphysiker, Akademiker Prof. Dr. LAJOS JÁNOSSY, Vizepräsident der Ungarischen Akademie der Wissenschaften Budapest, und der Theoretische Physiker, Akademiemitglied Prof. Dr. habil. HANS-JÜRGEN TREDER, Direktor des Zentralinstituts für Astrophysik der Deutschen Akademie der Wissenschaften zu Berlin, durchgeführt haben, sind wichtige Konsequenzen der von EINSTEIN (1913 bis 1916) formulierten allgemeinen Prinzipien der Äquivalenz zwischen Trägheit und Schwere und der allgemeinen Relativität der Bezugssysteme für die Struktur der Elementarteilchen und der Atome aufgezeigt worden.

Das EINSTEINsche Äquivalenzprinzip stützte sich bisher experimentell auf die seit GALILEI und NEWTON bekannte und besonders von dem ungarischen Geophysiker ROLAND v. EÖTVÖS mit hoher Genauigkeit bewiesene Tatsache, daß auf die Bewegung aller physikalischen Körper Trägheitskraft und Gravitationskraft auf dieselbe Weise wirken, und zwar unabhängig von der physikalischen und chemischen Beschaffenheit dieser Körper.

EINSTEIN hat diesen Tatbestand seit 1911 zur Grundlage seiner allgemein-relativistischen Gravitationstheorie gemacht und in weitreichender mathematischer Verallgemeinerung der EÖTVÖSschen Ergebnisse postuliert, daß der Einfluß von Trägheit und Gravitation auf alle physikalischen Prozesse — also auch auf die Vorgänge innerhalb der Materie und insbesondere auf die Struktur der Atome und Elementarteilchen — durch die allgemein-relativistische Formulierung der aus der speziell-relativistischen Physik folgenden Bewegungs- und Strukturgesetze voll erfaßt wird. Daher ist nach EINSTEIN in einem Laboratorium, das sich frei in einem Gravitationsfeld bewegt (z. B. in einer Weltraumstation), überhaupt kein Einfluß der Gravitation auf das physikalische Geschehen vorhanden.

In ihrer Arbeit zu dieser weitreichenden Aussage der EINSTEINschen Gravitationstheorie haben nun LAJOS JÁNOSSY und HANS-JÜRGEN TREDER gezeigt, daß in der Tat jede Verletzung des EINSTEINschen Prinzips zu dem zusätzlichen Auftreten einer Kraft führen muß, die weder in der NEWTONschen noch aus der speziell-relativistischen Physik (und auch nicht aus der Quantenphysik) bekannt ist.

Auch scheinbar kleine Abweichungen von den EINSTEINschen Prinzipien müssen, wie JÁNOSSY und TREDER zeigten, insbesondere innerhalb der Atome und Elementarteilchen i. a. zu extrem starken Zusatzkräften führen, wobei diese Zusatzkräfte dem Gradienten der Ruhenergie (also der bei weitem größten Energie der Atome) proportional sind.

Definiert man, wie in der Elementarteilchenphysik üblich, eine dimensionslose Kopplungskonstante ε, die diese nicht-EINSTEINschen Kräfte in die Atomdynamik einführt, so würde bei der Annahme einer starken Abweichung von der EINSTEINschen Fassung des Äquivalenzprinzips ε dem Betrage nach gleich 1 sein und dies müßte zum Zusammenbruch der Atome und Elementarteilchen führen. — Würde man annehmen, daß ε von der Größenordnung der elektromagnetischen Kopplungskonstante ist

$$\left(\varepsilon \approx \frac{1}{137}\right),$$

so müßte die Struktur der Atome völlig anders sein, als sie es tatsächlich ist. Wird nun auch noch die experimentell gesicherte Feinstruktur und Hyperfeinstruktur der Atome berücksichtigt, so findet man, daß sein muß:

$$\varepsilon \ll \left(\frac{1}{137}\right)^4 \approx 10^{-8}.$$

Ein eventueller nicht-EINSTEINscher Anteil am Gravitationsfeld kann daher nur einer ultraschwachen Wechselwirkung im Sinne der Elementarteilchenphysik entsprechen.

Da das exakte EINSTEINsche Äquivalenzprinzip aussagt, daß die genannten Zusatzkräfte überhaupt nicht vorhanden sind, entspricht der EINSTEINschen Theorie exakt der Wert

$$\varepsilon = 0.$$

Die Beobachtungen über die Struktur der Atome beweisen nach JÁNOSSY und TREDER somit weitgehend die strenge Gültigkeit der EINSTEINschen Formulierung des Äquivalenzprinzips.

Dieser Nachweis reicht in seiner physikalischen Bedeutung über die EÖTVÖSschen Experimente hinaus, da letztere zwar die Äquivalenz von träger und schwerer Masse bewiesen haben, nicht jedoch EINSTEINS allgemein-relativistische Deutung dieser Äquivalenz. Zudem zeigt das Ergebnis von JÁNOSSY und TREDER erstmalig die Bedeutung der allgemeinen Relativitätstheorie für die Mikrophysik auf, während es bisher die allgemeine Ansicht war, daß wegen der Kleinheit der Gravitationskonstanten die EINSTEINsche Theorie für die Atom- und Elementarteilchentheorie keine Bedeutung hätte.

JÁNOSSY und TREDER weisen noch auf die Denkmöglichkeit hin, daß durch die weitere Untersuchung feinster Effekte der Elementarteilchen eine noch weiter gehende experimentelle Prüfung der exakten Gültigkeit der EINSTEINschen Behauptung

$$\varepsilon = 0$$

möglich sein wird, so daß zukünftige Untersuchungen im Bereich der Physik hoher Energien auch Aussagen über die strenge Gültigkeit des EINSTEINschen allgemeinen Relativitätsprinzips zur Konsequenz haben könnten.

Literatur

L. JÁNOSSY and H.-J. TREDER, On Some Effects Connected with Einstein's Principle of Equivalence. Acta Physica Hung. **31**, 367–374 (1972).

25. Symmetrie und Kosmologie

Seit EDDINGTON ist wiederholt die Vermutung ausgesprochen worden, daß zwischen Kosmologie und Atomphysik enge Beziehungen bestehen, indem aus atomphysikalischen Beziehungen kosmologische Daten deduzierbar sind und umgekehrt. In der Tat liefert die Forderung der Selbstkonsistenz und globalen Gültigkeit der physikalischen Grundgesetze notwendige Bedingungen für die raum-zeitliche Topologie des Kosmos, wobei insbesondere bestimmte Klassen von Anfangs-, Rand- und Eindeutigkeitsbedingungen gefordert werden — ein Gesichtspunkt, den bereits EINSTEIN in seinen ersten Untersuchungen zur relativistischen Kosmologie hervorgehoben hat. Umgekehrt gibt die tatsächliche topologische Struktur des Kosmos bestimmte Anfangs- und Randbedingungen für die physikalischen Gesetze vor, und es ist zu erwarten, daß diese Vorgabe besonders für die weitreichenden Felder von Bedeutung werden [bzw. für Felder, deren Quanten die Ruhmasse Null haben (Photonen, Neutrinos, Gravitonen)]. Hierzu sind die Beziehungen von Gravitationstheorie und Kosmologie seit EINSTEIN ja evident.

HEISENBERG hat in der letzten Zeit verschiedentlich auf einen weiteren, komplementären Gesichtspunkt hingewiesen: Der aktuelle Kosmos ist nur einmal gegeben und ist daher *eine* Realisierung von einer unendlichen Mannigfaltigkeit möglicher Kosmen. — So lassen die EINSTEINschen Gravitationsgleichungen eine Mannigfaltigkeit von kosmologischen Lösungen mit sehr verschiedenen Symmetrieeigenschaften zu (virtuellen Universen), von denen aber eben nur *eine* durch den aktuellen Kosmos realisiert ist.

Die Mannigfaltigkeit der möglichen Kosmen spiegelt die fundamentalen Symmetrien der Grundgleichungen der Physik, insbesondere der EINSTEINschen Gravitationsgleichungen, wider. Der konkret realisierte Kosmos besitzt hingegen weniger Symmetrien. Er kann invariant gerade durch die in ihm bestehenden Symmetriegruppen charakterisiert werden, analog zur allgemeinen Klassifikation der Lösungen der EINSTEINschen Gleichungen nach den von ihnen gestatteten Symmetriegruppen. Daher ist der aktuell gegebene Kosmos weniger symmetrisch als die physikalischen Grundgleichungen. HEISENBERG spricht die Erwartung aus, daß dieser Verlust von Symmetrie durch Realisierung einer speziellen Lösung ihrerseits identisch ist mit der Existenz der symmetriebrechenden, weitreichenden Wechselwirkungen (in Analogie zu den gemäß dem GOLDSTONE-Theorem durch Symmetriebrechung entstehenden weitreichenden Kräften im Festkörper).

Sub specie aeternitatis ist ein Zusammenhang von atomphysikalischen und kosmologischen Strukturen sicher vorhanden, denn Atomphysik und Kosmologie beschreiben Teilaspekte ein und desselben Universums. Es erscheint jedoch fraglich, ob ein direkter Zusammenhang zwischen den Symmetrien der Elementarteilchen (bzw. ihrer Brechung) und elementaren kosmologischen Daten (wie absolute und relative Teilchenzahlen) zu erwarten ist. In den folgenden Gedankenexperimenten soll gezeigt werden, daß einige von HEISENBERG [1] ausgesprochene Vermutungen über die Beziehungen zwischen Elektromagnetismus und Kosmos jedenfalls sehr problematisch sind.

25.1. Brechung der Isoinvarianz und Asymmetrie der Baryonenzahlen im Kosmos

Es wird vermutet, daß die Existenz von elektromagnetischen Feldern verbunden ist mit der Asymmetrie des aktuellen Kosmos gegenüber Drehungen im Isoraum I_2. Diese Asymmetrie ist eine Folge des im tatsächlichen Kosmos bestehenden Überschusses der Zahl N_p der Protonen gegenüber der Zahl N_n der Neutronen: $N_p > N_n$.

Es ist evident, daß die elektromagnetischen Wechselwirkungen die allgemeine Invarianz der Kernkräfte gegenüber Drehungen im I_2 brechen und dies anschaulich eben bedeutet, daß sich ein Proton und ein Neutron nur durch die elektrische Ladung (und als Folge hiervon die magnetischen Momente) unterscheiden. (Die kleine Massendifferenz von Proton und Neutron wird auf die elektromagnetischen und die schwachen Wechselwirkungen zurückgeführt.) Demnach ist eine experimentelle Unterscheidung von Protonen und Neutronen nur durch die Existenz der elektromagnetischen Wechselwirkung möglich; Protonen und Neutronen verhalten sich asymmetrisch in bezug auf das elektromagnetische Feld. Fraglich ist aber, ob hieraus folgt, daß eine Ungleichheit der Nukleonenanzahlen im Kosmos $N_p \neq N_n$ für die Existenz MAXWELLscher Felder nötig ist.

Wir betrachten Modell-Universen:

Das 1. Modell-Universum enthält 1 Nukleon und 1 Elektron. Von der schwachen Wechselwirkung und von der Gravitation wird abgesehen. Gibt es dann keine elektromagnetische Wechselwirkung, so können das Nukleon und das Elektron kein stabiles Atom bilden. Führen wir nun die elektromagnetische Wechselwirkung ein, so sind — bei geeigneten Anfangsbedingungen — zwei Situationen möglich:

A. Das Nukleon ist ein Proton p; dann bildet sich aus dem Nukleon und dem Elektron e ein System, bestehend aus 1 Wasserstoff-Atom H_1^1 und 1 Lichtquant γ; die gesamte Energie des Systems beträgt E.

B. Das Nukleon ist ein Neutron n; dann können Nukleon und Elektron kein Atom bilden. Das System besteht aus einem freien Neutron und einem freien Elektron. Die Gesamtenergie beträgt wiederum E, so daß das Modell-Universum in beiden Fällen dieselbe schwere Masse hat.

Man sieht hier, daß nach Einschaltung der elektrischen Wechselwirkung die Modell-Universen A und B verschieden sind, hier also keine Invarianz gegenüber Isodrehungen $p \rightleftarrows n$ besteht. Unser Modell-Universum realisiert die von Heisenberg postulierten Verhältnisse.

Wir betrachten nun ein 2. Modell-Universum, das aus 1 α-Teilchen (2 Protonen und 2 Neutronen, die durch starke Wechselwirkungen zusammengehalten werden) und 2 Elektronen besteht. Ohne elektrische Wechselwirkung (Fall A) kann sich kein stabiles Atom bilden. Bei Einschaltung der elektrischen Wechselwirkung (Fall B) entstehen (bei geeigneten Anfangsbedingungen) 1 Helium-Atom He_4^2 und 2 Lichtquanten γ. Eine Drehung im Isoraum bedeutet $2p \to 2n$, $2n \to 2p$; es resultiert also wieder ein α-Kern, und das Helium-Atom bleibt nach der Isodrehung erhalten. Das Modell-Universum B ist also invariant gegenüber Drehungen im I_2.

Dennoch sind hier der Fall A „keine elektrische Wechselwirkung" und der Fall B „es existiert eine elektrische Wechselwirkung" grundsätzlich verschieden. Im Fall A gibt es kein stabiles Atom; im Fall B bildet sich ein stabiles Atom He_4^2. Hieraus folgt, daß in diesem Modell-Universum die Existenz eines elektrischen Feldes nichts mit einer Asymmetrie des Kosmos gegenüber Isodrehungen zu tun hat.

Gegen dieses Gedankenexperiment könnte eingewandt werden, daß es sich auf Modell-Universen bezieht und nicht auf den tatsächlichen Kosmos. Da aber das Modell-Universum eine im Rahmen der Maxwellschen Elektrodynamik erlaubte Situation beschreibt, besagt dieser Einwand, daß die Gültigkeit der Maxwellschen Gleichungen (und bereits die des Coulombschen Gesetzes) abhängig sein müßte von der Zahl der im Kosmos existierenden Atome, daß die elektromagnetische Wechselwirkung also tatsächlich eine Vielteilchenkraft sein müßte. — Es gibt keinerlei empirische Anhaltspunkte dafür. Jedenfalls müßten, wenn dies dennoch so wäre, die Gesetze für das makroskopische elektromagnetische Feld grundsätzlich von den Maxwellschen Gleichungen verschieden sein.

25.2. Invarianz gegenüber Ladungskonjugationen und die Existenz von Antimaterie im Kosmos

Es wird angenommen, daß aus der Invarianz der elektromagnetischen Wechselwirkungen gegenüber Ladungskonjugationen (C-Transformationen) — also gegenüber der Vertauschung von Teilchen und Antiteilchen — folgt, daß der aktuelle Kosmos, in dem ja elektromagnetische Felder existieren, gleich viel Materie und Antimaterie enthält, also die Baryonenzahl N_B und die Leptonenzahl N_L im aktuellen Kosmos beide gleich Null sind: $N_B = N_L = 0$.

Wir betrachten einen Kosmos K mit beliebigen N_B und N_L und vernachlässigen die schwachen Wechselwirkungen. Es kann in diesem Kosmos K beliebig große Gebiete mit Materie und beliebig große Gebiete mit Antimaterie geben, oder der Kosmos kann auch nur aus Materie bestehen. Führen wir dann eine Ladungskonjugation gemäß

$$N_B \to -N_B, \ N_L \to -N_L$$

aus, so geht der Kosmos K in den ladungsgespiegelten Kosmos $\bar{K} = CK$ ein. Im Anti-Kosmos $\bar{K}$ enthalten alle Gebiete, die im Kosmos K Materie enthalten, dieselbe Quantität von Antimaterie, und alle Gebiete, die Antimaterie enthalten, nun dieselbe Quantität Materie. Alle Atome aus K sind im Anti-Kosmos $\bar{K}$ zu Anti-Atomen geworden und umgekehrt.

Da ein Beobachter als Teil des Kosmos K diese Ladungsspiegelung selbst mitmacht[1]), ist wegen der Invarianz der starken, elektromagnetischen und gravischen[2]) Wechselwirkungen gegenüber den C-Transformationen die Spiegelung $K \to CK = \bar{K}$ überhaupt nicht bemerkbar, wenn wir nicht die schwachen Wechselwirkungen zusätzlich in Betracht ziehen. Ohne Berücksichtigung der schwachen Wechselwirkungen hat also die Aussage: „Der gesamte Kosmos K wird in den Anti-Kosmos $\bar{K}$ gespiegelt" keinen physikalischen Sinn. Daher ist jeder beliebige Kosmos völlig invariant gegenüber globalen C-Transformationen, so daß aus einer Forderung der Symmetrie gegenüber globaler Ladungsspiegelung keine Bedingungen für den aktuellen Kosmos folgen.

Diese Überlegungen bleiben auch bei Berücksichtigung der schwachen Wechselwirkungen richtig, wenn anstelle der C-Transformationen die gekoppelten CP-Transformationen eingeführt werden (bzw. — dem K-Mesonen-Zerfall zuliebe — die volle CPT-Transformation). — Der Übergang von einem Kosmos K zu einem global CPT-gespiegelten Kosmos K^*

---

1) Der Beobachter B mit seinem Observatorium O wird zum Anti-Beobachter $\bar{B}$ mit einem Anti-Observatorium $\bar{O}$.

2) Gravisch sind Materie und Antimaterie nicht voneinander zu unterscheiden (Gravitation und Anti-Gravitation sind dasselbe).

$= CPT\ K$ ist, da jeder Beobachter diese Transformationen notwendig mitmacht, prinzipiell unbeobachtbar. Somit ist jeder mögliche Kosmos global CPT-symmetrisch.

Diese Symmetrie bleibt auch erhalten, wenn die globale Metrik der Raum-Zeit, also die kosmologischen Gravitationsfelder, mit berücksichtigt werden. Für die kosmologischen Gravitationsfelder gilt das WEYLsche Weltpostulat, nach dem die kosmische Materie im Mittel ein gemäß EINSTEIN synchronisiertes Bezugssystem definiert und hierdurch eine universelle Weltzeit t. Derartige Universen sind räumlich isotrop, und es existiert kein ausgezeichneter räumlicher Richtungssinn in ihnen, so daß die P-Invarianz der Weltmetrik trivial ist.

Hingegen scheint ein Evolutions-Kosmos einen Zeitsinn zu definieren, etwa dadurch, daß in der positiven Richtung der Weltzeit t die kosmischen Distanzen anwachsen. Jedoch läßt sich zeigen [2], daß in allen konsistenten Evolutions-Kosmen die subjektive Zeitrichtung des Beobachters mit der Richtung der Weltzeit t zusammenfällt und daß eine globale Zeitspiegelung $t \to -t$ daher prinzipiell unbeobachtbar ist. Demnach ist jeder dieser Evolutions-Kosmen tatsächlich symmetrisch in bezug auf T-Transformationen. Es besteht also eine globale CPT-Invarianz für jeden konsistenten Evolutions-Kosmos vom WEYLschen Typ, unabhängig von Zahl und Art der in diesem Kosmos enthaltenen Elementarteilchen.

Literatur

[1] HEISENBERG, W., Kosmologie, Elementarteilchen, Symmetrie. Vortrag auf der Nobelpreisträger-Konferenz, Lindau 1968.

[2] TREDER, H.-J., Relativität und Kosmos. Berlin, Braunschweig, Oxford, 1968.

V. ZUR GESCHICHTE UND BEDEUTUNG DER RELATIVITÄTSPRINZIPIEN

26. Globale und lokale Relativitätsprinzipien

Die Relativitätsprinzipien sind Behauptungen über die Struktur physikalischer Gesetze. Ihre Gültigkeit oder Nichtgültigkeit kann nur empirisch bestätigt oder widerlegt werden. Die schwächsten Formen dieser Prinzipien sind die sogenannten globalen Theoreme. Sie liefern Aussagen über Operationen, die — vorausgesetzt, daß sie simultan für das ganze Universum durchgeführt werden — keinen Einfluß auf die physikalischen Ereignisse haben. Viel stärker sind die Prinzipien lokaler Natur. Diese behaupten, daß sich die physikalischen Eigenschaften eines Systems nicht ändern, wenn die Beziehung des Systems zum Universum als Ganzem geändert wird. Bei der Formulierung der lokalen Prinzipien setzen wir voraus, daß es entweder möglich ist, jeden Einfluß der Umgebung zu eliminieren oder daß, wie im Falle universeller Kräfte (z. B. der gravitativen), die prinzipiell nicht beseitigbar sind, der Einfluß kompensiert werden kann. Schwächer sind jedoch diejenigen Formulierungen der Relativitätsprinzipien, die Relativität nur für infinitesimal kleine Raum-Zeit-Bereiche oder -Gebiete fordern. Diese Unterscheidung klärt alle Diskussionen über Existenz und Bedeutung eines allgemeinen Relativitätsprinzips. Solch eine Analyse war bereits von Einstein und Abraham im Jahre 1912 durchgeführt worden.

26.1. Einführung

Die Wichtigkeit der physikalischen Relativitätsprinzipien und besonders die Bedeutung und den physikalischen Gehalt des Prinzips der allgemeinen Relativität hat man erörtert, seit dieses Prinzip von Einstein explizit formuliert worden ist. In den verschiedenen Entwicklungsstadien der allgemeinen Relativitätstheorie und der Kosmologie erschienen von Zeit zu Zeit im Grunde genommen dieselben Fragen und Standpunkte, die bei der Begründung der Relativitätstheorie durch Einstein eine Rolle spielten. So ergänzen sich einander insbesondere die 1912 von Abraham, 1917 von Kretschmann und während der letzten Jahre von Fock gegebenen kritischen Analysen der Ansichten Einsteins — um nur einige der Physiker zu nennen, die scharf die Frage nach Existenz und Bedeutung eines allgemeinen Relativitätsprinzips formulierten.

Zur gleichen Zeit und notwendigerweise von Diskussionen der Relativitätsprinzipien (verbunden mit den Namen GALILEI, POINCARÉ und EINSTEIN) begleitet, begann das Studium der entweder im lokalen physikalischen Raum-Zeit-Kontinuum oder im Universum als Ganzem zulässigen Invarianzgruppen. Es wird allgemein zugestanden, daß die Symmetrieprinzipien wesentliche Einzelheiten des Relativitätsprinzips enthalten; es ist jedoch eine strittige Frage, ob die Festsetzung von gewissen Invarianzgruppen mit der Formulierung von gewissen Relativitätsprinzipien identisch ist.

In bezug auf Relativitäts- und Invarianzprinzipien möchten wir den folgenden Gesichtspunkt entwickeln. Wir unterscheiden zwischen (1) globalen Invarianztheoremen, die sich auf die Struktur des Universums als Ganzes beziehen, und (2) lokalen Invarianztheoremen, die Behauptungen über die Beziehung zwischen einem Teilsystem und dem übrigen Universum aufstellen. In diesem Zusammenhang ist es ferner erforderlich, (3) die Abmessungen der Teilsysteme zu unterscheiden. Diese können (a) eine beliebige endliche Ausdehnung in Raum und Zeit haben oder (b) streng lokal sein, d. h. infinitesimale Raum-Zeit-Abmessungen besitzen.

Die verschiedenen Formulierungen des Relativitätsprinzips beziehen sich auf die Punkte (1), (3a) und (3b). Aussagen, die für eine dieser Interpretationen sinnvoll oder wahr sind, können bei Anwendung auf Bereiche mit anderen Abmessungen bedeutungslos oder falsch werden. So existiert im Grunde nicht nur eine Art von Relativitätsprinzipien, sondern es gibt drei Typen, die sich auf drei verschiedene Systeme von sehr unterschiedlicher Ausdehnung beziehen: auf (a) das gesamte Universum, (b) einen beliebigen endlichen Teil des Universums (in bezug auf das übrige Universum) und (c) einen infinitesimalen Teil des Universums (in bezug auf das übrige Universum).

Wir werden auch zeigen, daß die sich auf Teilsysteme beziehenden Formulierungen der Prinzipien der speziellen und der allgemeinen Relativität unterschiedliche Behauptungen über den Einfluß, den das umgebende Universum auf ein spezielles Teilsystem hat, aufstellen: Einige Theoreme behaupten, daß der Einfluß des übrigen Universums auf gewisse Eigenschaften des Teilsystems abgeschirmt oder vernachlässigt werden kann. Andere Theoreme hingegen stellen fest, daß sich dieser Einfluß durch geeignete Anordnungen im Teilsystem kompensieren läßt.

26.2. Globale Formen der Relativitätsprinzipien

Das Problem der Relativitätsprinzipien, die sich auf das gesamte Universum beziehen, hatten schon im vorigen Jahrhundert HELMHOLTZ, MACH, LANGE und POINCARÉ neben anderen in seinen verschiedenen Teilaspekten formuliert. Das Problem besteht in folgendem:

Jedes Physiklaboratorium L ist ein Teilsystem M des Universums K und unterliegt allen raum-zeitlichen Deformationen D sowie anderen Parameteränderungen, die für das Universum K global vorgeschrieben werden; wir schreiben in symbolischer Form $K \to K' = DK$. Die Frage ist dann: Ist es möglich, solche globalen Deformationen $L \to L' = DL$ in einem Laboratorium festzustellen, das zu derselben Zeit deformiert wird?

Wenn wir von der Annahme ausgehen, daß eine physikalische Aussage, um überhaupt irgendeinen Sinn zu haben, wenigstens experimentell widerlegbar sein muß (K. Popper), auch wenn sie prinzipiell nicht verifizierbar ist, dann kann die obige Frage so umformuliert werden: Haben die durch D vorgeschriebenen Operationen physikalischen Sinn oder entsprechen sie nur Änderungen konventioneller Definitionen, nach deren Anwendbarkeit oder Nichtanwendbarkeit zu fragen sinnlos ist?

In diesem allgemeinen Sinne erscheinen globale Relativitätsprinzipien sowohl in der Kosmologie als auch in der modernen Theorie des Vakuums. Die Suche nach globalen Relativitätsprinzipien impliziert hier die Frage, welche Weltmodelle physikalisch äquivalent bzw. welche Beschreibungen des Grundzustandes des quantenphysikalischen Vakuums äquivalent sind.

Zuerst werden wir ein einfaches Beispiel betrachten, nämlich die globale Transformation des Bezugssystems durch die Poincaré-Gruppe ($D = P$). Diese Form des speziellen Relativitätsprinzips besagt einfach, daß, wenn Raum, Zeit und Geschwindigkeit aller Systeme im Universum durch eine Lorentz-Poincaré-Transformation $K \to K' = PK$ (die daher auch für das Laboratorium gilt: $L \to L' = PL$) um dieselben festen Beträge geändert werden, dann die Transformation keine physikalische Wirkung hervorrufen wird; man kann sagen, daß der experimentell verifizierbare Inhalt der Physik in bezug auf globale Transformationen mit der Poincaré-Gruppe invariant ist.

In diesem Sinne ist die Auswahl eines speziellen Bezugssystems $\sum$ aus der Gesamtheit der durch Lorentz-Poincaré-Transformationen auseinander hervorgehenden Bezugssysteme rein konventionell. Die Feststellung jedoch, daß das Vorhergehende wahr ist, d. h. daß der Inhalt der Physik invariant ist hinsichtlich globaler Transformationen der Bezugssysteme $\sum \to \sum' = P\sum$ innerhalb der Poincaré-Gruppe, ist eine physikalische Aussage. Es ist keineswegs a priori evident, daß eine globale Änderung beispielsweise der Geschwindigkeiten keinen physikalischen Effekt impliziert.

Die obige Feststellung, daß der experimentell verifizierbare Inhalt der Physik invariant ist in bezug auf globale Bezugssysteme, ist in der Tat unrichtig, wenn z. B. die kinematischen Transformationen mit der Galilei-Gruppe statt mit der Lorentz-Gruppe ausgeführt werden. Es würde ferner auch möglich sein, daß a priori keine kinematische Relativität der Bezugssysteme besteht — was besagen würde, daß ein ausgezeichnetes, im „Äther" verankertes Bezugssystem $\sum = \sum_0$ existierte, wie es von NEWTON gefordert worden war. Das Vakuum würde dann eine wohldefinierte Geschwindigkeit Null haben statt, wie in der speziellen Relativitätstheorie, überhaupt keine Geschwindigkeit [13, 9, 31].[1])

Dieses Beispiel illustriert, daß die globalen Relativitätsprinzipien weder trivial noch a priori evident sind, daß vielmehr die Existenz solcher Prinzipien ein physikalisches Problem ist und ihre Aufstellung eine physikalische Entdeckung. Wir möchten diesen Punkt hinsichtlich des Problems der Ähnlichkeitstransformationen S des Universums K $(K \to K' = SK)$ diskutieren — ein Problem, das früher von HELMHOLTZ, POINCARÉ und anderen untersucht worden ist. Die Diskussion gründet sich auf die Frage, inwiefern es einen physikalischen Sinn hat zu behaupten, daß alle Einheiten der Länge und Entfernung im Universum sich um einen gegebenen konstanten Faktor λ geändert haben. Es ist offensichtlich, daß man solch eine Behauptung nicht durch konventionelle euklidische Längenmessungen verifizieren kann. Hingegen kann die Behauptung natürlich unmittelbar bewiesen werden, wenn eine Transformation

$$t \to t' = \lambda t$$

aller Zeitnormale nicht simultan mit der Transformation

$$l \to l' = \lambda l$$

der Längennormale stattfindet, weil dann beispielsweise Lichtuhren eine andere Zeit als mechanische Chronometer anzeigen würden. Übrigens genügt das simultane Transformieren nicht, wenn andere physikalische Experimente ausgeführt werden. Der Grund liegt darin, daß in solch einer Transformation alle Kraftfelder, nämlich die vom NEWTONschen Typ, sich nach dem Gesetz

$$F \to F' = \text{const.}\, \frac{\lambda^{-2}}{r^2}$$

ändern und wir anstelle des NEWTONschen Bewegungsgesetzes in einem Gravitationsfeld erhalten:

$$\frac{d^2\mathfrak{r}}{dt^2} \to \frac{d^2\mathfrak{r}'}{dt'^2} = \lambda^{-1}\,\frac{d^2\mathfrak{r}}{dt^2} = \text{const.}\,\frac{\lambda^{-2}}{r^3}\,\mathfrak{r}.$$

Das bedeutet, daß simultane Änderungen der raumzeitlichen Abmessungen bestimmt festgestellt werden können, wenn nicht zu derselben Zeit andere

[1]) Entgegen der Meinung von MACH [19a] ist es daher bestimmt nicht a priori sinnlos, nach einer globalen Winkelgeschwindigkeit des Universums zu fragen. Als Tatsache ist bekannt, daß der Begriff „Winkelgeschwindigkeit des Universums“ einen konkreten physikalischen Sinn in der allgemeinen Relativitätstheorie hat (Weltmodelle vom GÖDELschen Typ).

Größen nach bestimmten Gesetzen transformiert werden. Die Entscheidung darüber, mit welchen Transformationen anderer Größen eine Raum-Zeit-Ähnlichkeits-Transformation gekoppelt sein muß, damit die Wahl des Ähnlichkeitsfaktors konventionell wird, ist ein Problem der Physik, das im Prinzip eine Kenntnis aller fundamentalen Naturgesetze voraussetzt. (Die Antwort kann sein, daß keine Transformation mit der gewünschten Eigenschaft existiert.)

Andererseits könnte man das oben gestellte Problem sogleich positiv lösen, wenn zum Beispiel nur freie elektromagnetische Felder (und möglicherweise auch andere spezielle Felder ohne Ruhmasse) im Universum existierten; da die Eigenschaften der elektromagnetischen Wellen die Chronometrie des Raum-Zeit-Kontinuums nur bis auf eine konforme Transformation bestimmen, könnte λ hier sogar noch eine Funktion der Koordinaten sein: $\lambda = \lambda(x^1, x^2, x^3, t)$. Wir ersehen hieraus, wie sowohl die Existenz als auch die Form globaler Relativitätsprinzipien für das Universum von dessen physikalischem Inhalt abhängen.

In ihrer allgemeinen Form enthält die Frage, was die Relativitätsprinzipien sind, die Frage nach der Erkennbarkeit der geometrischen Struktur von Raum und Zeit. Die allgemeine Antwort auf diese Fragen, die von Helmholtz [17], Poincaré [20, 21], Einstein [7, 10], Weyl [30, 31], Reichenbach [22] und anderen diskutiert wurden, war von Helmholtz [17] schon 1870 gegeben worden: Die geometrische Struktur wird erfahrbar, wenn genügend reichhaltige physikalisch formulierte Naturgesetze verfügbar sind. Der Komplex von formulierten Naturgesetzen und Geometrie bildet eine experimentell verifizierbare und invariante Einheit. Relativitätsprinzipien können dann allgemein als Aussagen angesehen werden, die feststellen, welche Operationen an der Geometrie des Raum-Zeit-Kontinuums durch welche Modifikationen in der Form der Naturgesetze so kompensiert werden können, daß die Helmholtz-Poincaré-Summe, Geometrie + Physik = Universum, ungeändert bleibt. Im Gegensatz hierzu besagen Relativitätstheoreme im engeren Sinne, daß an der Geometrie gewisse Operationen ausgeführt werden können, die man nicht durch eine Formänderung der Naturgesetze zu kompensieren braucht. Beide Arten von Relativitätsprinzipien behaupten etwas, das die Struktur des Universums betrifft.

Die globalen Relativitätsprinzipien des Universums sind unterschiedlich. Es können vorrangig Prinzipien sein, die sich aus der allgemeinen Struktur der Fundamentalgesetze der Natur ergeben. Ein Beispiel ist das spezielle Relativitätsprinzip in der oben diskutierten Form. Die Relativitätsprinzipien können ferner auf die spezielle Form beschränkt sein, in der das wirkliche Universum die universellen Gesetze modelliert. Eddington und später z. B. Heisenberg [16] betonten wiederholt, daß das reale Universum eine spezielle Lösung (ein spezielles Modell) jener Mengen von Gleichungssystemen ist, die die Fundamentalgesetze der Natur ausdrücken. Die Invarianzeigenschaften einer speziellen Lösung eines Gleichungssystems unterscheiden sich nun radikal von denen des Gleichungssystems selbst, und zwar in zweierlei Art: Eine spezielle Lösung hat (1) in einer Hinsicht mehr und (2) in anderer Hinsicht weniger Symmetrieeigenschaften als das Gleichungssystem.

Zur Erklärung dieses Punktes wollen wir das Beispiel der EINSTEINschen Gravitationsgleichungen betrachten, von denen angenommen werde, daß sie auch die Globalstruktur des Universums bestimmen. Das allgemeine Gravitationsfeld, das durch die EINSTEINschen Gleichungen gegeben wird, kann beliebig inhomogen und anisotrop sein. Es entspricht dem allgemeinsten vierdimensionalen RIEMANNschen Raum. Ein spezieller Raumtyp dieser allgemeinen geometrischen Struktur ist dann möglicherweise durch eine bestimmte mathematische Struktur charakterisiert, die sich durch nichttriviale Gruppeneigenschaften auszeichnet. (Wir werden dieses Problem im nächsten Abschnitt weiter diskutieren.)

Andererseits prägt jede spezielle Lösung der EINSTEINschen Gleichungen einem RIEMANNschen Raum, der anfangs amorph war, eine gewisse Struktur auf. Die Feststellung, daß diese partikuläre Lösung im Universum realisiert ist, schließt alle anderen möglichen Lösungen aus, die mit der allgemeinen Struktur der EINSTEINschen Gleichungen kompatibel sein könnten.

Wir wollen als ein anderes Beispiel die MAXWELLschen Gleichungen betrachten. Diese Gleichungen sind invariant gegen die POINCARÉ-Gruppe, und sie definieren keine ausgezeichneten Raum-Zeit-Richtungen. Ein spezielles elektromagnetisches Wellenfeld sondert jedoch solche Richtungen durch seine Wellen- und Polarisationsvektoren aus. Diese Auszeichnung ergibt sich aus der notwendig asymmetrischen Wahl der Anfangs- und Grenzbedingungen, die die gesuchte Lösung eines Gleichungssystem bestimmen.

So hat man in kosmologischen Theoremen, d. h. in der Formulierung von globalen Relativitätsprinzipien, nicht nur die Struktur der universellen physikalischen Gleichungen, sondern auch die Modell-Realisierung des Gleichungssystems durch das reale Universum zu betrachten.

Es ist interessant, diesen Unterschied durch ein sehr intellektuelles Beispiel, nämlich das Problem einer ausgezeichneten Zeitrichtung im Universum, zu illustrieren [25]. Wir wissen, um damit zu beginnen, daß alle Fundamentalgesetze der Natur (hierbei die grundlegende Bedeutung des K-Meson-Zerfalls als ungeklärt beiseite gelassen) invariant sind hinsichtlich der Umkehr der Zeitachse, d. h. invariant gegen die Substitution $t \to t' = -t$. Folglich hat es unter dem Gesichtspunkt der Fundamentalgesetze der Natur keinen Sinn, zwischen Vergangenheit und Zukunft zu unterscheiden. In speziellen Lösungen ist es jedoch möglich, zwischen Vergangenheit und Zukunft zu unterscheiden; und offensichtlich ist unser Universum solch eine besondere Lösung, wo es eine empirische Tatsache ist, daß die Zeitrichtung, die von der Vergangenheit in die Zukunft führt, mit der Zeitrichtung, die durch das HUBBLEsche Expansionsgesetz des Universums definiert wird, zusammenfällt.

Die spitzfindigen Fakten, die wir hier kurz diskutieren werden, sind die, daß einerseits das spezielle Universum eine Lösung der kosmologischen EINSTEINschen Gleichungen repräsentiert, durch die eine universelle Zeitrichtung ausgezeichnet wird und die in diesem Sinne eine Einschränkung der Symmetrie der Fundamentalgesetze enthält; andererseits prägt das reale Universum dem Raum-Zeit-Kontinuum eine neue Symmetrie-Eigenschaft auf, die nicht aus den Fundamentalgesetzen der Natur gefolgert werden kann; das Resultat ist, daß es in Richtung der kosmischen Zeit expandiert (und nicht möglicherweise kontrahiert).

In der speziellen Relativitätstheorie sind alle Ereignisse E, die mit dem zur Zeit $t = 0$ am Weltpunkt X_0 (mit $x^1 = x^2 = x^3 = 0$, $t = 0$) stattfindenden Ereignis E_0 im Kausalzusammenhang stehen, durch das Innere und den Mantel des MINKOWSKIschen Lichtkegels

$$-(x^1)^2 - (x^2)^2 - (x^3)^2 + c^2t^2 = 0$$

gegeben. Im Falle retardierter Felder (Lösungen der Feldgleichungen mit dem Argument $r - at$, $0 \leqq a \leqq c$) umfaßt der Halbkegel $t < 0$ alle Ereignisse E_P, die (zumindest im Prinzip) einen kausalen Einfluß auf E_0 haben. Der Halbkegel $t > 0$ umfaßt alle Ereignisse E_A, die von E_0 kausal beeinflußt werden.

Für avancierte Felder (die Lösungen der Feldgleichungen mit dem Argument $r + at$) vertauschen beide Halbkegel ihre Bedeutung. Der Halbkegel $t < 0$ ist der Ort der Ereignisse E_A, die aktiv von E_0 beeinflußt werden können, der Halbkegel $t > 0$ hingegen ist der Ort der Ereignisse E_P, die auf E_0 eingewirkt haben.

Somit gibt es bei gleichzeitiger symmetrischer Existenz retardierter und avancierter Felder keinen Unterschied in der physikalischen Bedeutung beider Halbkegel; „Vergangenheit" und „Zukunft" sind völlig symmetrisch, d. h., sie sind nicht unterscheidbar und daher nicht definiert.

Die Erfahrung zeigt jedoch, daß in der Realität nur retardierte Wirkungen vorkommen; d. h., in der Realität enthält der Halbkegel $t < 0$ die Ereignisse E_P, von denen E_0 kausal abhängt, und der Halbkegel $t > 0$ die Ereignisse E_A, auf die E_0 kausal einwirkt. Wir wollen annehmen, daß längs der Weltlinie $r = 0$ der Eigenzeit t des Beobachters in X_0 die Ereignisse $\ldots, E_{-2}, E_{-1}, E_0, E_{+1}, E_{+2}, \ldots$ mit den Parameterwerten $\ldots, t = -2$, $t = -1, t = 0, t = +1, t = +2, \ldots$ stattfinden. Der passive Halbkegel zu E_0 enthält dann denjenigen zu E_{-1} usw. Andererseits ist der passive Halbkegel von E_0 im passiven Halbkegel von E_1 enthalten usw. Der Umfang der passiv erfahrenen Ereignisse E_P wächst also mit wachsender Eigenzeit t, während der Umfang der aktiv beeinflußbaren Ereignisse abnimmt. Diese Folge von Enthaltenseinsrelationen wird subjektiv als gerichteter Ereignisstrom empfunden, der die Zeitrichtung von „erlittener Vergangenheit" in die „aktive Zukunft" definiert. Der Unterschied zwischen dem passiven und dem aktiven Halbkegel des jeweiligen MINKOWSKIschen Lichtkegels ist daher wesentlich für die Existenz einer subjektiven Zeitrichtung des Beobachters, und dieser Unterschied ergibt sich aus der Tatsache, daß in der Realität nur retardierte Effekte vorkommen.

Man sieht aber, daß eine Welt, die nur avancierte (und keine retardierten) Wirkungen enthält, von der eben beschriebenen Welt nicht zu unterscheiden ist. Die Enthaltenseinsrelationen der Halbkegel mit den erlittenen Ereignissen sind hier derart, daß der passive Halbkegel zu E_0 echt in demjenigen zu E_{-1} enthalten ist usw. Der Umfang der erlittenen Ereignisse wächst mit abnehmender Zeit t; dementsprechend kehrt sich die Richtung des Ereignisstroms für den Beobachter um. Somit ist die durch den Ereignisstrom definierte subjektive Zeitrichtung hier genau entgegengesetzt wie im ersteren Fall. Die subjektive Zeit des Beobachters ist jetzt durch $t' = -t$ gegeben. In bezug auf diese Zeit sind jedoch die hinsichtlich t avancierten Wirkungen retardiert und umgekehrt:

$$r - at = r + at', \quad r + at = r - at'.$$

Man kann nun zeigen (s. u.), daß alle avancierten Wirkungen (Felder, Störungen, Signale) im Universum als Folge der sich in dessen Expansion zeigenden Nichtstationarität des Universums eliminiert sind. Nach den EINSTEINschen Gleichungen ist ein stationäres, räumlich homogenes und isotropes Universum instabil; bereits eine infinitesimale Störung führt dazu, daß der Kosmos entweder expandiert oder kontrahiert. Unter der Voraussetzung aber, daß solch ein stationäres Universum konsistent ist, müßte sich Strahlungsgleichgewicht ergeben (OLBERSsches Paradoxon). Jedes Raumgebiet absorbiert und emittiert dann dieselbe Quantität und Qualität von Strahlung. In solch einem Universum ist ersichtlich keine Zeitrichtung definiert. Tatsächlich erlaubt aber die EINSTEINsche Gravitationstheorie eben kein stabiles stationäres Universum und daher auch nicht die Herausbildung eines Strahlungsgleichgewichts.

Insbesondere bei Weltmodellen mit einer positiven kosmologischen Konstante ($\lambda > 0$) treten Ereignishorizonte auf. Die retardierten Lösungen z. B. der MAXWELLschen Feldgleichungen konvergieren in solch einer Welt für alle Zeiten, wogegen die avancierten Lösungen divergieren. Folglich müssen in einem derartigen Weltmodell alle avancierten Potentiale unterdrückt sein. Wenn die Opazität des Universums groß genug ist, findet tatsächlich eine kontinuierliche Absorption aller avancierten Felder statt (oder ihre Umwandlung in retardierte Felder durch Streuung)[1].

In einem sich entwickelnden Universum mit Ereignishorizont existieren

[1] Die Strahlungsstreuung erfolgte vor allem während der dichten Anfangsphase in der Evolution des Universums. Diese Phase kann in Modellen mit positiver kosmologischer Konstante sehr lange Zeitperioden haben.

somit retardierte, aber keine avancierten Wirkungen. Man muß stets daran denken, daß auch diese Behauptung vom physikalischen Inhalt des Universums abhängt. Die Opazität des Universums kann derart sein, daß tatsächlich die avancierten elektromagnetischen Potentiale völlig absorbiert werden, daß dieses aber für die avancierten Neutrinofelder nicht unbedingt der Fall zu sein braucht.

Für einen im Weltpunkt X_0 ruhenden Beobachter bedeutet die Nichtexistenz avancierter Wirkungen, daß der Halbkegel $t < 0$ die erlittene Vergangenheit repräsentiert, die von dem Ereignis E_0 nicht mehr beeinflußt werden kann; der Halbkegel $t > 0$ repräsentiert hingegen die vom Ereignis beeinflußbare Zukunft. Daher gibt es in einem expandierenden Universum für jeden Beobachter eine subjektive Zeitrichtung, die mit der Richtung der Weltzeit t identisch ist. Die Zeitrichtung ist durch die Expansion des kosmischen Raumes gegeben; der Krümmungsradius $R(t)$ des Raumes V_3 wächst mit der subjektiven Zeit jedes im Universum ruhenden Beobachters.

Die Gleichgerichtetheit der subjektiven Zeit mit derjenigen Zeit, die durch das Wachsen des Weltradius R definiert wird, bestätigt ein Gedankenexperiment, bei dem die Expansion des Universums in eine Kontraktion umgewandelt werden soll. Für ein kontrahierendes Universum nimmt der Weltradius R mit wachsender Zeit t ab; und in voller Analogie zu den obigen Überlegungen findet man für avancierte Felder eine Intensitätsabschwächung und eine Doppler-Verschiebung ins Niederfrequente. Ferner gibt es für ein in der Zeit t genügend schnell kontrahierendes Universum auch einen Welthorizont bezüglich der avancierten Felder für jeden im Universum ruhenden Beobachter. Die in der Zeit t retardierten Felder würden hingegen zu Divergenzen und somit zu einer Inkonsistenz des kontrahierenden Universums führen. Folglich sind in einem kontrahierenden Universum alle in bezug auf t retardierten Wirkungen unterdrückt.

Demnach umfaßt für einen im Punkt $r = 0$ des kontrahierenden Universums ruhenden Beobachter der Halbkegel $t > 0$ alle Ereignisse E_P, die auf das Ereignis E_0 eingewirkt haben; er ist somit das Gebiet der erlittenen Vergangenheit. Umgekehrt enthält der Halbkegel $t < 0$ alle von E_0 beeinflußbaren Ereignisse E_A, ist also die aktive Zukunft dieses Ereignisses. Der Beobachter stellt daher einen Ereignisstrom fest, der von positiven zu negativen t-Werten führt.

Die subjektive Zeit ist, wie oben ausgeführt, durch $t' = -t$ gegeben. In bezug auf die gespiegelte Zeit wächst aber der Weltradius R mit der subjektiven Zeit, und alle im Universum vorhandenen Felder sind retardierte mit dem Argument $r - at'$. Dementsprechend wird ein Beobachter wieder eine Rotverschiebung für die in seiner subjektiven Zeit t' retardierten Felder feststellen. Es folgt daher allgemein: Die subjektiv orientierte Zeit jedes Beobachters ist durch die Expansion des kosmischen Raumes V_3 gegeben, d. h. durch das Anwachsen des Weltradius. Diese These bedeutet keine Aussage über den Bewegungszustand des Universums, sondern ist eine einfache Folge der Definition der subjektiven Zeitrichtung. Per definitionem existiert immer ein expandierendes Universum in der subjektiven Zeit jedes Beobachters. Ein kontrahierendes Universum ist aus erkenntnistheoretischen Gründen ausgeschlossen.[1])

Die Diskussion des Beispiels zeigt wieder ein wichtiges Merkmal eines globalen Relativitätsprinzips — die simultane Transformation des Beobachters und des übrigen Universums. Folglich kann die Behauptung, daß globale Relativitätsprinzipien existieren, nicht vom Standpunkt eines Beobachters außerhalb des Universums, d. h. vom Standpunkt Gottes, bewiesen werden. Vom Standpunkt Gottes könnten in dem oben gegebenen Beispiel die Expansions- und Kontraktionsphasen des Universums voneinander unterschieden werden, weil Gott nicht der Transformation $t \to -t$ unterworfen ist. Der Physiker ist jedoch nicht Gott und erleidet alle globalen Transfomrationen.

Die Komplikationen, die sich aus einer Nichtbeachtung dieser Tatsachen ergeben können, werden illustriert durch die Diskusstion einer auf HEISENBERG [10] zurückgehenden Idee, die mögliche Relationen zwischen der Symmetrie des Universums und derjenigen der Elementarteilchen betrifft.

Es wird vorausgesetzt, daß die Invarianz der elektromagnetischen Wechselwirkungen in bezug auf Ladungskonjugationen (C-Transformationen) — d. h. hinsichtlich der Vertauschung von Teilchen und Antiteilchen — das Vorhandensein gleicher Beträge von Materie und Antimaterie im realen Universum (in dem es elektromagnetische Felder gibt) bedeutet, so daß sowohl die Baryonenzahl N_B und die Leptonenzahl N_L im realen Universum verschwinden: $N_B = N_L = 0$.

Wir wollen ein Universum K mit beliebigen N_B und N_L betrachten und die schwachen Wechselwirkungen vernachlässigen. In diesem Universum K können beliebig große Gebiete voll Materie und beliebig große Gebiete voll Antimaterie nebeneinander existieren, oder das Universum kann allein aus Materie bestehen. Wenn wir eine Ladungskonjugation gemäß

$$N_B = -N_B, \quad N_L = -N_L$$

ausführen, dann transformiert sich das Universum K in das ladungskonjugierte Universum $\bar{K} = CK$. In dem Anti-Universum $\bar{K}$ enthalten alle Gebiete, die im Universum K aus Materie bestanden, dieselbe Menge Antimaterie, und alle Gebiete, die aus Antimaterie bestanden, enthalten nunmehr dieselbe Menge Materie. Alle Atome von K sind Antiatome im Universum $\bar{K}$ geworden und umgekehrt.

---

[1]) Vorausgesetzt, daß der Kosmos tatsächlich so beschaffen ist, daß die Asymmetrie von retardierten und avancierten Potentialen dauernd bestehen bleibt, nur diese Asymmetrie ermöglicht ja erst die Definition einer subjektiven Zeitrichtung.

Ein Beobachter, der Teil des Universums K ist, wird auch dieser Ladungskonjugation unterworfen. So bemerkt er wegen der Invarianz der starken, der elektromagnetischen und der gravischen Wechselwirkungen in bezug auf C-Transformationen und bei Vernachlässigung der schwachen Wechselwirkungen die Konjugation $K \to CK = \bar{K}$ nicht. Damit hat, wenn schwache Wechselwirkungen vernachlässigt werden, die Aussage „Das gesamte Universum K wird in das Anti-Universum $\bar{K}$ gespiegelt" keinen physikalischen Sinn. Folglich ist jedes Universum völlig invariant in bezug auf globale C-Transformationen, so daß eine Symmetrieforderung hinsichtlich globaler Ladungskonjugation zu keinen Bedingungen für das reale Universum führt.

Diese Betrachtungen bleiben auch dann gültig, wenn man schwache Wechselwirkungen berücksichtigt — vorausgesetzt, daß wir die C-Transformationen durch kombinierte CP-Transformationen (oder, wegen des K-Meson-Zerfalls, durch die volle CPT-Transformation) ersetzen. Der Übergang des Universums K zu einem global CPT-konjugierten Universum $K^+ = CPT\ K$ ist prinzipiell unbeobachtbar, da jeder Beobachter notwendig dieser Transformation unterliegt. Demgemäß hat jedes mögliche Universum globale CPT-Symmetrie.

Diese Symmetrie bleibt auch dann erhalten, wenn man die globale Metrik des Raum-Zeit-Kontinuums, d. h. die kosmologischen Gravitationsfelder, in Betracht zieht. Für diese Felder besteht das Weylsche Postulat für das Universum, wonach die Materie des Universums im Mittel ein gemäß Einstein synchronisiertes Bezugssystem und daher eine universelle Weltzeit t definiert. Derartige Universen sind räumlich isotrop und weisen keine ausgezeichnete Richtung im Raum auf, so daß die P-Invarianz der Weltmetrik trivial ist.

Dagegen scheint ein sich entwickelndes Universum einen Zeitsinn zu definieren, indem z. B. die kosmischen Distanzen in der positiven Richtung der Weltzeit t anwachsen. In allen konsistenten sich entwickelnden Universen stimmt jedoch die subjektive Zeitrichtung eines Beobachters mit derjenigen der Weltzeit t überein, und eine globale Zeitreflexion $t \to -t$ ist prinzipiell unbeobachtbar. Das bedeutet, daß jedes von diesen sich entwickelnden Universen tatsächlich in bezug auf die T-Transformationen symmetrisch ist. Daher gilt eine globale CPT-Invarianz für jedes konsistente sich entwickelnde Universum vom Weylschen Typ, unabhängig von der Zahl und der Art der in ihm enthaltenen Elementarteilchen [25].

Die von Heisenberg betrachteten Situationen sind somit physikalisch ununterscheidbar. Heisenberg argumentiert jedoch vom Standpunkt Gottes und postuliert ein platonisches Symmetrieprinzip: Vom Standpunkt des sich im Universum befindenden Physikers ist Heisenbergs Symmetriepostulat dagegen automatisch erfüllt — einfach als eine Konsequenz der Realisierung der Naturgesetze im wirklichen Universum.

26.3. Relativitätsprinzipien für endliche Systeme

Relativitätsprinzipien für endliche Systeme gründen sich auf globale Relativitätsprinzipien. Sie machen Aussagen über das, was geschieht, wenn die Verfahren von Abschnitt 2 auf ein Teilsystem M statt auf das gesamte Universum angewandt werden, d. h., sie beziehen sich auf die Relation zwischen dem Teilsystem und dem Rest des Universums ($R = K - M$). Die Grenzform dieser Prinzipien entspricht dem Fall, in dem das Teilsystem M wieder den gesamten Kosmos K ($K = M$) darstellt. Somit sind Relativitätsprinzipien, die für Teilsysteme gelten, grundlegend strenger als Relativitätsprinzipien, die sich global auf das Universum in seiner Gesamtheit beziehen. Relativitätsaussagen, die sich auf ein endliches Teilsystem M anwenden lassen, sind sicher richtig nur dann, wenn sie auch für das gesamte Universum gelten. Das Umgekehrte ist dagegen nicht wahr. POINCARÉ hat hervorgehoben, daß das Gesetz der Relativität in strenger Form nur benutzt werden kann, wenn es auf das gesamte Universum angewandt wird.

Es ist somit keinesfalls wahr, daß alle Symmetrieprinzipien, die für das gesamte Universum K gelten, auch a fortiori für die Beziehung zwischen K und den Teilsystemen M Gültigkeit haben. Tatsächlich gibt es viel mehr Möglichkeiten von sich unabhängig ändernden Teilsystemen M in dem Universum K, als es Möglichkeiten von simultanen globalen Änderungen der universellen Parameter gibt.

Wir wollen hier noch einmal das spezielle Relativitätsprinzip betrachten, nunmehr jedoch, in der von ABRAHAM, KRETSCHMANN und FOCK vorgeschlagenen Fassung, als eine sowohl die Homogenität als auch die Isotropie des Raum-Zeit-Kontinuums betreffende Aussage [2, 3, 13—15, 18]. In dieser Form behauptet das Prinzip der speziellen Relativität folgendes: Wenn der Rest R der Welt ungeändert bleibt, so kann jedes System M des Universums K in der Raum-Zeit gemäß der LORENTZ-POINCARÉ-Gruppe beliebig gedreht und parallelverschoben werden, ohne daß ein Meßwert im System $M' = PM$ in bezug auf einen Meßwert in M geändert würde.

Das bedeutet, daß das Restuniversum $R = K - M$ keinen Einfluß auf das System ausübt, der sich auf die Prozesse in M auswirkt, oder, genauer gesagt, der Einfluß von R innerhalb des Systems M ist unabhängig von der raumzeitlichen Orientierung und der raumzeitlichen Lage von M in K.

In der Diskussion zwischen EINSTEIN [5] und ABRAHAM [2, 3] von 1912 war betont worden, daß diese Aussage, da sie ein ideal isoliertes System M^+ voraussetzen würde, natürlich niemals streng anwendbar sein kann. Der Sinn ist vielmehr nur dieser: Es ist im Prinzip möglich, das System M so zu isolieren, daß für $M = M^+$ die Behauptungen des Relativitätsprinzips bestehen. Nach dem Relativitätsprinzip können wir daher die Physik des Systems M, soweit es reale Operationen gemäß der LORENTZ-POINCARÉ-Gruppe P betrifft, einteilen in die Physik der dem System inhärenten Prozesse und die Physik äußerer Störungen, die von R herrühren und im Prinzip eliminiert werden können. Wenn diese Störungen einmal eliminiert worden sind, so erlauben uns Beobachtungen im System $M = M^+$ nicht länger, zwischen den verschiedenen Zuständen zu unterscheiden, die sich aus LORENTZ-POINCARÉ-Bewegungen $M' = PM$ des Systems im Universum K ergeben. Das Teilsystem M verhält sich genauso wie das Universum selbst.

Für die Gültigkeit dieser Form des Relativitätsprinzips ist es daher notwendig, daß durch Abschirmung jede Wechselwirkung zwischen M und R im Prinzip verhindert werden kann. Diese Art von Abschirmung wäre verwirklichbar, wenn es keine langreichweitigen Wechselwirkungen gäbe, sondern nur Wechselwirkungen in der Art der Kernkräfte, die nur bei „unmittelbarem Kontakt" wirken. Prinzipiell kann man jedoch auch langreichweitige elektromagnetische Wechselwirkungen abschirmen (vgl. FARADAY-Käfig), und im Prinzip ist eine Abschirmung für alle nichtuniversellen Kräfte möglich. Daher ist es für alle nichtuniversellen Wechselwirkungen richtig, in der von EINSTEIN, ABRAHAM und FOCK diskutierten Fassung des Relativitätsprinzips zu sagen: Man kann $M^{+\prime} = PM^+$ für M^+ substituieren. Die universelle gravische Wechselwirkung ist natürlich von diesem Relativitätsprinzip ausgeschlossen.[1])

Da keine Abschirmung gegen Gravitation existiert, gibt es keine hinsichtlich der universellen gravischen Wechselwirkung isolierten Systeme. Das bedeutet, daß ein so allgemeines Relativitätsprinzip wie in der speziellen Relativitätstheorie (d. h. für andere Wechselwirkungen als die Gravitation) für das Gravitationsfeld nicht gelten kann. Darauf war früher von ABRAHAM [1—3] hingewiesen worden, und denselben Punkt hat unlängst FOCK [13—15] betont.

In einer gewissen Klasse von Fällen ist es sicherlich möglich, auch bei Berücksichtigung des Gravitationsfeldes eingeschränkte Relativitätsprinzipien zu formulieren. In diesen Fällen geht man von der Erwägung aus, daß spezielle Gravitationsfelder gewisse Symmetrieeigenschaften haben können, und diese Eigenschaften lassen sich bei der Formulierung eines Relativitätsprinzips benutzen. Wenn das Gravitationsfeld eine gewisse Symmetrie besitzt, dann ändert eine Bewegung δx des Systems M, die den Gesetzen der Gruppenstruktur der Symmetrien genügt (vorausgesetzt, daß solch eine Bewegung möglich ist), die Beziehung zwischen dem System M und dem Gravitationsfeld g nicht.

Diese eingeschränkten Bewegungen schließen Operationen ein, die sich auf eine Kompensation des Gravitationsfeldes anstatt auf seine Abschirmung gründen. Das entsprechende Relativitätsprinzip behauptet, daß es

---

[1]) Die schwache FERMI-Wechselwirkung ist auch eine universelle Wechselwirkung. Sie ist jedoch nicht vom langreichweitigen Typ und verursacht daher keine Schwierigkeiten bei der Definition isolierter Systeme.

bei speziellen Gravitationsfeldern g möglich ist, gewisse raum-zeitliche Variationen δg des Gravitationsfeldes durch gewisse Bewegungen δx des Systems M zu kompensieren. Diese Auffassung, die auch besonders von FOCK betont worden ist, führt unmittelbar zur Definition der erzeugenden Bewegung. Die infinitesimale Variation des Gravitationsfeldes in einer einzelnen Richtung, derjenigen von x, ist durch

$$\delta g = \frac{\partial g}{\partial x} \delta x$$

gegeben. Die Verschiebung des Systems im Raum ist hier durch $DM = \delta x$ gegeben, und sie führt zu einer Änderung in der Wechselbeziehung zwischen dem System und dem Gravitationsfeld g, die im infinitesimalen Maßstab durch

$$Dg_{ik} = -g_{il}\delta x^l{}_{,k} - g_{lk}\delta x^l{}_{,i}$$

bestimmt ist. Beide Änderungen gleichen sich aus, wenn die Variationen des Gravitationsfeldes dieselbe Größe haben, d. h. wenn die KILLING-Gleichung

$$\mathscr{L} g_{ik} = Dg_{ik} - \delta g_{ik} = (\delta x_i)_{;k} + (\delta x_k)_{;l} = 0$$

erfüllt wird. Hier werden die noch erlaubten Operationen nicht länger universell durch die LORENTZ-POINCARÉ-Gruppe gegeben, sondern sie sind abhängig von dem gegebenen Gravitationsfeld g, in dem sich das System M befindet.

Es ist wieder besonders von HEISENBERG hervorgehoben worden, daß zusätzlich zu den Gravitationswirkungen andere nichtabschirmbare Einflüsse der umgebenden Welt R auf das System M existieren können. Während die Unmöglichkeit der Abschirmung gegen die Schwerewirkungen eine gewisse Struktur des Raum-Zeit-Kontinuums bedeutet, so daß das Vakuum nicht länger „leer" ist, sondern das Gravitationsfeld g trägt, sollten die anderen nichtabschirmbaren Einflüsse eine Struktur des quantentheoretischen Vakuums darstellen. Die Struktur des Vakuums mit Gravitation zerstört daher die Symmetrie des Raum-Zeit-Kontinuums der speziellen Relativitätstheorie, und der zusätzliche Einfluß des Universums zerstört die Symmetrie des quantentheoretischen Grundzustandes.

Für unser Problem ist jedoch nur wichtig, daß die sich auf endliche Teilsysteme M beziehenden Relativitäts- und Invarianzprinzipien stärker sind als die Prinzipien, die das Universum K als Ganzes betreffen. Das Universum als Ganzes ist in der Tat ein isoliertes System, das per definitionem nicht mit einer umgebenden Welt ($K - M = R = 0$) wechselwirkt; so kann offensichtlich die Frage, ob äußere Einflüsse auf das Universum abschirmbar oder kompensierbar sind, nicht entstehen.

Wir wollen schließlich hervorheben, daß, wenn wir — entgegen dem in Abschnitt 2 vertretenen Standpunkt — einen Beobachter von einer auf das Universum K angewandten Transformation ausnehmen, wir dann tatsächlich die Änderung der Parameter im Laboratorium L des Beobachters bezüglich der Parameter der ihn umgebenden Welt $K - L$, d. h. einen speziellen Fall der Relativitätsprinzipien für endliche Systeme, betrachten.

26.4. Relativitätsprinzipien für infinitesimale Raum-Zeit-Bereiche

Während der Übergang von globalen Relativitätsprinzipien zu den in endlichen Bereichen M wirksamen nach dem Vorhergehenden eine Verschärfung des Relativitätspostulats darstellt, so bedeutet der Übergang von endlichen zu infinitesimalen Raum-Zeit-Bereichen eine Abschwächung dieser Einschränkungen. Es wird hier nur gefordert, daß man in infinitesimal kleinen Raum-Zeit-Bereichen μ gewisse, die Beziehungen dieser Bereiche in bezug auf das Restuniversum ändernde Operationen ausführen kann, ohne die Physik in dem betrachteten Bereich abzuändern. Diese Forderung ist nicht deshalb leichter zu erfüllen, weil ein infinitesimaler Bereich eher gegen den Einfluß universeller Kräfte abgeschirmt werden kann, sondern weil es leichter ist, den Einfluß der universellen Kräfte zu kompensieren, wenn die Kompensation für einen infinitesimalen anstatt für einen endlichen Bereich gefordert wird. Wir werden diesen Sachverhalt unter Bezugnahme auf die oft kritisch erörterte Einsteinsche Formulierung des allgemeinen Relativitätsprinzips erklären.

Ein Beobachter, der sich an einem gewissen Weltpunkt X befindet, d. h. an einem bestimmten Punkt im Raum zu einer gegebenen Zeit, stellt seinen lokalen Bezugsraum durch die Lorentz-Minkowski-Mannigfaltigkeit E_4 dar, die zu der jeweiligen Riemannschen Raum-Zeit V_4 tangential ist. Die Tangentialräume E_4 für die verschiedenen Weltpunkte sind wesentlich unabhängig voneinander, das heißt, die Beziehung zwischen der Metrik des Tangentialraumes E_4, η_{AB} $(A, B = 1, 2, 3, 4)$, und der Metrik der Raum-Zeit $g_{ik}(x^l)$ $(i, k = 1, 2, 3, 4)$ ist durch eine anholonome Transformation gegeben:

$$g_{ik} = h_i{}^A h_k{}^B \eta_{AB}, \quad \eta_{AB} = h_A{}^i h_B{}^k g_{ik}.$$

Folglich können Beobachter an verschiedenen Weltpunkten X der Raum-Zeit V_4 ihre Bezugssysteme völlig unabhängig voneinander wählen. Ein Bezugssystem ist hier durch drei Normalmaßstäbe und eine Normaluhr gegeben. Wir werden kurz von vier Normalmaßstäben sprechen (die mathematischen Repräsentanten sind die $h_i{}^A(x)$), von denen einer die Normaluhr ist. Eine Messung besteht dann in einem Vergleich der lokalen physikalischen Größen mit dem lokalen Maßstabsystem — „Anlegen der Maßstäbe".

Diese Meßoperation bedeutet eine Projektion der physikalischen Größen der Raum-Zeit V_4 auf den entsprechenden LORENTZ-MINKOWSKI-Bezugsraum E_4, d. h. eine Projektion der raum-zeitlichen Objekte auf das Tetradensystem $h_i{}^A$. Wenn zum Beispiel das Objekt der Tensor $\Phi_i{}^k$ ist, dann bedeutet diese Projektion die Überschiebungsoperation

$$\Phi_A{}^B = h_A{}^i h^B{}_k \Phi_i{}^k.$$

Die Messung wird also mathematisch durch die skalare Multiplikation des Objektes mit den Tetradenvektoren $h_i{}^A(X)$ beschrieben.

In seinem lokalen Bezugssystem $E_4(X)$ kann der Beobachter nunmehr das Bezugssystem in Übereinstimmung mit den Transformationen der homogenen LORENTZ-Gruppe ändern. Das gibt LORENTZ-Rotationen des Tetradensystems gemäß

$$\bar{h}_i{}^A = \omega^A{}_B(X) h_i{}^B$$

mit

$$\omega^A{}_B \omega_C{}^B = \omega_B{}^A \omega^B{}_C = \delta_C{}^A.$$

Da die Bezugsräume der Beobachter voneinander völlig unabhängig sind, so sind die Matrizen $\omega_C{}^A$ dieser LORENTZ-Rotationen im allgemeinen raumzeitabhängige Funktionen $\omega_C{}^A(X)$. Das spezielle Relativitätsprinzip als ein Invarianzprinzip für physikalische Größen in bezug auf simultane LORENTZ-Rotationen von sowohl Bezugssystemen als auch physikalischen Prozessen gilt auch für die infinitesimalen Umgebungen jedes Beobachters. Hieraus folgt dann insgesamt, daß der Inhalt der speziell-relativistischen Physik hinsichtlich der ortsabhängigen LORENTZ-Rotationen invariant ist.

Während daher das in Abschnitt 2 definierte Relativitätsprinzip die Invarianz der Physik in bezug auf starre POINCARÉ-Transformationen des ganzen Universums fordert, so postuliert das allgemeine Relativitätsprinzip die lokale Invarianz der Physik in bezug auf Transformationen der lokalen LORENTZ-Gruppe.

Wir können diese Ideen konstruktiv mathematisch formulieren, indem wir die lokale LORENTZ-Kovarianz nicht nur der Meßgrößen, sondern auch aller Differentialoperationen unter den Meßgrößen fordern [26]. Die Meßgrößen transformieren sich wie LORENTZ-Tensoren, z. B.

$$\Phi_A = \omega^A{}_B \Phi^B.$$

Für die Ableitungen der Meßgrößen erhält man

$$d\Phi^A = (\omega^A{}_B \Phi_l{}^B + \omega^A{}_{B,l} \Phi^B)\, dx^l,$$

d. h., die üblichen Differentiale sind keine LORENTZ-Tensoren; das Transformationsgesetz enthält zusätzlich den Term $\omega^A{}_{B,l} \Phi^B\, dx^i$. Dieser Zusatzterm kann durch Hinzufügen des Ausdrucks $L^A_{Bl}\Phi^B dx^l$ mit dem Transformationsgesetz

$$L^A_{Bl} = \omega^A{}_C \omega_B{}^D L^C_{Dl} + \omega^A{}_D \omega_B{}^D{}_{,l}$$

kompensiert werden. Die einzige „LORENTZ-Affinität" dieser Art, die mit den $h_i{}^A$ und deren Ableitungen konstruiert werden kann, sind die RICCIschen Rotationskoeffizienten

$$L^A_{Bl} = h_i{}^A h_B{}^k L^i_{kl}, \text{ mit } L^i_{kl} = -\gamma^i_{kl} = -h_A{}^i h^A_{k;l}.$$

Dies führt zum Begriff des LORENTZ-kovarianten Differentials:

$$\Phi^A{}_{\|l} dx^l = (\Phi^A{}_{,l} - \gamma^A_{Bl}\Phi^B)\, dx^l$$

usw. [12, 26].

Das allgemeine Relativitätsprinzip fordert dann die LORENTZ-kovariante Formulierung aller physikalischen Gleichungen — in diesem Falle beeinflußt eine simultane Transformation der Bezugssysteme an einem gegebenen Weltpunkt X die Meßwerte nicht.

Es ist an anderer Stelle gezeigt worden, daß die Forderung nach LORENTZkovarianter Formulierung bei phänomenologischer Materie und bei Tensorfeldern mit EINSTEINS Forderung nach einer allgemeinen raum-zeitlichen Kovarianz der Naturgesetze identisch ist, d. h., die erstere geht in die letztere über, wenn man von den Meßwerten im lokalen Bezugssystem zu den raum-zeitlichen Werten zurücktransformiert.[1])

Der physikalische Sinn dieser Operation gründet sich auf die Beobachtung, daß man in infinitesimalen Bereichen immer Bezugs- und Koordinatensysteme so auswählen kann, daß die LORENTZ-MINKOWSKI-Relationen bestehen, d. h. beispielsweise am Weltpunkt $X = 0$ die Relationen

$$h_i{}^A = \delta_i{}^A,\; h^A_{i,l} = 0$$

und daher

$$g_{ik} = \eta_{ik},\; g_{ik,l} = 0$$

gelten.

In solch einem inertialen und lokal-geodätischen Bezugs- und Koordinatensystem hat man dann lokal die Verhältnisse der speziellen Relativitätstheorie, und das allgemeine Relativitätsprinzip ist lokal mit dem speziellen Relativitätsprinzip identisch. Die Verallgemeinerung besteht darin, daß der Weltpunkt X ein Raum-Zeit-Punkt ist, der beliebig gewählt werden kann.

---

1) Im Falle von Spinorfeldern ist diese Forderung der Einführung des allgemeinkovarianten Spinorkalküls äquivalent.

Der Einfluß der universellen Gravitation auf den lokalen Zustand eines Systems kann nicht länger eliminiert werden, wenn es so groß ist, daß Gezeitenkräfte auf das System wirken können. Das bedeutet mathematisch, daß die Forderung einer allgemeinen LORENTZ-kovarianten Formulierung der Naturgesetze nur dann eindeutig ist, wenn die Gesetze Differentiale von höchstens erster Ordnung enthalten. (Insoweit setzt das allgemeine Relativitätsprinzip voraus, daß alle Gleichungen der Physik in einer kanonischen Form, die nur die ersten Ableitungen enthält, geschrieben werden können.)

Wir heben wieder hervor, daß sich auch die uneingeschränkte Gültigkeit des allgemeinen Relativitätsprinzips in seiner streng lokalen Form nicht einfach aus dem globalen Prinzip ergibt. Die vorhergehende lokale Formulierung des Relativitätsprinzips enthält schließlich freie Rotationen der Tetradensysteme; sie setzt also voraus, daß die physikalischen Bedingungen nur die metrische Struktur g_{ik} der Raum-Zeit bestimmen und ihr keinen Fernparallelismus auferlegen. Denn solch ein Parallelismus würde das Tetradensystem $h_i{}^A$ fixieren (bis auf die in Abschnitt 2 betrachteten starren LORENTZ-Rotationen des gesamten Universums K).

Da relativistische Feldtheorien mit Fernparallelismus seit EINSTEIN (1928) (11) wiederholt vorgeschlagen worden sind, ist es wenigstens denkbar, daß das allgemeine Relativitätsprinzip in seiner lokalen Form tatsächlich nicht (oder nicht ohne Einschränkungen) richtig ist [27, 31].

Wir haben anderen Orts [25] die Frage gestellt, ob im physikalischen Raum-Zeit-Kontinuum nur die Metrik bestimmt ist oder ob vielmehr Fernparallelismus besteht; wir zeigten, daß die Antwort verschiedenartige Aussagen über die Natur der Gravitation einschließt. Sie enthält bei der ersten Annahme die sogenannte starke Formulierung des EINSTEINschen Äquivalenzprinzips und bei der zweiten Annahme die sogenannte schwache Formulierung desselben Prinzips. Das bedeutet, daß das EINSTEINsche Äquivalenzprinzip, wenn die lokale Form des allgemeinen Relativitätsprinzips streng richtig ist, d. h., wenn ausschließlich die Metrik fixiert ist, nicht nur auf die Wirkungen des Gravitationsfeldes auf Materiefelder, sondern auch auf die reziproke Wirkung von Materie auf das Gravitationsfeld anwendbar ist. Im zweiten Falle, d. h. für Räume mit Fernparallelismus, hat das Äquivalenzprinzip nur einen „passiven" Sinn; es gilt nicht mehr für die „aktive" Wirkung von Materie auf Gravitationsfelder. Das bedeutet experimentell, daß in der lokalen Formulierung des allgemeinen Relativitätsprinzips eine strenge Äquivalenz (Identität) zwischen träger Masse m_{I}, passiver schwerer Masse m_P und aktiver schwerer Masse m_A besteht:[1])

$$m_{\mathrm{I}} = m_P = m_A.$$

[1]) Bei geeigneter (astronomischer) Wahl der Einheiten mit der Gravitationskonstante $f = 1$.

Bei der eingeschränkten Form des Äquivalenzprinzips gilt diese Gleichheit nur zwischen der trägen Masse m_{I} und der passiven schweren Masse m_P:

$$m_{\mathrm{I}} = m_P.$$

Nur im ersten Falle ist die lokale Form des allgemeinen Relativitätsprinzips auch für das Gravitationsfeld selbst gültig.

26.5. Verallgemeinerung der Relativitätsprinzipien

Sowohl die globalen als auch die lokalen Formulierungen der Relativitätsprinzipien besagen ganz allgemein, daß gewisse Operationen S (oder eine Klasse solcher Operationen), die entweder auf das ganze Universum oder auf ein Teilsystem M angewandt werden, keine physikalischen Konsequenzen haben. Die Verallgemeinerung dieser Nullaussage ist eine Untersuchung der Frage, was für eine physikalisch nachweisliche Bedeutung einer gewissen Klasse von gegebenen Operationen S im Universum K oder in einem Teilsystem M zukommt, d. h., wie die physikalischen Meßwerte sich bei Anwendung der Operation S auf ein gegebenes Universum K (oder auf ein Teilsystem M) ändern:

$$K \to K' = SK, \; M \to M' = SM.$$

Solch eine Fragestellung ist offensichtlich ein Weg, das Programm physikalischer Forschung zu formulieren, und sie ist, wie wir wissen, die Sprache, in der die Quantenfeldtheorie formuliert wird. Ein unitärer Operator U transformiert einen Zustandsvektor Φ in einen anderen oder, genauer, einen Anregungszustand $A\Phi_0$ des Vakuums Φ_0 in einen anderen Zustand:

$$\Phi = A\Phi_0 \to \Phi' = UA\Phi_0.$$

Ähnlich untersucht die S-Matrix-Darstellung diejenigen unitären Transformationen S, die einen Anfangszustand ψ_{in} in den Endzustand ψ_{out} transformieren:

$$\psi_{\mathrm{in}} \to \psi_{\mathrm{out}} = S\psi_{\mathrm{in}}.$$

Eine Interpretation der Gravitationstheorie als eine Theorie verallgemeinerter Relativität entspricht einer originellen intuitiven Idee Einsteins, die er in seiner Diskussion mit Abraham [2, 3] auseinandersetzte [4, 5]. Einstein argumentierte (in moderner Sprechweise) ungefähr wie folgt:

Lokale Lorentz-Transformationen der Bezugstetraden

$$h_i{}^A = \omega^A{}_B h_i{}^B$$

beeinflussen die Metrik g_{ik} des Raum-Zeit-Kontinuums nicht: $\bar{g}_{ik} = g_{ik}$. Wenn jedoch die Bezugssysteme über eine allgemeine zentroaffine Transformation der Tetraden

$$h'_i{}^A = \Omega^A{}_B(X) h_i{}^B$$

mit

$$\Omega^A{}_B \Omega_{AC} = \alpha_{BC}(X), \ \alpha_{BC} = \eta_{BD} \alpha_C{}^D$$

deformiert werden, dann bedeutet das eine anholonome Transformation der Metrik $g_{ik} = h_i{}^A h_k{}^B \eta_{AB}$ in eine neue Metrik g'_{ik}, die im allgemeinen mit g_{ik} nicht isometrisch ist. Die zu dem deformierten Bezugssystem h'_{iA} gehörende Metrik g'_{ik} ist durch

$$g'_{ik} = \Omega^A{}_B \Omega^C{}_D \eta_{AC} h_i{}^B h_k{}^D = \alpha_{BD} h_i{}^B h_k{}^D$$

gegeben. Der neue metrische Tensor g'_{ik} ist gerade gleich dem alten metrischen Tensor g_{ik}, wenn die allgemeinen zentroaffinen Transformationen zu Lorentz-Rotationen spezialisiert werden, d. h., wenn $\Omega^A{}_B \Omega_A{}^C = \delta_B{}^C$ gilt. Andererseits deformieren nicht-Lorentzsche Transformationen des Bezugssystems im allgemeinen die metrische Struktur des Raum-Zeit-Kontinuums auf anholonome Weise [22, 29].[1])

Die Diskussion zwischen Einstein und Abraham hat nun gezeigt, daß es möglich ist, den anholonomen Deformationen der Metrik $g_{ik} \rightarrow g'_{ik} \leftrightarrow \eta_{AB} \rightarrow \alpha_{AB}$ auf der Grundlage des Äquivalenzprinzips eine physikalische Bedeutung beizulegen: Lorentzsche Änderungen der Bezugssysteme bedeuten eine Änderung des relativen Bewegungszustandes. Die Lorentz-Transformationen mit sowohl raum- als auch zeitabhängigen Matrizen $\omega^A{}_B$ stellen eine Änderung der relativen Beschleunigungen dar, d. h. die Einführung von neuen Trägheitskräften. Somit würden die allgemeinen zentroaffinen (nicht-Lorentzschen) Transformationen der Bezugssysteme dieselbe Wirkung wie die Einführung von neuen Gravitationskräften haben. Demgemäß hat eine affine nicht-Lorentzsche Transformation der Bezugssysteme die physikalische Wirkung des Einschaltens oder der Modulation von Gravitationsfeldern. In diesem Sinne kann man die Formulierung des allgemeinen Relativitätsprinzips von Abschnitt 4 wie folgt verallgemeinern.

Wenn die physikalischen Bezugssysteme nicht-Lorentzschen, doch zentroaffinen Transformationen unterworfen werden, so ist die physikalische Wirkung solcher Transformationen dieselbe wie diejenige einer im

---

[1]) Die nicht-Lorentzschen affinen Transformationen der Bezugstetraden transformieren den metrischen Tensor g_{ik} genau in einen dazu isometrischen Tensor g'_{ik}, wenn die Beziehung $\Omega^A{}_C = \varphi^k{}_{,i} h_k{}^A h^i{}_C$ gilt. Dann haben wir

$$g'_{ik} = \Omega^A{}_C \Omega^B{}_D \eta_{AB} h_i{}^C h_k{}^D = g_{lr} \varphi^l{}_{,i} \varphi^r{}_{,k}.$$

allgemeinen anholonomen Deformation des Gravitationsfeldes. Die affinen Transformationen der Bezugstetraden beeinflussen also das Resultat von physikalischen Messungen genau dann nicht, wenn die Transformationen mit einer entsprechenden (inversen) Deformation des Gravitationsfeldes g_{ik} gekoppelt sind.

Wir erkennen diese Interpretation des allgemeinen Relativitätsprinzips als eine Verallgemeinerung des Kompensationsprinzips, das in der Interpretation des allgemeinen Relativitätsprinzips nach FOCK erscheint. In Abschnitt 3 waren jedoch nur integrable (holonome) Bewegungen eines Systems M zugelassen. Demgemäß war nur eine Kompensation der Wirkung von Gravitationsfeldern speziellen Typs durch spezielle Bewegungen möglich. Bei der allgemeinen Formulierung betrachten wir dagegen anholonome Transformationen der Systeme, mit deren Hilfe beliebige Gravitationsfelder kompensiert werden können.

Das Wesen dieser Verallgemeinerung des allgemeinen Relativitätsprinzips ist der Übergang von Koordinatentransformationen zu Transformationen der Bezugssysteme. Die affinen Transformationen der Koordinaten x^i entsprechen (d. h. sind dual zu) den starren LORENTZ-Rotationen der Bezugssysteme. Beide Transformationen beschreiben insbesondere den Übergang von einem Inertialsystem zu einem anderen. Die allgemeinen Koordinatentransformationen $x'^i = x'^i(x^l)$ entsprechen (sind dual zu) den raum- und zeitabhängigen lokalen LORENTZ-Rotationen der Bezugssysteme. Beide Operationen beschreiben den Übergang von einem Bezugssystem zu irgendeinem anderen, d. h. insbesondere den Übergang von einem Inertialsystem zu einem beliebigen beschleunigten Bezugssystem. Diese Transformationen erzeugen oder kompensieren also Trägheitskräfte.

Andererseits entsprechen die allgemeinen (nicht LORENTZschen) zentroaffinen Rotationen der Bezugssysteme den anholonomen Transformationen der Metrik. Sie wandeln insbesondere eine ebene Raum-Zeit E_4 in einen allgemeinen RIEMANNschen Raum V_4 um und erzeugen oder kompensieren allgemeine Gravitationsfelder.

Literatur

[1] M. ABRAHAM, Phys. Z. **13**, 1 (1912).
[2] M. ABRAHAM, Ann. Physik **38**, 1056 (1912).
[3] M. ABRAHAM, Ann. Physik **39**, 444 (1912).
[4] A. EINSTEIN, Ann. Physik **38**, 353 (1912).
[5] A. EINSTEIN, Ann. Physik **38**, 1059 (1912).
[6] A. EINSTEIN, Ann. Physik **49**, 769 (1916).
[7] A. EINSTEIN, Über Spezielle und Allgemeine Relativitätstheorie, 21. Aufl., Berlin, Braunschweig, Oxford 1968.
[8] A. EINSTEIN, Grundzüge der Relativitätstheorie, 5. Aufl., Berlin, Braunschweig, Oxford 1968.
[9] A. EINSTEIN, Äther und Relativitätstheorie, Berlin 1920.

[10] A. Einstein, Geometrie und Erfahrung, Berlin 1920.
[11] A. Einstein, Berliner Berichte 217, (1928).
[12] L. P. Eisenhart, Non-Riemannian Geemetry, New York 1927.
[13] V. Fock, Theorie von Raum, Zeit und Gravitation, Berlin 1960.
[14] V. Fock, „Grundprinzipien der Einsteinschen Gravitationstheorie" in „Entstehung, Entwicklung und Perspektiven der Einsteinschen Gravitationstheorie", Berlin 1966.
[15] V. Fock, „Les deux principes de relativité et la théorie d'Einstein". In „Eluides et champs gravitationelles", Paris 1969.
[16] W. Heisenberg, „Kosmologie, Elementarteilchen und Symmetrie", Vortrag, Lindau 1968.
[17] H. v. Helmholtz, „Über den Ursprung und die Bedeutung der geometrischen Axiome". In „Vorträge und Reden" (Braunschweig, 1884) Bd. 2.
[18] M. Kretschmann, Ann. Physik **53**, 575 (1917).
[19] L. Lange, Die geschichtliche Entwicklung des Bewegungsbegriffes, Leipzig 1880.
[19a] E. Mach, Die Mechanik in ihrer Entwicklung, 9. Aufl., Leipzig 1933.
[20] H. Poincaré, Wissenschaft und Hypothese, Leipzig 1904.
[21] H. Poincaré, Der Wert der Wissenschaft, 2. Aufl., Leipzig 1910.
[22] H. Reichenbach, Philosophie der Raum-Zeit-Lehre, Berlin 1928.
[23] H.-J. Treder, „Lorentz-Gruppe, Einstein-Gruppe und Raumstruktur". In: „Entstehung, Entwicklung und Perspektiven der Einsteinschen Gravitationstheorie". Berlin, 1966.
[24] H.-J. Treder, „Relativität und Kosmos". Berlin, Braunschweig und Oxford, 1968.
[25] H.-J. Treder, Monatsber. Deutsch. Akad. Wiss. **11**, 226 (1969).
[26] H.-J. Treder, Intern. J. Theoret. Phys. **3**, 23 (1970).
[27] H.-J. Treder, Math. Nachr. **42**, 295 (1969).
[28] H.-J. Treder, Monatsber. Deutsch. Akad. Wiss. **11**, 207 (1969).
[29] H.-J. Treder und D.-E. Liebscher, GRG **1**, 117 (1970).
[30] H. Weyl, Math. Z. **2**, 384 (1918).
[31] H. Weyl, Naturwissenschaften **19**, 49 (1931).

27. Copernicus und die Bezugssysteme in Physik und Himmelsmechanik

In ihren physik-historischen Werken führen A. Einstein und L. Infeld [3] und M. v. Laue [12] aus, daß die wissenschaftliche Geschichte des Begriffs des Bezugssystems in der Physik mit dem Werk von Copernicus beginnt. Copernicus' heliozentrisches Weltsystem ergab die erste physikalisch begründete Theorie der Bezugssysteme. Die weitere Entwicklung der Physik von der klassischen Mechanik bis zur allgemeinen Relativitätstheorie ist mit dem Ausbau und der Vertiefung des Copernicanismus verbunden.

Der grundlegende Ansatz von Copernicus zur Begründung der physikalischen Bewegungslehre war Copernicus' Bemerkung der Notwendigkeit, wahre Bewegungen und scheinbare Bewegungen zu unterscheiden. Copernicus erklärte, daß jede wahrgenommenen Ortsveränderung eines Objektes entweder von einer Bewegung dieses Objektes selbst oder einer Bewegung des Beobachters oder von (den dann notwendig verschiedenen) Bewegungen beider herrührt. Bewegen sich Beobachter und Objekt in derselben Weise, so wird überhaupt keine Bewegung wahrgenommen. Diese Erkenntnis der kinematischen Relativität (Reziprozität) der Bewegungen ermöglichte Copernicus den Übergang vom geozentrischen zum heliozentrischen Weltsystem. Da das geozentrische Weltsystem des Ptolemäus grundsätzlich allein kinematisch aufgebaut war, war Copernicus' Hinweis auf die kinematische Reziprozität aller Bewegungen bereits der Nachweis, daß das geozentrische Weltsystem nicht ausgezeichnet war. Copernicus stellte nun aber den wahrgenommenen relativen Bewegungen die wahren (physikalischen) Bewegungen gegenüber.

Die Bestimmung dieser wahren Bewegungen erfolgt gemäß Copernicus grundsätzlich aus dynamischen Prinzipien. Das wahre Bezugssystem ist bei Copernicus dasjenige, in dem die kinematischen Bewegungen denjenigen Bewegungen entsprechen, die den Körpern als natürliche Bewegungen gesetzlich zukommen. Copernicus betrachtete als die natürlichen Bewegungen der Himmelskörper die Kreisbewegungen (mit konstanten Winkelgeschwindigkeiten) und die (starren) Rotationen um ihre eigenen Achsen[1]), während kompliziert zusammengesetzte Bewegungen wie die Epicycelbewegungen bei Ptolemäus keine solche natürlichen Bewegungen sind. Da nun die den zweiten Ungleichheiten in den Planetenbewegungen entsprechenden Epicyceln durch den Übergang vom geozentrischen zum heliozentrischen Bezugssystem eliminiert werden, entspricht das heliozentrische Bezugssystem also dem wahren Weltsystem. Diese Gedanken von Copernicus gaben den Anstoß zur Entwicklung der physikalischen Theorie der Bewegung. Grundlegend war zunächst das copernicanische Postulat, daß durch die Bewegungsgesetze der Körper Bezugssysteme physikalisch ausgezeichnet werden, während in bezug auf die subjektiven Wahrnehmungen allein alle Bezugssysteme wegen der kinematischen Reziprozität gleichberechtigt sind.

Die bei Copernicus implizierte Dynamik der Himmelskörper wurde von Kepler zu dem Programm einer Himmelsmechanik, deren Fundamente er legte (vgl. [17]). Kepler wandte hierbei die copernicanische Idee der Bestimmung eines dynamischen Bezugssystems auf Grund der Bewegungsgesetze der Planeten konstruktiv an. Er ging davon aus, daß im heliozentrischen Weltsystem ein Planet jeweils nach dem Ablauf eines (siderischen) Planetenjahres dieselbe Position im physikalischen Raum einnimmt und daß die Sonne selbst in diesem Raum an einem festen Ort steht. Kepler gewann so 2 Bezugspunkte, die gemeinsam mit der Komplanarität aus-

---

[1]) Die Ansicht, daß die Kreisbewegungen die natürlichen Bewegungen der Himmelskörper sind, übernahm Copernicus aus den pythagoräischen Bewegungsaxiomen von Platon. Copernicus' Ansatz ist gemäß den Keplerschen Gesetzen in Wahrheit nur eine erste Annäherung für die wahren Bewegungen der Himmelskörper (s. u.).

reichen, die geometrischen Orte der Planeten festzulegen. Keplers Konstruktion bedarf nicht der Kenntnis der absoluten Position eines Planeten. In der Tat hat der Ort des Sonnensystems im Raum selbst keine physikalischen Konsequenzen[1]); der geometrische Ort allein ist wirkungslos (s. u.).

Nach dem Galileischen Trägheitsgesetz gilt für unbeschleunigte translatorische Bewegungen die Relativität der Bewegung nicht nur kinematisch, sondern auch dynamisch; dies ergab ein neues Element zum copernicanischen Begriff des Bezugssystems. Copernicus' Postulat, die wahren Bewegungen der Himmelskörper auf Grund der Gesetze der Planetenbewegung zu definieren, enthält entsprechend dem Trägheitsgesetz die Möglichkeit einer translatorischen Bewegung des gesamten Sonnensystems; diese wurde um 1800 von W. Herschel nachgewiesen.

Newtons [15] Synthese der Keplerschen Himmelsmechanik und der Galileischen Trägheitsdynamik mit seiner Entdeckung der universellen Gravitation setzte wiederum Copernicus' Definition der wahren physikalischen Bewegung voraus; die Newtonschen Bewegungsgesetze zeichnen das copernicanische Weltsystem aus: Faßt man als wahre Bewegung der Planeten im Sinne von Copernicus diejenigen Bewegungen auf, die aus den Newtonschen Bewegungsgleichungen folgen, so ergibt sich notwendig das heliozentrische Weltsystem als physikalisches Bezugssystem. Genauer, es folgt ein Bezugssystem, in dem der gemeinsame Massenmittelpunkt von Sonne und Planeten die Rolle übernimmt, die bei Copernicus der Sonnenmittelpunkt hatte.

Die entscheidende Bedeutung des copernicanischen Weltsystems für die physikalische Bewegungstheorie ist also die Unterscheidung zwischen den wahrgenommenen und den wahren Bewegungen der Körper und das Prinzip der Feststellbarkeit der wahren Bewegungen der Körper auf Grund der physikalischen Bewegungsgesetze. Erst durch diese Definition der wahren Bewegungen war es möglich, von der rein beschreibenden Kinematik zu einer Dynamik der Körper überzugehen. Die dynamischen Gesetze der Bewegung sind es dann ihrerseits wieder, die die scheinbaren Bewegungen von den wahren Bewegungen unterscheiden.

Diese Erkenntnis, die Newton, Huygens und Leibniz als Grundaxiome der Bewegungstheorie formulierten, war der erste Abschluß der von Copernicus eingeleiteten Entwicklung des physikalischen Bewegungsbegriffs. Insbesondere die Naturphilosophie Kants geht in ihrer Unterscheidung der relativen, in der Phoronomie zu untersuchenden Bewegungen von den wahren Bewegungen, die der Gegenstand der Dynamik sind, davon aus, daß diese wahren Bewegungen, die durch die physikalischen Kräfte verursachten Bewegungen sind [6].

Entsprechend dieser dynamischen Bedeutung des copernicanischen

---

[1]) Auf die Bedeutung der Keplerschen Konstruktion für die Theorie der Bezugssysteme hat Einstein 1930 [4] hingewiesen.

Weltsystems ermöglichte der Heliozentrismus die theoretische Erklärung und Voraussage von dynamischen und optischen Erscheinungen, die im geozentrischen Weltsystem nicht ableitbar sind.

Aus der von COPERNICUS gelehrten Rotation der Erde um ihre eigene Achse folgt, daß die Erde selbst kein Bezugssystem darstellt, das die wahren Bewegungen der Körper liefert. Durch die Gesetze der NEWTONschen Mechanik wird dementsprechend die Rotationsgeschwindigkeit der Erde um ihre eigene Achse dynamisch bestimmbar. Die mit dieser Rotation verbundenen Trägheitskräfte führen zunächst zu der von NEWTON [15] vorausgesagten Abplattung des Erdkörpers, deren Nachweis durch P. L. DE MAUPERTUIS und A. C. CLAIRAUT somit zu einem direkten Beweis für die Erdrotation wurde. Ferner ergeben die aus der dynamischen Bestimmung der Erdrotation, also aus den Abweichungen des geozentrischen vom physikalischen Bezugssystem, resultierenden Scheinkräfte (Trägheitskräfte) weitere Bewegungseffekte auf der rotierenden Erde. Auf diese Effekte wies bereits KANT (1757) hin. Ihre quantitative Berechnung ergab sich aus der von G. CORIOLIS entwickelten Theorie der Relativbewegungen in rotierenden Bezugssystemen (1829). Jeder dieser Bewegungseffekte ist bereits für sich allein ein dynamischer Beweis für die Erdrotation (so die Abweichung des Falls von der Senkrechten gemessen von BENZENBERG (1802); das Winddrehungsgesetz von DOVE (1825); das v. BAERsche Gesetz über die Verlagerung von Flußbetten (1856)). Quantitativ wurde der dynamische Einfluß der Erdrotation auf die Bewegungen im geozentrischen System durch den FOUCAULTschen Pendelversuch (1851) und durch sein optisches Analogon, den Versuch von MICHELSON und GALE (1925) bestimmt; diese Versuche wiesen den Einfluß der von der Erdrotation herrührenden Coriolis-Kraft auf die Bewegung eines Massenpunktes bzw. auf die Bewegung des Lichtes nach (vgl. [11]). Dem FOUCAULTschen Versuch entspricht der Nachweis der Abhängigkeit der Schwerkraft auf einen Körper vom Betrag und Richtung seiner Geschwindigkeit durch R. v. EÖTVÖS (1919).

Desgleichen bedingt die kreisförmige Bewegung der Erde um die Sonne eine Abweichung des geozentrischen Bezugssystems vom dynamisch bestimmten physikalischen Bezugssystem, welche ebenfalls Konsequenzen u. a. für die Optik bedingt. Der erste Effekt dieser Art wurde bereits 1727 durch J. BRADLEY entdeckt, die Aberration des Sternlichts. — Die Kreisbewegung ist eine durch die Gravitationskraft der Sonne beschleunigte Bewegung (und ihre Bahnkrümmung ein Maß für diese Beschleunigung [11]). Meßbar ist bei der Aberration nur die durch diese Beschleunigung bewirkte Geschwindigkeitsänderung während einer Umlaufperiode. Die Erdgeschwindigkeit selbst gibt entsprechend der Relativität der kräftefreien Bewegung keinen optischen Effekt, wie dies der MICHELSON-Versuch (1887) nachwies (s. [2], [11]).

Das gemäß NEWTON korrigierte copernicanische Bezugssystem mit dem

Massenmittelpunkt des Sonnensystems als Ursprung ist natürlich nur eine Annäherung zu demjenigen Bezugsssystem, auf das die Gesetze der NEWTONschen Dynamik zu beziehen sind. — In seinen „Kosmologischen Briefen" (1761) [8] führte J. H. LAMBERT aus, daß das PTOLEMÄIsche Weltsystem ein rein kinematisches Bezugssystem ist, welches in der sphärischen Astronomie verwandt wird. Das copernicanische Weltsystem ist dagegen die erste Approximation des dynamischen Bezugssystems der NEWTONschen Mechanik. Im Sinne eines konsequenten Copernicanismus führen gemäß LAMBERT die aus der KEPLER-NEWTONschen Himmelsmechanik folgenden — und als Konsequenz der NEWTONschen Gravitationstheorie notwendigen — Bewegungen der Sonne, der Sterngruppe, der unsere Sonne angehört, der Sternsysteme usw., zu einer Folge von Korrekturen am ursprünglichen heliozentrischen Bezugssystem in Richtung auf das wahre dynamische Bezugssystem hin. — Wie KEPLER in seinem Werk „Astronomia Lunari" (1609/35) [7] fingierte LAMBERT als einen Schritt in die andere Richtung das „selenozentrische Weltsystem" eines Mondastronomen. Für diesen wäre der Übergang zum geozentrischen System des PTOLEMÄUS bereits eine erste „copernicanische Revolution", denn das geozentrische Bezugssystem steht dem physikalischen Bezugssystem, das COPERNICUS suchte, einen Schritt näher als das „selenozentrische System".

Die hier von LAMBERT aufgeworfene Frage des wahren physikalischen Bezugssystems über COPERNICUS hinaus und allgemein die Bedeutung des Begriffs physikalisches Bezugssystem wurde in der zweiten Hälfte des 19. Jahrhunderts in den Arbeiten von C. NEUMANN, E. MACH, L. LANGE und H. HERTZ untersucht. Diese wurden von H. POINCARÉ, H. A. LORENTZ, M. ABRAHAM, A. EINSTEIN, M. PLANCK und P. LANGEVIN fortgeführt, führten zur speziellen Relativitätstheorie und fanden in der allgemeinen Relativitätstheorie EINSTEINS einen vorläufigen Abschluß (vgl. [16]). Sie wiederholten auf einer neuen Reflexionsstufe die von COPERNICUS begonnene Analyse des physikalischen Bewegungsbegriffs.

Auch die neueren Fragestellungen gingen wieder von der Unterscheidung der wahrgenommenen kinematischen Bewegung von der dynamischen Bewegung aus und suchten eine allgemeine Aufklärung ihres Zusammenhanges; die hierbei benutzten Begriffsbildungen rezipierten die copernicanische Denkweise. Der von LANGE [9] geprägte Begriff des Inertialsystems, der fundamental für die Relativitätstheorie wurde, ist die durch die Entwicklung der analytischen Mechanik möglich gewordene mathematische Fassung des copernicanischen Gedankens, daß die wahren Bewegungen der Körper durch ihre Bewegungsgesetze definiert werden. Nach LANGE ist ein physikalisch priveligiertes Bezugssystem — ein Inertialsystem — dadurch gegeben, daß in ihm die kinematisch dargestellten Bewegungsbahnen mit den aus den NEWTONschen Bewegungsgesetzen folgenden übereinstimmen.

Dabei erweist sich das heliozentrische Weltsystem (ergänzt durch die Korrekturen, die das Gegenwirkungsprinzip mit sich bringt) nahezu als ein

Inertialsystem [10] (mit der kleinen Einschränkung, daß auch die Sonne sich bewegt und diese Bewegung — im säkularen Maßstab gesehen — als Folge der Rotation der Sonne um das Zentrum der Milchstraße beschleunigt ist). Gemäß C. NEUMANN [14] kann ein solches Inertialsystem als mit einem Körper „Alpha" verbunden gedacht werden, der sich kräftefrei nach dem GALILEIschem Trägheitsgesetz bewegt. Für das Planetensystem ist dann in 1. Näherung der Sonnenmittelpunkt ein Körper „Alpha". In 2. Näherung ist es der Massenmittelpunkt des Sonnensystems[1]).

Das von NEUMANN, LANGE [9] und H. v. SEELIGER theoretisch entwickelte und gegenwärtig in der Himmelsmechanik mit Hilfe der elektronischen Rechentechnik und der Radar-Astronomie systematisch realisierte Programm, das astronomische Bezugssystem aus den NEWTONschen (durch EINSTEINS relativistischen Korrekturen ergänzte) Bewegungsgleichungen für die Körper des Sonnensystems herzuleiten, ist offensichtlich die moderne Fassung der Idee, auf der COPERNICUS sein heliozentrisches Weltsystem begründet: COPERNICUS postulierte für die Bewegung der Planeten einfache Kreisbahnen und kam so zum heliozentrischen Weltsystem. KEPLER erkannte durch Anwendung des copernicanischen Prinzips, daß die Bahnen der Planeten Ellipsen sind und kam so zu der Korrektur, daß die Sonne in einem Brennpunkt der Ellipsen steht.

NEWTON entdeckte, daß die KEPLER-Ellipsen die Lösungen des Einkörperproblems für Bewegungen in einem Gravitationsfeld sind: die Bewegungsgesetze der Himmelskörper, die nach COPERNICUS die wahren Bewegungen definieren, sind gegeben durch die NEWTONschen Bewegungsgleichungen. — An die Stelle dieser Bewegungsgleichungen treten seit EINSTEIN die Gleichungen der allgemeinen Relativitätstheorie, die die NEWTONsche Mechanik als einen Grenzfall enthalten.

Die allgemeine Relativitätstheorie EINSTEINS (1913/16) hat den Begriff der Relativbewegung und damit den Bewegungsbegriff neu gefaßt und verschärft [2]. Ausgehend von der Feldtheorie formulierte EINSTEIN ein streng lokales Relativitätsprinzip —, an die Stelle der seit COPERNICUS untersuchten Reziprozität der kinematischen Bewegungen trat bei EINSTEIN die mathematische Kovarianz der Bewegungsgleichungen selbst (vgl. [6]). Hierbei wird im Prinzip die Bewegung eines Himmelskörpers nicht auf seine weitere Umgebung im Kosmos bezogen, sondern vielmehr auf seine infinitesimale Umgebung, nämlich auf das von EINSTEIN mit der Gravitation identifizierte metrische Feld, das die Struktur von Raum und Zeit prägt. Die allgemeine Relativität gemäß EINSTEIN besagt dann, daß alle physikalischen Gesetze, also auch die Bewegungsgleichungen, kovariant gegenüber beliebigem lokalen Wechsel der Bezugssysteme sind [2]. Wird mit der Bewegung eines Körpers gleichzeitig und auf gleiche Weise diejenige seiner

---

[1]) NEUMANNS Idee erscheint als eine mathematische Präzisierung der Vorstellungen LAMBERTS.

infinitesimalen Umgebung verändert, so gibt dies keinen physikalischen Effekt. In diesem Sinne kann jedem Körper lokal jeder beliebige Bewegungszustand zugeschrieben werden.

Eine vollständige Dynamik ergibt sich aber erst dann, wenn von infinitesimalen zu endlichen Raum-Zeit-Bereichen übergegangen wird, d. h. dadurch, daß die differentiellen Feld- und Bewegungsgleichungen in einem gegebenen Koordinatensystem integriert werden. Diese Integration verlangt nun grundsätzlich die zusätzliche Vorgabe von Grenzbedingungen. Diese Grenzbedingungen besagen insbesondere, welchen dynamischen Einflüssen die zu untersuchende Bewegung unterliegt, die zusätzlich zu den Wirkungen der in den Feldgleichungen explizit angegebenen Massenverteilungen auftreten[1]).

Wendet man diese Gedanken wie EINSTEIN und K. SCHWARZSCHILD (1915/16) und dann besonders EINSTEIN, INFELD und HOFFMANN (1938) und V. FOCK (1939) auf die Bewegung der Planeten im Gravitationsfeld der Sonne an, so bestimmt die Forderung, daß außer den mit der Sonnenmasse und den Planetenmassen verbundenen Gravitationsfeldern keine weiteren Kraftfelder auf die Planeten einwirken, eindeutig das copernicanische Bezugssystem.

Umgekehrt ergeben sich bei Einführung des copernicanischen Bezugssystems als physikalische Zusatzbedingungen für die Integration der EINSTEINschen Gravitationsgleichungen gerade die korrekten Gesetze für die Planetenbewegung; nämlich die Bewegungen auf KEPLER-Ellipsen mit zusätzlicher Bewegung ihrer Perihele um die Sonne[2]), insbesondere EINSTEINS Ausdruck für die Drehung des Merkurperihels [2].

In voller Allgemeinheit formuliert ist daher das copernicanische Prinzip ein wesentlicher Bestandteil sowohl der klassischen wie der allgemeinrelativistischen Dynamik. In der klassischen Dynamik bestimmt das copernicanische Prinzip diejenigen Bezugssysteme, in denen die Gleichungen der klassischen Physik gelten. In der allgemeinen Relativitätstheorie wählt das copernicanische Prinzip aus der Mannigfaltigkeit der auf Grund des EINSTEINschen Relativitätsprinzips mit der lokalen Raum-Zeit-Struktur verträglichen (d. h. im Sinne der Differentialgeometrie isometrischen) Gravitations- und Trägheitsfeldern gerade diejenigen aus, die der physikalischen Situation entsprechen. — In beiden Fällen beruht dieser Erfolg des copernicanischen Ansatzes auf dem Postulat, daß die sich in den Bewegungen der Körper widerspiegelnden physikalischen Wirkungen immer materielle Ursachen haben müssen. Für die Himmelsmechanik bedeutet dies, daß die Beschleunigungen (die Bahnkrümmungen) der Bewegungen der Himmelskörper an die Existenz gravitierender Massen gebunden sind,

[1]) Das heißt, die Grenzbedingungen bestimmen physikalisch den Einfluß von Trägheitsfeldern ohne Feldquellen im Endlichen.

[2]) Diese Zusammenhänge hat wohl zuerst FOCK [5] herausgearbeitet.

während, wie es KEPLER prägnant formuliert hat, geometrische Punkte für sich allein keinen physikalischen Einfluß (keine Kräfte) ausüben können.

Die dynamische Konstruktion des physikalischen Bezugssystems ist aber nur eine Seite des von COPERNICUS gestellten Problems der Bestimmung derjenigen astronomischen Bezugssysteme, in bezug auf die die physikalischen Gesetze der Planetenbewegung gelten.

COPERNICUS bemerkte auch die (angenäherte) Übereinstimmung seines heliozentrischen Bezugssystems mit demjenigen Koordinatensystem, das durch den als ruhend vorausgesetzten Fixsternhimmel definiert wird. Nach COPERNICUS ist das Fixsternsystem als ruhend anzunehmen. Alle sich am Fixsternhimmel abzeichnenden Relativbewegungen der Erde sind dann wahre, dynamisch bestimmte, Bewegungen.

Das Prinzip der Übereinstimmung des inertialen Bezugssystems der Himmelsmechanik mit dem durch den Fixsternhimmel definierten Bezugssystem war in der Entwicklung der Astrometrie und der Stellarastronomie etwas zu präzisieren, nämlich durch Berücksichtigung der von E. HALLEY (um 1700) erkannten Eigenbewegungen der Fixsterne, durch W. HERSCHELS Entdeckung der Bewegung der Sonne (um 1800) und durch den in diesem Jahrhundert erfolgten Nachweis der Rotation des Milchstraßensystems, dem unsere Sonne angehört[1]).

Die Galaxien selbst wurden schon von W. HERSCHEL (1785) und P. S. DE LAPLACE (1797) als astronomisches Bezugssystem vorgeschlagen und neuerdings als solches verschiedentlich benutzt. — Heute wird der copernicanische Begriff des „Fixsternhimmels" erweitert auf die Metagalaxis, als dem Inbegriff aller Sternsysteme außerhalb unserer Milchstraße, also der Gesamtheit aller Galaxien. Genügend weit entfernte Galaxien besitzen wegen dieser Entfernung keine merklichen Eigenbewegungen an der Himmelssphäre. Das copernicanische Prinzip besagt dann, daß die in bezug auf die entfernten Galaxien sich abzeichnenden Relativbewegungen — also die Bewegungen relativ zur Metagalaxis — die wahren physikalischen Bewegungen sind. Tatsächlich stimmen in der Himmelsmechanik die auf ein Inertialsystem bezogenen Bewegungen mit den auf die Metagalaxis bezogenen Bewegungen (im Rahmen der z. Zt. schon sehr hohen Meßgenauigkeit) empirisch überein.

In der allgemeinen Relativitätstheorie ist das auf die Metagalaxis bezogene Koordinatensystem ein Koordinatensystem mit copernicanisch-galileischen Grenzbedingungen, wie es die allgemein-relativistische Dynamik erfordert. — Sowohl in der NEWTONschen wie in der EINSTEINschen Dynamik ist die Übereinstimmung der dynamisch ausgezeichneten Bezugssysteme mit den durch den Fixsternhimmel definierten aber ein im Prinzip

---

[1]) Dies sind notwendige Präzisierungen des Copernicanismus, wie sie LAMBERT 1761 (s. o.) angemerkt hatte.

zufälliges kosmologisches Faktum. Schon bei COPERNICUS und besonders bei KEPLER taucht jedoch der Gedanke auf, daß diese Übereinstimmung tatsächlich eine naturgesetzliche Notwendigkeit sein sollte, indem, wie es KEPLER formuliert hatte, der Fixsternhimmel den physikalischen Raum aufspannt. KEPLER und später um 1690 — in einer eingehenden Diskussion — LEIBNIZ und HUYGENS wollten dementsprechend die in nichtinertialen Bezugssystemen auftretenden Scheinkräfte auf die Wirkung der fernen kosmischen Massen, d. h. des Systems der Fixsterne zurückführen.

Dies würde eine von HUYGENS, NEUMANN, MACH und EINSTEIN diskutierte Aporie auflösen: Der leere Raum soll keine physikalischen Wirkungen erzeugen; die dynamische Bestimmung der physikalischen Bezugssysteme beruht jedoch auf dem Auftreten von Trägheitskräften bei beschleunigten Bewegungen. Daher sollten diese Beschleunigungen nicht wie bei NEWTON gegenüber dem Raum, sondern vielmehr gegenüber der Metagalaxis definiert sein. Ohne die Existenz der Metagalaxis würden die Trägheitskräfte in nichtinertialen Bezugssystemen — also auch im geozentrischen System — dann nicht auftreten (s. TREDER [18]). Die physikalische Differenz von ptolemäischen und copernicanischen Weltsystem wäre so durch die Metagalaxis (den Fixsternhimmel) bedingt. — Dieser Gedankengang wurde 1883 von E. MACH [13] formuliert; er war für EINSTEIN in den Jahren 1913—1917 ein Hauptpunkt für seine Begründung der allgemeinen Relativitätstheorie und ihre Anwendung auf kosmologische Fragen.

Die Lösung dieses Problems ist in der allgemeinen Relativitätstheorie noch nicht voll enthalten; jedoch gelangte EINSTEIN [1] zu einer scharfen mathematischen Formulierung der Problemstellung in der sogenannten MACH-EINSTEIN-Doktrin. — Ohne auf weitere Einzelheiten einzugehen, wollen wir nur bemerken, daß sich mit der MACH-EINSTEIN-Doktrin der Kreis der Untersuchung über die Bezugssysteme in Mechanik und Himmelsmechanik erneut geschlossen hat. Die mit COPERNICUS begonnene dynamische Bestimmung der wahren physikalischen Bezugssysteme und COPERNICUS' weitere Bemerkung, daß die wahren Bewegungen die Relativbewegungen gegenüber dem Fixsternhimmel sind, führten zu EINSTEINS abschließender Fragestellung nach der Determinierung der Dynamik durch eine globale „Trägheitsinduktion" der fernen kosmischen Massen[1]).

---

[1]) Die MACH-EINSTEIN-Doktrin führt bereits in der vorrelativistischen Näherung über die GALILEI-NEWTONsche Dynamik hinaus, indem hier der mittlere Bewegungszustand des „Fixsternsystems", d. h. der Galaxien der Metagalaxis — der sowohl nach der NEWTONschen wie nach der EINSTEINschen Kosmologie eine zufällige Integrationskonstante ist — in die Prinzipien der Dynamik eingebaut wird, und das copernicanische Postulat des ruhenden Fixsternhimmels zu einem Grundprinzip der Dynamik selbst wird (vgl. hierzu [18]).

Literatur

[1] Einstein, A., Kosmologische Betrachtungen zur allgemeinen Relativitätstheorie. Berliner Berichte 1917. — Siehe auch: H. A. Lorentz, A. Einstein, H. Minkowski und H. Weyl, Das Relativitätsprinzip, Leipzig 1922.
[2] Einstein, A., Über spezielle und allgemeine Relativitätstheorie (1917), 21. Aufl., Berlin, Oxford, Braunschweig 1969.
[3] Einstein, A., u. L. Infeld, „Die Evolution der Physik“ (1938), Hamburg 1956.
[4] Einstein, A., Mein Weltbild (1934), (West)-Berlin 1957.
[5] Fock, V. A., Das kopernikanische und das ptolomäische System im Lichte der allgemeinen Relativitätstheorie, in: „Nikolaus Kopernikus“, Moskau 1947.
[6] Kant, I., Metaphysische Anfangsgründe der Naturwissenschaft (1786). — Kants Werke (ed. E. Cassirer) Bd. IV, Berlin 1922.
[7] Kepler, J., Somnium seu opus de Astronomia Lunari (1634), Osnabrück 1969.
[8] Lambert, J. H., Kosmologische Briefe (1761), — in: J. H. Lambert, — Leistung und Leben, Mühlhausen (o. J.).
[9] Lange, L., Die geschichtliche Entwicklung des Bewegungsbegriffs, Leipzig 1886.
[10] Lange, L., Das Inertialsystem vor dem Forum der Naturforschung, Leipzig 1902.
[11] Laue, M. v., Die Relativitätstheorie, Bd. I, 6. Aufl., Braunschweig 1955.
[12] Laue, M. v., Geschichte der Physik, 4. Aufl., (West)-Berlin 1959.
[13] Mach, E., Die Mechanik in ihrer Entwicklung (1883), 9. Aufl., Leipzig 1933.
[14] Neumann, C., Über die Principien der Galilei-Newtonschen Theorie, Leipzig 1870.
[15] Newton, I., Philosophiae Naturalis Prinzipia Mathematica (1686). — I. Newton, Opera Vol. II und III, London 1779 und 1782.
[16] Treder, H.-J., Relativität und Kosmos, 2. Aufl., Berlin, Oxford, Braunschweig 1970.
[17] Treder, H.-J., Kepler und die Gravitationstheorie. — Die Sterne 47, 239 (1971).
[18] Treder, H.-J., Die Relativität der Trägheit, Berlin 1972.

28. Galilei-Transformationen

Meine folgenden Ausführungen über Stellung und Bedeutung der Galilei-Transformationen in der Geschichte der Physik sind pseudohistorisch zu verstehen. Ich möchte bei meinen Bemerkungen die prinzipiellen Fragen vom heutigen Standpunkt aus und in der modernen Terminologie — also anachronistisch — darstellen. Auch wird nicht untersucht werden, inwieweit Galilei selbst in seinen Formulierungen zur abschließenden Klarheit vorgedrungen ist. Den Mathematiker und Physiker interessiert gerade das Neue und Weiterführende in Galileis Entdeckungen und nicht eventuelle aus der historischen Situation bedingte Unklarheiten.

Galileo Galilei hat die Physik und die Mechanik um eine große Zahl von Entdeckungen bereichert. Ich glaube, daß von seinen Entdeckungen insbesondere zwei von grundlegender Bedeutung für die gesamte theoretische Physik sind: Die in seiner Formulierung der Fallgesetze ausgesprochene universelle Proportionalität zwischen schwerer und träger Masse und weiter das GALILEIsche Trägheitsgesetz. Diese beiden grundlegenden Entdeckungen gehören zum Fundament des von NEWTON geschaffenen großartigen Baues der klassischen Mechanik und Himmelsmechanik. Sie weisen aber tatsächlich noch über die klassische Mechanik hinaus. Beide Entdeckungen GALILEIS enthielten Probleme, die erst in der speziellen und allgemeinen Relativitätstheorie EINSTEINS gelöst worden sind. Erst auf Grund der Relativitätstheorie sind wir in der Lage, GALILEIS Errungenschaften voll zu würdigen und mathematisch äquivalent darzustellen. — Im folgenden möchte ich diesen Problemkreis im Zusammenhang mit dem GALILEIschen Trägheitsgesetz schildern.

Das GALILEIsche Trägheitsgesetz ist ein Relativitätsprinzip. Es besagt, daß es physikalisch nicht möglich ist, zu unterscheiden, ob ein Körper ruht oder ob er sich im Zustand der gleichförmigen, unbeschleunigten Bewegung befindet. Eine physikalische Bedeutung haben vielmehr nur die Relativgeschwindigkeiten. Betrachten wir zwei Körper K_1 und K_2, so hat die Differenz ihrer Geschwindigkeiten

$$\Delta v^i = v_1{}^i - v_2{}^i \quad (i = 1, 2, 3)$$

nach GALILEI eine physikalische Bedeutung, nicht jedoch die Geschwindigkeiten $v_1{}^i$ und $v_2{}^i$ selbst. Insbesondere haben die infinitesimalen Geschwindigkeitsdifferenzen eine physikalische Bedeutung und somit die Beschleunigung dv^i/dt.

Wir schreiben das GALILEIsche Trägheitsgesetz in vektorieller Form

$$\frac{dv^i}{dt} = \frac{d^2x^i}{dt^2} = 0. \tag{1}$$

Diese Gleichungen enthalten die zweiten Ableitungen des Weges nach der Zeit. Konstante Geschwindigkeiten $v^i = \text{const}$ sind Integrationskonstanten, die willkürlich gewählt werden können. Dasselbe Relativitätsprinzip gilt gemäß dem zweiten NEWTONschen Bewegungsgesetz auch bei Vorhandensein von Kräften unter der Voraussetzung, daß die Kräfte selbst nicht explizit von den Geschwindigkeiten abhängen:

$$m\,\frac{d^2x^i}{dt^2} = K^i \quad \text{mit} \quad \frac{\partial K^i}{\partial v^e} = 0. \tag{2}$$

Die GALILEI-NEWTONsche Dynamik enthält also die physikalische Aussage, daß die Änderung des Ortes eines Körpers keiner Ursache bedarf, wenn sie mit konstanter Geschwindigkeit erfolgt. Erst für die Änderung der Geschwindigkeit ist eine solche physikalische Ursache das Einwirken einer Kraft auf den Körper erforderlich. Hierbei wird angenommen, daß der dreidimensionale Raum, in dem sich der Körper bewegt, der gewöhnlich euklidische Raum ist.

Das GALILEIsche Relativitätsprinzip ist ein Invarianzprinzip, in dem es aussagt, daß die Transformationen (Substitutionen)

$$\bar{x}^i = x^i + v^i t \quad \text{mit} \quad v^i = \text{const} \tag{3}$$

in den Bewegungsrichtungen (2) deren physikalischen Inhalt nicht ändert.

Die peripatetische Physik der Antike und der Scholastik kannte keinerlei Invarianz- oder Relativitätsprinzipien. ARISTOTELES war der Ansicht, daß der physikalische Raum inhomogen und anisotrop ist. Er lehrte, daß jeder Körper das Bestreben hätte, im Raum seinen natürlichen Ort einzunehmen, und zwar hätten alle irdischen, nach ARISTOTELES spezifisch schweren Körper das Bestreben, den Weltmittelpunkt zu erreichen, während alle spezifisch leichten Körper zum Rande des Kosmos, gemäß ARISTOTELES der Fixsternsphäre, strebten. Damit waren sowohl die radialen Bewegungsrichtungen ausgezeichnet als auch die Ungleichwertigkeit der Raumpunkte behauptet. Die physikalische Geometrie der peripatetischen Physik war also grundsätzlich von der mathematischen Geometrie EUKLIDS verschieden.

Ferner lehrte ARISTOTELES, daß alle Bewegungen nichtlebender Körper, die nicht aus dem natürlichen Bestreben, den Weltmittelpunkt zu erreichen, resultierten, einer äußeren Einwirkung bedürfen. ARISTOTELES postulierte, daß sich ein Körper von selbst — ohne äußeren Einfluß — im Zustand der Ruhe befindet und daß die Geschwindigkeit der Ortsveränderung eines Körpers proportional der auf den Körper einwirkenden Kraft sei. Nach ARISTOTELES gilt also statt des GALILEI-NEWTONschen Bewegungsgesetzes ein Bewegungsgesetz in der Form:

$$\frac{dx^i}{dt} = \frac{K^i}{T}. \tag{4}$$

Die erste Entdeckung von Symmetrien und damit Relativitätsprinzipien in der Physik erfolgte am Ende des Mittelalters bei der Untersuchung von astronomischen Problemen. — NICOLAUS VON CUSA lehrte, daß alle Punkte und Richtungen des dreidimensionalen physikalischen Raumes gleichwertig sind. Was er mit großer Präzision in der Form aussprach, daß jeder Punkt des Kosmos als Mittelpunkt einer unendlich großen Kugel angesehen werden kann. Daher ist der Raum nicht nur homogen, d. h. alle Punkte des Raumes sind gleichwertig, sondern jede Richtung ist auch eine radiale Richtung, d. h., auch alle Richtungen im Raum sind gleichwertig. CUSANUS formulierte also die Homogenität und Isotropie des physikalischen Raumes und damit seine euklidische Struktur.

Diese Symmetrieeigenschaften enthalten Relativitätsprinzipien: die der Relativität des Ortes und die der Relativität der Richtungen. In einem homogenen Raum kann ein Körper, ohne seinen physikalischen Zustand zu ändern, von einem Ort zu einem anderen Ort gebracht werden, und der Körper kann ferner im Raum beliebig gedreht werden.

Aus diesen Prinzipien folgt weiter, daß alle Grundgleichungen der Physik, die ja diesen Tatbestand widerspiegeln müssen, ihrerseits invariant gegenüber Verschiebungen und Drehungen des Koordinatensystems sein müssen. Der Homogenität und Isotropie des Raums entspricht mathematisch die Existenz einer 6parametrigen LIEschen Bewegungsgruppe, die der Gruppe der orthogonalen Koordinatentransformation[1])

$$\bar{x}^i = a^i{}_k x^k + a^k \quad \text{mit} \quad a^k{}_l a_k{}^i = \delta_l{}^i \quad \text{und} \quad a_k{}^i, a^i = \text{const} \tag{5}$$

isomorph ist. Wegen der Homogenität und Isotropie des Raumes ist es gleichwertig, das Koordinatensystem um eine Strecke ΔS zu verschieben bzw. um einen Winkel $\Delta\varphi$ zu verdrehen, oder bei festgehaltenen Koordinatensystemen einen Körper um die Strecke $-\Delta S$ im Raum zu verrücken bzw. um den Winkel $-\Delta\varphi$ im Raum zu drehen.

Die Idee der Homogenität und Isotopie des physikalischen Raumes hat NIKOLAUS KOPERNIKUS mit Glück im ersten Buch seiner „Revolutionibus" angewandt, um die aus der peripatetischen Physik herrührenden physikalischen Argumente des PTOLEMÄOS zu widerlegen. PTOLEMÄOS benutzte ja in seinem „Almagest" die aristotelische Physik, um mit ihrer Hilfe den Geozentrismus physikalisch zu begründen. Hingegen stützt sich das Kopernikanische Weltsystem auf die physikalische Gleichwertigkeit aller Punkte und Richtungen, und somit auf die Euklidizität des physikalischen Raumes. — Die Erfolge des Kopernikanischen Weltsystems waren zugleich ein anschaulicher Beweis für die Gültigkeit der Cusanisch-Kopernikanischen Relativitätsprinzipien. Diese Relativitätsprinzipien werden von GALILEI in seiner Physik bereits vorausgesetzt. Sie werden durch die Vektorform der Bewegungsgleichungen von selbst befriedigt.

Die Relativitätsprinzipien von KOPERNIKUS und CUSANUS besagen, daß nicht die absoluten Koordinaten und Winkel physikalisch bedeutsam sind, sondern nur die Koordinaten- und Winkeldifferenzen. Das GALILEIsche Relativitätsprinzip besagt — wie bemerkt — dasselbe für die Geschwindigkeiten und Geschwindigkeitsdifferenzen. Da in die Bewegungsgleichungen der klassischen Mechanik auch nicht die Zeiten selbst, sondern nur die Zeitdifferenzen eingehen, gilt noch ein Relativitätsprinzip für die Zeit, das die Invarianz aller dynamischen Gesetze gegenüber einer Verschiebung des Zeitnullpunktes

$$\bar{t} = t + a^0, \quad a^0 = \text{const} \tag{6}$$

ausdrückt.

Insgesamt enthält also die klassische Dynamik 10 Relativitätsprinzipien,

---

[1]) Wir benutzen die EINSTEINsche Summationsvorschrift: Über gleiche Indizes ist zu summieren.

drei für den Ort, drei für die Richtung, drei für die Geschwindigkeiten und eine für die Zeit. Alle diese Transformationen bilden zusammen eine 10parametrige Transformationsgruppe mit 10 Erzeugenden.

Nach einem allgemein von E. NOETHER 1918 bewiesenen Theorem entspricht jede kontinuierliche Transformation gegenüber der ein Gleichungssystem invariant ist, einer Differentialidentität, die als differentieller Erhaltungssatz gedeutet werden kann. Einer 10parametrigen Gruppe entsprechen also 10 Differentialidentitäten. Spiegelt diese Gruppe, wie es in der klassischen Mechanik der Fall ist, in der Realität bestehende Symmetrien wider, so resultieren aus den NOETHERschen Differentialidentitäten integrale physikalische Erhaltungssätze. Den 10 Erhaltungssätzen der Mechanik entsprechen die 10 allgemein ausführbaren Integrale, deren Zusammenhang mit den Symmetrieeigenschaften der klassischen Mechanik schon vor E. NOETHER, BRUNS und POINCARÉ bewiesen wurde.

Speziell liefert die Relativität des Ortes die 3 Erhaltungssätze für den Impuls. Die Relativität der Richtung liefert die 3 Erhaltungssätze für den Drehimpuls. Die Relativität des Zeitnullpunktes (6) liefert den Erhaltungssatz für die Energie, und das GALILEIsche Relativitätsprinzip (3) führt zu den 3 Erhaltungssätzen für den Massenmittelpunkt, welche den Übergang zur Dynamik mechanischer Systeme gestatten.

Die LIEsche Theorie der Bewegungsgruppen des geometrischen Raumes zeigt, daß jede Verlagerung eines Körpers im Raum, die den physikalischen Zustand des Körpers nicht ändert, zu einem integralen Erhaltungssatz Anlaß gibt. Die Erzeugenden einer LIEschen Gruppe entsprechen den integralerhaltenen Größen. Die 6parametrige Gruppe des euklidischen Raumes (5) führt somit zu den 6 Erhaltungssätzen für Impuls und Drehimpuls.

Wir haben damit die merkwürdige Situation in der klassischen Mechanik, das von den 10 Erhaltungssätzen 6 auf die Symmetrieeigenschaften des physikalischen Raumes zurückführbar sind, die 4 Erhaltungssätze, die den Transformationen (3) und (6) entsprechen, aber anscheinend nicht.

Diese Asymmetrie des Aufbaus der klassischen Mechanik ändert sich durch die spezielle Relativitätstheorie EINSTEINS. Die spezielle Relativitätstheorie unterscheidet sich von der klassischen Mechanik dadurch, daß an Stelle des GALILEIschen Relativitätsprinzips (3) das EINSTEINsche spezielle Relativitätsprinzip (1. Prinzip der speziellen Relativitätstheorie) trat, das die Invarianz aller physikalischen Gleichungen gegenüber den speziellen LORENTZ-Transformationen

$$\bar{x} = \frac{x + vt}{\sqrt{1 - \frac{v^2}{c^2}}}, \quad \bar{t} = \frac{t + \frac{v}{c^2}\, x}{\sqrt{1 - \frac{v^2}{c^2}}}, \quad (v = \text{const}) \tag{7}$$

fordert. Im Gegensatz zu den Galilei-Transformationen (3) enthalten die Lorentz-Transformationen eine universelle Konstante, die Lichtgeschwindigkeit c. Für den Grenzfall $c \to \infty$ entarten die Lorentz-Transformationen zu den Galilei-Transformationen.

Die Lorentz-Transformationen lassen sich nun mit den Transformationen (5) und (6) zu einer vierdimensionalen pseudoorthogonalen Gruppe mit 10 Parametern zusammenfassen:

$$\begin{aligned} &\bar{x}^\nu = a^\nu{}_\mu x^\mu + a^\nu \quad \text{mit} \quad a_\mu{}^\nu a_{\tau\lambda} \eta^{\mu\tau} = \delta_\lambda{}^\nu \\ &\text{und} \quad a^\nu{}_\mu, a^\nu = \text{const}, \quad \mu, \nu = 1, 2, 3, 4. \end{aligned} \tag{8}$$

Hierbei ist

$$\eta^{\mu\nu} = \begin{pmatrix} +1 & & & \\ & +1 & 0 & \\ & 0 & +1 & \\ & & & -c^{-2} \end{pmatrix} \tag{9a}$$

der kontragrediente Tensor zum metrischen Tensor von Minkowski

$$\eta_{\mu\nu} = \begin{pmatrix} +1 & & & \\ & +1 & 0 & \\ & 0 & +1 & \\ & & & -c^{2} \end{pmatrix}, \tag{9b}$$

und es ist hier $x^4 = t$ gesetzt. (9b) ist der metrische Tensor einer vierdimensionalen Raum-Zeit-Union, der Minkowski-Welt V_4, mit der ebenen Metrik

$$ds^2 = \eta_{\mu\nu}\, dx^\mu\, dx^\nu = (dx^1)^2 + (dx^2)^2 + (dx^3)^2 - c^2\, (dt)^2. \tag{10}$$

Der kontravariante $\eta^{\mu\nu}$ kann als der metrische Tensor des zur Minkowski-Welt dualen Raumes $V_4{}^*$ aufgefaßt werden.

Die inhomogene Lorentz-Gruppe (8) beschreibt auch die 10parametrige Liesche Symmetriegruppe (Bewegungsgruppe) eines vierdimensionalen ebenen Raumes mit indefiniter Signatur. Danach sind in der speziellen Relativitätstheorie alle Symmetrieeigenschaften und somit auch alle integralen Erhaltungssätze der relativistischen Mechanik auf die Geometrie der Minkowskischen Raum-Zeit-Welt zurückgeführt.

Der physikalisch wesentliche Unterschied in den Grundvoraussetzungen der Galileischen und der Einsteinschen Kinematik ist, daß sich nach der Galilei-Gruppe physikalische Wirkungen mit beliebig hoher (auch unendlich großer) Geschwindigkeit ausbreiten können. Nach der Lorentz-Gruppe existiert hingegen eine maximale Geschwindigkeit c, die gemäß dem 2. Prinzip der speziellen Relativitätstheorie, dem Einsteinschen Prinzip der Konstanz der Lichtgeschwindigkeit, eben die Vakuumlichtgeschwindigkeit ist.

Formal gestützt von dem mathematischen Apparat der allgemeinen Relativitätstheorie EINSTEINS zeigte nun K. FRIEDRICHS 1927, daß genauso wie die relativistische Kinematik EINSTEINS auch die Kinematik von GALILEI als Geometrie einer vierdimensionalen Raum-Zeit-Welt aufzufassen ist.[1]) Die Raum-Zeit-Welt GALILEIS ist genau der Entartungsfall $c \to \infty$ der LORENTZ-EINSTEIN-MINKOWSKIschen Raum-Zeit mit einer unendlich großen Fundamentalgeschwindigkeit c. Die LIEsche Symmetriegruppe des dreidimensionalen euklidischen Raumes (5) und die GALILEI-Transformationen (3) und (6) können so zur vierdimensionalen Gruppe

$$\bar{x}^{\nu} = a^{\nu}{}_{\mu} x^{\mu} + a^{\nu} \quad \text{mit} \quad a_{\tau}{}^{\mu} a_{\nu\lambda} \varepsilon^{\nu\tau} = \delta_{\lambda}{}^{\mu} \qquad (11)$$

zusammengefaßt werden. Hierbei ist $\varepsilon_{\mu\nu}$ der MINKOWSKIsche Tensor für den Entartungsfall $c \to \infty$ und $\varepsilon^{\mu\nu}$ der hierzu kontragrediente Tensor mit $\varepsilon_{\mu\lambda}\varepsilon^{\nu\lambda} = \delta_{\mu}{}^{\nu}$. Während also die Metrik der GALILEIschen Raum-Zeit-Welt V_4 irregulär wird, ist die Metrik des dualen Raumes $V_4{}^*$ isotrop mit dem Trägheitsindex $(+1, +1, +1, 0)$. — Diese Entartung der Raum-Zeit-Geometrie in der GALILEI-NEWTONschen Mechanik ist eine Folge der unphysikalischen Annahme der Möglichkeit unendlich großer Geschwindigkeiten, die die GALILEI-Gruppe erlaubt.

Genauso wie die MINKOWSKI-Welt ist auch die entartete GALILEIsche Raum-Welt eine ebene Mannigfaltigkeit und besitzt eine 10parametrige LIEsche Bewegungsgruppe, die eben durch (11) gegeben ist. Hieraus folgen sofort die 10 integralen Erhaltungssätze der klassischen Mechanik.

Abschließend sei noch folgendes hervorgehoben: In einem Raum mit örtlich variabler Krümmung, insbesondere im RIEMANNschen Raum der allgemeinen Relativitätstheorie, existiert im allgemeinen Fall überhaupt keine LIEsche Bewegungsgruppe mehr, der Raum ist maximal asymmetrisch. Dies hat zur Folge, daß in einem solchen Raum zwischen den Koordinatentransformationen und tatsächlichen Verlagerungen eines Körpers wohl zu unterscheiden ist, während in einem ebenen Raum, wie gesagt, eines durch das andere ersetzt werden kann. In der allgemeinen Relativitätstheorie besagt das allgemeine Relativitätsprinzip EINSTEINS zwar die Kovarianz aller physikalischen Gleichungen gegenüber beliebigen Koordinatentransformationen und verallgemeinert damit das GALILEI-EINSTEINsche Relativitätsprinzip der Geschwindigkeit zum Prinzip der Relativität der Beschleunigung. Dieser allgemeinen Kovarianz entsprechen aber keinen neuen Symmetrien der Raum-Zeit. Vielmehr führen wegen der Asymmetrie des

---

[1]) Nach der allgemeinen Relativitätstheorie ist die lokale Lichtgeschwindigkeit im Vakuum keine Konstante mehr, sondern eine Funktion des skalaren Gravitationspotentials g_{44}. FRIEDRICHS betrachtete den Grenzfall, daß diese Funktion eine unendliche Konstante wird.

RIEMANNschen Raumes die Differentialidentitäten im allgemeinen nicht zu integralen Erhaltungssätzen für physikalische Größen.

Die GALILEI-Transformationen sind hingegen eine Widerspiegelung von realen Symmetrieeigenschaften von Raum und Zeit, deshalb hatte ihre Entdeckung eine so große Bedeutung für die Physik.

29. Helmholtzsche und relativistische Elektrodynamik

29.1. Absolute und relative Geschwindigkeiten in der klassischen Physik

In einem Brief an ARNOLD SOMMERFELD aus dem Jahre 1926 geht EINSTEIN [6] auf EDDINGTONS Buch „Space, Time, Gravitation" (1920) ein und polemisiert an einer entscheidenden Stelle gegen EDDINTONS Auffassungen. EINSTEIN bemerkt, daß er gegenüber EDDINGTON beanstanden müsse, „daß er die Relativitätstheorie doch zu sehr als *logisch* notwendig darstellt. Gott hätte sich ja auch dazu entschließen können, statt des relativistischen Äthers einen absolut ruhenden zu erschaffen." EINSTEIN stellt weiter fest, daß es Theorien gibt, bei denen dem Äther eine absolute Funktion zukommt, und sagt abschließend: „Es ist merkwürdig, daß in den meisten Köpfen für die Wertung dieses Sachverhalts kein Organ ist."

EINSTEIN weist also gegenüber EDDINGTON (und vielen anderen Autoren) darauf hin, daß die Existenz eines kinematischen Relativitätsprinzips eine reine Erfahrungstatsache ist und daß für die Relativität der Geschwindigkeiten in der Physik keine logische Notwendigkeit besteht, daß sie vielmehr nur durch die Erfahrung (vgl. hierzu auch [25] und Abschnitt 26) bewiesen ist. —

Entgegen diesem Tatbestand wird aber besonders bei axiomatischen Darstellungen der Relativitätstheorie und auch bei Analysen der klassischen Mechanik oft so getan, als ob die Relativität der Geschwindigkeiten den Rang eines denknotwendigen Postulats hätte.

Die Auffassung von der Denknotwendigkeit des Prinzips der Relativität der Geschwindigkeiten und damit von der A-priori-Unsinnigkeit von physikalischen Theorien, die mit Absolutgeschwindigkeiten arbeiten, ist älter als das von EINSTEIN gerügte Mißverständnis der Relativitätstheorie. Es geht m. W. zurück auf die in der zweiten Hälfte des vorigen Jahrhunderts versuchten historisch-kritischen Analysen der klassischen Mechanik. In den bekanntesten und einflußreichsten Werken dieser Richtung, in der „Mechanik" von MACH (1883) [14] und in dem Buch von LANGE „Die geschichtliche Entwicklung des Bewegungsbegriffes" (1886) [12], wird in Polemik gegen NEWTONS Auffassung das Prinzip der Relativität der Geschwindigkeiten als erkenntnistheoretische Notwendigkeit dargestellt. Rückschauend sieht man, daß die Bemerkungen von MACH und LANGE folgende Punkte enthalten:

1. die richtige Feststellung, daß im Rahmen der NEWTONschen Mechanik absolute Geschwindigkeiten nicht auftreten, weil das NEWTONsche Bewegungsgesetz und die von MACH und LANGE in Betracht gezogenen Kraftgesetze invariant gegenüber der GALILEI-Gruppe sind. Es gilt nämlich das NEWTONsche Bewegungsgesetz für einen Körper K_1

$$m_1 \frac{dv_1^l}{dt} = m_1 \frac{d^2 x_1^l}{dt^2} = F_1^l \quad {}^{1)}; \tag{1}$$

die zugelassenen Kräfte hängen nur von den relativen Koordinaten ab und haben die Form

$$F_1^l = F_1^l(x_1^k - x_0^k) = -\frac{\partial}{\partial x_1^l}\varphi(x_1^l - x_0^l); \tag{2}$$

also ist

$$\frac{\partial F_1^l}{\partial v_A^k} = 0. \tag{2a}$$

Die Ausführung der GALILEI-Transformation

$$\bar{x}^i = x^l - V^l t \quad \text{mit} \quad \frac{dV^l}{dt} = 0 \tag{3}$$

läßt daher (1) unverändert.

2. Zum anderen schließen MACH, LANGE und die übrigen Kritiker des NEWTONschen Begriffes der absoluten Geschwindigkeiten eben in einem Zirkel, indem nicht berücksichtigt wird, daß
   a) die GALILEI-Invarianz,
   b) das klassische Prinzip der Relativität der Geschwindigkeiten und
   c) das Gegenwirkungsprinzip (3. NEWTONsches Axiom: der Gesamtimpuls $\sum\limits_A m_A v_A^l$ eines Systems wird durch die inneren Kräfte nicht geändert)

---

[1]) In dieser Arbeit bedeuten alle hochgestellten lateinischen Indizes Vektorindizes im dreidimensionalen Raum ($l = 1, 2, 3$), die tiefgestellten großen lateinischen Indizes hingegen Nummern zum Zählen der Teilchen. Alle griechischen Indizes bedeuten Vektorindizes in der vierdimensionalen MINKOWSKIschen Raum-Zeit ($\nu = 0, 1, 2, 3$). — Die Signatur des MINKOWSKI-Raumes ist zu $+1, -1, -1, -1$ angenommen. — Über alle doppelt stehenden Vektorindizes soll entsprechend der EINSTEINschen Summationskonvention summiert werden. Es bedeutet also:

$$A^i B^i = \sum_{i=1}^{3} A^i B^i \quad \text{und} \quad A^\nu B^\nu = \sum_{\nu=0}^{3} A^\nu B^\nu.$$

verschiedene Formulierungen ein und derselben Invarianzeigenschaften der klassischen Mechanik sind, die das Bewegungsgesetz (1) sämtlich impliziert.

Es ist gleichwertig zu sagen:

a) In die Gleichungen der Physik gehen nur die Relativgeschwindigkeiten $v_{AB}{}^l = v_A{}^l - v_B{}^l$ bzw. die Beschleunigungen $dv_A{}^l/dt$ ein, nicht aber die Absolutgeschwindigkeiten selbst;
b) die Gleichungen sind invariant gegenüber den Galilei-Transformationen (3), oder
c) es gilt der Satz von der Erhaltung des Gesamtimpulses eines abgeschlossenen Systems

$$\frac{d}{dt}\left(\sum_A m_A v_A{}^l\right) = 0. \tag{4}$$

Wird eine dieser drei Behauptungen vorausgesetzt, so sind die anderen aus ihnen logisch deduzierbar. — Das Zutreffen der vorausgesetzten Behauptung ist aber nur empirisch entscheidbar.

Dieser Zusammenhang folgt ganz allgemein aus der Herleitbarkeit der Bewegungsgleichungen aus einem Wirkungsprinzip und dem Noetherschen Theorem über Wirkungsfunktionen mit Invarianzeigenschaften. Im Rahmen der klassischen Mechanik ergibt sich dieser Zusammenhang sehr leicht aus dem sogenannten „Prinzip von der absoluten Erhaltung der Energie" von Schütz (1897) [21]. Schütz betrachtet ein abgeschlossenes System einer beliebigen Anzahl von Massenpunkten m_A mit den Geschwindigkeiten $v_A{}^l$. Diese Geschwindigkeiten $v_A{}^l$ seien auf ein Bezugssystem $\sum$ bezogen. Außerdem besitze das System eine von den Geschwindigkeiten unabhängige potentielle Energie U der inneren Kräfte. Der Energiesatz der klassischen Mechanik sagt dann aus:

$$\frac{1}{2}\sum_A m_A (v_A{}^l)^2 + U = C \quad \text{mit} \quad \frac{d}{dt}\, C = 0. \tag{5}$$

Wir bewegen nun das Bezugssystem $\sum$ gegen ein neues Bezugssystem $\bar{\Sigma}$ mit der Geschwindigkeit V^l. In $\bar{\Sigma}$ soll ebenfalls der Energiesatz gelten:

$$\frac{1}{2}\sum_A m_A (v_A{}^l - V^l)^2 + U = \bar{C} \quad \text{mit} \quad \frac{d}{dt}\,\bar{C} = 0. \tag{6}$$

Durch Subtraktion von (5) und (6) folgt

$$\frac{1}{2}(V^l)^2 \sum_A m_A - V^l \sum_A m_A v^l{}_A = \bar{C} - C. \tag{7}$$

In (7) ist V^l beliebig, und $\dot{V}^l$, die Massen m_A und die Konstanten C und $\bar{C}$ sind zeitunabhängig. Daher muß auch der Gesamtimpuls zeitunabhängig sein:

$$\frac{d}{dt}\Big(\sum_A m_A v_A{}^l\Big) = 0. \tag{7a}$$

Aus der Relativität der Geschwindigkeiten folgt also der Impulssatz (5) und umgekehrt.

Das GALILEIsche Relativitätsprinzip erlaubt zwischen zwei Körpern K_1 und K_2 außer Kräften mit geschwindigkeitsunabhängigen Potentialen $\partial U/\partial v_A{}^l = 0$ natürlich auch solche, die nur von den Relativgeschwindigkeiten $v^l = v_1{}^l - v_2{}^l$ abhängen. (Das Prinzip von der „absoluten Erhaltung der Energie" gilt auch dann.) Verlangen wir die Gültigkeit des Energiesatzes und damit die Herleitbarkeit der Bewegungsgleichungen (1) aus einem kinetischen Potential $L = 1/2 \sum_A m_A(v_A{}^l)^2 - U$ gemäß HELMHOLTZ (also die Darstellbarkeit von (1) als EULER-LAGRANGEsche Gleichungen ohne Nebenbedingungen), so kann (wenn wir uns der Einfachheit halber auf zwei Teilchen K_1 und K_2 beschränken) für das Potential U entweder gelten

$$\frac{\partial U}{\partial v_1{}^l} = \frac{\partial U}{\partial v_2{}^l} = 0 \tag{8a}$$

oder

$$\frac{\partial U}{\partial v_1{}^l} = -\frac{\partial U}{\partial v_2{}^l} = \frac{\partial U}{\partial v^l} \tag{8b}$$

mit der Relativgeschwindigkeit

$$v^l = v_1{}^l - v_2{}^l. \tag{8c}$$

Die Bedingung (8a) wurde von HELMHOLTZ in seiner berühmten Arbeit „Über die Erhaltung der Kraft" (1847) [7] vorausgesetzt. Die Gleichung (8b) ist durch die Wechselwirkungspotentiale der Elektrodynamik erfüllt, die WILHELM WEBER (1846) [26] und BERNHARD RIEMANN (1861) [17] vorgeschlagen haben. WEBERS Potentialfunktion lautet für zwei Ladungen

$$U_{\text{WEBER}} = \frac{e_2 e_1}{r_{12}}\left(1 + \frac{1}{2c^2 r_{12}^2}\,(\mathfrak{r}_{12}\mathfrak{v}_1 - \mathfrak{r}_{12}\mathfrak{v}_2)^2\right) \tag{9}$$

und RIEMANNS Potentialfunktion

$$U_{\text{RIEMANN}} = \frac{e_1 e_2}{r_{12}}\left(1 + \frac{1}{2c^2 r_{12}^2}\,(v^l)^2\right). \tag{10}$$

In (9) und (10) sind die Vektoren $\mathfrak{r}_{12}$ bzw. $\mathfrak{v}$ die relativen Koordinaten bzw. Geschwindigkeiten

$$\mathfrak{r}_{12} = \{x_1{}^l - x_2{}^l\}, \qquad \mathfrak{v} = \{v^l\} = \{v_1{}^l - v_2{}^l\}. \tag{10a}$$

Beide Potentialfunktionen sind ersichtlich Galilei-invariant und damit mit dem Prinzip der Relativität der Geschwindigkeiten vereinbar.

Diese Potentialfunktionen wurden von Weber und Riemann im Rahmen der Fernwirkungstheorien der Elektrodynamik vorgeschlagen. Das Ziel dieser Fernwirkungstheorien war die Ableitung des Ampèreschen Kraftgesetzes für die Wechselwirkung zwischen stationären Strömen sowie des Faradayschen Induktionsgesetzes. Dies mußte im Rahmen der klassischen Potentialtheorie, d. h. mit instantaner Wirkungsausbreitung, erfolgen. Bekanntlich leisteten dies sowohl Webers wie Riemanns Gesetz. Dennoch stießen beide auf starke Ablehnung, besonders durch Hermann v. Helmholtz. Der tiefere Grund hierfür lag wohl in der Künstlichkeit der Vorstellungen über die in der Natur möglichen Leitungsmechanismen, die Weber und Riemann benötigten, um das klassische Relativitätsprinzip in die Elektrodynamik einzubauen. Denn ohne einen solchen Kunstgriff gehen in die Fernwirkungselektrodynamik notwendig Absolutgeschwindigkeiten ein — entsprechend der Tatsache, daß die zur Elektrodynamik gehörende Invarianzgruppe nicht die Galilei-, sondern die Lorentz-Gruppe ist (s. u. Kap. 2).

29.2. Das Helmholtzsche Wechselwirkungspotential

In seiner ersten Abhandlung zur „Theorie der Elektrodynamik" (1870) [8] bemerkte Helmholtz, daß entsprechend dem damaligen Stand der elektrodynamischen Kenntnisse jedes Wechselwirkungsgesetz einige elementare Bedingungen erfüllen müßte:

a) Für geschlossene Stromkreise müssen das Ampèresche Gesetz über die Kraft zwischen stationären Strömen und das Faradaysche Induktionsgesetz herleitbar sein — außerdem muß natürlich das Coulombsche Gesetz resultieren.
b) Helmholtz forderte ferner, daß das Kraftgesetz aus einem Wirkungsprinzip und somit aus einem kinetischen Wechselwirkungspotential herleitbar ist (s. [10]).

Die mit diesen Forderungen verträglichen Kraftgesetze liefern dann unterschiedliche Aussagen über „offene Stromkreise", also über die Kraft zwischen einzelnen bewegten Ladungen und über die Fortpflanzung von Störungen des elektromagnetischen Feldes.

F. E. Neumann hatte nun schon 1846 [15] und 1848 [16] (s. auch Helmholtz [9]) gezeigt, daß die Forderungen a) und b) elementar erfüllt werden, wenn zu dem COULOMBschen Potential $\varphi = (\int \varrho/r)\, d^3x$ ein Vektorpotential $A^l = \int (q^l/cr)\, d^3x$ eingeführt wird und alle Potentiale die POISSON-Gleichung erfüllen:

$$\Delta\varphi = -4\pi\varrho \tag{11a}$$

und

$$\Delta A^l = -\frac{4\pi}{c}\, q^l. \tag{11b}$$

Hierbei ist ϱ die Ladungsdichte und q^l die Stromdichte. Das kinetische Wechselwirkungspotential nach NEUMANN lautet dann einfach

$$U = \int \left(\varrho\varphi - \frac{q^l A^l}{c}\right) d^3x, \tag{12}$$

also explizit

$$U_{\text{NEUMANN}} = \sum_{A>B} \frac{e_A e_B}{r_{AB}} - \sum_{A>B} \int \frac{J_A{}^l J_B{}^l}{c^2 r_{AB}}\, ds_A\, ds_B \tag{13}$$

mit den Stromstärken

$$J_A{}^l = \int q_A{}^l\, d\sigma \tag{13a}$$

und den Ladungen

$$e_A = \int \varrho_A\, d^3x. \tag{13b}$$

Für zwei Stromelemente gibt dies:

$$D^2 U_{\text{NEUMANN}} = -\frac{J_1{}^l J_2{}^l\, ds_1\, ds_2}{c^2 r_{12}} = -\frac{J_1 J_2\, ds_1{}^l\, ds_2{}^l}{c^2 r_{12}} \tag{14}$$

$$(\text{mit } |J_A{}^i| = J_A, \qquad |ds_A{}^l| = ds_A).$$

(13) faßt das COULOMBsche und das AMPÈREsche Gesetz zusammen.

NEUMANNS kinetisches Wechselwirkungspotential stimmt formal mit dem von KARL SCHWARZSCHILD (1903) [22] (s. auch [23]) angegebenen Wechselwirkungspotential der relativistischen Elektrodynamik überein:

$$U_{\text{SCHWARZSCHILD}} = \int \left(\varrho\varphi - \frac{q^l}{c} A^l\right) d^3x = \int \sqrt{1 - \frac{v^2}{c^2}} \left(\frac{q^\nu}{c} A^\nu\right) dV_0 \tag{15}$$

mit dem Viererstrom

$$q^\nu = \{c\varrho, q^l\}, \tag{15a}$$

nur tritt bei SCHWARZSCHILD an die Stelle der POISSON-Gleichung die aus den MAXWELLschen Gleichungen folgende D'ALEMBERT-Gleichung

$$\Box A^\nu = -\frac{4\pi}{c} q^\nu. \tag{16}$$

Es sind also die NEUMANNschen Potentiale durch retardierte Potentiale zu ersetzen (s. u.). Außerdem postuliert NEUMANN entsprechend der Vorstellung geschlossener Ströme die Quellfreiheit des Leitungsstroms

$$\frac{\partial}{\partial x^l} q^l = 0. \tag{17a}$$

Während bei SCHWARZSCHILD die relativistische Kontinuitätsgleichung für den Viererstrom

$$\frac{\partial}{\partial x^\nu} q^\nu = 0 \tag{17b}$$

gilt. Entsprechend ist bei NEUMANN das Vektorpotential COULOMB-geeicht:

$$\frac{\partial}{\partial x^l} A^l = 0, \tag{18a}$$

und bei SCHWARZSCHILD ist das Viererpotential LORENTZ-geeicht:

$$\frac{\partial A^\nu}{\partial x^\nu} = \frac{1}{c}\frac{\partial \varphi}{\partial t} - \frac{\partial A^l}{\partial x^l} = 0. \tag{18b}$$

Mit der Annahme, daß die elektrischen Ströme das Ergebnis von Bewegungen elementarer Ladungsträger sind:

$$q_A{}^l = \varrho_A v_A{}^l, \tag{19}$$

läßt sich das NEUMANNsche Potential hypothetisch auch auf beliebige frei bewegte Ladungen ausdehnen. Dies führte zu dem Ausdruck von CLAUSIUS (1877) [2]:

$$U_{\text{CLAUSIUS}} = \sum_{A>B} \left(\frac{e_A e_B}{r_{AB}} - \frac{e_A e_B v_A{}^l v_B{}^l}{c^2 r_{AB}}\right) = \sum_{A>B} \left((e_A \varphi_B - \frac{e_A}{c} v_A{}^l A_B{}^l\right), \tag{20}$$

dessen zweite Zeile formal völlig mit dem SCHWARZSCHILDschen Ausdruck übereinstimmt. Wie WHITTAKER [27] bereits 1910 bemerkte, wird das CLAUSIUSsche Wechselwirkungspotential mit dem SCHWARZSCHILDschen identisch, wenn an die Stelle der der POISSON-Gleichung genügenden Potentiale

$$\varphi_B = \left[\frac{e_B}{r}\right]_t \tag{21a}$$

und

$$A_B{}^l = \left[\frac{e_B v_B{}^l}{rc}\right]_t \tag{21b}$$

die retardierten LIÉNARD-WIECHERT-Potentiale (LIÉNARD 1898, WIECHERT 1900) (s. [23]) treten:

$$\varphi_B = \left[\frac{e_B}{r\left(1 - \frac{v_B{}^l x^l}{cr}\right)}\right]_{t-\frac{r}{c}} \tag{22a}$$

und

$$A_B{}^i = \left[\frac{e_B v_B{}^i}{cr\left(1 - \frac{v_B{}^l x^l}{cr}\right)}\right]_{t-\frac{r}{c}} . \tag{22b}$$

Unter der Voraussetzung, daß keine Strahlungsprozesse auftreten, läßt sich nun die relativistische Elektrodynamik als eine LORENTZ-kovariante Vielteilchendynamik auffassen. (Diese Auffassung wird unmöglich, wenn Strahlungsphänomene zu berücksichtigen sind; zu den endlich vielen Freiheitsgraden der Teilchen treten dann die unendlich vielen Freiheitsgrade des elektromagnetischen Feldes — siehe LANDAU-LIFSCHITZ [11].) Eine solche Vielteilchendynamik wird völlig symmetrisch auf eine gemeinsame Zeit t bezogen, indem die retardierten Zeiten $t - (r_{0a}/c)$ mit Hilfe der MAXWELL-LORENTZschen Feld- und Bewegungsgleichungen auf die Zeit t umgerechnet werden. Diese Rechnungen wurden von C. G. DARWIN bereits 1920 [3] angenähert unter der Voraussetzung durchgeführt, daß die Teilchengeschwindigkeiten v klein gegenüber der Lichtgeschwindigkeit c sind. DARWINS Rechnung geht dann bis zu Wechselwirkungstermen der Ordnung v^2/c^2 (s. u.).

Entsprechend der obigen Bemerkung von HELMHOLTZ muß somit das allgemein die HELMHOLTZschen Bedingungen erfüllende kinetische Potential der Fernwirkungselektrodynamik das strahlungsfreie Potential der relativistischen Elektrodynamik als Spezielfall enthalten, wobei die explizite Angabe nur dann leicht lösbar ist, wenn man sich auf Terme von der Größenordnung v^2/c^2 beschränkt. Um das Problem der Angabe des allgemeinsten Fernwirkungspotentials sachgemäß einzuschränken, fordert HELMHOLTZ [8],

a) daß die Zusatzterme zum NEUMANNschen Potential keine dimensionierten universellen Konstanten außer der Lichtgeschwindigkeit c enthalten sollen, und

b) eine Beschränkung auf Terme bis zur Größenordnung v^2/c^2.

Das so gebildete Wechselwirkungspotential darf dann keinen Unterschied zum NEUMANNschen Potential liefern, wenn die Kraftwirkung über geschlossene Stromkreise integriert wird, d. h., bei Wechselwirkung zwischen zwei Strömen $J_1{}^i$ und $J_2{}^i$ muß das zusätzliche Potential ein vollständiges Differential der Leiterelemente ds_1 und ds_2 sein. Aus diesen Forderungen ergibt sich das HELMHOLTZsche Wechselwirkungspotential für zwei Stromelemente

$$D^2U_{\text{HELMHOLTZ}} = -\frac{J_1 J_2\, ds_1{}^l\, ds_2{}^l}{c^2 r_{12}} - B J_1 J_2\, ds_1\, ds_2 \frac{d^2 r}{ds_1\, ds_2}, \tag{23}$$

in dem die numerische Konstante B eine unbekannte reine Zahl ist. Durch Ausführung der Differentiation in (23) erhält man

$$D^2U_{\text{HELMHOLTZ}} = -\frac{J_1 J_2\, ds_1{}^l\, ds_2{}^l}{c^2 r}(1-B) - B\frac{J_1 J_2}{c^2 r^3}(x^l\, ds_1{}^l)(x^k\, ds_2{}^k), \tag{23a}$$

so daß mit der neuen dimensionslosen Konstante k

$$B = \frac{1-k}{2} \tag{24}$$

das HELMHOLTZsche Potential lautet (s. [8]):

$$\begin{aligned} U_{\text{HELMHOLTZ}} &= \sum_{A>B} \frac{e_A e_B}{r_{AB}} - \frac{1}{2}\sum_{A>B}\left\{\int\!\!\int \frac{J_A{}^l J_B{}^l\, ds_A\, ds_B}{c^2 r_{AB}}(1+k)\right. \\ &\quad \left. + \int \frac{J_A J_B}{r_{AB}{}^3}(x_{AB}{}^l\, ds_A{}^i)(x_{AB}{}^k\, ds^k{}_B)(1-k)\right\} \\ &= \sum_{A<B} \frac{e_A e_B}{r_{AB}} - \frac{1}{2}(1+k)\sum_{A>B}\frac{e_A e_B v_A{}^l v_B{}^l}{c^2 r_{AB}} \\ &\quad - \frac{1}{2}(1-k)\sum_{A>B}\frac{e_A e_B}{c^2 r_{AB}}(v_A{}^l n^l)(v_B{}^k n^k) \end{aligned} \tag{25}$$

$$\left(\text{mit}\quad \mathfrak{n} = \frac{\mathfrak{r}_{AB}}{r_{AB}} = \{n^l\} = \frac{\partial r_{AB}}{\partial x_A{}^l}\right).$$

Durch Anwendung des GAUSSschen und des GREENschen Integralsatzes, partieller Integration und bei Fortlassen von bei begrenzten Ladungsverteilungen verschwindenden Oberflächenintegralen entstehen aus dem HELMHOLTZschen Wechselwirkungspotential äquivalente Ausdrücke, die formal wieder dem SCHWARZSCHILDschen Wechselwirkungspotential (15) entsprechen:

$$U_{\text{HELMHOLTZ}} = \sum e_A \varphi_B - \sum e_A \frac{v_A{}^l}{c} U_B{}^l. \tag{26}$$

Hierbei sind die Vektorpotentiale U^i gegeben durch

$$U_A{}^i = \frac{1}{c} \int \left(\frac{1+k}{2} \frac{q_A{}^i}{r} + \frac{1-k}{2} \frac{n^i q_A{}^k n^k}{r} \right) d^3x_A. \tag{27}$$

(27) kann mit dem skalaren Superpotential von HELMHOLTZ [8]

$$\psi_A = -\frac{1}{c} \int q_A{}^l n^l \, d^3x \quad \text{mit} \quad n^l = \frac{x^l - x_A{}^l}{r} \tag{28}$$

auch geschrieben werden

$$U_A{}^l = \frac{1-k}{2} \frac{\partial \psi_A}{\partial x^l} + \int \frac{q_A{}^l}{cr} d^3x_A = \frac{1-k}{2} \frac{\partial \psi_A}{\partial x^l} + A_A{}^l, \tag{29}$$

also als Summe eines Gradienten $\sim \partial\psi/\partial x^i$ und des NEUMANNschen Vektorpotentials A^l.

Das HELMHOLTZsche Superpotential läßt sich darstellen als Folge eines Flusses freier Ladungen

$$\psi_A = -\frac{1}{2\pi c} \int \frac{\partial Q_A}{\partial t} \frac{1}{r} d^3x_A, \tag{30}$$

wobei

$$\Delta \psi_A = \frac{2}{c} \frac{\partial Q_A}{\partial t} \tag{30a}$$

gilt, so daß das Zusatzpotential $\partial\psi/\partial x^i \, (1-k)/2$ also zu einer sich zeitlich ändernden Ladungsverteilung mit der Dichte

$$\frac{\partial}{\partial x^l} \Delta \psi_B = \frac{1}{4\pi c} (1-k) \frac{\partial^2 Q_B}{\partial x^l \partial t} \tag{31}$$

gehört, wobei

$$-Q = -\int \varrho_{\text{frei}} \, d^3x \tag{31a}$$

die gesamte freie Ladung ist.

Das HELMHOLTZsche Vektorpotential U^i erfüllt demnach nicht die POISSON-Gleichung; vielmehr gilt mit (31) die verallgemeinerte Potentialgleichung

$$\Delta U_B{}^l = \frac{(1-k)}{c}\,\frac{\partial^2 Q_B}{\partial x^l\,\partial t} - \frac{4\pi}{c}\,q_B{}^l, \tag{32}$$

und das Vektorpotential ist automatisch so geeicht, daß die Beziehung

$$\frac{\partial}{\partial x^l}\,U^l = -\frac{k}{c}\,\frac{\partial Q}{\partial t} \tag{33}$$

besteht.

In den HELMHOLTZschen Ausdrücken sind die NEUMANNschen natürlich gerade dann enthalten, wenn

$$k = 1 \tag{34}$$

gesetzt wird. In der Tat gilt dann für das Vektorpotential

$$U^l = A^l = \int \frac{q^l}{cr}\,d^3x \tag{34a}$$

die POISSON-Gleichung, nur sind das HELMHOLTZsche und das NEUMANNsche Potential verschieden geeicht (s. u.). Für

$$k = -1 \tag{35}$$

fällt das HELMHOLTZsche Wechselwirkungspotential mit dem von WEBER (1846) [26] eingeführten Potential

$$U_{\text{WEBER}} = \sum_{A>B} \frac{e_A e_B}{r_{AB}} - \sum_{A>B} \int \frac{J_A J_B}{c^2 r_{AB}}\,(n^l\,ds_A{}^l)\;(n^k\,ds_B{}^k) \tag{36}$$

zusammen. Das WEBERsche Potential genügt also nicht der POISSON-Gleichung. Jede Wahl von k liefert dieselbe Elektrodynamik für geschlossene Ströme. HELMHOLTZ [8] schlägt bereits die Bestimmung der Zahl k durch Experimente vor (aus diesem Programm ergab sich übrigens die Entdeckung der elektromagnetischen Wellen durch HELMHOLTZ' Schüler HEINRICH HERTZ).

HELMHOLTZ bemerkte aber schon 1870 [8], daß sein Vektorpotential U^i in der betrachteten Näherung genau dann den MAXWELLschen Gleichungen genügt, wenn

$$k = 0 \leftrightarrow B = +\frac{1}{2} \tag{37}$$

gesetzt wird. In der Tat folgt dann aus den HELMHOLTZschen Gleichungen (29) durch Divergenzbildung mit (31) die Erhaltung des Viererstromes:

$$\frac{\partial}{\partial x^l}(\Delta U^l) = \frac{\partial}{c\,\partial t}\Delta Q - 4\pi\frac{\partial}{\partial x^l}\frac{q^l}{c} = 0$$

$$\leftrightarrow -\frac{\partial \varrho_{\text{frei}}}{\partial t} - \frac{\partial q^l}{\partial x^l} = 0; \tag{38}$$

das Vektorpotential ist COULOMB-geeicht:

$$\frac{\partial}{\partial x^l} U^l = 0. \tag{38a}$$

Fordert man umgekehrt, daß entsprechend den Vorstellungen von Relativitäts- und Elektronentheorie bewegte Ladungen und elektrische Ströme identisch sind in dem Sinne, daß jede bewegte Ladung einen Strom erzeugt und jeder Strom die Bewegung freier Ladungen bedeutet:

$$q_B{}^l = \varrho_B v_B{}^l,$$

so ist die Kontinuitätsgleichung (38) zu fordern und hiermit die HELMHOLTZsche Konstante gemäß (37) bestimmt.

Gehen wir nun mit $k = 0$ in das explizite HELMHOLTZsche Potential (25) ein, so finden wir

$$U = \sum_{A>B}\frac{e_A e_B}{r_{AB}} - \frac{1}{2c^2}\sum_{A>B}\frac{e_A e_B}{r_{AB}}[v_A{}^l v_B{}^l + (v_A{}^l n^l)(v_B{}^k n^k)]$$

$$= \sum_{A>B}\frac{e_A e_B}{r_{AB}} - \frac{1}{2c^2}\sum_{A>B}\frac{e_A e_B}{r_{AB}}[\mathfrak{v}_A\cdot\mathfrak{v}_B + (\mathfrak{v}_A\cdot\mathfrak{n})(\mathfrak{v}_B\cdot\mathfrak{n})]. \tag{39}$$

(39) ist das von DARWIN 1920 [3] aus der relativistischen Elektrodynamik hergeleitete Wechselwirkungspotential zweiter Ordnung, nämlich dasjenige Potential, das sich aus dem SCHWARZSCHILDschen Ausdruck (15) mit LIÉNARD-WIECHERT-Potential bei geeigneter Umeichung durch symmetrisches Umrechnen von den retardierten Zeiten $t - (r_{AB}/c)$ auf eine gemeinsame Zeit t ergibt (s. LANDAU-LIFSCHITZ [11]). Als BREITsche Formel (1929) [1] wurde das HELMHOLTZsche Wechselwirkungspotential mit $k = 0$ in die relativistische Quantenmechanik eingeführt. — Das HELMHOLTZsche Superpotential (14) ist hierbei die Eichfunktion f, die das (LORENTZ-geeichte) LIÉNARD-WIECHERT-Potential A^l in das DARWINsche Potential A''^l transformiert:

$$U^l = A^l + \frac{\partial}{\partial x^l}f = \frac{ev^l}{rc} + \frac{1}{2}\frac{\partial}{\partial x^l}\psi = \frac{ev^l}{rc} - \frac{1}{2c}\frac{\partial}{\partial x^l}\int q^k n^k\,dx^3$$

$$= A^l + \frac{e}{2c}\frac{\partial^2 r}{\partial x^l\,\partial t}. \tag{40}$$

Gemäß (38a) ist das DARWINsche Potential (40) zu

$$\frac{\partial U^l}{\partial x^l} = 0 \tag{40a}$$

COULOMB-geeicht.

Vom Standpunkt der relativistischen Elektrodynamik ist das HELMHOLTZsche Potential (mit $k = 0$) der Beginn einer Doppelreihe nach steigenden Potenzen von v/c für die SCHWARZSCHILDschen Invarianten (15), wobei diese Reihe mit Termen v^2/c^2 abgebrochen wurde. Die höheren Terme dieser Reihe haben aber keinen guten physikalischen Sinn, da im allgemeinen die Ausstrahlung bei Termen v^3/c^3 in Erscheinung tritt (s. LANDAU-LIFSCHITZ [11]). — Das HELMHOLTZsche Wechselwirkungspotential mit $k = 0$ ist ausreichend zur relativistischen Behandlung der Atomhülle (ohne Strahlungskorrekturen) und etwa auch für die Behandlung der Wechselwirkung geladener Teilchen in der Ionosphäre.

29.3. Die Relativitätsprinzipien als Auswahlprinzipien

Das allgemeine HELMHOLTZsche Potential (25) enthält die Ströme $q_A{}^i$ und damit die absoluten Geschwindigkeiten $v_A{}^l$ der Ladungen e_A. Der NEUMANNsche Anteil des HELMHOLTZschen Wechselwirkungspotentials ist proportional dem inneren Produkt der absoluten Geschwindigkeiten

$$\sim \frac{e_A e_B}{r_{AB}} \frac{v_A{}^l}{c} \frac{v_B{}^l}{c},$$

und der WEBERsche Anteil (36) ist proportional dem Produkt der Radialkomponenten:

$$\sim \frac{e_A e_B}{r_{AB}} \frac{(v_A{}^l n^l)}{c} \frac{(v_B{}^k n^k)}{c}.$$

Wegen der Abhängigkeit von den Geschwindigkeiten $v_A{}^l$ selbst ist das HELMHOLTZsche Wechselwirkungspotential also nicht GALILEI-invariant. Eine GALILEI-Invarianz würde entsprechend Kap. 1 verlangen, daß anstelle der Geschwindigkeiten $v_A{}^l$ der Ladungen e_A nur die Differenzen $v_{AB}^l = v_A{}^l - v_B{}^l$ der Geschwindigkeiten eingehen. Für zwei Partikeln A und B also dürfte das Wechselwirkungspotential nur von

$$\frac{e_A e_B}{r_{AB}} \frac{(v_A{}^l - v_B{}^l)}{c} \frac{(v_A{}^l - v_B{}^l)}{c} = \frac{e_A e_B}{r_{AB}} \frac{v_{AB}^2}{c^2}$$

oder von

$$\frac{e_A e_B}{r_{AB}} \frac{(v_{AB}{}^l n^l)^2}{c^2}$$

bzw. von irgendeiner Kombination beider Ausdrücke abhängig sein.

Geht man davon aus, daß der Übergang von einem Intertialsystem $\sum$ zu einem Intertialsystem $\bar{\Sigma}$ entsprechend der klassischen Mechanik durch Galilei-Transformationen (3) erfolgt, so genügt also das Helmholtzsche Wechselwirkungspotential keinem Relativitätsprinzip, sondern zeichnet ein Inertialsystem als ein absolutes aus. Dieses Inertialsystem entspricht anschaulich dem absolut ruhenden Äther von Maxwell bis Lorentz (auf den Einstein in seinem Brief an Sommerfeld anspielte).

Die scheinbar moderne Vorstellung, daß kein absolut ruhendes Inertialsystem angebbar ist, wurde von Weber [26] für die Fernwirkungstheorie postuliert, für die in der Tat die Äther-Vorstellung an sich leer ist, weil die Wirkungen instantan erfolgen sollen. Dementsprechend schlugen Weber [26] und Riemann [17] die in Kap. 1 angegebenen Potentiale (9) bzw. (10) vor, in die nur die Relativgeschwindigkeiten eingehen. Das Webersche bzw. das Riemannsche Potential erfüllen aber ohne eine weitreichende Zusatzhypothese nicht die Forderung, daß aus ihnen das Ampèresche Gesetz herleitbar ist. Denn in der Definition der Ströme als bewegte Ladungen bedeutet bei Messung der Stromdichten $q_A{}^l$ (etwa durch das Ohmsche Gesetz) die Bestimmung der Geschwindigkeiten $v_A{}^l$ relativ zum Leiter, nicht jedoch relativ zu irgendeiner anderen Ladung. Insbesondere muß also in einem Laboratorium, in dem die Leiter instantan ruhen, das Ampèresche Gesetz in der Neumann-Helmholtzschen Form — mit Geschwindigkeiten $v_A{}^l$ — formuliert werden.

Die Hypothese, mit der Weber von Absolut- zu Relativgeschwindigkeiten kam, ist nun die Annahme, daß bei jedem Leitungsstrom gleich viele positive (e^+) wie negative (e^-) Ladungen mit derselben Absolutgeschwindigkeit v in entgegengesetzter Richtung transportiert werden, daß also gilt

$$q^l = \varrho^+ v^l - \varrho^- v^l, \tag{41}$$

wobei in jedem Leiterelement sein soll:

$$\varrho^+ v^l = -\varrho^- v^l,$$

also

$$\varrho^+ + \varrho^- = 0. \tag{41a}$$

Man sieht sofort, daß der Strom J^l Galilei-invariant ist, denn eine Galilei-Transformation führt von (41) auf

$$q^l = \varrho^+(v^l - V^l) - \varrho^-(v^l + V^l) = \varrho^+ v^l - \varrho^- v^l, \tag{42}$$

d. h., auf Grund der WEBERschen Hypothese wird durch die Bewegung eines Leiters die elektrische Stromstärke nicht geändert.

Die Hypothese (41a) bedeutet, daß in jedem Stromelement

$$\sum_A e_A = 0 \tag{43}$$

gilt. Für Ströme der Form (43) ergänzen sich durch die Addition der durch (25) gegebenen Wirkungen der positiven und der negativen Ladungen die Absolutgeschwindigkeiten $v_A{}^l$ und $v_B{}^l$ zweier Stromelemente zur Relativgeschwindigkeit $v_{AB}{}^l = v_A{}^l - v_B{}^l$, während die Summe $v_A{}^l + v_B{}^l$ eliminiert wird (WEBER 1846 [26], RIEMANN 1861 [17]). WEBERS Potential (36) lautet:

$$\sum_{A<B} \frac{e_A e_B}{r_{AB}} \left(1 - \frac{\partial r_A}{c\,\partial t}\frac{d r_B}{c\,\partial t}\right) \tag{44}$$

mit

$$\frac{\partial r_A}{\partial t} = n^l v_A{}^l, \quad \frac{\partial r_B}{\partial t} = n^l v_B{}^l. \tag{44a}$$

Entsprechend der Hypothese (43) wird dieses Wechselwirkungspotential nicht geändert, wenn zu (44) der Term

$$\frac{1}{2} \sum_{A>B} \frac{e_A e_B}{r_{AB} c^2} \left(\left(\frac{\partial r_A}{\partial t}\right)^2 + \left(\frac{\partial r_B}{\partial t}\right)^2\right) \tag{45}$$

addiert wird. Indem man dann die relativen Radialgeschwindigkeiten

$$\frac{\partial r_{AB}}{\partial t} = \frac{\partial r_A}{\partial t} - \frac{\partial r_B}{\partial t} \tag{46}$$

einführt, entsteht so WEBERS Wechselwirkungspotential (9):

$$U_{\text{WEBER}} = \sum_{A>B} \frac{e_A e_B}{r_{AB}} \left(1 + \frac{1}{2c^2}\left(\frac{\partial r_{AB}}{\partial t}\right)^2\right). \tag{47}$$

Addieren wir zum NEUMANNschen Potential die auf Grund der Hypothese (43) verschwindenden Terme

$$\frac{1}{2} \sum_{A>B} \frac{e_A e_B}{c^2 r_{AB}} (v_A{}^2 + v_A{}^2) \quad \text{mit} \quad v_A = |v_A{}^l|, \tag{48}$$

so erhalten wir mit den Relativgeschwindigkeiten

$$v_{AB}{}^l = v_A{}^l - v_B{}^l \tag{49}$$

das RIEMANNsche Wechselwirkungspotential (10)

$$U_{\text{RIEMANN}} = \sum_{A>B} \frac{e_A e_B}{r_{AB}} \left(1 + \frac{v_{AB}^2}{2c^2}\right). \tag{50}$$

Da auf Grund der Hypothese (43) die kinetischen Potentiale (47) bzw. (50) mit dem WEBERschen bzw. dem NEUMANNschen Potential identisch und beide wiederum Spezialfälle des HELMHOLTZschen Wechselwirkungspotentials sind, liefern WEBERS und RIEMANNS nur mit Relativgeschwindigkeiten arbeitende Wechselwirkungspotentiale tatsächlich das AMPÈREsche Gesetz (und damit auch das Induktionsgesetz).[1])

Die Ersetzbarkeit der absoluten durch die relativen Geschwindigkeiten ist aber an die Hypothese (43) gebunden. Das GALILEIsche Relativitätsprinzip bedeutet also eine starke Einschränkung der erlaubten Mechanismen von elektrischen Leitungsströmen.[2]) Die Entwicklung der Physik hat gezeigt, daß die Hypothese (43) völlig falsch ist und die elektrischen Ströme in Leitern im Gegenteil allein auf der Bewegung von negativen Ladungen beruhen.

Akzeptiert man die von WEBER behauptete grundsätzliche Einschränkung der Möglichkeiten von Leitungsmechanismen nicht, so ist das empirische AMPÈREsche Gesetz nicht mit der Abhängigkeit der Wechselwirkungen von den Relativgeschwindigkeiten allein vereinbar. An die Stelle des WEBERschen bzw. des RIEMANNschen kinetischen Potentials muß dann ein HELMHOLTZsches Potential treten, und dieses Potential ist nicht GALILEI-invariant. Hieraus folgt sofort: Es gibt (bei Aufgabe der WEBERschen Hypothese) keine GALILEI-invariante Elektrodynamik, die das AMPÈREsche

---

[1]) Das HELMHOLTZsche Potential (25) läßt sich schreiben als Summe aus dem NEUMANNschen Potential (13) und dem WEBERschen Potential (36):

$$U_{\text{HELMHOLTZ}} = \alpha U_{\text{NEUMANN}} + \beta U_{\text{WEBER}} \quad (\text{mit } \alpha + \beta = 1).$$

Genauso läßt sich das allgemeine Wechselwirkungspotential, das nur Relativgeschwindigkeiten enthält und mit WEBERS Hypothese (43) das AMPÈREsche Gesetz liefert, schreiben als Summe aus dem RIEMANNschen Potential (50) und dem WEBERschen Potential (47):

$$U_{\text{relativ}} = \alpha U_{\text{RIEMANN}} + \beta U_{\text{WEBER}} \quad (\text{mit } \alpha + \beta = 1).$$

[2]) WHITTAKER [27] bemerkte, daß WEBERS Hypothese (41) bzw. (43) über die verschwindende Gesamtladung jedes Stromelements integrierender Teil des WEBERschen Grundgesetzes (47) ist. Schon CLAUSIUS [2] hatte 1877 anhand von Beispielen gezeigt, daß ohne die WEBERsche Hypothese die Annahme der Abhängigkeit des Wechselwirkungspotentials nur von den relativen (und nicht von den absoluten) Geschwindigkeiten zu Widersprüchen mit dem AMPÈREschen Gesetz führt. Gemäß WHITTAKER hat dann H. LORBERG 1887 diese Bemerkung auf alle Grundgesetze vom WEBERschen Typ ausgedehnt, in denen nur Relativgeschwindigkeiten (und nicht die Absolutgeschwindigkeiten) auftreten.

Gesetz über die Kraftwirkung zwischen zwei elektrischen Strömen liefert. Diese Aussage ist sehr weitreichend und auch nach der Aufstellung der Einsteinschen Relativitätstheorie (1905) [4] von Interesse.

Im bewußten Gegensatz zu Einstein hat W. Ritz (1908) [19], [20] das Programm einer Galilei-kovarianten Elektrodynamik entwickelt. Man kann die Beziehung von Ritz zu Einstein in der Bemerkung (s. [24]) zusammenfassen, daß Einstein 1905 folgende Situation aufgezeigt hatte:

a) Die Maxwellsche Feldtheorie ist Lorentz-kovariant;
b) die Newtonsche Mechanik ist Galilei-invariant;
c) Galilei-Gruppe und Lorentz-Gruppe haben nur das identische Element gemeinsam, und unter gleichzeitiger Akzeptierung der Aussagen a) und b) würde somit folgen, daß eigentlich elektrodynamische Prozesse absolute Geschwindigkeiten definieren. Hingegen haben aber
d) der Michelson-Versuch und ähnliche Versuche gezeigt, daß eine Absolutgeschwindigkeit nicht feststellbar ist. Daher müssen entweder a) oder b) abgeändert werden.

Einstein hatte die Newtonsche Mechanik zur relativistischen Mechanik umgebildet, indem er die Lorentz-Kovarianz auch der Mechanik verlangte. Ritz schlug hingegen vor, die Forderung der Galilei-Kovarianz beizubehalten und somit an die Stelle der Maxwellschen Theorie eine Galilei-kovariante Theorie der elektromagnetischen Felder zu setzen (ballistische Lichttheorie). Der fundamentale Unterschied zwischen der Einsteinschen relativistischen Kinematik und der ballistischen Kinematik von Ritz liegt im Additionstheorem der Geschwindigkeiten. Nach Einstein ist die Lichtgeschwindigkeit eine kinematische Invariante, während sich nach Ritz die Geschwindigkeiten der Strahlungsquellen zur Lichtgeschwindigkeit addieren (s. [13]).[1])

Der Nachweis, daß es keine Galilei-invariante Elektrodynamik gibt, da

[1]) Aus der unterschiedlichen Kinematik ist wiederholt eine Entscheidung zwischen Relativitätstheorie und ballistischer Lichttheorie versucht worden. Alle (genügend sorgfältigen) Experimente bestätigen Einsteins Prinzip von der Konstanz der Lichtgeschwindigkeit gegenüber der ballistischen Hypothese von Ritz. Jedoch sind auch in neuester Zeit Interpretationen der Experimente vorgeschlagen worden, die dieses Ergebnis offenhalten wollen (Problem des Mitführungskoeffizienten in einem Medium). Als einwandfreie Entscheidungsmöglichkeiten wurden Experimente im Hochvakuum vorgeschlagen und insbesondere die Bestimmung der Lichtgeschwindigkeit bewegter Quellen im extraterrestrischen Raum verlangt. — Aus unseren obigen Bemerkungen folgt aber, daß die Ritzsche (und jede andere Galilei-invariante) Elektrodynamik bereits nicht mit dem Ampèreschen Gesetz verträglich ist. A fortiori ist die Behauptung von H. Dingle unrichtig, daß bei rein elektrodynamischen Prozessen die Einsteinsche und die Ritzsche Elektrodynamik dieselben meßbaren Effekte liefern würden. Ohne die (physikalisch falsche) Hypothese von Weber kann eine Elektrodynamik à la Ritz nicht einmal das Ampèresche Gesetz liefern.

das von HELMHOLTZ angegebene allgemeinste kinetische Potential der Elektrodynamik die absoluten Geschwindigkeiten enthält, bedeutet natürlich nicht die Unmöglichkeit eines Relativitätsprinzips und damit die Einführung eines absolut ruhenden Äthers im Sinne von LORENTZ. Die Aussage der „Absolutheit der Geschwindigkeiten" impliziert jeweils nur die Nicht-Invarianz des kinetischen Potentials gegenüber einer bestimmten kinematischen Gruppe: Wenn diese kinematische Gruppe die GALILEI-Transformationen

$$\bar{x}^i = x^i - V^i t \left(\frac{d}{dt} V^i = 0\right), \quad \bar{t} = t \tag{51}$$

sind, gibt es kein Wechselwirkungspotential (25), das kinematisch invariant ist und damit das Relativitätsprinzip befriedigt. — Die Situation ist völlig anders, wenn anstelle der speziellen GALILEI-Transformationen die speziellen LORENTZ-Transformationen

$$\bar{x} = \frac{x - Vt}{\sqrt{1 - V^2/c^2}}, \quad \bar{y} = y, \quad \bar{z} = z; \quad \bar{t} = \frac{t - V/c^2 x}{\sqrt{1 - V^2/c^2}} \tag{52}$$

als kinematische Gruppe eingeführt werden. Bis zu den Größen v^2/c^2 führt die Ersetzung von (51) durch (52) zu den kinematischen Korrekturen der Raum-Zeit-Koordinaten:

$$\bar{x}_s = x - Vt + \frac{1}{2}\frac{V^2}{c^2} x, \quad \bar{t} = t - \frac{V}{c^2} x + \frac{1}{2}\frac{V^2}{c^2} t. \tag{53}$$

Diese Korrekturen könnten durchaus die Absolutheitseffekte, die bei Zugrundelegung der GALILEI-Gruppe bestehen, kompensieren.[1])

Es ergibt sich also einfach die Aufgabe, die HELMHOLTZsche Konstante k so zu bestimmen, daß das zum kinetischen Potential (25) gehörende Wirkungsintegral

$$W = \int U_{\text{HELMHOLTZ}}\, dt \tag{54}$$

bis auf Terme $\sim v^2/c^2$) gegenüber (53) invariant ist. Aus Kap. 2 wissen wir, daß dies der Fall ist, wenn $k = 0$ ist, denn in diesem Falle wird (25) mit dem relativistischen SCHWARZSCHILDschen Wirkungsintegral (43) gleichwertig. — Wir können aber die Konstante k auch direkt aus der Forderung der LORENTZ-Kovarianz bestimmen:

Das Wechselwirkungspotential für zwei relativ zueinander ruhende Ladungen lautet im Ruhsystem dieser Teilchen

$$U = \frac{e_A e_B}{r_{AB}}. \tag{55}$$

[1]) Die LORENTZ-Invariante eines Ausdrucks verlangt im Gegensatz zur GALILEI-Invarianz nicht, daß in diesen Ausdruck nur die Relativgeschwindigkeiten eingehen können.

In einem Bezugssystem $\sum'$, das sich relativ zum Radiusvektor $\mathfrak{r}_{12}$ mit der Geschwindigkeit V transversal bewegt, muß dann (in der v^2/c^2-Näherung) das kinetische Potential (wegen der EINSTEIN-Dilatation) lauten:

$$U' = \left(1 - \frac{V^2}{2c^2}\right) \frac{e_A e_B}{r_{AB}} \approx \sqrt{1 - \frac{V^2}{c^2}}\, \frac{e_A e_B}{r_{AB}}, \tag{55a}$$

und in einem Bezugssystem $\sum''$, das sich in Richtung des Radiusvektors bewegt, muß das kinetische Potential (wegen der EINSTEIN-Dilatation und der LORENTZ-Kontraktion)

$$U'' = \left(1 - \frac{V^2}{c^2}\right) \frac{e_A e_B}{r_{AB}} \tag{55b}$$

betragen. Das HELMHOLTZsche Potential führt im Falle (55a) auf

$$U'_{\text{HELMHOLTZ}} = \frac{e_A e_B}{r_{AB}} - \frac{1}{2}(1 + k) \frac{e_A e_B}{r_{AB}} \frac{V^2}{c^2} \tag{56a}$$

und im Falle (55b) auf

$$U''_{\text{HELMHOLTZ}} = \frac{e_A e_B}{r_{AB}} - \frac{e_A e_B}{r_{AB}} \frac{V^2}{c^2}. \tag{56b}$$

LORENTZ-Kovarianz des Wirkungsintegrals besteht also genau dann, wenn $k = 0$ gesetzt wird.[1]) Die Bestimmung der Konstante k aus dem Relativitätsprinzip folgt dabei erwartungsgemäß aus dem transversalen Effekt. (Man überzeugt sich leicht, daß die Identität von (55a) mit (56a) und von (55b) mit (56b) zusammen nicht nur notwendig, sondern auch hinreichend für die LORENTZ-Invarianz des kinetischen Potentials von HELMHOLTZ ist.)

Aus dem allgemeinstmöglichen kinetischen Potential der Elektrodynamik wählt somit das spezielle Relativitätsprinzip auf Grund der Forderung der LORENTZ-Invarianz einen Spezialfall aus, d. h., das spezielle Relativitätsprinzip erfüllt die von HELMHOLTZ formulierte Aufgabe, die numerische Konstante k im kinetischen Potential (zu $k = 0$) zu bestimmen.[2]) Für $k \neq 0$ ist das Relativitätsprinzip hingegen nicht erfüllt, so daß von k abhängige quadratische Effekte existieren würden, aus denen eine Geschwindigkeit gegenüber dem Äther ganz oder teilweise bestimmbar wäre.

---

[1]) Für transversale Bewegungen ist U eine Funktion von k, während der longitudinale Effekt von k unabhängig ist.

[2]) Das GALILEIsche Relativitätsprinzip bedeutet für die Elektrodynamik geschlossener Stromkreise eine weitgehende Vorschrift über den Leitungsmechanismus (WEBERS Hypothese) und läßt HELMHOLTZ' Konstante k unbestimmt. Das spezielle Relativitätsprinzip ist mit jedem Leitungsmechanismus vereinbar, bestimmt aber k.

Die Leistung des speziellen Relativitätsprinzips gegenüber dem HELMHOLTZschen kinetischen Potential entspricht der grundsätzlichen Bemerkung von EINSTEIN [5]: „Das allgemeine Prinzip der speziellen Relativitätstheorie ist in dem Postulat enthalten: die Gesetze der Physik sind invariant mit Bezug auf LORENTZ-Transformationen (für den Übergang von einem Inertialsystem zu einem beliebigen anderen Inertialsystem). Dies ist ein einschränkendes Prinzip für die Naturgesetze, vergleichbar mit dem der Thermodynamik zugrunde liegenden einschränkenden Prinzip von der Nichtexistenz des perpetuum mobile."

29.4. Anhang: Helmholtzsche und Maxwellsche Elektrodynamik

In Verfolg einer Idee von BOLTZMANN [28] und LORENTZ [29] können wir sofort einsehen, daß die HELMHOLTZsche Elektrodynamik mit $k = 0$ eine Annäherung der MAXWELLschen Theorie ist, die bis einschließlich der Terme $\sim v^2/c^2$ mit der MAXWELLschen Theorie übereinstimmt, und daß demnach dasselbe für das DARWIN-BREITsche Potential gilt. Die Gleichung (32)

$$\Delta Q_B = -4\pi\varrho_B$$

besagt, daß die HELMHOLTZsche Funktion Q_B gleich dem COULOMBschen Potential Φ_B zur Ladungsdichte ϱ_B ist:

$$\Delta\Phi_B = -4\pi\varrho_B = \Delta Q_B. \tag{a}$$

Für $k = 0$ ist das HELMHOLTZsche Vektorpotential U^i gemäß (38a) COULOMB-geeicht:

$$\partial_i U^i = 0. \tag{b}$$

Die MAXWELLschen Gleichungen lauten in vierdimensionaler Form mit dem Viererpotential $A^\nu = \{\Phi, A^i\}$ und dem Feldstärketensor $F_{\alpha\beta} = \partial_\alpha A_\beta - \partial_\beta A_\alpha$ explizit:

$$\partial_\alpha F^{i\alpha} = -\Delta A^i + \frac{\partial^2}{c^2\,\partial t^2} A^i + \partial^i\,\partial_k A^k + \partial_i \left(\frac{\partial}{c\,\partial t}\,\Phi\right) = 4\pi\,\frac{q^i}{c} \tag{c}$$

und

$$\partial_i F^{0i} = -\Delta\Phi - \partial_k \left(\frac{\partial}{c\,\partial t}\,A^k\right) = 4\pi\varrho. \tag{d}$$

Mit COULOMB-Eichung

$$\partial_i A^i = 0$$

folgt hieraus

$$\Delta A^i = \frac{\partial^2}{c^2\,\partial t^2} A^i + \partial^i \left(\frac{\partial \Phi}{c\,\partial t}\right) - 4\pi \frac{q^i}{c}$$

und

$$\Delta A^0 = \Delta \Phi = -4\pi\varrho.$$

Der Vergleich mit den Helmholtzschen Gleichungen (32) zeigt, daß nach der Maxwellschen Theorie zusätzlich ein Term $(\partial^2/c^2\,\partial t^2)A^i$ in die Feldgleichung für das Vektorpotential A^i eingeht. Dieser Term ist aber $\sim v^3/c^3$ (denn A^i ist $\sim v/c$).

Literatur

[1] Breit, G., Phys. Rev. **34**, 553 (1929).
[2] Clausius, R., Das elektrodynamische Potential. J. Math. **82**, 85 (1877).
[3] Darwin, C. G., Philos. Mag. **39**, 537 (1920).
[4] Einstein, A., Zur Elektrodynamik bewegter Körper. Ann. Phys. **17**, 891 (1905); siehe auch: H. A. Lorentz, A. Einstein u. H. Minkowski, Das Relativitätsprinzip, Leipzig 1913.
[5] —, Autobiographisches, in: Albert Einstein als Philosoph und Naturforscher, hrsg. v. P. A. Schlipp, Stuttgart o. J.
[6] — u. A. Sommerfeld, Briefwechsel, hrsg. v. H. Hermann, Basel/Stuttgart 1968.
[7] Helmholtz, H., Über die Erhaltung der Kraft, Berlin 1847.
[8] —, Über die Theorie der Elektrodynamik, 1., 2. und 3. Abhandlung. J. Math. **72**, 57 (1870); **75**, 35 (1873); **76**, 273 (1874); siehe auch: Wissenschaftliche Abhandlungen, Bd. I, Leipzig 1882.
[9] —, Vergleich des Ampèreschen und des Neumannschen Gesetzes für die elektrodynamischen Kräfte. Mber. Berl. Akad. 1873, 91; siehe auch: Wissenschaftliche Abhandlungen, Bd. I, Leipzig 1882.
[10] —, Die physikalische Bedeutung des Prinzips der kleinsten Wirkung. J. Math. **100**, 137 u. 213 (1886); siehe auch: Wissenschaftliche Abhandlungen, Bd. III, Leipzig 1895.
[11] Landau, L. D., u. E. Lifschitz, Klassische Feldtheorie, Berlin 1964.
[12] Lange, L., Die geschichtliche Entwicklung des Bewegungsbegriffes, Leipzig 1886.
[13] v. Laue, M., Die Relativitätstheorie, Bd. I, 4. Aufl. Braunschweig 1921.
[14] Mach, E., Die Mechanik in ihrer Entwicklung, Leipzig 1883.
[15] Neumann, F. E., Die mathematischen Gesetze der inducirten elektrischen Ströme, Berlin 1846.
[16] —, Über ein allgemeines Princip der mathematischen Theorie inducirter Ströme, Berlin 1848.
[17] Riemann, B., Ein Beitrag zur Elektrodynamik, Ann. Phys. **131**, 237 (1861).
[18] —, Schwere Elektrizität und Magnetismus, hrsg. v. K. Hattendorf, 2. Aufl. Hannover 1880.

[19] Ritz, W., Recherches critiques sur l'électrodynamique générale. Ann. Chim. Phys. **13**, 145 (1908).
[20] —, Sur les théories électrodynamiques de Maxwell-Lorentz. Arch. Sci. Phys. Nat. **16**, 209 (1908).
[21] Schütz, J. R., Prinzip der absoluten Erhaltung der Energie. Göttinger Nachr. 110 (1897).
[22] Schwarzschild, K., Göttinger Nachr. 125 (1903).
[23] Sommerfeld, A., Elektrodynamik, 3. Aufl. Leipzig 1961.
[24] Treder, H.-J., Relativität und Kosmos, Berlin/Oxford/Braunschweig 1968.
[25] —, Found. Phys. **1**, 75 (1970).
[26] Weber, W., Zur elektrodynamischen Maßbestimmung, Leipzig 1846.
[27] Whittaker, E., History of the Theories of Ether and Electricity, Edinburgh/London 1910.
[28] Boltzmann, L., Vorlesungen über Maxwells Theorie, Bd. II, Leipzig 1893.
[29] Lorentz, H. A., Maxwells elektromagnetische Theorie, in: Enzyklopädie d. Math. Wiss., Bd. V, 2, Leipzig 1904.

30. Poincarés Relativität der Beschleunigung und die Mach-Einstein-Doktrin

(Eine historisch-kritische Studie)

30.1. Relativität der Beschleunigung und Neumanns Körper Alpha

Die Bewegung eines punktförmigen Teilchens (gravischen Massenpunktes) P_A im Universum ist kinematisch bestimmt durch die Angabe seiner Orts-Koordinaten $x_A{}^i$, seiner Geschwindigkeit $v_A{}^i = \frac{dx_A{}^i}{dt}$ und seiner Beschleunigung $\dot{v}_A{}^i = \frac{dv_A{}^i}{dt} = \frac{d^2}{dt^2} x_A{}^i$. (Im Falle einer Dynamik höherer Ordnung könnten auch noch Derivierte der Beschleunigung, z. B. $\ddot{v}_A{}^i = \frac{d^3}{dt^3} x_A{}^i$ — die Strahlungsreaktion — hinzutreten.)

Poincaré [15] hat nun bemerkt, daß in einer einem dynamischen Relativitätsprinzip genügenden Mechanik nicht die absoluten kinematischen Größen, sondern nur die relativen Größen — relativer Ort, relative Geschwindigkeiten und relative Beschleunigungen (eventuell auch relative höhere Derivierte) — eingehen dürfen. Dies bedeutet gemäß Poincaré, daß nicht die Größen

$$\frac{d^n}{dt^n} x_A{}^i \ (n \geqq 0) \ \ (i = 1, 2, 3)$$

selbst in die Bewegungsgleichungen der Teilchen eingehen dürfen, sondern nur die Differenzen

$$x_{AB}{}^i = x_A{}^i - x_B{}^i, \tag{1a}$$

$$v_{AB}{}^i = v_A{}^i - v_B{}^i, \tag{1b}$$

$$\dot{v}_{AB}{}^i = \dot{v}_A{}^i - \dot{v}_B{}^i = \frac{d^2}{dt^2}\, x_{AB}{}^i, \tag{1c}$$

also allgemein

$$\frac{d^n}{dt^n}\, x_{AB}{}^i = \frac{d^n}{dt^n}\,(x_A{}^i - x_B{}^i) \quad (n \geqq 0), \tag{2}$$

zwischen den jeweiligen kinematischen Größen der Teilchen.

(1a) besagt einfach die Relativität des Ortes (Relativität des Raumes) und folgt aus der Homogenität des euklidischen Raumes der klassischen Mechanik; (1b) ist die Galileische Relativität. Im Falle der geschwindigkeitsunabhängigen Kräfte vom Newtonschen Typ (die Helmholtz 1847 allein zulassen wollte) ist (1b) in der Mechanik trivial erfüllt.

Für geschwindigkeitsabhängige Kräfte verlangt (1b) die Abhängigkeit des Potentials von der Relativgeschwindigkeit v^i_{AB} der Teilchen allein. Dies entspricht den Kraftgesetzen, die W. Weber [24] und B. Riemann [20] in die Elektrodynamik — und im Anschluß hieran F. Tisserand, F. Zöllner [26] und C. Neumann [12] in die Himmelsmechanik — eingeführt hatten.[1])

(1a) und (1b) ergeben das Newtonsche Gegenwirkungs-Axiom. Es gilt:

$$\frac{d}{dt} \sum_A^N m_A v_A{}^i = \frac{d}{dt} \sum_A^N \frac{\partial L}{\partial v_A{}^i} = 0 \tag{3}$$

für jedes abgeschlossene System von N Teilchen.

---

[1]) Das klassische Beispiel einer physikalischen Theorie, die nur relative Größen im Sinne Poincarés enthält, war die Elektrodynamik bewegter Medien von H. Hertz (s. M. v. Laue (1923), G. Hertz [5], H.-J. Treder (1972)).
— Hertz' Theorie scheiterte an der notwendigen Verknüpfung einer eigentlichen Feldtheorie (vom Maxwellschen Typ) mit der Lorentz-Gruppe, die Einstein (1905) nachwies.
(Die Lorentz-Gruppe enthält die Geschwindigkeiten $v_A{}^i$ selbst (s. u.) und nicht nur die Differenzen $v_{AB}{}^i$).
H. Hertz wollte durch die Galilei-Invariante-Modifikation der Maxwellschen Theorie (alle elektrodynamischen Bewegungen sind auf das Dielektrikum zu beziehen), insbesondere das 3. Newtonsche Axiom retten, das aber mit der Fernwirkungsvorstellung verknüpft ist (s. u.).

(1c) ist hingegen in der NEWTONschen Dynamik nicht erfüllt, denn die NEWTONschen Bewegungsgleichungen

$$m_A \dot{v}_A{}^i = F_A{}^i \tag{4}$$

enthalten über den GALILEI-NEWTONschen Trägheitsterm

$$m_A \dot{v}_A{}^i = m_A \frac{d^2}{dt^2} x_A{}^i \tag{4a}$$

die absoluten Beschleunigungen $\dot{v}_A{}^i$.

Die LAGRANGE-Funktion L der NEWTONschen Mechanik für ein abgeschlossenes System von N Teilchen[1]) lautet mit einem WEBER-RIEMANNschen Potential allgemein

$$L = \frac{1}{2} \sum_A^N m_A v_A{}^2 + U(x^i_{AB}, v^l_{AB}) = T + U. \tag{5}$$

In (5) hängt das effektive Wechselwirkungspotential U (B. RIEMANN [20], C. NEUMANN [12]) nur von Relativgrößen ab. Hingegen hängt die NEWTONsche kinetische Energie

$$T = \frac{1}{2} \sum_A^N m_A v_A{}^2 \tag{5a}$$

von den absoluten Geschwindigkeiten $v_A{}^i$ ab, und dies führt in den EULER-LAGRANGEschen Bewegungsgleichungen zu (5), zum Auftreten der absoluten Beschleunigungen

$$\frac{d}{dt} \frac{\partial L}{\partial v_A{}^i} = m_A \dot{v}_A{}^i. \tag{5b}$$

Die NEWTONschen Bewegungsgleichungen (4) zerfallen dementsprechend in Gleichungen für die Relativbewegungen

$$\dot{v}_A{}^i - \dot{v}_B{}^i = \frac{d^2}{dt^2} (x_A{}^i - x_B{}^i) = \frac{F_A{}^i}{m_A} - \frac{F_B{}^i}{m_B}, \tag{6}$$

in die nur die relativen Größen, insbesondere die Beschleunigungs-Differenzen $\dot{v}^i_{AB}$, eingehen und in die Bewegungsgleichungen für die Massenmittel-

[1]) Als „abgeschlossenes System" ist im Prinzip immer der gesamte Kosmos zu verstehen, denn dieser ist gemäß MACH [10] und POINCARÉ [16] das einzige wirklich „abgeschlossene" System.

punkte

$$\frac{d^2}{dt^2}(m_A x_A{}^i + m_B x_B{}^i) = F_A{}^i + F_B{}^i, \tag{7}$$

die die absoluten Beschleunigungen $\dot{v}_A{}^i$, $\dot{v}_B{}^i$ enthalten.

Die absoluten Beschleunigungen $\dot{v}_A{}^i$ der Teilchen P_A eines N-Teilchen-Systems lassen sich alle darstellen als die Summe ihrer Relativbeschleunigungen $\dot{v}^i_{A\alpha}$ zu einem Teilchen P_α des Ensembles und der Absolutbeschleunigung $\dot{v}_\alpha{}^i = \frac{d^2}{dt^2} x_\alpha{}^i$ dieses Teilchens:

$$\dot{v}_A{}^i = \dot{v}^i_{A\alpha} + \dot{v}_\alpha{}^i = \frac{d^2}{dt^2}(x^i_{A\alpha} + x_\alpha{}^i). \tag{8}$$

Dies ist die Idee des von C. NEUMANN [11] eingeführten Körpers Alpha (wobei NEUMANN wie MACH und POINCARÉ als das abgeschlossene Teilchen-System das gesamte Universum betrachtet).

NEUMANNS Konstruktion zerlegt die Beschleunigung $\dot{v}_A{}^i$ der Teilchen P_A gegenüber dem absoluten Raum NEWTONS in ihre Relativbeschleunigungen $\dot{v}^i_{A\alpha}$ gegenüber einem Körper P_α und in die Beschleunigung $\dot{v}_\alpha{}^i$ dieses Körpers gegenüber dem absoluten Raum. Nach den Relativitätspostulaten von MACH [12] und POINCARÉ ist der zweite Summand der NEUMANNschen Konstruktion aus der Dynamik zu eliminieren. Das MACHsche Prinzip [11, 12] bezieht ferner die Beschleunigung eines Teilchens P_a nicht auf einen beliebig herausgegriffenen kosmischen Körper P_α gemäß NEUMANN, sondern auf das Kollektiv aller Teilchen P_A des Kosmos (s. II).

NEUMANNS Körper P_α definiert ein Inertialsystem im Sinne von LANGE [7], wenn $\dot{v}_\alpha{}^i = 0$ ist; dann sind die Relativbeschleunigungen $\dot{v}^i_{A\alpha}$ den absoten Beschleunigungen $\dot{v}_A{}^i$ äquivalent und die auf P_α bezogenen Bewegungsgleichungen sind mit den NEWTONschen identisch. — Zum Beispiel lautet die NEUMANNsche Form der Bewegungsgleichungen des NEWTONschen Zwei-Körper-Problems, wenn der Körper P_1 als Körper P_α angenommen wird:

$$\dot{v}^i_{12} = \frac{-f}{r^3_{12}} x^i_{12}(m_1 + m_2) \tag{9a}$$

und

$$\dot{v}_1{}^i = \frac{m_2}{m_1 + m_2} \dot{v}^i_{12}. \tag{9b}$$

Die zweite Gleichung, die die Absolutbeschleunigung des Körpers $P_\alpha = P_1$ enthält, ist die NEUMANNsche Form des Schwerpunktsatzes.

30.2. Mach-Einstein-Doktrin und trägheitsfreie Dynamik

Eine Reduktion der kinematischen Größen auf reine Relativgrößen, d. h. auf die Differenzen (1), (2) im Sinne von POINCARÉ ist nur möglich, wenn die GALILEI-NEWTONsche Trägheit aus der Dynamik eliminiert wird. Eine solche Elimination verlangt auch das MACHsche Prinzip [12], nach dem die trägen Massen

$$(m_A)_{\text{Inertial}} = m_A{}^*$$

der punktförmigen Teilchen P_A selbst homogene Funktionen des Gravitationspotentials aller anderen Teilchen im Kosmos sind. Da diese Gravitationswirkung nur von den relativen Koordinaten (Distanzen) abhängt, wird entsprechend dem MACHschen Prinzip die Trägheit der Teilchen zu einer relativen Größe.

Wie wir kürzlich gezeigt haben (TREDER [23]), wird diese MACHsche Relativität der Trägheit durch die MACH-EINSTEIN-Doktrin (MACH [12], EINSTEIN [3] No. 23, 44, 45, [2, 8]) exakt erfaßt. Nach dieser Doktrin sind die trägen Massen homogene lineare Funktionen des kollektiven Gravitationspotentials Φ des Kosmos, d. h. sie hängen reziprok von den Teilchen-Distanzen $r_{AB} = \sqrt{(x^i_{AB})^2}$ und direkt von den schweren Massen $m_B = (m_B)_{\text{gravisch}}$ der Teilchen P_B im Kosmos ab. Mit der schweren Masse $m_A = (m_A)_{\text{gravisch}}$ eines Teilchens P_A gilt nach der MACH-EINSTEIN-Doktrin für seine träge Masse

$$m_A{}^* = m_A \operatorname{const} \Phi = m_A \operatorname{const} f \sum_B^N{}' \frac{m_B}{r_{AB}}. \tag{10}$$

Wie ebenfalls gezeigt (TREDER [23]), gelingt die mathematische Modellierung der MACH-EINSTEIN-Doktrin mit Hilfe von RIEMANNS [20] Verallgemeinerung der LAGRANGEschen analytischen Mechanik. Die RIEMANNsche LAGRANGE-Funktion lautet:

$$L = \frac{1}{2} \sum_A^N m_A v_A{}^2 + f \sum_{A>B}^N \frac{m_A m_B}{r_{AB}} \left(1 + \frac{\beta}{c^2} v_{AB}^2\right) \tag{11}$$

(c = Lichtgeschwindigkeit).

Wird hier nun, wie in [23] erörtert, $\beta = \frac{3}{2}$ gesetzt[1]) und durch Fortlassen des NEWTONschen Trägheitsterms

$$T = \frac{1}{2} \sum_A^N m_A v_A{}^2 \tag{11a}$$

[1]) $\beta = \frac{3}{2}$ folgt aus der Forderung, daß lokal die allgemeinrelativistische Trägheitsinduktion gemäß EINSTEIN mit der Trägheitsinduktion gemäß dem MACHschen Prinzip äquivalent sein soll.

die RIEMANNsche LAGRANGE-Funktion zur „trägheitsfreien" LAGRANGE-Funktion

$$L^* = f \sum_{A>B}^{N} \frac{m_A m_B}{r_{AB}} \left(1 + \frac{3}{2c^2} v_{AB}^2\right) \tag{12}$$

verkürzt, dann bestimmt (12) eine Dynamik mit MACH-EINSTEIN-Doktrin, wenn mit MACH und POINCARÉ der gesamte Kosmos als das abgeschlossene N-Teilchen-System angesehen wird. Die Konstante const in (10) lautet hierbei insbesondere

$$\text{const} = \frac{3}{c^2} \quad (c = \text{Lichtgeschwindigkeit}). \tag{12a}$$

Die NEWTONschen Bewegungsgleichungen mit (1a) und (1b) sind invariant gegenüber den Transformationen der GALILEI-Gruppe

$$\bar{x}_A{}^i = x_A{}^i + V_c{}^i t \text{ mit } V_c{}^i = \text{const}. \tag{13}$$

Eine POINCARÉS Relativitäts-Postulat genügende Dynamik, wie sie durch (12) gegeben ist, ist hingegen ersichtlich invariant gegenüber der in [23] angegebenen verallgemeinerten GALILEI-Gruppe

$$dx_A^{|i} = dx_A{}^i + V^i(t)\, dt \tag{14}$$

bzw. deren Integral

$$x_A^{|i} = x_A{}^i + \xi^i(t). \tag{14a}$$

In (14) und (14a) sind $V^i(t)$ bzw. $\xi^i(t)$ beliebige Funktionen der Zeit t. In der Tat folgt aus (14)

$$x_{AB}^{|i} = x_A{}^i + \xi^i - x_B{}^i - \xi^i = x_{AB}^i \tag{15a}$$

und

$$dx_{AB}^{|i} = dx_A{}^i + V^i\, dt - dx_B{}^i - V^i\, dt = dx_{AB}^i, \tag{15b}$$

und die Relativgrößen sind somit von (14) unabhängig. — Insbesondere ist die trägheitsfreie LAGRANGE-Funktion (12) invariant gegenüber den Transformationen (14).[1])

[1]) Bei Transformation der Form (anholonome Transformationen)

$$dx_A{}^{i*} = dx_A{}^i + U^i(x^l, t)\, dt$$

werden hingegen Geschwindigkeits- und Beschleunigungs-Differenzen erzeugt. Daher sind sie — in Übereinstimmung mit POINCARÉS Relativitätsbegriff — nicht zulässig. Hieraus resultiert insbesondere der absolute Charakter der Rotationsbewegung; die Auflösung des MACHschen Paradoxons ergibt sich in der trägheitsfreien Mechanik aus dem Verschwinden der induzierten Trägheitskräfte an einem Körper P in einem sonst leeren Kosmos (s. TREDER [23]).

Während die GALILEI-Gruppe (13) die Gleichwertigkeit aller inertial bewegten Bezugssysteme $\sum$ besagt, besagt (14) die Gleichwertigkeit beliebig translatorisch bewegter Bezugssysteme $\sum^{\prime}$. — (14) korrespondiert also mit einer allgemeinen Relativität im Sinne von EINSTEIN. Wir wollen (14) die MACH-POINCARÉ-Gruppe nennen.

In (14) ist etwa dasjenige erfaßt, was MACH [12] und POINCARÉ [15] unter „Relativität der Beschleunigung" verstanden haben. Denn (14) ist der direkte Ausdruck dafür, daß nur die Differenzen (2) der kinematischen Größen $\frac{d^n}{dt^n} x_A{}^i$ in die Dynamik eingehen.

Bei Existenz der MACH-POINCARÉ-Gruppe (14) besteht eine Relativität der Beschleunigungen genau in dem Sinne, wie sie von EINSTEIN [3] Nr. 23, [1] als Konsequenz des MACHschen Prinzips einerseits und seines allgemeinen Relativitätsprinzips andererseits postuliert wurde. (Auch dies ist in [23] ausführlich gezeigt.) Insbesondere ergibt sich die von MACH und EINSTEIN postulierte Induktion einer Trägheitskraft an einem ruhenden Teilchen P_a durch die beschleunigte Bewegung der gravitierenden Massen der Teilchen P_B in seiner Umwelt, und diese Trägheitskraft ist direkt proportional den Beschleunigungen $\dot{v}_B{}^i$ der gravitierenden Massen m_B sowie zu deren Gravitationsradien fm_B/c^2; sie ist reziprok proportional ihren Distanzen r_{aB} von P_a (TREDER [23]):

$$-m_a \frac{d}{dt}\left(\sum_B{}' \frac{m_B v_B{}^i}{r_{\beta B}}\right).$$

Insbesondere ist es in Übereinstimmung mit den Postulaten von MACH und EINSTEIN dynamisch gleichwertig, ob sich das Teilchen P_a mit der Beschleunigung $\dot{v}_a{}^i$ gegen einen ruhenden Kosmos bewegt, oder ob sich der Kosmos mit der Beschleunigung $\dot{V}^i = -\dot{v}^i{}_a$ gegenüber dem ruhenden Teilchen P_a bewegt (TREDER [23]).

Physikalisch ist das POINCARÉsche Relativitäts-Postulat: „Die LAGRANGE-Funktion für abgeschlossene Systeme von N Teilchen hängt nur von den Koordinaten-Differenzen x^i_{AB} und deren zeitlichen Derivierten $\frac{d^n}{dt^n} x^i_{AB}$ ab" (und damit die MACH-POINCARÉsche Verallgemeinerung der GALILEI-Gruppe) nur über die MACH-EINSTEINsche Eliminierung der NEWTONschen Trägheit zu realisieren.

POINCARÉ [15, 19] selbst hatte gelegentlich erwogen, sein Relativitäts-Postulat für die Beschleunigungen dadurch zu erfassen, daß an die Stelle der NEWTONschen Bewegungsgleichungen 2. Ordnung Bewegungsgleichungen 3. Ordnung treten. — Im allgemeinen Falle bedeutet dies aber nur, daß neben den absoluten Beschleunigungen $\dot{v}_A{}^i$ noch weitere absolute Größen $\frac{d^m}{dt^m} \dot{v}_A{}^i$ in die Dynamik eingehen. In dem POINCARÉ wohl vorschwebenden Falle des Galileischen Trägheitsgesetzes

$$\dot{v}_A{}^i = \frac{d^2}{dt^2} x_A{}^i = 0$$

führt die einmalige Ableitung auf die Gleichungen

$$\ddot{v}_A{}^i = \frac{d^3}{dt^3} x_A{}^i = 0. \tag{16}$$

(16) enthält also keineswegs nur Differenzen und ist daher auch nicht invariant gegenüber dem Übergang zu beliebig translatorisch beschleunigten Bezugssystemen $\sum'$ gemäß der Mach-Poincaré-Gruppe (14). (16) ist vielmehr nur invariant gegenüber dem Übergang zu gleichmäßig beschleunigten Bezugssystemen $\bar{\bar{\Sigma}}$ entsprechend der Gruppe von Einstein [3] Nr. 17 und F. Kottler [6]:

$$\bar{x} = x^i + a^i t + \frac{b^i}{2} t^2 \quad \text{mit} \quad a^i, b^i = \text{const.} \tag{17}$$

Allgemein entstehen durch das m-fache Differenzieren des Galileischen Trägheitsgesetzes die Gleichungen

$$\frac{d^m}{dt^m} \dot{v}_A{}^i = \frac{d^{m+2}}{dt^{m+2}} x_A{}^i = 0. \tag{18}$$

Diese sind invariant gegenüber den Transformationen

$$\bar{x}_A{}^i = x_A{}^i + \underset{(1)}{a^i} t + \cdots + \frac{\underset{(m+1)}{a^i}}{(m+1)!} t^{m+1} \quad \text{mit} \quad \underset{(1)}{a^i}, \ldots, \underset{(m+1)}{a^i} = \text{const}, \tag{19}$$

die immer spezieller sind als die Mach-Poincaréschen Transformationen (14).

30.3. Das verallgemeinerte Newtonsche Axiom

Als Konsequenz der Mach-Poincaré-Gruppe (14) gilt eine weitreichende Verallgemeinerung des Newtonschen Gegenwirkungs-Axioms: Hängt die Lagrange-Funktion L nur von den Differenzen

$$\frac{d^n}{dt^n} x^i_{AB} \quad (n \geqq 0)$$

ab, so folgt für das abgeschlossene Teilchen-System für jede Ordnung (n) identisch:

$$\sum_A^N \frac{\partial L}{\partial x_A{}^{(n)i}} = 0. \tag{20}$$

In der Tat gilt hier:

$$\frac{\partial L}{\partial x_A^{(n)i}} = \sum_B^N{}' \frac{\partial L}{\partial x_{AB}^{(n)i}} = -\sum_B^N{}' \frac{\partial L}{\partial x_{BA}^{(n)i}}, \tag{20a}$$

so daß (20) aus Symmetriegründen folgt.

Wir wollen diese Verallgemeinerung des NEWTONschen Gegenwirkungs-Axioms aus historischen Gründen das NEWTON-POINCARÉsche Gegenwirkungs-Axiom (s. POINCARÉ [15, 16]) nennen. — Insbesondere verschwindet bei Zugrundelegung der LAGRANGE-Funktion (12) (TREDER [23]) der (bei NEWTON konstante) kanonische Gesamtimpuls des abgeschlossenen N-Teilchen-Systems:

$$\sum_A^N \frac{\partial L}{\partial v_A{}^i} = 0. \tag{21}$$

Nun ist bereits die Gültigkeit des NEWTONschen Gegenwirkungs-Axioms

$$\frac{d}{dt} \sum_A^B \frac{\partial T}{\partial v_A{}^i} = 0 \tag{22}$$

an die GALILEI-Gruppe gebunden, so daß das Wechselwirkungspotential U außer von den x_{AB}^i nur von den Geschwindigkeitsdifferenzen v_{AB}^i (und nicht von den Geschwindigkeiten selbst) abhängen darf, damit das NEWTONsche Axiom (22) gilt.[1])

Das NEWTONsche Gegenwirkungs-Axiom ist daher, wie POINCARÉ [14] bereits 1900 gezeigt hat, gebrochen, wenn an die Stelle der GALILEI-Gruppe als Invarianz-Gruppe für die LAGRANGE-Funktion die LORENTZ-Gruppe tritt. Gemäß POINCARÉS „Neuer Mechanik" [17, 19] und allgemein gemäß der speziellen Relativitätstheorie EINSTEINS (s. [3], Nr. 3) resultiert diese Verletzung des Gegenwirkungs-Axioms bekanntlich aus der endlichen Ausbreitungsgeschwindigkeit der Wirkungen und damit aus der Mitwirkung der die Wirkungen vermittelnden Felder, die im NEWTONschen Axiom nicht berücksichtigt wird. — Hieraus resultiert umgekehrt, daß eine Relativität im Sinne von MACH und POINCARÉ notwendig von der LORENTZ-EINSTEINschen Relativität [8] (und der Relativität in POINCARÉS „Neuer Mechanik") verschieden ist.[2])

---

[1]) Diese Bemerkung wurde zuerst von HELMHOLTZ und POINCARÉ [13] gemacht (s. hierzu TREDER [22]).

[2]) EINSTEINS „Relativität der Gleichzeitigkeit" impliziert wie LORENTZ' „Lokalzeit" den Feldbegriff.

30.4. Mach-Poincaré-Gruppe und Einsteins allgemeines Relativitätsprinzip

Das MACH-POINCARÉsche Relativitäts-Postulat ist ein dynamisches Prinzip, das nach obigem für eine reine Teilchen-Dynamik gilt. Die LORENTZ-EINSTEINsche Relativität besagt hingegen eine raum-zeitliche Kovarianz, die sich gemäß EINSTEIN [1, 2] (s. u.) notwendig auf eine Feld-Physik bezieht.[1])

In der Tat sind die Geschwindigkeits-Differenzen keine LORENTZ-kovarianten Größen. Man erkennt dies leicht an Hand des EINSTEINschen Additionstheorems der Geschwindigkeiten: Zwei Teilchen P_1 und P_2 mögen in einem Inertialsystem $\sum$ die Geschwindigkeiten $v_1{}^i$ und $v_2{}^i$ besitzen. Dann gilt in einem mit der konstanten Geschwindigkeit

$$u^i = \{u, 0, 0\}$$

gegen $\sum$ bewegten neuen Inertialsystem $\bar{\Sigma}$ gemäß dem EINSTEINschen Additionstheorem:

$$\bar{v}v_1{}^1 = \frac{v_1{}^1 + u}{1 + \frac{v_1{}^1 u}{c^2}}, \quad \bar{v}_2{}^1 = \frac{v_2{}^1 + u}{1 + \frac{v_2{}^1 u}{c^2}}, \tag{23a}$$

$$\bar{v}_1{}^2 = \frac{v_1{}^2}{1 + \frac{v_1{}^1 u}{c^2}} \sqrt{1 - \frac{u^2}{c^2}}, \quad \bar{v}_2{}^2 = \frac{v_2{}^2}{1 + \frac{v_2{}^1 u}{c^2}} \sqrt{1 - \frac{u^2}{c^2}}, \tag{23b}$$

$$\bar{v}_1{}^3 = \frac{v_1{}^3}{1 + \frac{v_1{}^1 u}{c^2}} \sqrt{1 - \frac{u^2}{c^2}}, \quad \bar{v}_2{}^3 = \frac{v_2{}^3}{1 + \frac{v_2{}^1 u}{c^2}} \sqrt{1 - \frac{u^2}{c^2}}. \tag{23c}$$

Hieraus folgt für die Geschwindigkeitsdifferenzen

$$\bar{v}_{12}^1 = \frac{v_{12}^1 \left(1 - \frac{u^2}{c^2}\right)}{1 + \frac{v_1{}^1 u}{c^2} + \frac{v_2{}^1 u}{c^2} + \frac{v_1{}^1 v_2{}^1 u^2}{c^4}}, \tag{24a}$$

$$\bar{v}_{12}^2 = \frac{v_{12}^2 + \frac{u}{c^2}\left(v_1{}^2 v_2{}^1 - v_2{}^2 v_1{}^1\right)}{1 + \frac{v_1{}^1 u}{c^2} + \frac{v_2{}^1 u}{c^2} + \frac{v_1{}^1 v_2{}^1 u^2}{c^4}} \sqrt{1 - \frac{u^2}{c^2}}, \tag{24b}$$

[1]) Weder das allgemeine Relativitätsprinzip EINSTEINS noch unser MACH-POINCARÉsches Relativitäts-Postulat beruhen auf Symmetrieeigenschaften der Raum-Zeit (s. auch TREDER [21]).

$$\bar{v}^3_{12} = \frac{v^3_{12} + \frac{u}{c^2}\left(v_1{}^3 v_2{}^1 - v_2{}^3 v_1{}^1\right)}{1 + \frac{v_1{}^1 u}{c^2} + \frac{v_2{}^1 u}{c^2} + \frac{v_1{}^1 v_2{}^1 u^2}{c^4}} \sqrt{1 - \frac{u^2}{c^2}}. \tag{24c}$$

Demnach ist die allgemeine Relativität der translatorisch beschleunigten Bezugssysteme, die ja darauf beruht, daß nur Geschwindigkeitsdifferenzen in die LAGRANGE-Funktion eingehen, für eine Partikel-Dynamik nur mit der zur MACH-POINCARÉ-Gruppe verallgemeinerten GALILEI-Gruppe vereinbar. Hingegen impliziert das allgemeine Relativitätsprinzip, das auf der raum-zeitlichen EINSTEIN-Gruppe

$$x^{|\nu} = x^{|\nu}(x^{\lambda}) \quad (\lambda, \nu = 0, 1, 2, 3)$$

(als Verallgemeinerung der speziell-relativistischen LORENTZ-POINCARÉ-Gruppe) fußt, notwendig den Feldbegriff, wie dies EINSTEIN z. B. in seiner „Relativitätstheorie des nichtsymmetrischen Feldes“ ([2] Appendix II) ausgeführt hat[1]):

„Wenn man NEWTON die Gleichheit der trägen und schweren Masse aus dem Äquivalenzprinzip zu erklären versucht hätte, hätte er notwendig mit folgendem Einwand entgegnen müssen: Es ist zwar richtig, daß relativ zu einem beschleunigten Koordinatensystem die Körper solche Beschleunigung erfahren wie in der Nähe der Oberfläche eines gravitierenden Himmelskörpers relativ zu diesem; aber wo sind die Massen, welche im ersten Falle diese Beschleunigung erzeugen? Zweifellos hat die Relativitätstheorie die Selbständigkeit des Feldbegriffs zur Voraussetzung.“

Die von EINSTEIN hier genannte NEWTONsche Frage nach den schweren Massen, die die Trägheitskräfte induzieren, beantwortet die allgemeine Relativitätstheorie durch den Hinweis auf die physikalische Realität des metrischen Feldes $g_{\mu\nu}$ selbst. Eine (im Sinne des MACH-POINCARÉschen Relativitäts-Postulats) relativistische „trägheitsfreie“ Mechanik mit MACH-EINSTEIN-Doktrin, wie sie in [23] entwickelt wurde, zeigt hingegen auf, wie die schweren Massen des Kosmos die Trägheitswiderstände induzieren.[2])

---

[1]) Wegen der Äquivalenz der Begriffe „Feld“ und „Äther“ bei H. WEYL [25] entsprechen EINSTEINS Thesen WEYLS Bemerkungen, daß nach der allgemeinen Relativitätstheorie die Trägheitswirkungen im wesentlichen durch den „übermächtigen Äther“ bestimmt werden und insofern NEWTONS absoluter Raum als „Äther der klassischen Physik“ gerechtfertigt sei. — Konsequenterweise betont WEYL daher die Unverträglichkeit der Relativitätstheorie mit der MACH-EINSTEIN-Doktrin [23].

[2]) EINSTEIN selbst ist immer erneut (s. [4] pp. 51, 66ff.) auf das Problem zurückgekommen, neben der Nahwirkung der Feldphysik den direkten Einfluß der fernen Massen in die Physik einzubauen.

Literatur

[1] EINSTEIN, A., Spezielle und allgemeine Relativitätstheorie. 21. Aufl., Berlin, Oxford, Braunschweig 1969.
[2] EINSTEIN, A., Grundzüge der Relativitätstheorie. 5. Aufl., Berlin, Oxford, Braunschweig 1969.
[3] EINSTEIN, A., Sammlung Wissenschaftlicher Abhandlungen. Bd. I, Moskau 1965.
[4] EINSTEIN, A., Helle Zeit — Dunkle Zeit (ed. C. Seelig). Zürich 1956.
[5] G. HERTZ, HEINRICH HERTZ, sein Leben und sein Werk. In Ostwalds Klassiker Bd. 251 (1971).
[6] KOTTLER, F., Wiener Berichte **121**, 1659 (1912).
[7] LANGE, L., Die geschichtliche Entwicklung des Bewegungsbegriffes. Leipzig 1886.
[8] LORENTZ, H. A., A. EINSTEIN, H. MINKOWSKI und H. WEYL, Das Relativitätsprinzip. Leipzig 1923.
[9] MACH, E., Erhaltung der Arbeit. 2. Aufl., Leipzig 1969.
[10] MACH, E., Die Mechanik in ihrer Entwicklung. 9. Aufl., Leipzig 1933.
[11] NEUMANN, C., Die Principien der Galilei-Newtonschen Theorie. Leipzig 1870.
[12] NEUMANN, C., Über das Newtonsche Princip der Fernwirkung. Leipzig 1896.
[13] POINCARÉ, H., Elektricität und Optik, Bd. II. Berlin 1892.
[14] POINCARÉ, H., La théorie de Lorentz et le principe de réaction. Lorentz-Festschrift, Haag 1900.
[15] POINCARÉ, H., Wissenschaft und Hypothese. 3. Aufl., Leipzig 1919.
[16] POINCARÈ, H., Der Wert der Wissenschaft. 2. Aufl., Leipzig 1910.
[17] POINCARÉ, H., Wissenschaft und Methode. Leipzig 1914.
[18] POINCARÉ, H., Letzte Gedanken. Leipzig 1914.
[19] POINCARÉ, H., La mécanique nouvelle. In: „Sechs Vorträge". Leipzig 1910.
[20] RIEMANN, B., Schwere, Elektricität und Magnetismus. 2. Aufl., Hannover 1880.
[21] TREDER, H.-J., Local and Global Principles of Relativity. Foundations of Physics **1**, 77 (1970).
[22] TREDER, H.-J., Helmholtzsche und relativistische Elektrodynamik. Gerlands Beiträge **79**, 401 (1970).
[23] TREDER, H.-J., Die Relativität der Trägheit. Berlin 1972.
[24] WEBER, W., Gesammelte Werke Bd. III und IV. Leipzig 1890 und 1892.
[25] WEYL, H., Massenträgheit und Kosmos. Naturwissenschaften **12**, 197 (1924).
[26] ZÖLLNER, F., Principien der elektrodynamischen Theorie der Materie. Leipzig 1876.

31. Die ersten Kritiker des allgemeinen Relativitätsprinzips (Von Abraham bis Kretschmann)

Mit der Begründung der speziellen Relativitätstheorie trat früh das Problem der Grenzen dieser Theorie und der Notwendigkeit ihres Ausbaues bzw. ihrer Weiterentwicklung auf. Dieses Problem ergab sich aus der von EINSTEIN und von PLANCK gemachten Bemerkung, daß EÖTVÖS' exakte Bestätigung der Äquivalenz zwischen Trägheit und Schwere einerseits und die aus der speziellen Relativitätstheorie folgende Trägheit der Energie andererseits mit Notwendigkeit dazu führen, daß bei Existenz eines Gravitationsfeldes die Ausbreitung des Lichtes nicht mit konstanter Geschwindigkeit und im allgemeinen auch nicht isotrop erfolgt — im Gegensatz zu einem Grundpostulat der speziellen Relativitätstheorie, dem Prinzip der Konstanz der Lichtgeschwindigkeit. Zu diesem physikalischen Punkt trat die erkenntnistheoretische Bemerkung EINSTEINS, daß es wünschenswert wäre, die Relativität der inertialen Bezugssysteme zu einem allgemeineren Relativitätsprinzip zu erweitern, derart, daß prinzipiell nicht absolute, sondern nur relative Beschleunigungen einen physikalischen Sinn haben sollten.

Physikalisch entscheidend war aber zunächst die Bemerkung des Versagens der speziellen Relativitätstheorie bei der Behandlung von Gravitationsfeldern, wenn an der Äquivalenz von Trägheit und Schwere einerseits und von Energie und Masse andererseits festgehalten wird. Die hieraus resultierende Abhängigkeit der Lichtgeschwindigkeit vom Gravitationsfeld war, wie ABRAHAM mit Nachdruck hervorhob, ausschlaggebend für das Scheitern jedes Versuches, die Gravitation in die spezielle Relativitätstheorie einzubauen, und schloß von vornherein die physikalische Bedeutung speziell-relativistischer Gravitationstheorien aus, wie sie in den Feldtheorien von MIE und NORDSTRÖM vorgeschlagen wurden.

Die Frage, in welcher Richtung die spezielle Relativitätstheorie auszubauen wäre, wurde einerseits markiert durch das Äquivalenzprinzip. Sie wurde aber weiterhin markiert durch andere, zunächst intuitiv gefaßte physikalische Prinzipien, die EINSTEIN in verschiedenen Arbeiten von 1909 bis 1915 (bzw. in modifizierter Form bis 1918) immer wieder neu formuliert hat, wobei er an einer konstruktiven Konkretisierung und mathematischen Präzisierung der zunächst intuitiven Postulate arbeitete. Diese intuitiven Postulate, die neben das Äquivalenzprinzip traten mit dem Ziel, ein Werkzeug dafür zu sein, das Äquivalenzprinzip mit der Relativitätstheorie zu vereinigen und damit gleichzeitig die spezielle Relativitätstheorie zu erweitern, sind die verschiedenen Fassungen der Relativitätsprinzipien. Bei EINSTEIN traten diese „verallgemeinerten Relativitätsprinzipien" in unterschiedlichen Zusammenhängen und zunächst sehr verschiedenen Formulierungen auf.

EINSTEIN verstand einmal unter einem allgemeinen Relativitätsprinzip das Prinzip der Gleichberechtigung beliebig bewegter Bezugssysteme. Er interpretierte dabei das Relativitätsprinzip als den Versuch einer scharfen Formulierung des Prinzips der Relativität der Beschleunigung. EINSTEIN verstand andererseits unter dem allgemeinen Relativitätsprinzip die Forderung der Darstellbarkeit der physikalischen Gleichungen in der MINKOWSKIschen Raum-Zeit-Union unabhängig von der Wahl des raum-zeitlichen Koordinatensystems, also die Forderung, daß die MINKOWSKIschen Tensorgleichungen diesen Tensorcharakter nicht nur in bezug auf lineare Koordinatentransformationen, sondern auch in bezug auf allgemeine Koordinatentransformationen besitzen sollen. EINSTEIN verstand ferner unter dem allgemeinen Relativitätsprinzip das Prinzip der Relativität der Trägheit und insbesondere die Aussage, daß die sowohl in der klassischen Mechanik als auch in der speziellen Relativitätstheorie bei nichtinertialer Bewegung eines physikalischen Systems auftretenden Trägheitskräfte auffaßbar sein sollen als spezielle Gravitationsfelder, die ihrerseits bestimmt würden durch die Verteilung der kosmischen Massen. Diese Form des Relativitätsprinzips ging direkt auf die entsprechenden Passagen in MACHS bekanntem Werk „Mechanik" zurück. Darüber hinaus formulierte EINSTEIN als intuitives allgemeines Relativitätsprinzip auch die Notwendigkeit, von der ebenen MINKOWSKIschen Raum-Zeit-Union zu einer allgemeineren Raum-Zeit-Mannigfaltigkeit überzugehen, und damit — im Zusammenhang mit dem Kovarianz- und Äquivalenzprinzip — das Programm, daß die fundamentalen Gleichungen der Physik forminvariant sein sollten gegenüber einem beliebigen Wechsel der Metrik der Raum-Zeit.

Alle diese verschiedenen Gedankenrichtungen wurden in den Jahren der Entstehung und des Aufbaues der allgemeinen Relativitätstheorie durch EINSTEIN zunächst nicht systematisch unterschieden. Ihre mehr oder weniger ambivalenten Formulierungen überdeckten sich teilweise und schlossen sich andererseits teilweise aus. Daher erwies es sich als notwendig, im Rahmen der mathematischen Konkretisierung der Grundlagen einer Gravitationstheorie die Reichhaltigkeit der intuitiv gestellten Bedingungen an den Inhalt dieser Theorie zu reduzieren und, wie es in den letzten Jahren FOCK mit Nachdruck hervorgehoben hat, einen Teil des ursprünglichen Programms zu trivialisieren. — Diese Entwicklung hat es mit sich gebracht, daß auch heute noch die physikalische Bedeutung und teilweise auch die logische Korrektheit bzw. die physikalische Wahrheit einiger Formulierungen bzw. Formulierungstypen des allgemeinen Relativitätsprinzips umstritten sind, wobei ein Teil der Diskussionen darauf beruht, daß die Autoren (zum Teil unter Berufung auf unterschiedliche Stellen in verschiedenen Arbeiten von EINSTEIN) verschiedene Formulierungen dieses Prinzips übernehmen, die sich teilweise untereinander ausschließen.

Die heutigen Diskussionen über den physikalischen Sinn und die logische Korrektheit des allgemeinen Relativitätsprinzips in seinen verschiedenen Formulierungen wiederholen in modifizierter Form Diskussionen, die bereits in den Jahren der Entstehung und Begründung der EINSTEINschen Gravitationstheorie zwischen EINSTEIN und verschiedenen Diskussionspartnern geführt worden sind, wobei diese Diskussionen für EINSTEIN teilweise der Anlaß waren, die Formulierung dessen, was unter „allgemeiner Relativität" zu verstehen ist, zu konkretisieren und auch verschiedene unterschiedliche Formulierungen des Relativitätsprinzips voneinander zu unterscheiden.

Diese Diskussionen über Bedeutung und Inhalt einer Verallgemeinerung des speziellen Relativitätsprinzips und über die möglichen Modifikationen und Erweiterungen der speziellen Relativitätstheorie sind ein Teil der immanenten Kritik, die während der Entstehungsjahre der allgemeinen

Relativitätstheorie an der jeweiligen Form dieser Theorie bzw. an EINSTEINS eigener Interpretation seiner Ansätze geleistet wurde.

Die Kritiken an der Relativitätstheorie waren ja sehr unterschiedlicher Art. Es gab Kritiker, die bestimmte philosophische Positionen a priori vertraten, dann einfach die Unverträglichkeit ihrer eigenen philosophischen Position mit der Relativitätstheorie nachwiesen und daraus schlossen, daß die Relativitätstheorie verfehlt sein müsse. Diese mehr metaphysischen Bemühungen, die sowohl von Neu-Kantianern wie von Positivisten, von Spiritualisten, Empiristen und Mechanizisten vorgetragen wurden, sind wissenschaftlich ohne Bedeutung und sind nur Randglossen zur Philosophiegeschichte. Weitere Kritiker waren konservativ eingestellte Physiker, deren Kritik entweder aus der Bemerkung bestand: „Die ganze Richtung paßt uns nicht", oder die — als positivere Leistung — zu zeigen versuchten, daß bestimmte physikalische Effekte, die die Relativitätstheorie deutete, auch im Rahmen klassischer Vorstellungen modelliert werden könnten. Diese Art von Kritiken war von unterschiedlichem Tiefgang; einige Überlegungen führten über die Modellierung von relativistischen Effekten in klassischen Theorien immerhin zu einem tieferen Verständnis des Wesens der relativistischen Effekte. Ferner gab es physikalische Kritiker, die innere Widersprüche bereits in den Grundlagen der speziellen Relativitätstheorie sich nachzuweisen bemühten, wobei diese Kritiken bestenfalls dazu führen konnten, das Verständnis für die Besonderheiten der relativistischen Begriffsbildungen zu verschärfen.

Viel wesentlicher als diese Kritiken „von außen" sind naturgemäß die immanenten Kritiken, die von Physikern vorgebracht wurden, die die damals vorliegenden Resultate und das erarbeitete Ideengebäude der Relativitätstheorie ganz oder zu großen Teilen akzeptierten und sich einer Analyse der noch offen gebliebenen Fragen zuwandten, wobei sie durch Verfolg bestimmter Gedankenrichtungen und ihrer Betonung gegenüber anderen Gesichtspunkten der EINSTEINschen Arbeiten die Schwierigkeiten, die aus der Ambivalenz und der teilweisen Inkonsistenz der verschiedenen Ideen resultierten, herausarbeiteten.

Diese immanenten Kritiken sind es auch, die noch heute eine wissenschaftliche Bedeutung haben, sofern sie Fragen betreffen, die in abschließenden Arbeiten EINSTEINS nicht oder nicht explizit beantwortet worden sind. Sie waren von außerordentlicher Bedeutung für die Entwicklung der Relativitätstheorie selbst, was sich insbesondere auch darin manifestiert, daß diese immanenten Kritiken von EINSTEIN mehr oder weniger umfassend beantwortet worden sind, und diese Antworten spiegeln dann auch deutlich den unterschiedlichen Reife- und Vertiefungsgrad des jeweiligen EINSTEINschen Standpunktes wider. Gleichzeitig enthielten die EINSTEINschen Antworten auch die verschiedenen alternativen Formulierungen dessen, was unter dem „allgemeinen Relativitätsprinzip" verstanden werden kann und arbeiteten sie zum Teil schärfer heraus als in den Originalarbeiten.

Wir wollen im folgenden vom heutigen Standpunkt aus diejenigen Kritiken besprechen, auf die EINSTEIN direkt geantwortet hat, und damit gleichzeitig auch die Entwicklung von EINSTEINS Auffassung kurz analysieren. — Die geschichtliche Entwicklung der Relativitätstheorie brachte es mit sich, daß die Kritiker alle deutschsprachige Autoren waren. Die zu behandelnden Kritiker sind in zeitlicher Reihenfolge: M. ABRAHAM, der 1911/12 in Konkurrenz zu EINSTEINS Ansätzen eine Theorie der statischen Gravitationsfelder vorlegte und hierbei ausführlich (bei weitgehender Übereinstimmung in den mathematischen Einzelheiten) seine von EINSTEIN abweichende Auffassung über die Beziehung zwischen Relativität und Gravitation begründete. F. KOTTLER, der nach der Vorlage der endgültigen Fassung der EINSTEINschen Gravitationsgleichungen seine Kritik am Äquivalenz- und Relativitätsprinzip veröffentlichte, die auf eine Auffassung der „allgemeinen Relativität" zurückgeht, die KOTTLER bereits 1912 begründet hatte. Bestimmte Positionen von KOTTLER werden in anderem Zusammenhang durch die Kritik wiederholt, die LENARD 1917 am allgemeinen Relativitätsprinzip versuchte. Es ist hier zu bemerken, daß LENARDS Arbeit über „Gravitation, Äquivalenz und Relativität" (1917) wissenschaftlich durchaus ernst zu nehmen ist und daß die schweren Entgleisungen LENARDS, die sich aus dem Übergang von einer wissenschaftlichen zu einer faschistisch geprägten politischen Position ergaben, erst ab 1920 auftraten (wobei dann auch die späteren Ausgaben seiner Arbeiten an wissenschaftlichem Wert verloren). Eine voll auf dem Boden der EINSTEINschen Formulierung der allgemeinen Relativitätstheorie stehende immanente Kritik an der Existenz eines „allgemeinen Relativitätsprinzips" überhaupt legte KRETSCHMANN 1917 vor. Diese Kritik bewog EINSTEIN zu einer nochmaligen Präzisierung dessen, was unter „Relativitäts"- und „Äquivalenzprinzip" zu verstehen ist. — Die Kritiken von KOTTLER und KRETSCHMANN wurden teilweise wiederholt in dem wissenschaftlich wertvollen Teil einer zum Teil reichlich spekulativen Arbeit von REICHENBÄCHER, auf die EINSTEIN als letzte Kritik am Relativitätsprinzip 1920 eingegangen ist.

Zu anderen kritischen Arbeiten zum allgemeinen Relativitätsprinzip liegen keine Stellungnahmen EINSTEINS vor. Ich weise nur auf die Arbeiten von E. WIECHERT hin, dessen Position sich teilweise mit LENARD und teilweise mit REICHENBÄCHER deckt. Weniger bedeutend war die Kritik von E. GEHRCKE, der bereits das spezielle Relativitätsprinzip ablehnte (wozu EINSTEIN in zwei Noten Stellung genommen hat). GEHRCKES Einwände folgen, soweit sie sachlich sind, den Gedanken ABRAHAMS.

31.1. Die Diskussion zwischen Abraham und Einstein 1912

EINSTEIN hat 1911 in großer Allgemeinheit aus dem Äquivalenzprinzip hergeleitet, daß sich das Licht bei Existenz eines statischen Gravitationsfeldes im Gegensatz zum Grundaxiom der speziellen Relativitätstheorie mit variabler Geschwindigkeit fortpflanzt und das Programm formuliert, die spezielle Relativitätstheorie so zu erweitern, daß sie das Äquivalenzprinzip berücksichtigt. ABRAHAM hatte dann 1912 eine Theorie des statischen Gravitationsfeldes vorgelegt, die die EINSTEINsche Entdeckung berücksichtigte und das Prinzip der Äquivalenz von Trägheit und Schwere (zumindest angenähert) enthielt. Unabhängig davon legte EINSTEIN ebenfalls 1912 seinen Ansatz für eine Theorie der statischen Gravitationsfelder vor, in der das Äquivalenzprinzip programmatisch in Verbindung mit der Idee von der Gleichberechtigung auch der beschleunigt bewegten Bezugssysteme gebracht wurde.

ABRAHAM zeigte nun in seiner Gravitationstheorie, daß der Übergang zwischen zwei sich in einem statischen Gravitationsfeld frei bewegenden Bezugssystemen nicht integral durch LORENTZ-Transformationen beschrieben werden kann, sondern solche LORENTZ-Transformationen nur zwischen infinitesimal differierenden Bezugssystemen möglich sind. ABRAHAM sah darin eine fundamentale Einschränkung der speziellen Relativität, indem nach der speziellen Relativität Beziehungen zwischen den (inertialen) Bezugssystemen allgemein durch endliche LORENTZ-Transformationen bestimmt werden und somit eine LORENTZ-Kovarianz für endliche Raum-Zeit-Bereiche besteht.

In seiner Antwort auf diese Bemerkungen ABRAHAMS führte EINSTEIN aus, daß die Bemerkungen ABRAHAMS tatsächlich die von EINSTEIN gewünschte Verallgemeinerung des Relativitätsprinzips nahelegen. ABRAHAMS Infinitesimale LORENTZ-Transformationen sind, wie EINSTEIN zeigte, bei ortsabhängiger Lichtgeschwindigkeit nicht integrabel. Man muß nach EINSTEIN daher feststellen, daß im allgemeinen bei Existenz eines Gravitationsfeldes der Übergang zwischen frei bewegten Bezugssystemen nicht durch integrable LORENTZ-Transformationen möglich ist.

Vom heutigen Standpunkt legt dies eine Verallgemeinerung der speziell-relativistischen LORENTZ-Transformationen in drei Richtungen nahe:

1. die Ersetzung der LORENTZ-Transformationen durch allgemeine integrable Koordinatentransformationen der EINSTEIN-Gruppe

$$x'^i = x'^i(x^k) \qquad (i, k = 1, 2, 3, 4), \tag{1}$$

2. die Ersetzung der integrablen LORENTZ-Transformationen durch anholonome Transformationen der Bezugssysteme. Sind letztere durch die Bezugstetraden

$$h_i{}^A(x^k) \qquad (A = 1, 2, 3, 4)$$

mit

$$h_i{}^A h_k{}^B \eta_{AB} = g_{ik}, \qquad g_{ik} h_A{}^i h_B{}^k = \eta_{AB} \tag{2}$$

gegeben, so entspricht eine solche anholonome LORENTZ-Transformation einer Rotation der Bezugstetraden

$$\bar{h}_i{}^A = \omega^A{}_B h_i{}^B \tag{2}$$

mit

$$\omega^A{}_B = \omega^A{}_B(x^i), \qquad \omega^A{}_C \omega_B{}^C = \delta_C{}^A,$$

3. können sowohl die Pseudo-Orthogonalität wie die Integrabilität der Transformationen aufgegeben werden. Dies entspricht allgemeinen anholonomen Transformationen der Bezugssysteme

$$h^*{}_i{}^A = \Omega^A{}_B(x^i) h_i{}^B, \tag{3}$$

die eine ursprüngliche MINKOWSKIsche Metrik

$$\eta_{ik} = h_i{}^A h_k{}^B \eta_{AB} \tag{3a}$$

in eine RIEMANNsche Metrik

$$g^*_{ik} = h_i{}^{A*} h_k{}^{B*} \eta_{AB} = \Omega^A{}_C \Omega^B{}_C \eta_{AB} h_i{}^C h_k{}^D \tag{3b}$$

überführen.

Gemäß einer späteren Bemerkung von WEYL verallgemeinern für eine gegebene Metrik $ds^2 = g_{ik}\, dx^i\, dx^k$ der Raum-Zeit die EINSTEIN-Gruppe (1) den inhomogenen Teil a^i der speziell-relativistischen POINCARÉ-Gruppe

$$x'^i = \omega^i{}_k x^k + a^i, \quad \text{mit} \quad \omega^i{}_k, a^i = \text{const}$$

und die LORENTZ-Transformationen (2) der Bezugstetraden den homogenen (LORENTZschen) Teil der POINCARÉ-Gruppe. Die nicht-LORENTZschen Transformationen (3) transformieren die Metrik selbst, beschreiben also die Ersetzung eines Gravitationsfeldes durch ein anderes.

Für die späteren Diskussionen zwischen EINSTEIN, KOTTLER und KRETSCHMANN ist die unterschiedliche Bedeutung der EINSTEIN-Gruppe und der LORENTZ-Gruppe wichtig:

Die EINSTEIN-Gruppe (1) beschreibt, was geschieht, wenn ein Beobachter sein Bezugssystem durch ein anderes ersetzt, also seinen eigenen Bewegungszustand ändert. Die LORENTZ-Transformationen (2) der Bezugstetraden $h^A{}_i$ geben hingegen an, wie in einem gegebenen globalen Bezugssystem die physikalischen Prozesse in den Eigenruhsystemen beliebig zueinander bewegter Teilsysteme aussehen.

EINSTEIN hat über seine oben angeführten Bemerkungen hinaus diesen Standpunkt 1912 natürlich nicht explizit entwickelt, wohl aber bei der Darstellung der Einwirkung statischer Gravitationsfelder auf physikalische

Prozesse implizit durchgeführt, indem er diejenigen lokalen Transformationen angab, die von einem inertialen Bezugssystem auf Bezugssysteme in statischen Gravitationsfeldern überführen.

Gegen EINSTEINS Standpunkt wandte nun ABRAHAM physikalisch prinzipiell ein, daß die Einführung gravitierender Massen notwendig eine Brechung der raum-zeitlichen Symmetrien mit sich bringt. Tatsächlich ist ja auch in der speziellen Relativitätstheorie die inertiale Bewegung eines endlichen physikalischen Systems (also etwa eines konkreten physikalischen Laboratoriums) nur dann ohne Einfluß auf die physikalischen Prozesse im Inneren des Laboratoriums, wenn dieses Laboratorium keinerlei Kontakt zur Materie in der Außenwelt hat bzw. wenn die Einwirkung der Außenwelt auf das Laboratorium durch Abschirmungs-Vorrichtungen (wie reflektierende Wände und FARADAYsche Käfige) abgeschirmt werden kann. Denn über die Einwirkung der Außenwelt hängt die Physik im Laboratorium von der Relativgeschwindigkeit des Laboratoriums ab. (Nur die nach ABRAHAM und EINSTEIN physikalisch inhaltsleere Vorstellung einer Inertialbewegung des gesamten Universums ist selbstverständlich nicht durch die Einwirkung der Umwelt feststellbar.) — In Antwort hierauf formulierte EINSTEIN, daß das spezielle Relativitätsprinzip in der Tat nur besagt, daß, wenn alle Wechselwirkungen zur physikalischen Umwelt abgeschirmt sind, eine Inertialbewegung nicht konstatierbar ist — im Gegensatz zu den nichtinertialen Bewegungen, bei denen im Innern des Laboratoriums Trägheitskräfte auftreten, auch wenn es keine „Außenwelt" geben würde.

ABRAHAM hob nun aber hervor, daß gerade dieser Standpunkt EINSTEINS von vornherein impliziert, daß eine Gravitationstheorie immer weniger „relativistisch" sein muß als die spezielle Relativitätstheorie, denn die Gravitationswirkung ist wegen ihrer Universalität und wegen der Äquivalenz zwischen Trägheit und Schwere prinzipiell nicht abschirmbar, so daß eine freie Bewegung im Gravitationsfeld im allgemeinen stets konstatierbar ist und man durch Messung in einem genügend großen Laboratorium die Lage und wohl auch die Geschwindigkeit des Laboratoriums zu den gravitierenden Massen der Umwelt feststellen kann. — Wir sehen hier denselben Standpunkt, den FOCK später ausführlich begründet hat. ABRAHAM bemerkte im Prinzip, daß ein Gravitationsfeld grundsätzlich die Homogenität und Isotropie der Raum-Zeit zerstört, so daß Verlagerungen von Körpern und Laboratorien im Gravitationsfeld im allgemeinen einen physikalischen Effekt bewirken und nur spezielle Gravitationsfelder noch spezielle Verlagerungen ohne physikalische Wirkung erlauben.

Somit zerfällt gemäß der Diskussion zwischen EINSTEIN und ABRAHAM die Frage der Existenz eines „allgemeinen Relativitätsprinzips" in drei ganz verschiedene Probleme:

1. Forderung der Kovarianz der physikalischen Gleichungen gegenüber den Transformationen der EINSTEIN-Gruppe als Ausdruck dafür, daß der Inhalt der Physik unabhängig davon ist, in welchem raum-zeitlichen

Koordinatensystem dieser beschrieben wird. — Diese Forderung ist logisch notwendig, aber (s. u. die Diskussion mit KRETSCHMANN) physikalisch leer.

2. Forderung, daß lokal (strenggenommen im Infinitesimalen) im instantanen Eigenruhsystem eines beliebigen physikalischen Systems dieselben Gesetze gelten wie in den Eigenruhsystemen aller anderen Teilsysteme und daß diese Gesetze identisch sind mit denen, die die spezielle Relativitätstheorie für inertiale Bezugssysteme konstatiert hat. Der Übergang vom jeweiligen Eigenbezugssystem zu einem beliebigen Bezugssystem erfolgt dann durch lokale LORENTZ-Rotationen, so daß lokal (streng genommen im Infinitesimalen) die spezielle Relativitätstheorie gilt. — Diese Aussage hat ersichtlich einen bedeutenden physikalischen Inhalt und formuliert als Aufgabe der allgemeinen Relativitätstheorie, die Beziehungen zwischen den lokalen Ruhsystemen herzustellen. Die speziell-relativistische Physik einerseits und die gesetzmäßigen Beziehungen zwischen den lokalen Ruhsystemen andererseits machen den Gesamtinhalt der Physik aus.

3. identifizierte ABRAHAM — wie in neuerer Zeit FOCK — die Relativitätsprinzipien mit Aussagen über die geometrischen Symmetrien von Raum und Zeit (entsprechend der Tatsache, daß die POINCARÉ-Gruppe die LIE-Gruppe der MINKOWSKIschen Raum-Zeit ist) und konstatierte dann, daß die spezielle Relativitätstheorie die maximale Symmetrie-Gruppe und damit das umfassendste Relativitätsprinzip aufweist, während eine Gravitationsgeometrie notwendig weniger Raum-Zeit-Symmetrien und damit eine eingeschränkte „Relativität" besitzt.

31.2. Die Diskussion zwischen Einstein und F. Kottler

KOTTLER hatte bereits 1912 — also vor der Arbeit von EINSTEIN und GROSSMANN 1913 — die allgemein-kovariante Schreibweise in die spezielle Relativitätstheorie eingeführt, indem er einfach den Tensorcharakter der MINKOWSKI-Tensoren auch in bezug auf allgemeine Koordinatentransformationen $\bar{x}^i = \bar{x}^i(x^l)$ forderte. KOTTLER hielt diese Verallgemeinerung mit Recht für physikalisch inhaltsleer, untersuchte aber, ob durch Untergruppen der Gruppe der allgemeinen Koordinatentransformationen auch physikalisch relevante Sachverhalte — insbesondere gesetzmäßige Beziehungen der Kinematik zur Dynamik — erfaßt werden können. KOTTLER ging hierbei von der Bemerkung aus, daß bereits in der NEWTONschen Dynamik keine Absolutbeschleunigungen, sondern nur Relativbeschleunigungen einen nachweisbaren Effekt liefern (ohne Bezug auf die Umwelt). In der Tat fallen aus den NEWTONschen Bewegungsgleichungen

$$m_A \frac{dv_A^\nu}{dt} = \sum_{B \neq A} F^\nu_{AB} + K_A^\nu \qquad (\nu = 1, 2, 3) \tag{1}$$

bei Bildung der die Relativbewegung bestimmenden Bewegungsgleichungen

$$\frac{d}{dt}(v_{\rm I}' - v_{\rm II}') = \frac{F'_{\rm I\,II}}{m_{\rm I}} - \frac{F'_{\rm I\,II}}{m_{\rm II}} + \sum_{B>{\rm II}} \frac{F'_{{\rm I}B}}{m_{\rm I}} - \sum_{B>{\rm II}} \frac{F'_{{\rm II}B}}{m_{\rm II}} + \frac{k_{\rm I}'}{m_{\rm I}} - \frac{k_{\rm II}'}{m_{\rm II}} \tag{2}$$

die spezifischen äußeren Kräfte

$$\frac{K_A'}{m_A} \tag{3}$$

genau dann heraus, wenn sie für alle Körper gleich sind.

Allgemein bemerkte daher KOTTLER, daß der Einfluß eines homogenen Kraftfeldes im Innern eines physikalischen Systems nicht konstatierbar ist (vorausgesetzt allerdings, daß dieses Kraftfeld mit allen Teilen des Systems gleichstark gekoppelt ist — siehe unten das LENARDsche Paradoxon). Dementsprechend ist es für ein derartiges Laboratorium immer möglich, ein allgemeines Ruhsystem einzuführen, d. h., durch eine raum-zeitliche Koordinatenttransformation können Beschleunigung und Geschwindigkeit des Laboratoriums zu Null gemacht werden. — In seinen Bemerkungen zu EINSTEINS Arbeiten von 1915 wies KOTTLER dann besonders darauf hin, daß diese Voraussetzungen insbesondere bei den Bewegungen in einem homogenen Gravitationsfeld erfüllt sind und hier das Prinzip der Äquivalenz zwischen Trägheit und Schwere in dem Sinne erfüllt ist, daß das Gravitationsfeld kinematisch, nämlich durch eine Koordinatentransformation, erzeugt bzw. eliminiert werden kann. Hingegen ist dies nicht mehr möglich bei einer Bewegung unter dem Einfluß inhomogener Kräfte, die ja bereits im Laboratorium selbst durch „Gezeitenwirkung“ (Deviation) bemerkbar werden.

In seiner Stellungnahme zu KOTTLERS Kritik unterstrich EINSTEIN den prinzipiellen Unterschied zwischen den kinematisch erzeugbaren homogenen Gravitationsfeldern und den allgemeinen inhomogenen Gravitationsfeldern und hob hervor, daß die Nichteliminierbarkeit inhomogener Gravitationsfelder durch Koordinatentransformationen eben auf kovariante Weise durch das Nichtverschwinden des großen RIEMANN-Tensors R^i_{klm} charakterisiert wird, welcher auch die Deviationseffekte bestimmt. — EINSTEIN bemerkte weiter, daß er dementsprechend — im Gegensatz zu KOTTLER — das Äquivalenzprinzip nicht für endliche Bereiche, sondern nur für infinitesimal kleine Gebiete gefordert hätte. (Bemerkt sei noch, daß KOTTLER irrtümlich die Rotation unter diejenigen Bewegungen eingestuft hat, für die durch eine kinematische Transformation ein Ruhsystem einführbar ist. Tatsächlich sind aber bei der Rotation um eine feste Achse nur die Weltlinien der Achsenpunkte Geodätische; die Weltlinien mitrotierender Punkte außerhalb der Achse sind hingegen Kurven mit einer geodätischen Krümmung, die mit wachsendem Abstand von der Achse anwächst ent sprechend den anwachsenden Zentrifugalkräften

$$\sim \omega^2 r.$$

In der Tat treten in einem rotierenden endlichen Körper mit der Breite variierende Trägheitskräfte auf. Dieser Tatbestand wurde erst etwas später von H. Weyl anläßlich der Nauheimer Physiker-Diskussion (1921) klar herausgearbeitet. Unsere Bemerkung bezieht sich auch auf die spätere Diskussion zwischen Einstein und Reichenbächer, in der diese Verhältnisse auch noch nicht voll geklärt wurden.

31.3. Lenards Paradoxon

1917 veröffentlichte Lenard eine Arbeit über „Relativitätsprinzip, Äther, Gravitation", in der er im Gegensatz zu seinen späteren Aufsätzen das spezielle Relativitätsprinzip voll akzeptiert, aber Bedenken gegen das allgemeine Relativitätsprinzip anmeldet. Lenard möchte das allgemeine Relativitätsprinzip in dem Sinne einschränken, daß es nur für Bewegungen gilt, die ausschließlich unter dem Einfluß von Gravitationskräften stattfinden. Er möchte hingegen seine Anwendung auf Bewegungen, die unter dem Einfluß nichtuniverseller Kräfte stattfinden, verbieten.

Die Argumentation von Lenard ist analog derjenigen bei Kottler. Lenard stützt sich auf ein Gedankenexperiment. Er vergleicht die beschleunigte Bewegung (Bremsung) eines Zuges in einer inertial bewegten Umwelt und die hierbei auftretenden physikalischen Effekte mit den Effekten, die bei einem inertial bewegten Zug in einer beschleunigt bewegten Umwelt auftreten würden, wobei er Einstein zugibt, daß die beschleunigte Bewegung der Umwelt als Wirkung spezieller Graviatationsfelder auf die Massen der Umwelt dargestellt werden kann.

Lenard bemerkt, daß ein ersichtlicher Unterschied zwischen den physikalischen Prozessen im beschleunigten Zug und den physikalischen Prozessen in der Umwelt besteht, der durch keinen Bezugssystemwechsel eliminiert werden kann. Die Bremsung des Zuges kann zur irreversiblen Deformierung der Körper im Zug führen, während die Umwelt nicht deformiert wird. Lenard gibt aber zu, daß die Deformationseffekte im Zuge nicht auftreten würden, wenn die Bremsung des Zuges ausschließlich die Wirkung eines Gravitationsfeldes wäre, so daß das allgemeine Relativitätsprinzip als „Gravitations-Prinzip" korrekt sei.

Lenards Paradoxon wurde von Einstein selbst 1918 und ferner von M. v. Laue 1919 und H. Weyl 1921 diskutiert. Die Lösung ergibt sich aus der Diskussion zwischen Einstein und Kottler:

Da die Bremsung des Zuges eben nicht durch die Gravitation, sondern durch den Einfluß anderer Kräfte erfolgt, sind die spezifischen Kräfte, die auf die verschiedenen Körper im Zuge wirken, nicht gleich groß. Beim Beginn des Bremsprozesses werden zunächst die Waggons — und nicht die Mitreisenden — negativ beschleunigt. Wegen der Nichtuniversalität der Bremskräfte tritt im Zuge also zeitweilig eine Relativbeschleunigung der Körper im Waggon zu den Waggonwänden sowie auch der einzelnen Teile des Waggons zueinander auf, und diese Relativbeschleunigung ist — wie in der klassischen Physik, so auch in der Relativitätstheorie — die Ursache für die physikalischen Effekte bei der Zugbremsung. Die Lösung von LENARDS Paradox ist also unabhängig von der Relativitätstheorie bereits in der NEWTONschen Dynamik enthalten.

LENARDS Paradox lehrt nur eine logisch notwendige Verschärfung der Formulierung des Relativitätsprinzips gegenüber dem oben bei KOTTLER Gesagten: Auch für sehr kleine Laboratorien läßt sich ein Ruhsystem nur dann einführen, wenn die Wirkung nichtuniverseller Kräfte auf das Laboratorium abgeschirmt ist. Dies ist völlig analog zu dem Ergebnis in der Diskussion zwischen EINSTEIN und ABRAHAM.

31.4. Diskussion zwischen Einstein und Kretschmann

E. KRETSCHMANN veröffentlichte 1917 eine umfassende Analyse der Grundprinzipien der EINSTEINschen Gravitationstheorie, in der er erstmalig auf die die RIEMANNsche Raum-Zeit-Welt charakterisierenden 14 Invarianten des RIEMANNschen Krümmungstensors R_{iklm} hinwies und bemerkte, daß auf Grund der EINSTEINschen Gravitationsgleichungen im Vakuum 10 dieser Invarianten gleich Null sind, so daß das EINSTEINsche Vakuum im allgemeinsten Falle durch 4 Invarianten des RIEMANN-Tensors charakterisiert wird. Diese 4 Invarianten erlauben die Einführung eines durch die EINSTEINschen Gleichungen selbst ausgezeichneten Bezugssystems, und KRETSCHMANN schlug vor, dieses ausgezeichnete Bezugssystem als Ersatz für die Inertialsysteme der speziellen Relativitätstheorie einzuführen.

KRETSCHMANN führte weiter aus, daß für spezielle Gravitationsfelder einige der 4 Invarianten verschwinden oder mit anderen identisch werden, so daß in solchen speziellen Gravitationsfeldern durch die Gravitation weniger Funktionen festgelegt werden als für die Definition eines ausgezeichneten Bezugssystems notwendig sind. Im Falle der MINKOWSKIschen Raum-Zeit verschwinden mit dem RIEMANN-Tensor alle seine Invarianten; in der MINKOWSKIschen Raum-Zeit gibt es daher kein durch die geometrische Struktur der Raum-Zeit ausgezeichnetes Bezugssystem.

KRETSCHMANN bemerkte weiter, daß die Einführbarkeit eines Relativitätsprinzips im Sinne von EINSTEINS Einführung des speziellen Relativitätsprinzips als Auswahlprinzip für die der postulierten „Relativität" entsprechenden Gleichungssysteme an diese Strukturlosigkeit der MINKOWSKIschen Raum-Zeit gebunden ist. KRETSCHMANN meinte hiermit offenbar, daß das spezielle Relativitätsprinzip verlangt, daß die physikalischen Gleichungen so beschaffen sein sollten, daß sie nicht zusätzlich der Raum-Zeit-Welt eine kinematische Struktur aufprägen. — Hingegen ist nach KRETSCHMANN in einer RIEMANNschen Raum-Zeit-Welt, wie sie die EINSTEINsche Gravitationstheorie definiert, ein derartiges Auswahlprinzip naturgemäß nicht existent, weil die Raum-Zeit ja selbst strukturiert ist.

Das Kovarianz-Prinzip erklärt KRETSCHMANN (noch dezidierter als KOTTLER) für mathematisch notwendig, aber physikalisch trivial und bemerkt, daß alle sinnvollen physikalischen Gleichungen allgemein-kovariant geschrieben werden können, da sie ja nur Beziehungen zwischen Raum-Zeit-Koinzidenzen ausdrücken.

Es sei hervorgehoben, daß KRETSCHMANNS Untersuchung über die Invarianten des RIEMANN-Tensors und über die Klassifikation der EINSTEIN-Räume mit Hilfe dieser Invarianten sowie über die Definition ausgezeichneter Bezugssysteme durch diese Invarianten explizit Gedanken vorwegnimmt, die erst über 40 Jahre später wiederaufgenommen wurden.

In seinen Bemerkungen zu KRETSCHMANNS Kritik geht EINSTEIN nicht auf KRETSCHMANNS Invarianten-Untersuchungen ein, sondern beschränkt sich auf eine Analyse des Relativitätsprinzips, das er erstmalig explicite in drei unterschiedliche Aussagengruppen aufteilt:

1. in das Kovarianz-Prinzip. Hier gibt EINSTEIN KRETSCHMANN darin recht, daß die allgemeine Kovarianz für jedes physikalisch sinnvolle Gleichungssystem erreichbar ist, bemerkt aber, daß einige Gleichungssysteme auf wesentlich einfachere Weise in eine kovariante Darstellung gebracht werden könnten als andere und hält insbesondere eine allgemein-kovariante Darstellung der NEWTONschen Gravitationstheorie für außerordentlich kompliziert. (Es sei hier bemerkt, daß eine solche Darstellung von K. O. FRIEDRICHS 1927 vorgelegt worden ist. Die Schwierigkeiten der raum-zeitlich kovarianten Darstellung der NEWTONschen Theorie resultieren daher, daß vom Standpunkt der Raum-Zeit-Geometrie die GALILEI-Gruppe entartet ist und einer singulären RIEMANNschen Metrik entspricht. Dies hat aber nichts mit der allgemeinen Kovarianz, sondern mit der Beziehung zwischen GALILEI-und LORENTZ-Gruppe zu tun.)
2. bemerkte EINSTEIN, daß der physikalisch entscheidende Inhalt der allgemeinen Relativitätstheorie nicht im Kovarianzprinzip, sondern im Äquivalenzprinzip enthalten ist, das er im Sinne seiner Diskussion mit KOTTLER verstanden wissen will. Das Kovarianzprinzip ist für EINSTEIN jetzt nur ein mathematisches Hilfsmittel, das Äquivalenzprinzip konsistent zu formulieren.
3. bemerkte EINSTEIN, daß er bisher unter den Begriff der „allgemeinen Relativität“ auch die Relativität der Trägheit à la MACH subsummiert hätte, daß aber in Wahrheit Kovarianz- und Äquivalenzprinzip zusam-

men mit den Gravitationsgleichungen das MACHsche Prinzip nicht involvierten, da die vorliegende allgemeine Relativitätstheorie nur aussagt, daß der Gravitations- und Trägheitspotential zusammenfassende metrische Tensor g_{ik} von der Massenverteilung abhängt, aber keineswegs durch sie eindeutig bestimmt wird (insbesondere nicht so, daß der metrische Tensor g_{ik} und damit das Trägheitsfeld verschwindet, wenn der Materie-Tensor T_{ik} verschwindet).

EINSTEIN bemerkte, daß demnach grundsätzlich seine Gravitationstheorie unabhängig von der Gültigkeit des MACHschen Prinzips ist, da die „Relativität der Trägheit“ von den übrigen Fassungen des allgemeinen Relativitätsprinzips logisch zu trennen ist. Er selbst halte aber (1918) das MACHsche Prinzip für physikalisch notwendig und nehme an, daß eine im Mittel homogene statische Massenverteilung im Universum besteht, die die Erweiterung der Gravitationsgleichungen durch einen kosmologischen Term λg_{ik} (wie EINSTEIN sie 1917 vorgenommen hatte) erzwinge und hiermit gleichzeitig MACHS Prinzip im Sinne der eindeutigen Bestimmung der Metrik g_{ik} durch die Materie T_{ik} involviere. — Bekanntlich ist EINSTEIN auf Grund von FRIEDMANNS Entdeckung der Evolutionskosmen von diesen Ideen völlig abgekommen und hat später die dem MACHschen Prinzip anscheinend völlig entgegengesetzte Idee einer einheitlichen geometrischen Feldtheorie der Materie vertreten, in der nur singularitätsfreie Vakuumfelder existieren sollen.

31.5. Diskussion mit Reichenbächer

1920 wiederholte E. REICHENBÄCHER im wesentlichen KOTTLERS kritische Bemerkungen zum Äquivalenzprinzip und zum allgemeinen Relativitätsprinzip, das REICHENBÄCHER selbst weder vom Äquivalenzprinzip noch vom MACHschen Prinzip unterschied. REICHENBÄCHER ist der Ansicht, daß im Kosmos grundsätzlich Inertialsysteme ausgezeichnet sind, möchte aber die Notwendigkeit einer kovarianten Formulierung der Naturgesetze deswegen anerkennen, weil diese inertialen Bezugssysteme empirisch schwer oder gar nicht zu bestimmen sind und man daher Physik treiben muß, ohne zu wissen, wie die wahren Inertialsysteme aussehen.

In seiner Antwort an REICHENBÄCHER identifizierte EINSTEIN das allgemeine Relativitätsprinzip wiederum mit dem Kovarianzprinzip, dessen Forderung deswegen selbstverständlich sei, weil die Koordinatensysteme als Beschreibungsmittel an sich nichts zu tun haben können mit den zu beschreibenden Gegenständen. EINSTEIN erneuerte ferner seine Bemerkungen gegenüber KOTTLER über die rein lokale Gültigkeit des Äquivalenzprinzips und führte aus, daß das Äquivalenzprinzip — im Gegensatz zur Ansicht von KOTTLER und REICHENBÄCHER — nicht fordern kann, daß es ein Bezugssystem gibt, derart, daß sich — auf dieses bezogen — alle Körper unbeschleunigt bewegen. Denn auch in der speziellen Relativitätstheorie wird ja nicht gefordert, daß in ein und demselben inertialen LORENTZschen Bezugssystem alle inertial bewegten Körper ruhen.

Besonders wichtig ist wieder die strenge Unterscheidung dieser Prinzipien vom MACHschen Prinzip der Relativität der Trägheit. Für das MACHsche Prinzip formulierte EINSTEIN hier in aller Schärfe die MACH-EINSTEIN-Doktrin, nach der „die Trägheit im gleichen Sinne eine Wechselwirkung zwischen den Massen der Welt ist wie diejenigen Wirkungen, welche die NEWTONsche Theorie als Gravitationswirkungen betrachtet." — EINSTEIN bemerkte aber, daß das MACHsche Prinzip zwar mit der allgemeinen Relativitätstheorie vereinbar sei, aber nicht notwendig in ihr enthalten ist, und betrachtete nunmehr die Frage der Gültigkeit des MACHschen Prinzips als eine empirische Frage über die tatsächliche Massenverteilung im Kosmos, die die Astronomie zu beantworten hätte.

Schlußbemerkung

Die sich über fast zehn Jahre erstreckende Diskussion über Möglichkeit und Sinn einer Erweiterung des speziellen zu einem allgemeinen Relativitätsprinzip umfaßt den ganzen Zeitraum der Aufstellung der EINSTEINschen Gravitationstheorie bis zu ihren ersten Anwendungen auf kosmologische Fragen. In diesen Diskussionen hat EINSTEIN seine Vorstellungen über die „allgemeine Relativität" natürlich wesentlich präzisiert und die verschiedenen Denkmöglichkeiten, die in der ursprünglichen Intuition enthalten waren, herausgearbeitet und unterschieden. Das Ergebnis dieser Entwicklung waren einerseits mathematisch scharfe Formulierungen, andererseits aber auch eine gewisse Trivialisierung dessen, was unter „allgemeiner Relativität" zu verstehen ist.

Hierbei scheint mir, daß EINSTEIN bei der expliziten Identifizierung des allgemeinen Relativitätsprinzips mit dem allgemeinen Kovarianzprinzip die physikalischen Aussagen seiner Gravitationstheorie über die Relativität der Bezugssysteme nicht voll wiedergegeben hat. (Ich verweise auf die obigen Bemerkungen über die physikalische Bedeutung der verschiedenen Verallgemeinerungen der LORENTZ-Transformationen. EINSTEINS Kovarianzprinzip beschreibt m. E. nur den „inhomogenen Anteil" der verallgemeinerten LORENTZ-POINCARÉ-Transformationen.)

Literatur

ABRAHAM-EINSTEIN

ABRAHAM, M., Phys. Zeitschr. **13**, 1 (1912).
ABRAHAM, M., Ann. Phys. **38**, 1056 (1912).

ABRAHAM, M., Ann. Phys. **39**, 444 (1912).
ABRAHAM, M., Phys. Zeitschr. **13**, 793 (1912).
EINSTEIN, A., Ann. Phys. **38**, 355 (1912).
EINSTEIN, A., Ann. Phys. **38**, 443 (1912).
EINSTEIN, A., Ann. Phys. **38**, 1059 (1912).
EINSTEIN, A., Ann. Phys. **39**, 104 (1913).

KOTTLER-EINSTEIN

KOTTLER, F., Wiener Berichte **121**, 1659 (1912).
KOTTLER, F., Ann. Phys. **44**, 761 (1914).
KOTTLER, F., Ann. Phys. **50**, 955 (1916).
EINSTEIN, A., Ann. Phys. **51**, 639 (1916).

LENARD-EINSTEIN

LENARD, P., „Über Relativitätsprinzip, Äther, Gravitation" (1917). Leipzig 1918, 1920 und 1921.
EINSTEIN, A., Naturwissenschaften **6**, 697 (1918); Vgl. auch WEYL, H., Jahresberichte der Deutschen Mathematiker-Vereinigung **31**, 51 (1922).

KRETSCHMANN-EINSTEIN

KRETSCHMANN, E., Ann. Phys. **48**, 907 (1915).
KRETSCHMANN, E., Ann. Phys. **53**, 575 (1917).
EINSTEIN, A., Ann. Phys. **55**, 241 (1918).

REICHENBÄCHER-EINSTEIN

REICHENBÄCHER, E., Naturwissenschaften **8**, 1008 (1920).
EINSTEIN, A., Naturwissenschaften **8**, 1010 (1920).

31.6. Anhang: Die Relativitätsprinzipien und das Prinzip des zureichenden Grundes als komplementäre Prinzipien

Die Diskussionen zwischen Einstein, Planck und Weyl

Im Juli 1914 hielt EINSTEIN seine Antrittsrede in der Preußischen Akademie der Wissenschaften zu Berlin. Der Vorsitzende Sekretar PLANCK antwortete auf diese Rede. PLANCK meldete hierbei Einsprüche gegen einige ihm zu gewagt erscheinende Ideen EINSTEINS an. PLANCKS erste Kritik richtete sich bekanntlich gegen EINSTEINS Photonenhypothese. Zum zweiten kritisierte PLANCK aber EINSTEINS Programm einer allgemeinen relativistischen Physik, in der alle Formen der Bewegung gleichberechtigt sein sollten. PLANCK hob demgegenüber hervor, daß es gerade den Charakter der Naturgesetze ausmache, aus der unendlichen Mannigfaltigkeit der denkmöglichen Beziehungen eine gewisse beschränkte Auswahl zu treffen. Als ein Prototyp hierfür erschien PLANCK EINSTEINS spezielles Relativitätsprinzip mit seiner Auszeichnung der gleichförmigen Bewegungen vor allen anderen Bewegungsformen.

Nach Planck war es also die Aufgabe der physikalischen Forschung, aus der Mannigfaltigkeit des logisch möglichen, bestimmte Klassen von mathematischen Strukturen als der Realität entsprechend auszuzeichnen; in der zwischen ihm und Einstein diskutierten Frage eben die unbeschleunigten Bewegungen gegenüber den beschleunigten. Planck forderte das Aufsuchen absoluter physikalischer Strukturen, deren quantitative Änderungen dann als physikalisch bedeutungsvoll einer Ursache, eines zureichenden Grundes im Sinne von Leibniz, bedürften. Planck stellte diesen absoluten Strukturen die relativen Größen gegenüber als solche, deren Modifikationen sich einfach als verschiedene Aspekte ein und derselben absoluten Struktur ergeben.

Planck hat später seine Kritik an der Einsteinschen Relativitätstheorie zurückgenommen, ohne allerdings seine Grundposition zu ändern. Planck erkannte vielmehr an, daß gerade Einsteins Gravitationstheorie die von Planck geforderte absolute Struktur in Form der Riemann-Einsteinschen Raum-Zeit-Union aufgezeigt hatte; die im Sinne der Riemannschen Geometrie der Raum-Zeit invarianten Größen sind die von Planck geforderten absoluten Strukturen.

5 Jahre später gab es in der Berliner Akademie eine Diskussion zwischen Einstein und Weyl. Nach Weyls Vorlage über seine Erweiterung der Relativitätstheorie auf der Basis einer konform-invarianten Generalisierung der Riemannschen Geometrie erklärte Einstein, daß Weyls Zulassung der konformen Gruppe als physikalischer Invarianzgruppe, d. h. Weyls Prinzip der Relativität der Normalmaßstäbe und Normalzeiten, eine zu große Erweiterung des Relativitätsprinzips sei. Ohne Anerkennung des absoluten (d. h. in diesem Fall vom Transportweg unabhängigen) Charakters der Eigengrößen ist nach Einstein eine Physik, die die Vergleichbarkeit von Messungen an verschiedenen Raum-Zeit-Punkten voraussetzen muß, nicht mehr begründbar. Einstein verlangte, daß eine Änderung z. B. der Normalfrequenzen eines Atoms jeweils aus den lokalen physikalischen Zusammenhängen herleitbar sein muß.

Einstein nahm also gegenüber Weyl 1919 dieselbe Haltung ein wie Planck gegenüber Einstein 1914. Einstein kritisierte, daß Weyl ein zu umfangreiches Relativitätsprinzip in die Physik einführen und hierdurch physikalisch notwendige absolute Strukturen aus der Physik eliminieren wollte. — Die historische Entwicklung verlief in diesem Fall jedoch anders als beim Disput zwischen Planck und Einstein. Weyl zog bekanntlich später seine konform-invariante Feldtheorie zurück und anerkannte auf Grund der Entwicklung der Quantenmechanik (insbesondere auf Grund von Paulis Identifikation der Weylschen Eichgruppe mit der Phasentransformation der Materie-Felder) die Berechtignng von Einsteins Forderung, daß alle Eigengrößen der Relativitätstheorie absolute physikalische Bedeutung haben müßten.

Die Art der Gewinnung der physikalischen Erfahrung enthält zwar gemäß EINSTEIN notwendig eine subjektive Komponente (die gleichzeitig auch eine KANTsche Synthesis a priori für die physikalische Theorienbildung darstellt). Das Ziel der Physik ist nach PLANCK und EINSTEIN aber, von diesen notwendig relativen Aussagen zu den absoluten Strukturen vorzustoßen, die alle relativen Erscheinungen letztlich tragen. Erst durch die Erkenntnis dieser Strukturen gewinnen dann rückwärts die relativen Aussagen über die erfahrbaren physikalischen Ereignisse ihre wahre Bedeutung.

Von diesem Standpunkt aus ist die grundsätzliche Argumentation von PLANCK und EINSTEIN zum Problem-Komplex Raum-Zeit-Bewegung zwingend: Um so allgemeiner die zulässigen Transformationsgruppen sind, um so umfassender also die Relativitätsprinzipien formuliert werden, um so weniger physikalisch relevante Strukturen können Geometrie und Dynamik enthalten. Zum Beispiel HELMHOLTZ (1869) war gegenüber RIEMANN (1854) der Ansicht gewesen, daß die Physik den Begriff des starren Körpers benötige und daher nur homogene Räume konstanter Krümmung in der Physik zulässig seien. Mit RIEMANN behielt EINSTEIN hingegen nur die Forderung der Existenz absoluter Maßstäbe (Eigengröße) bei; dies ermöglicht die Einführung allgemeiner RIEMANNscher Mannigfaltigkeiten in die Physik.

Literatur zur Diskussion PLANCK-EINSTEIN:

A. EINSTEIN, Antrittsrede 2. 7. 1914. In „MAX PLANCK in seinen Akademie-Ansprachen". S. 19–22, Berlin 1948.

M. PLANCK, Erwiderung des Sekretärs, a. a. O. S. 22–25.

M. PLANCK, Vom Relativen zum Absoluten. Leipzig 1925.

Zur Diskussion WEYL-EINSTEIN:

H. WEYL, Gravitation und Elektrizität. Berliner Berichte 465, 1918.
Mit einem Nachtrag von A. EINSTEIN und H. WEYL.
S. H. WEYL, Gesammelte Abhandlungen Bd. II, 29–42, Berlin, Heidelberg, New York 1968.

H. WEYL, Geometrie und Physik. Die Naturwissenschaften 19, 49 (1931).
S. H. WEYL, a. a. O. Bd. III, 336–345.

32. Lorentz-Gruppe, Einstein-Gruppe und Raumstruktur

I. Tensor-Felder in der allgemeinen Relativitätstheorie

Fast gleichzeitig mit der Entstehung der allgemeinen Relativitätstheorie ist bemerkenswerter Weise umstritten, ob und inwieweit die allgemeine Relativitätstheorie tatsächlich als „Relativitätstheorie" zu bezeichnen ist und ob insbesondere das von EINSTEIN für seine Theorie als fundamental angesehene Allgemeine Relativitätsprinzip (A. R.) irgendeine physikalische Bedeutung besitzt. Hingegen werden von der überwiegenden Mehrzahl der theoretischen Physiker die EINSTEINschen Gravitationsgleichungen und damit EINSTEINS Geometrisierung des Gravitationsfeldes akzeptiert, doch wird von einer Anzahl bedeutender Theoretiker gesagt, daß diese Gravitationstheorie sehr wenig mit dem A. R. zu tun hat.

Der entscheidende Einwand gegen das A. R. wurde wohl zuerst von KRETSCHMANN 1917 formuliert, und z. Z. ist FOCK der Hauptvertreter von KRETSCHMANNS Argumentation. KRETSCHMANN bemerkte etwa folgendes: Das Spezielle Relativitätsprinzip (S. R.) behauptet die numerische Invarianz aller physikalischen Gesetze gegenüber der Gruppe der inhomogenen LORENTZ-Transformationen, d. h., das S. R. behauptet die Unabhängigkeit des physikalischen Geschehens von globalen vierdimensionalen Pseudo-Rotationen und globalen vierdimensionalen Translationen des Bezugssystems und spiegelt in der speziellen Relativitätstheorie die Symmetrie des ebenen MINKOWSKIschen R_4 wider, der als Raum konstanter Krümmung die maximale LIE-Gruppe gestattet, während das Gravitationsfeld LIEsche Symmetrien bricht, d. h., die Bewegungssymmetrien einschränkt. Das A. R. besagt hingegen nur die Form-Invarianz (Kovarianz im Sinne des Tensor-Kalküls) der physikalischen Grundgesetze gegenüber beliebigen raum-zeitlichen Koordinaten-Transformationen $\bar{x}^\nu = \bar{x}^\nu(x^\tau)$ $(\nu, \tau = 0, 1, 2, 3)$. Eine bloße Form-Invarianz gegen diese EINSTEIN-Gruppe hat aber keine physikalische Bedeutung, sondern ist weiter nichts als eine Vorschrift für die mathematische Schreibweise der Gleichungen. Dementsprechend lassen sich alle dem S. R. genügenden physikalischen Gleichungen ohne weiteres so schreiben, daß sie allgemein kovariant sind, d. h., das sie ein- und dieselbe Form in beliebigen raum-zeitlichen Koordinatensystemen haben. — Dieser Tatbestand ist, wie KRETSCHMANN betont hat, trivial. Die kovariante Schreibbarkeit der physikalischen Gleichungen bedeutet nur, daß überhaupt sinnvoll Physik getrieben werden kann. Die Forderung der Kovarianz gegenüber der raum-zeitlichen EINSTEIN-Gruppe ist daher zwar ein logisch notwendiges Postulat, das aber keinen physikalischen Wert besitzt.

Man muß zugeben, daß die Argumentation von KRETSCHMANN und FOCK gegenüber der EINSTEIN-Fassung des A. R. insofern berechtigt ist, als EINSTEIN das A. R. mißverständlich formuliert hat. Dieses Mißverständnis beruht — wie wir sehen werden — auf der nur in der speziellen Relativitätstheorie möglichen Identifizierung der Transformationen des Koordinatensystems mit denen des Bezugssystems.

Das raum-zeitliche Koordinatensystem hat in der Tat keine physikalische Bedeutung. (Seine Wahl ist nur die Festsetzung einer bestimmten mathematischen Beschreibung des gegebenen physikalischen Sachverhalts.) In einem gegebenen Bezugssystem können wir beliebige Koordinatensysteme wählen. Umgekehrt kann man ein- und dasselbe Koordinatensystem in verschiedenen Bezugssystemen benutzen.

Ein Bezugssystem ist hingegen etwas Physikalisches; man kann es sich im einfachsten Falle durch ein System von Normalmaßstäben und Normaluhren realisiert denken. Wir denken uns etwa an jedem Punkt der Raum-Zeit-Welt 3 Normalmaßstäbe und 1 Normaluhr vorgegeben (abgekürzt wollen wir immer von 4 Normalmaßstäben sprechen, von denen 1 Maßstab eine Uhr ist). Eine Meßoperation besteht dann in dem Vergleich der lokalen physikalischen Größen mit dem lokalen Maßstabsystem („Anlegen der Maßstäbe"). Dieses Maßstabsystem wird man sich der Einfachheit halber pseudo-orthonormiert denken, so daß das Maßstabsystem durch ein System orthonormierter Tetraden $h_\mu{}^a$:

$$\eta_{ab} h_\mu{}^a h_\nu{}^b = g_{\mu\nu}, \quad h_a{}^\mu h_b{}^\nu g_{\mu\nu} = \eta_{ab} \tag{1}$$

repräsentiert wird. (Hierbei sind die griechischen Buchstaben μ, ν Indizes in der Raum-Zeit-Welt, die lateinischen a, b die Nummern der Tetraden-Vektoren.) Messen wir irgendein physikalisches Größensystem, dessen mathematische Darstellung ein geometrisches Objekt $T^{\mu\alpha\ldots}_{\alpha\beta\ldots}$ mit N Indizes ist, so bedeutet diese Meßoperation die Projektion jeder Komponente dieses Objekts auf das Tetraden-System, so daß ein System von N Funktionen entsteht:

$$T^{mn\ldots}_{ab\ldots} = h_\mu{}^m h_\nu{}^n \cdots h_a{}^\alpha h_b{}^\beta \cdots T^{\mu\nu\ldots}_{\alpha\beta\ldots}. \tag{2}$$

Die Meßoperation wird also mathematisch beschrieben durch die skalare Multiplikation des Objektes mit den Tetraden-Vektoren.

Die Orthonormierungsbedingung (1) ist invariant gegenüber den i. a. ortsabhängigen Lorentz-Drehungen $\Omega^a{}_b(x^\nu)$ des Tetradensystems:

$$h_\mu{}^a = \Omega^a{}_b h_\mu{}^b \quad \text{mit} \quad \Omega_{ab}\Omega_{cd}\eta^{bd} = \eta_{ab}. \tag{3}$$

Wir können daher, ohne die Orthonormierungsbedingung (1) zu verletzen, die Tetraden vierdimensionalen Pseudo-Rotationen unterwerfen.

Eine Rotation des Tetradensystems entspricht dem Übergang von einem Bezugssystem zu einem anderen (s. u.); sie ist keine raumzeitliche Operation, sondern verläuft in den lokalen Tangentialräumen an den jeweiligen Punkten der Raum-Zeit V_4. Die Operation (3) hat nichts zu tun mit der Wahl des Koordinatensystems und ist unabhängig von den Transformationen der Einstein-Gruppe.

Es ist die evidente Forderung des Einsteinschen Kovarianz-Prinzips, daß das Ergebnis der durch (2) beschriebenen Messungen in irgendeinem gewählten Bezugssystem unabhängig vom Koordinatensystem ist. Dies bedeutet, die durch die skalare Multiplikation (2) entstehenden Größen $T^{mn\ldots}_{ab\ldots}$ müssen echte Skalare in bezug auf die Einstein-Gruppe sein. Hieraus folgt aufgrund der Abteilungsregel, daß die physikalischen Größen in den physikalischen Gleichungssystemen durch Tensoren repräsentiert werden müssen.[1]) In unserer Schreibweise sind also die griechischen Indizes Tensor-Indices der Raum-Zeit-Welt V_4, womit die EINSTEINsche Kovarianz-Forderung in bezug auf die EINSTEIN-Gruppe erfüllt wird. Die lateinischen Indices sind dagegen Nummern in der Raum-Zeit-Welt V_4. Wir können sie deuten als Tensor-Indizes in dem zum V_4 dual zugeordneten ebenen Raum R_4 mit der MINKOWSKIschen Metrik η_{ab}, der der Darstellungsraum der LORENTZ-Gruppe ist.

Entsprechend den beiden Index-Arten unterscheiden wir also die EINSTEIN-Gruppe der Koordinaten-Transformationen in der Raum-Zeit V_4 und die LORENTZ-Gruppe der Pseudo-Rotationen in dem zur Raum-Zeit dualen MINKOWSKI-Raum R_4; beide Transformationsgruppen sind unabhängig voneinander.

Die Gleichungen:

$$\eta_{ab} = h_a{}^\mu h_b{}^\nu g_{\mu\nu} \tag{4a}$$

und

$$g_{\mu\nu} = h_\mu{}^a h_\nu{}^b \eta_{ab} \tag{4b}$$

können wir deuten als anholonome Transformationen, die die Metrik $g_{\mu\nu}$ der Raum-Zeit-Welt V_4 mit der Metrik η_{ab} des LORENTZ-MINKOWSKIschen Raumes R_4 verbinden. Für den Fall, daß für die Transformationsmatrix $h_\mu{}^a$ gilt:

$$h^a_{\mu,\nu} - h^a_{\nu,\mu} \equiv 2\Delta^a_{\mu\nu} = 0, \tag{4c}$$

$h_\mu{}^a$ also holonom ist, ist die Raum-Zeit-Welt V_4 ein ebener Raum. In diesem Fall ist die Raum-Zeit-Welt V_4 in den MINKOWSKI-Raum R_4 einbettbar und kann mit ihm identifiziert werden. Allgemein ordnet die Transformation (4a) an jedem Punkt P der Raum-Zeit-Welt V_4 einen jeweiligen lokalen Tangential-Raum R_4 zu. Die Tatsache, daß die Tangential-Räume beim RIEMANNschen Raum von Punkt zu Punkt andere Räume sind, drückt sich in der Anholomität von (4a) aus (Anholomonie-Objekt $\Delta^a_{\mu\nu} \neq 0$).

Der Übergang von einer RIEMANNschen Metrik $g_{\mu\nu}$ zu einer anderen $\bar{g}_{\mu\nu}$ kann erfolgen mit den Transformationen:

$$\bar{g}_{\mu\nu} = A^\alpha{}_\mu A^\beta{}_\nu g_{\alpha\beta}. \tag{5}$$

Ist die Transformationsmatrix $A^\alpha{}_\mu$ in (3) anholonom, so ist $\bar{g}_{\mu\nu}$ nicht isometrisch zu $g_{\mu\nu}$. Ist sie holonom, sind die Metriken isometrisch. — An Stelle der Transformation (5) könnte auch eine nicht-LORENTZsche Trans-

[1]) Auf die Frage der Spinor-Felder kommen wir im Abschnitt II zurück.

formation:

$$\bar{h}_\mu{}^a = \bar{\Omega}^a{}_b h_\mu{}^b \quad \text{mit} \quad \bar{\Omega}^a{}_b \bar{\Omega}_{ac} \equiv \alpha_{bc}(x^\nu) \tag{6}$$

der Tetraden betrachtet werden. Durch

$$\tilde{g}_{\mu\nu} = h_\mu{}^b h_\nu{}^c \alpha_{bc} = \bar{h}_\mu{}^a \bar{h}_\nu{}^b \eta_{ab} \tag{7}$$

wird im allgemeinen eine mit $g_{\mu\nu}$ nicht isometrische Metrik der Raum-Zeit-Welt V_4 definiert.[1])

In der speziellen Relativitätstheorie ist die Verknüpfung zwischen dem Minkowskischen R_4 und der Raum-Zeit-Welt V_4 durch holonome Transformationen (mit $\Delta^a_{\mu\nu} = 0$) möglich. Daher können wir hier das Tetradensystem $h_\mu{}^a$ insbesondere als globales Inertialsystem:

$$h_\mu{}^a = \delta_\mu{}^a \tag{8}$$

realisieren. Die Form (8) bleibt erhalten, wenn wir nur globale, d. h. ortsunabhängige Lorentz-Transformationen zulassen:

$$\Omega^a_{b,\nu} = 0 \tag{9}$$

und gleichzeitig jede dieser Lorentz-Transformationen koppeln mit der kontragredierten zentroaffinen Transformation der raum-zeitlichen Indices von $h_\mu{}^a$. Auf diese Weise wird also in der üblichen Darstellung der speziellen Relativitätstheorie die Raum-Zeit-Welt V_4 mit dem Darstellungsraum R_4 der globalen Lorentz-Transformation identisch. Dann sind sowohl die lateinischen als auch die griechischen Indices als Tensor-Indices sowohl in Bezug auf die zugelassene Untergruppe der Koordinaten-Transformationen als auch in Bezug auf die globalen Lorentz-Transformationen zu transformieren. — Notwendig ist diese Identifizierung aber nicht. Wir können natürlich eine solche Darstellung der speziellen Relativitätstheorie betrachten, bei der (8) nicht gilt. (Dies hat den Vorteil, daß systematisch zwischen der globalen Lorentz-Gruppe und der Gruppe pseudo-orthonormierter zentroaffiner raum-zeitlicher Transformationen unterschieden wird).

Das S. R. besagt mathematisch die numerische Unabhängigkeit aller physikalischen Gesetze von den globalen Lorentz-Transformationen: Die physikalischen Aussagen ändern sich nicht, wenn sie statt auf ein Bezugs-

---

[1]) Die evidente Möglichkeit, durch nicht-Lorentzsche Transformationen des Tetradensystems nicht isometrische Riemannsche Metriken zu erzeugen, legt die Frage nahe, welche Transformationen dieser Art gerade aus einem Einstein-Raum einen nicht isometrischen anderen Einstein-Raum erzeugen.

system auf ein anderes bezogen werden, das aus ersterem durch eine globale LORENTZ-Transformation entsteht.

Wir sehen aber auch, was das A. R. bedeutet: In einem ebenen V_4 kann durch lokale LORENTZ-Transformationen in jedem Punkt P des V_4 dem Bezugssystem $h_\mu{}^{|a}$ jede beliebige Orientierung zum Inertialsystem (8) gegeben werden, ohne die Darstellung (4) der ebenen Metrik $\eta_{\mu\nu}$ zu ändern. In einem RIEMANNschen V_4 können wegen der Anholonomität der $h_\mu{}^a$ Bezugssysteme eingeführt werden, die inertial in einem Punkt P' aber nicht mehr in dessen Umgebung sind (repräsentiert durch Vierbein-Felder mit $h_\mu{}^a = \delta_\mu{}^a$). Wieder sind die raum-zeitlichen Tensoren, insbesondere die $g_{\mu\nu}$, unabhängig von dieser Tetradenwahl und somit invariant gegenüber der durch lokale LORENTZ-Transformationen erzeugten Änderung der relativen Orientierung der Tetraden in Bezug auf das ursprüngliche Bezugssystem.

Die lokale LORENTZ-Gruppe umfaßt alle möglichen Bezugssysteme in jedem beliebigen Bewegungszustand zueinander. Das A. R. besagt also, daß die Gleichungen der Physik invariant gegenüber dieser lokalen LORENTZ-Gruppe sind.

Wenn wir zunächst wieder von Spinor-Felder absehen (wie dies der Situation von 1915 entspricht), so können wir das EINSTEINsche Kovarianz-Prinzip einerseits und das A. R. andererseits wie folgt formulieren und damit die von EINSTEIN gewünschte Auffassung der allgemeinen Relativitätstheorie verstehen:

1. Aufgrund des Kovarianz-Prinzips sind alle physikalischen Größen Tensoren in bezug auf die EINSTEIN-Gruppe der raum-zeitlichen Koordinaten-Transformationen. Ihre Projektion auf die Bezugstetraden führt zu raum-zeitlichen Skalaren; alle Meßwerte sind also unabhängig von der Wahl des Koordinatensystems.
2. Die Meßwerte sind hingegen abhängig von der Wahl des Bezugssystems. In die raum-zeitlichen physikalischen Gleichungen geht dieses Bezugssystem aber nicht ein; daher sind diese Gleichungen numerisch invariant gegenüber den lokalen LORENTZ-Transformationen und somit explizit unabhängig vom Tetraden-System. Die Gleichungen der Physik lassen sich ohne Bezug auf ein Bezugssystem formulieren.
3. Die 2. Forderung ist grundlegend für die EINSTEINsche Gravitationstheorie. Die einzige, die Geometrie des V_4 bestimmende Größe, die unabhängig von der Wahl der Tetradensysteme ist und die also eine lokale LORENTZ-Invariante ist, ist der metrische Tensor und seine Derivate. Daher folgt aus dem A. R., daß die Geometrie der Raum-Zeit eindeutig durch die $g_{\mu\nu}$ allein bestimmt wird.

Die Bedingung (3) zeichnet gerade die RIEMANNsche Geometrie vor allen anderen Geometrien aus. Im Rahmen des „Erlanger Programms" von KLEIN kann man die RIEMANNsche Geometrie charakterisieren als diejenige

Geometrie, deren dualer Raum R_n der Darstellungsraum der lokalen Drehgruppe (bzw. hier der lokalen LORENTZ-Gruppe) ist.[1])

Wir sehen nun, daß diese Form des A. R. tatsächlich diejenige ist, die EINSTEIN gemeint hat. Wenn nämlich die Geometrie der Raum-Zeit-Welt eindeutig durch die Metrik bestimmt ist, so ist ein Fernvergleich von Richtungen und damit von Geschwindigkeiten nicht möglich. Ein solcher Fernvergleich verlangt nämlich die Definition eines integrablen Transports von Vektoren und somit die Vorgabe eines bis auf globale LORENTZ-Transformationen definierten Systems von Tetraden. In bezug auf ein solches Tetradensystem können wir die Erfüllung des Lemmas von EINSTEIN:

$$h^a_{\mu||\nu} \equiv h^a_{\mu,\nu} - \Delta^\tau_{\mu\nu} h_\tau{}^a = 0 \tag{10}$$

fordern und daraus den EINSTEINschen Fernparallel-Transport mit der Affinität

$$\Delta^\tau_{\mu\nu} = h^{a\tau} h_{a\mu,\nu} = \Gamma^\tau_{\mu\nu} + \gamma^\tau_{\mu\nu} \tag{11}$$

mit den RICCIschen Rotationstensoren:

$$\gamma^\tau_{\nu\mu} = h^{a\tau} h_{a\mu;\nu} = h^{a\tau} h_{au,\nu} - h^{a\tau} h_{a\lambda} \Gamma^\lambda_{a\nu} \tag{12}$$

bestimmen. Wir benötigen zu diesem Fernvergleich also alle 16 Komponenten des Tetradensystems und nicht nur die 10 Kombinationen $g_{\mu\nu}$.

Mit der Unmöglichkeit des Fernvergleichs von Geschwindigkeiten verliert aber der Begriff der Relativgeschwindigkeit, wie wohl zuerst WEYL bemerkt hat, seinen Sinn, und durch das Sinnloswerden des Begriffs Relativgeschwindigkeit wird auch der Begriff Beschleunigung relativiert. — Demgegenüber ist in der speziellen Relativitätstheorie die Vergleichbarkeit der Relativgeschwindigkeit dadurch garantiert, daß diese Geschwindigkeiten auf ein inertiales Tetradensystem (8) bezogen werden können: Ein festvorgegebenes Tetradensystem ist ein Bezugssystem, in dem absolute Geschwindigkeiten und Richtungen definiert sind. Ein starres Tetradensystem, das global drehbar ist, definiert nur noch Relativgeschwindigkeiten. Die Zulassung von auch lokal freivorgebbaren Tetradensystemen relativiert schließlich Beschleunigungen.

II. Spinor-Felder in der allgemeinen Relativitätstheorie

Die Matrix der Meßwerte $T^{mn\ldots}_{ab\ldots}$ einer tensoriellen Feldgröße bildet selbst einen Tensor in bezug auf die lokale LORENTZ-Gruppe. Jeder LORENTZ-Tensor $T^{mn\ldots}_{ab.,.}$, der ein Skalar gegenüber der EINSTEIN-Gruppe ist, läßt sich

[1]) Für die allgemeine Relativitätstheorie ist daher die Einführung der Tetraden-Schreibweise ohne physikalische Bedeutung. Die Tetraden-Schreibweise bedeutet einfach die — aufgrund des A.R. — willkürliche Auszeichnung eines Bezugssystems.

mit der zu (2) reziproken Transformation:

$$T^{\mu\nu\ldots}_{\alpha\beta\ldots} = h_m{}^\mu h_n{}^\nu \cdots h_\alpha{}^a h_\beta{}^b \cdots T^{mn\ldots}_{ab\ldots}$$

eindeutig einem raum-zeitlichen Objekt zuordnen, das ein Tensor in bezug auf die EINSTEIN-Gruppe und ein Skalar in bezug auf die LORENTZ-Gruppe ist. Der LORENTZ-Tensor $T^{mn\ldots}_{ab\ldots}$ und der EINSTEIN-Tensor $T^{\mu\nu\ldots}_{\alpha\beta\ldots}$ sind von derselben Stufe.

Diese einfachen Verhältnisse gelten offenbar nicht mehr für spinorielle Feldgrößen, die durch DIRAC in die Physik eingeführt worden sind. Zunächst läßt sich zwar die EINSTEIN-kovariante Spinor-Analysis in Analogie zur Tensor-Analysis aufbauen. Anstelle des LORENTZ-MINKOWSKIschen Darstellungsraumes R_4 der LORENTZ-Gruppe tritt der ebene Spinraum S_2 als Darstellungsraum der unimodularen Gruppe (zweideutige Darstellung der LORENTZ-Gruppe); die Gleichungen (1) sind zu ersetzen durch die Gleichungen:

$$\gamma_{AB}\gamma_{\dot C\dot D} = \sigma^\mu_{A\dot C}\sigma^\nu_{B\dot D} g_{\mu\nu} \tag{13}$$

$$g_{\mu\nu} = \sigma_\mu{}^{A\dot B}\sigma_\nu{}^{C\dot D}\gamma_{AB}\gamma_{\dot B\dot D}\,. \tag{14}$$

In (13) und (14) sind

$$\gamma_{AB} = -\gamma_{BA} = \gamma_{\dot A\dot B} = -\gamma_{\dot B\dot A} \quad \text{mit} \quad |\gamma_{AB}| = 1 \tag{15}$$

die metrischen Spinoren des Spinraumes und die $\sigma_{\mu A\dot B} = \sigma_{\mu A\dot B}(x^\nu)$ sind die metrischen Spinvektoren. Die 16 Komponenten der metrischen Spinvektoren entsprechen den 16 Komponenten der Tetraden. Die griechischen Indizes deuten den Vektorcharakter in bezug auf die EINSTEIN-Gruppe an, während die großen lateinischen Indizes den Spinorcharakter in bezug auf die unimodulare Gruppe (LORENTZ-Gruppe) bezeichnen, jedoch einfache Nummern in bezug auf die EINSTEIN-Gruppe sind. Umgekehrt sind die griechischen Indizes Nummern in bezug auf die unimodulare Gruppe. Da die unimodularen Transformationen (mit der Matrix $\omega_B{}^A(x^\nu)$, det $\omega_B{}^A = 1$), im ebenen Spinraum S_2 ausgeführt werden, bringt die Darstellung dieser Transformationen keine Schwierigkeiten mit sich.

In der speziellen Relativitätstheorie kann man in völliger Analogie zur Wahl eines inertialen Tetradensystems gemäß (8) ein inertiales Spinvektor-System:

$$\sigma_{\mu A\dot B} = \sigma_{0\mu}{}^{A\dot B} = \text{const}$$

wählen, insbesondere in der Form der PAULIschen Spin-Matrizen. Hält man die PAULIsche Form des inertialen Spinvektor-Systems $\sigma_{0\mu}{}^{A\dot B}$ fest, so muß die unimodulare Gruppe (bzw. die LORENTZ-Gruppe) mit der Gruppe der zentroaffinen Koordinaten-Transformationen in der ebenen Raum-Zeit-Welt gekoppelt werden. Im allgemeinen Fall ist dies weder notwendig noch möglich. Man muß Tensor-Indizes und Spinor-Indizes unabhängig voneinander transformieren.

Das grundlegend Neue bei den Spinor-Feldern ist nun, daß Spinoren

$$\psi_{ABC\ldots},\ \psi_{\dot{A}\dot{B}\dot{C}\ldots},\ \text{etc.}$$

mit ungerader Zahl der Indizes nicht rein raum-zeitlichen Größen zugeordnet werden können. Zwar läßt sich jedes raum-zeitliche Objekt als Spinor darstellen, jedoch sind dies Spinoren von gerader Stufe, z. B.

$$T_\mu \sigma^\mu_{A\dot{B}} = T_{A\dot{B}}. \tag{16}$$

Die rechten Seiten in (16) sind aufgrund des EINSTEINschen Kovarianz-Prinzips raum-zeitliche Skalare. Jedoch führen nur Spinoren gerader Stufe durch die reziproken Transformationen:

$$T_\mu = \sigma_\mu{}^{\dot{A}B} T_{A\dot{B}} \tag{16a}$$

zu Invarianten in bezug auf die unimodulare Gruppe. Bei Einführung von Spinor-Felder ungerader Stufe in physikalische Gleichungen gehen notwendigerweise Spinor-Indizes in diese ein, so daß die Gleichungen nicht mehr explizit unabhängig von dem (durch die metrischen Spinvektoren dargestellten) Bezugssystem sind. Es gibt also physikalische Größen, die keine LORENTZ-Invarianten sind.

Das führt zu Schwierigkeiten in bezug auf das A. R.: Eine physikalische Spinor-Feldgleichung, z. B. die WEYLsche Gleichung für das Neutrino-Feld, enthält Ableitungen eines Spinor-Feldes. Die WEYLsche Gleichung lautet in ihrer speziell-relativistischen Form:

$$\sigma^{\mu A\dot{B}} \psi_{\dot{B},\mu} = 0.$$

Hierbei ist die Größe:

$$\psi_{\dot{B},\mu} \sigma^{\mu A\dot{B}} \tag{17a}$$

ein echter Skalar in bezug auf die EINSTEIN-Gruppe. Jedoch ist diese Größe keine Invariante und auch kein Spinor in bezug auf die unimodulare Gruppe, da sie von der Wahl des Bezugssystems abhängt:

$$\psi'_{B,\mu} = (\omega_B{}^A \psi_A)_{,\mu} = \omega_B{}^A{}_{,\mu} \psi_A + \omega_B{}^A \psi_{A,\mu}. \tag{17b}$$

Durch die bekannten Formalismen von FOCK, IWANENKO, INFELD, VAN DER WAERDEN, BARGMANN u. a. kann die formale LORENTZ-Kovarianz (Form-Invarianz) in bezug auf die unimodulare Gruppe der Gleichungen für Spinor-Felder erreicht werden. Dies geschieht auf evidente Weise dadurch, daß zu dem Ausdruck (17a) ein Ausdruck

$$-\sigma^{\mu A\dot{B}}\psi_{\dot{C}}\Lambda^{\dot{C}}_{\dot{B}\mu} \tag{17c}$$

additiv hinzugefügt wird, durch dessen Transformations-Inhomogenität der Zusatzterm von (17b) gerade kompensiert wird. Ein solcher Ausdruck läßt sich ohne weiteres mit Hilfe der metrischen Spin-Vektoren bilden, und er ist weitgehend — wenn auch nicht eindeutig — bestimmt, wenn man beachtet, daß der Ausdruck

$$\sigma^{\mu A\dot{B}}(\psi_{\dot{B},\mu} - \Lambda^{\dot{C}}_{\dot{B}\mu}\psi_{\dot{C}}) \tag{17d}$$

auch noch EINSTEIN-kovariant sein muß, damit der Gesamtausdruck dem EINSTEINschen Kovarianz-Prinzip genügt. Die übliche Form dieses Zusatzterms ist

$$\Lambda^{B}_{A\lambda} = \frac{1}{2}\,\sigma^{\mu B\dot{C}}\sigma_{\mu A\dot{C};\lambda} \tag{18a}$$ [1]

Die allgemein relativistische WEYLsche Gleichung

$$(\sigma^{\mu A\dot{B}}\psi_{\dot{B}})_{\|\mu} \equiv \sigma^{\mu A\dot{B}}\psi_{\dot{B},\mu} - \sigma^{\mu A\dot{B}}\psi_{\dot{C}}\Lambda^{\dot{C}}_{\dot{B},\mu} = 0 \tag{18b}$$

ist dann Form-Invariant (d. h. kovariant) sowohl gegenüber der EINSTEIN-Gruppe als gegenüber der lokalen LORENTZ-Gruppe.

Nach dieser Auffassung sind, wie wohl zuerst EINSTEIN und MAYER bemerkt haben, die Spinoren zwar Skalare in bezug auf die EINSTEIN-Gruppe, jedoch werden sie anders differenziert als Größen, die sowohl Skalare in bezug auf die EINSTEIN-Gruppe als in bezug auf die LORENTZ-Gruppe sind. Für letztere Skalare ist die kovariante Ableitung gleich der gewöhnlichen Ableitung:

$$T^{\nu}_{\nu\|\mu} = T^{\nu}_{\nu;\nu} = T^{\nu}_{\nu,\mu}. \tag{19a}$$

Für erstere Größen aber ist die kovariante Ableitung gegeben durch

$$T^{A\nu}_{\nu\|\mu} = T^{A\nu}_{\nu,\mu} + \Lambda^{A}_{B\mu}T_{\nu}^{B\nu} \tag{19b}$$

wobei der zweite Term in (19b) den Einfluß des Gravitationsfeldes auf das Spinorfeld $T^{A\nu}_{\nu}$ ausdrückt. Die durch die beiden Striche angedeutete Ableitung

[1]) In (18a) bedeutet das Semikolon die gewöhnliche kovariante Differentiation von $\sigma_{\mu A\dot{B}}$ als Raum-Zeit-Vektor.

genügt den Lemmata:

$$\sigma^{\mu AB}_{\|\lambda} = \sigma^{\mu A\dot{B}}_{;\lambda} + \sigma^{\mu \dot{C} B} \Lambda^{A}_{C\lambda} + \sigma^{\mu A\dot{C}} \Lambda^{\dot{B}}_{\dot{C}\lambda} = 0 \tag{20a}$$

und

$$\gamma_{AB\|\lambda} = \gamma_{AB,\lambda} - \gamma_{AC} \Lambda^{C}_{B\lambda} - \gamma_{CB} \Lambda^{C}_{A\lambda} = \gamma_{\dot{A}\dot{B}\|\lambda} = 0. \tag{20b}$$

Auf diese Weise ist es schon vor über 30 Jahren gelungen, die Spinor-Felder formal in die allgemeine Relativitätstheorie einzuführen. Hier muß jedoch die Kritik im Sinne Kretschmanns und Focks wieder ansetzen. Für eine Gleichung von der Form (18b), die nur noch forminvariant in bezug auf die Lorentz-Gruppe ist, ist das A. R. zweifelhaft. Die Form-Invarianz ist evidenter Weise immer erreichbar und hat daher keine unmittelbare physikalische Bedeutung. Tatsächlich gehen in die Gleichungen für Spinor-Felder explizit die Spin-Vektoren und somit die Bezugssysteme ein, wenn auch die Form der Gleichungen so gewählt ist, daß sie in jedem beliebigen Bezugssystem (System der Spin-Vektoren) bestehen bleibt.

Diese Kritik an der Bedeutung des A. R. bei Spinor-Feldern zeigt aber wiederum, daß das A. R. kein logisch notwendiges oder triviales Prinzip ist: Es gibt eine Gruppe von Feldern, die Tensorfelder, für die das A. R. gilt, und es gibt eine andere Gruppe, die Spinorfelder, für die das A. R. zumindest zweifelhaft ist.

Es sei noch folgendes hervorgehoben:

Die Einstein- und Lorentz-kovarianten Gleichungen für Spinor-Felder sind so gebaut, daß sie, wenn alle freien Spin-Indizes Lorentz-kovariant „abgetötet" sind, in Einstein-kovariante und numerisch Lorentz-invariante Tensorgleichungen übergehen. Werden also durch Verschmelzen von Spinor-Feldern rein tensorielle Feldern gebildet, so gilt auch als Folge der Spinor-Theorie das A. R. in seiner strengen Form.

Ein weiterer wichtiger Punkt ist, daß der Term:

$$\sim \Lambda^{A}_{B\lambda} \psi_{A} \sigma^{\lambda B\dot{C}}$$

der die Wirkung des Gravitationsfeldes auf ein Spinor-Feld beschreibt, ein Skalar in bezug auf die Einstein-Gruppe ist, so daß er unmittelbar meßbar ist. Die auf Spinor-Felder wirkende „Gravitationskraft" hat also eine physikalische Bedeutung — im Gegensatz zur auf Tensorfelder wirkenden „Gravitationskraft", die nicht durch einen Einstein-Tensor dargestellt wird und daher keine physikalische Bedeutung besitzt. — Auch dies weist darauf hin, daß die Spinor-Felder für die Gravitationstheorie eine grundsätzlich andere Bedeutung haben als die Tensorfelder.

Es erscheint naheliegend zu verlangen, daß — weil eine numerische Invarianz gegenüber der Lorentz-Gruppe für Spinor-Felder nicht erreichbar ist — für Spinor-Felder tatsächlich ein ausgezeichnetes Bezugssystem (mathematisch gegeben durch ein System von metrischen Spin-Vektoren) existiert (ausgezeichnet bis auf globale Lorentz-Transformationen). Die Feldgleichungen für das Gravitationsfeld wären dann so abzuändern, daß sie bei Existenz von Spinor-Feldern alle 16 Komponenten des Tetraden- bzw. des Spinvektoren-Systems (bis auf globale Lorentz-Transformationen) bestimmen. Dann gilt a priori für Spinor-Felder nur das S. R.

Wegen der Gültigkeit des A. R. für Tensor-Felder ist aber zu verlangen, daß diejenigen 6 Gleichungen, die zusätzlich zu den Einsteinschen Gleichungen hinzukommen, identisch erfüllt sind, wenn alle Spinor-Felder „abgekoppelt" werden. Die Gravitationsgleichungen müssen beim identischen Verschwinden der Spinor-Felder in die Einsteinschen Gravitationsgleichungen übergehen. Als notwendige Bedingung für eine Theorie der Wechselwirkung des Gravitationsfeldes mit den Spinor-Feldern ist also zu fordern:

1. Bei Existenz von Spinor-Feldern wird die Geometrie der Raum-Zeit-Welt V_4 nicht allein durch die $10 g_{\mu\nu}$, sondern vielmehr durch alle $16 \sigma_\mu{}^{A\dot{B}}$ (bzw. $h_\mu{}^a$) bestimmt. Der V_4 ist also strukturierter als der Riemannsche V_4, welcher nur Tensor-Felder enthält.
2. Die 16 Komponenten der metrischen Spinvektoren werden durch die Feldgleichungen und die Anfangsbedingungen bis auf globale Lorentz-Transformationen (und bis auf Transformationen der Einstein-Gruppe) bestimmt.
3. Die 16 Gravitationsgleichungen für die metrischen Spin-Vektoren (Tetraden) entarten in 10 Einsteinsche Gravitationsgleichungen, wenn alle Spinor-Felder abgekoppelt sind.

Wenn ein solches Programm realisiert wird, wird dadurch auch die neuerdings wieder von Wheeler aufgeworfene Frage beantwortet, wie es möglich ist, die Spinor-Felder in die Geometrodynamik einzubauen, da doch der Riemannsche V_4 keinen Platz für Spinor-Felder hat und seine Geometrie allein durch tensorielle Größen definiert wird. Ich würde sagen, daß eine Raum-Zeit V_4 mit Spinor-Feldern sich dadurch von einer Riemannschen Raum-Zeit V_4 ohne Spinor-Felder unterscheidet, daß der V_4 einen durch die metrischen Spin-Vektoren definierten Fernparallelismus besitzt, d. h.: Ein V_4 mit Spinor-Feldern ist „gefasert".

Dieser Fernparallelismus (Faserung) der Raum-Zeit führt umgekehrt dazu, daß für Spinorfelder nur das S. R. und nicht das A. R. gilt, denn der Fernparallelismus erlaubt den Fernvergleich von Richtungen und somit von Relativgeschwindigkeiten. Die 16 Tetraden-Komponenten bzw. die 16 Komponenten der metrischen Spinvektoren haben also nur dann eine von $g_{\mu\nu}$ unabhängige physikalische Bedeutung, wenn man auf das A. R. verzichtet.

Man kann sich intuitiv vorstellen, weshalb die Spinor-Felder einen

Fernparallelismus des V_4 bestimmen können. Das FERMI-Vakuum übernimmt die Rolle eines Weltäthers, der zwar keine bestimmte Geschwindigkeit, wohl aber die Beschleunigung „Null" besitzt. — Diese Vorstellung wäre auch die Beantwortung eines Einwandes, den WEYL seinerzeit gegen EINSTEINS Feldtheorie mit Fernparallelismus vorgebracht hat. WEYL bemerkte, daß es schwer einzusehen sei, welche physikalischen Gegebenheiten die relative Orientierung der Tetraden festlegen könnten. Wenn unsere Ansichten richtig sind, so wäre die Antwort: das FERMI-Vakuum.

Es sei noch bemerkt, daß die Existenz eines bis auf globale LORENTZ-Transformationen fest vorgegebenen Vierbein-Feldes die Schwierigkeiten beseitigt, auf die im Anschluß an ältere Überlegungen von WIGNER kürzlich UTIYAMA aufmerksam gemacht hat. Wegen der Nichtintegrabilität der Übertragungen der frei vorgebbaren Tetraden-Felder der allgemeinen Relativitätstheorie ist ein quantenphysikalischer Zustands-Vektor $\psi_N(x^\nu)$, der für einen Punkt P der Raum-Zeit berechnet worden ist, nicht sinnvoll mit dem Zustands-Vektor $\psi_N(\bar{x}^\nu)$ an einem anderen Weltpunkt $\bar{P}$ vergleichbar, da das Ergebnis dieses Vergleichs von dem Transportweg abhängt.

Daher ist es — im Gegensatz zu den Axiomen der speziell-relativistischen Quantenfeldtheorie — auch nicht möglich, einen HILBERT-Raum für die gesamte Raum-Zeit einzuführen. Vielmehr muß an jedem Weltpunkt P' ein anderer HILBERT-Raum eingeführt werden, und es gibt keinen sinnvollen Vergleich zwischen den Zuständen an den verschiedenen Weltpunkten. — Diese Schwierigkeit fällt ersichtlich fort, wenn durch ein ausgezeichnetes (bis auf globale LORENTZ-Transformationen) Tetraden-Feld ein integrabler EINSTEINscher Fern-Parallelismus definiert wird. Denn die Übertragung eines Zustands-Vektors von einem Weltpunkt zu einem anderen kann dann integrabel mit Hilfe des EINSTEINschen Parallelismus erfolgen.

33. Die Eigenschaften physikalischer Prozesse und die geometrische Struktur von Raum und Zeit

Seit EINSTEINS Begründung der speziellen und allgemeinen Relativitätstheorie (1905 bzw. 1915) gibt es eine physikalische Theorie der $(3 + 1)$-dimensionalen Raum-Zeit, der sog. „Welt". In der Relativitätstheorie wurde gezeigt, daß und wie einerseits die Struktur der Kausalbeziehungen zwischen den physikalischen Ereignissen durch die Metrik der Raum-Zeit-Welt bestimmt wird und daß und wie andererseits die Eigenschaften der physikalischen Systeme und der in ihnen verlaufenden Prozesse auf diese Metrik einwirken. In der neuen Entwicklung der Physik sind nun — neben der Raum-Zeit-Welt von EINSTEIN und MINKOWSKI — auch abstrakte Mannigfaltigkeiten eingeführt worden, denen in der relativistischen Quantentheorie und in der Elementarteilchenphysik eine wachsende Bedeutung zukommt. Mit der Raum-Zeit-Welt der relativistischen Physik haben diese abstrakten Mannigfaltigkeiten bestimmte mathematische Eigenschaften gemeinsam (sie sind differenzierbare Mannigfaltigkeiten, die eine Topologie und eine Metrik besitzen), so daß es mathematisch gerechtfertigt ist, sie als „Räume" zu bezeichnen.

Diese abstrakten Räume sind jedoch von der Raum-Zeit-Welt der physikalischen Ereignisse, die aus dem täglichen Leben und aus der klassischen Physik bekannt ist und die in der Relativitätstheorie erstmals systematisch untersucht wurde, durchaus verschieden und haben auch die unterschiedlichsten physikalischen Bedeutungen. Die wichtigsten abstrakten Räume der Quantentheorie seien hier nur kurz aufgezählt: der 3n-dimensionale Konfigurationsraum der nichtrelativistischen Schrödinger-Gleichung des n-Teilchen-Problems, der zur Raum-Zeit-Welt kanonisch konjugierte vierdimensionale Energie-Impuls-Raum, der 6n- bzw. 8n-dimensionale Phasenraum der statistischen Physik des n-Teilchen-Problems, der Hilbert-Raum mit unendlich vielen Dimensionen, dessen Vektoren in der Quantentheorie die Zustände von physikalischen Systemen abbilden, und schließlich der drei- bzw. vierdimensionale Iso-Raum als Darstellungsraum der neuen Symmetriegruppen der Elementarteilchen. Die Wichtigkeit und die Verwendungsart dieser verschiedenen abstrakten Räume in der Physik sind durchaus unterschiedlich. Gemeinsam sind allen Räumen nur bestimmte mathematische Strukturen, die sie eben als „Räume" charakterisieren.

Diese Vielzahl von Räumen, die für die Quanten- und Elementarteilchenphysik mathematisch ebenso bedeutsam sind wie die relativistische Raum-Zeit-Welt, könnte zu der Auffassung einer weitgehenden Relativierung der Rolle von Raum und Zeit führen. (Diese Relativierung wird in der Tat neuerdings in einigen Arbeiten theoretischer Physiker betont.) Danach ist die Raum-Zeit-Welt nur für die Makrophysik (und a fortiori für Astronomie und Kosmologie) ausgezeichnet. Hingegen ist die geometrische Struktur von Raum und Zeit für die Physik der Elementarteilchen von geringerer Wichtigkeit. — Die Raum-Zeit der Makrophysik wäre demnach vom Standpunkt der Mikrophysik ein fast zufälliger Aspekt der physikalischen Gesetzlichkeit, neben den in der Mikrophysik auch andere Aspekte treten. Die Gesetze der Mikrophysik brauchen nicht raum-zeitlich formuliert zu werden, dies kann ebensogut, wenn nicht besser, unter Zugrundelegung eines anderen, abstrakten Raumes geschehen. In der Tat lassen sich — wie Landau, Chew und andere gezeigt haben — diejenigen Ergebnisse der hochenergetischen Physik, die frei von den mathematisch sehr unübersichtlichen und experimentell nicht prüfbaren Details der Feldtheorie sind und in die nur die tatsächlich erfahrbaren Eigenschaften der miteinander wechselwirkenden Teilchen eingehen (Dispersionsrelationen und S-Matrix-Theorie der Streuamplitude), am einfachsten nicht unter Verwendung der Raum-Zeit-Koordinaten, sondern durch Einführung der Koordinaten der vierdimensionalen Impuls-Räume mathematisch formulieren Der Impuls-Raum scheint dadurch sogar vor der Raum-Zeit-Welt ausgezeichnet zu sein.

Wenn diese Relativierung des physikalischen Raumbegriffs tatsächlich ein Ergebnis der Mikrophysik ist, so bedeutete das eine Revolutionierung dieses Raumbegriffs, die sogar über die durch die Relativitätstheorie bewirkte hinausgeht. Diese Vorstellung ist es wohl auch, die eine Anzahl von theoretischen Physikern, die auf dem Gebiet der Elementarteilchenphysik arbeiten, zu der Ansicht gebracht hat, daß die allgemeine Relativitätstheorie als Theorie der Eigenschaften nur einer der vielen physikalischen Raumarten keine grundsätzliche Bedeutung für die Entwicklung der modernen Physik haben kann. — Meines Erachtens sprechen die im folgenden dargelegten Argumente dafür, daß die relativistische Raum-Zeit-Welt auch für die Mikrophysik eine hervorragende Bedeutung besitzt, daß also die relativistische Raum-Zeit-Union eine grundsätzlich andere Rolle in der Physik spielt als die übrigen, abstrakten Räume:

Wie bereits bemerkt, ist die relativistische Raum-Zeit-Welt die Mannigfaltigkeit der physikalischen Ereignisse. Es ist zumindest unumstritten, daß alle makrophysikalischen Ereignisse sich an bestimmten Orten des dreidimensionalen Raumes zu bestimmten Zeitpunkten ereignen. Der gesetzmäßige Zusammenhang zwischen diesen makrophysikalischen Ereignissen führt auf die Einstein-Minkowskische Raum-Zeit-Welt, in der Ereignisse, die im Kausalnexus zueinander stehen oder stehen können, zeit- (bzw. licht-)artig zueinander liegen, während Ereignisse, bei denen das ausgeschlossen ist, raumartig zueinander liegen. Die bei einem makroskopischen Körper oder bei einem makroskopischen System möglichen Verlagerungen und damit auch die bei Messungen möglichen Operationen an einem makrophysikalischen System hängen ihrerseits von der Dimensionszahl, der Topologie und der Metrik sowie von den Gesetzen der sog. affinen Übertragung in der durch das Kausalgeschehen definierten Raum-Zeit-Union ab. In einer ebenen Raum-Zeit-Welt ist die Mannigfaltigkeit der mit einem makrophysikalischen System durchführbaren Operationen größer als in einem Raum mit variabler Krümmung, wie ihn die allgemeine Relativitätstheorie als Folge der gravischen Wechselwirkungen der Körper aufgezeigt hat.

Ferner hängt auch die Wiederholbarkeit und die Reproduzierbarkeit makrophysikalischer Prozesse von der geometrischen Struktur der Raum-Zeit-Welt ab. Das wurde an einem Beispiel bereits 1918 von Einstein erörtert: Es ist ein fundamentaler Tatbestand der Makrophysik, daß es möglich ist, unter bestimmten experimentellen und logischen Vorsichtsmaßnahmen Einheitsmaßstäbe, Einheitsuhren etc. — allgemein gesagt Etalons — zu definieren, die jederzeit den Vergleich und die Nachprüfung der Meßergebnisse durch verschiedene Physiker erlauben. Insbesondere ist es ein Tatbestand, der als grundlegendes Naturgesetz angesehen werden muß, daß, wenn an einem Ort zu einem bestimmten Zeitpunkt eine Vielzahl von solchen Etalons geeicht wird, verschiedene Physiker jeweils einige dieser Etalons erhalten und sie an verschiedenen Orten zu verschiedenen Zeiten zu bestimmten Messungen benutzen (mit genügender Vorsicht), dann, wenn diese Etalons später wieder an einem Ort verglichen werden, ihre Eichung relativ zueinander erhalten geblieben ist. Dem entspricht, wie EINSTEIN bemerkte, das Naturgesetz, daß die ein physikalisches System charakterisierenden Eigengrößen im ganzen Kosmos miteinander vergleichbar sind. Nur deshalb ist es möglich, die in der irdischen Physik erschlossenen physikalischen Gesetze auf den ganzen Kosmos anzuwenden und umgekehrt. Es ist evident, daß dieses Naturgesetz es überhaupt erst ermöglicht, Physik als Naturwissenschaft zu betreiben.

Mathematisch sind nun Raum-Zeit-Mannigfaltigkeiten denkbar, in denen dieser Tatbestand nicht enthalten ist. Man kann sogar leicht einsehen, daß die Menge derjenigen mathematisch vorstellbaren Raum-Zeit-Welten, in denen eine Physik im eben geschilderten Sinne möglich ist, kleiner ist als die Menge der mathematisch denkbaren Welt-Geometrien, in denen eine Physik nicht möglich wäre. Es ist also eine philosophisch und physikalisch eminent wichtige Aussage über die reale Welt, daß sie eine geometrische Struktur besitzt, die die Physik als Wissenschaft überhaupt erst erlaubt. Die Möglichkeit einer Physik als Wissenschaft führt bereits zur Auszeichnung einer Gruppe von Geometrien als mögliche Geometrien der Raum-Zeit-Welt.

Es ist nun gerade eine der grundlegenden, von BOHR und HEISENBERG formulierten Erkenntnisse der Quantentheorie (die gerade auch der neuen phänomenologischen Richtung zugrunde liegt), daß alle Erfahrungen über den Mikrokosmos auf Experimenten beruhen, die mit makroskopischen Geräten durchgeführt werden. Daher sind die Aussagen über die mit makrophysikalischen Geräten möglichen Operationen auch grundlegend für die Quantentheorie. Die geometrischen Strukturen von Raum und Zeit sind somit notwendige Bedingungen für jede mögliche mikrophysikalische Erfahrung. Die raum-zeitlichen Strukturen bestimmen die Art, in der die mikrophysikalischen Ereignisse manifest werden. Die Gesetze der Geometrie von Raum und Zeit sind notwendige Bestandteile der mikrophysikalischen Gesetze. — Obwohl gerade die Relativitätstheorie gezeigt hat, daß die Geometrie der Welt als Teil der Physik keine apriorischen Eigenschaften besitzt, sind die Gesetze der Geometrie doch in bezug auf die Mikrophysik relative Apriori. Insbesondere hängt die Möglichkeit der Definition und der Messung von Eigenzuständen der quantenphysikalischen Operatoren sowie die Existenz und Definition von Erwartungswerten der zu messenden mikrophysikalischen Größen davon ab, wie die Geometrie der Raum-Zeit-Welt strukturiert ist. In der Tat setzt z. B. gerade die phänomenologische Richtung der Quantentheorie als eines ihrer wenigen Axiome zumindest die makrophysikalische Kausalität voraus, was eben implizit die Einführung der EINSTEIN-MINKOWSKIschen Raum-Zeit-Union als Grundbegriff der Quantentheorie bedeutet.

Um es grob zu formulieren: Auch ein Elementarteilchenphysiker gewinnt seine Erfahrungen durch die Experimente, die er mit Geräten, die eine räumliche und zeitliche Struktur besitzen, in der Raum-Zeit-Welt durchführt. Kein Physiker mißt mit Geräten, die in einem abstrakten Raum aufgestellt sind. (Das ändert nichts daran, daß man die Ergebnisse dieser Messungen in einem abstrakten Raum mathematisch formulieren kann.)

Nach diesen allgemein-epistemologischen Bemerkungen sei noch auf einige physikalische Tatbestände hingewiesen, die, wenn auch im allgemeinen wenig beachtet, doch zeigen, wie die Struktur von Raum und Zeit sich im mikrophysikalischen Geschehen ausdrückt. Ein solcher Tatbestand war bereits die makrophysikalische Kausalität. Darüber hinaus ist die mikrophysikalisch nicht verständliche (aber grundlegende) eindeutige Richtung des Zeitablaufs von der Vergangenheit in die Zukunft eine Folge der Globalstruktur des Universums, nämlich der Expansion der sog. Meta-Galaxis. Diese Expansion der Meta-Galaxis ist es auch, die die Schwierigkeiten beseitigt, die bezüglich der kosmischen Anwendung des zweiten Hauptsatzes der Thermodynamik bestehen, wie an anderer Stelle gezeigt worden ist [1].

Eine andere kosmologische Tatsache, die auch in der Mikrophysik von Bedeutung ist, ist die sphärische Krümmung des dreidimensionalen Raumes, die unter bestimmten Voraussetzungen aus der allgemeinen Relativitätstheorie gefolgert werden kann. Diese sphärische Krümmung ermöglicht die Existenz von Teilchen ohne Ruhemassen, die bei Zugrundelegung der Vorstellung des ebenen Raumes zu Widersprüchen mit der Quantenfeldtheorie führen würde. Hierauf hat wohl zuerst Infeld aufmerksam gemacht [2].

Diese z. T. seit langem bekannten Tatsachen haben die Relativitätstheoretiker zu der Vermutung geführt, daß eine umfassende Berücksichtigung der von der allgemeinen Relativitätstheorie aufgezeigten Struktur der Raum-Zeit-Welt in der Quantentheorie und der Theorie der Elementarteilchen zu weitreichenden Resultaten führen könnte. Man gelangt so zu der Ansicht, daß Quantentheorie und allgemeine Relativitätstheorie sich gegenseitig logisch ergänzen und abstützen. Erst zusammen bilden sie das komplette Fundament der heutigen Physik: Die Relativitätstheorie gibt die Beziehungen zwischen den lokalen Gesetzen für den Ablauf von physikalischen Prozessen an verschiedenen Orten und zu verschiedenen Zeiten an. Sie definiert insbesondere die Bedingungen für die Vergleichbarkeit von Messungen physikalischer Größen an verschiedenen Raum-Zeit-Punkten. Solche vergleichbaren Meßergebnisse beziehen sich auf relativistische „Eigengrößen" physikalischer Systeme. Die Quantentheorie zeigt ihrerseits die Existenz und die mathematischen Eigenschaften dieser Eigengrößen mit lokal wohldefinierten Werten auf. Sie stellt damit theoretisch auch diejenigen Etalons zur Verfügung, mit denen die geometrischen Aussagen der Relativitätstheorie physikalisch nachweisbar sind, auf die sich also die Welt-Geometrie der allgemeinen Relativitätstheorie operativ bezieht. Die prinzipielle Verschmelzung von Quantentheorie und allgemeiner Relativitätstheorie ist also ein physikalisch eminent wichtiges Problem, dessen philosophische Bedeutung noch gar nicht abzusehen ist [3].

Literatur

[1] TREDER, H.-J., Kosmische und subjektive Zeit. In: Forschungen und Fortschritte. 39, 325, 1965.

[2] INFELD, L., Über die Struktur des Weltalls. In: Albert Einstein als Philosoph und Naturforscher. Hrsg. v. P. A. Schilpp. Stuttgart o. J. S. 343.

[3] Die neuesten Gesichtspunkte zu dieser Problematik enthalten die Beiträge von D. IWANENKO, C. LANCZOS, L. ROSENFELD, J. A. WHEELER, J. P. VIGIER in „Einstein-Symposium 1965", hrsg. von H.-J. TREDER, Akademie-Verlag Berlin, 1966.

34. Die Bedeutung von Helmholtz für die theoretische Physik

Die prinzipiell neue Denkweise, die HELMHOLTZ in die theoretische Physik hineingetragen hat und die (später auch ohne explizite Bezugnahme auf HELMHOLTZ) für die moderne Entwicklung der theoretischen Physik mit entscheidend wurde, findet sich bereits in der ersten und allgemein bekanntesten mathematisch-physikalischen Arbeit von HELMHOLTZ. In seiner berühmten Schrift „Über die Erhaltung der Kraft" (1847) stellte HELMHOLTZ die Frage: „Wie müssen die dynamischen Gleichungen, die die Bewegung der Massen bestimmen, beschaffen sein, damit die Energie ein Integral der Bewegungsgleichung ist?"[1])

Speziell untersuchte HELMHOLTZ die unter der Voraussetzung der Existenz eines Energieintegrals möglichen Formen der Wechselwirkung zwischen den Teilchen, d. h., HELMHOLTZ analysierte, von welchen Variablen und auf welche Art und Weise die Kräfte zwischen den Teilchen abhängen können, damit ein (eindeutiges) Energieintegral existiert. Auf Grund dieser Problemstellung gelangte HELMHOLTZ dann zu den fundamentalen Begriffen „Potential", „potentielle Energie", „Kräftefunktion", „thermodynamisches Potential" und „Wechselwirkungspotential". Hierbei kombinierte HELMHOLTZ die Forderung der Existenz eines Energieintegrals mit der Forderung der Existenz anderer Integrale (Impuls, Drehimpuls) und insbesondere mit der Forderung der Gültigkeit des Schwerpunktsatzes. Im Endergebnis dieser

---

[1]) Diese Fragestellung war das grundsätzliche Neue, das HELMHOLTZ zur Formulierung des Energiesatzes beitrug. Die analytischen Mechaniker von LEIBNIZ bis JACOBI hatten für die in der Mechanik eingeführten Kraftgesetze die Existenz eines Energie-Integrals bewiesen. Die Untersuchungen von MAYER, JOULE u. a. nach 1840 zeigten die allgemeine Gültigkeit des Energiesatzes in der Physik. HELMHOLTZ fragte nun nach der allgemeinen Form der Wechselwirkungen, die überhaupt auf ein Energie-Integral führen, und postulierte, daß nur solche in der Natur vorkommen.

(bis zu seinem Tode fortgesetzten) Untersuchungen gelangte er zu der Definition der allgemeinsten Form einer Dynamik (einschließlich der möglichen Wechselwirkungen), die alle klassischen Erhaltungssätze, inklusive den Energiesatz, enthält. (1881)

Hierbei löste sich HELMHOLTZ immer mehr von der rein mechanischen Betrachtungsweise seiner Arbeit von 1847 und stieß schließlich zu dem allgemeinen Problem vor, die Struktur derjenigen physikalischen Systeme zu bestimmen, für die der Energiesatz (und die weiteren Erhaltungssätze) gelten. HELMHOLTZ gelangte zu dem Resultat, daß die Lösung dieses Problems in der Vorgabe eines HAMILTONschen Wirkungsintegrals besteht, dessen LAGRANGE-Funktion von einer wohldefinierten Klasse von Variablen abhängt und zwar derart, daß die Form dieser Abhängigkeit die Homogenität und Isotropie des Raumes, die GALILEIsche Invarianz gegenüber der Wahl des Bezugssystems sowie die explizite Zeitunabhängigkeit widerspiegelt. (1886)

Diese Ergebnisse von HELMHOLTZ, die zentrale Bedeutung des HAMILTONschen Prinzips der kleinsten Wirkung und die Bedeutung der Invarianzeigenschaften der Wirkungsfunktion für die Struktur der Teilchen- und der Kontinuumsdynamik sowie die Beziehung zwischen diesen Invarianzeigenschaften und den ersten Integralen der Bewegungsgleichungen, wurden nach HELMHOLTZ (besonders durch die Vermittlung von PLANCK und F. KLEIN sowie dann durch EINSTEIN, G. MIE und HILBERT) zu einem zentralen Gedanken bei der Formulierung sowohl der Relativitäts- wie der Quantenmechanik.

HELMHOLTZ selber hat diesen Gedanken (teilweise neue Entwicklungen weit vorwegnehmend) sowohl für die reversible als auch für die irreversible Thermodynamik explizit auszuführen versucht und ferner erstmals das HAMILTONsche Prinzip für die Elektrodynamik angegeben. (1892)

In den Rahmen dieser allgemeinen Problemstellung ordnen sich auch HELMHOLTZ' bahnbrechende Untersuchungen über das elektrodynamische Wechselwirkungspotential ein. HELMHOLTZ formulierte hier das Problem so, daß das allgemeinste in ein HAMILTON-Prinzip einführbare Wechselwirkungspotential zwischen bewegten elektrischen Ladungen anzugeben ist, das zum AMPÈREschen Kraftgesetz und zum FARADAYschen Induktionsgesetz führt. HELMHOLTZ bemerkte hierbei, daß diese Forderung (gemeinsam mit der der Erfüllung des Energiesatzes), die HAMILTON-Funktion nicht eindeutig festlegt, sondern zu einer gegebenen Funktion additiv ein weiterer Term eingeführt werden kann, dessen Integral für geschlossene Stromkreise verschwinden muß. Dies führte HELMHOLTZ zur Definition seiner Konstanten k, durch deren Wert sich die verschiedenen Formen der Elektrodynamik von F. NEUMANN über W. WEBER, B. RIEMANN, R. CLAUSIUS, bis zu J. C. MAXWELL unterscheiden. Eine Bestimmung von k ist nur durch Versuche mit offenen Stromkreisen möglich, wobei die MAXWELLsche Theorie gerade $k = 0$ fordert. (1870—1876)

Innerhalb seiner Arbeiten zur Elektrodynamik formulierte HELMHOLTZ ganz allgemein (in der ohne Berücksichtigung der Strahlungskorrekturen zulässigen Näherung) den allgemeinsten Ausdruck für das Wechselwirkungspotential von elektrisch miteinander wechselwirkungenden Partikeln. HELMHOLTZ' Ausdruck ist für den MAXWELLschen Fall k = 0 der später nach DARWIN und BREIT benannte relativistische Ausdruck. (HELMHOLTZ hat diese Entwicklung also über fünfzig Jahre vorweggenommen). — Bei seinen Untersuchungen bemerkte HELMHOLTZ als fundamentale Eigenschaft des elektrodynamischen Wechselwirkungsgesetzes seine grundsätzliche Unvereinbarkeit mit der GALILEI-Invarianz, ein Ergebnis, das wir auch heute noch als fundamental für die Begründung der relativistischen Elektrodynamik ansehen müssen. (Die Frage der kinematischen Invarianz der Elektrodynamik erscheint als der zentrale Punkt der langjährigen Auseinandersetzung zwischen WEBER und HELMHOLTZ über das Elektrodynamische Kraftgesetz). (1870—1881)

Die von HELMHOLTZ aufgeworfene Problematik führte HELMHOLTZ' Schüler H. HERTZ (1890) zu seinem ersten Ansatz einer auf der MAXWELLschen Theorie basierenden Elektrodynamik bewegter Körper (dem Grundproblem der späteren speziellen Relativitätstheorie von EINSTEIN bis MINKOWSKI). —

In der Elektrodynamik wird HELMHOLTZ' eigener Ansatz, der nur die Ladungsträger und das Vakuum enthält, in der LORENTZschen Elektronentheorie (1895) fortgeführt, die wie HELMHOLTZ' Theorie eine „Absoluttheorie" ist. Die Elektronentheorie verwirklichte gleichzeitig einen weiteren fundamentalen Gedanken von HELMHOLTZ, die Existenz von „Elektrizitätsatomen" (Elektronen) zur Basis der Elektrodynamik zu machen[1]). (1881)

Aus dieser Gedankenwelt gingen die Grundversuche zur Elektrodynamik bewegter Körper hervor, die unter Anleitung von HELMHOLTZ in seinem Berliner Institut begonnen wurden. ROWLAND bestimmte hier 1875 die elektromagnetische Wirkung von Konvektionsströmen (worüber HELMHOLTZ in der Akademie berichtete). MICHELSON begann 1880 seine Versuche zum interferometrischen Nachweis der „Ätherdrift".

Die fundamentale Frage nach den elektromagnetischen Zuständen in Dielektrica und dem Verhalten der elektrischen Kraft bei offenen Stromkreisen gab HELMHOLTZ an HERTZ weiter. Sie führten zu HERTZ' umfassenden experimentellen Untersuchungen über die „Strahlen elektrischer Kraft"

[1]) HERTZ versuchte eine GALILEI-Invariante Elektrodynamik bewegter Medien, in der — im Gegensatz zu den atomistischen Vorstellungen der Elektronentheorie — die Geschwindigkeiten auf die Dielektrica bezogen werden. Hingegen beziehen HELMHOLTZ und H. A. LORENTZ die Geschwindigkeiten auf den „absolut ruhenden" Äther. Das Gegenwirkungsaxiom ist bei HELMHOLTZ und bei LORENTZ grundsätzlich gebrochen. HERTZ wollte es (Vorstellungen der relativistischen Feldphysik vorwegnehmend) durch Berücksichtigung der Rückwirkung der Dielektrica retten. (HERTZ folgte auch hierbei einer Anregung durch HELMHOLTZ).

(1888) und über die „Ausbreitung der elektrischen Kraft" (1892), also zur Entdeckung der elektrischen Wellen als Konsequenz und Beweis der MAXWELLschen Theorie.

Die großartigen Untersuchungen von HELMHOLTZ zur Wirbeldynamik gehören nicht nur in ihrer mathematischen Gestaltung, sondern auch in ihrer physikalischen Denkweise in diese allgemeine Problemstellung. HELMHOLTZ formulierte ja in den Prinzipien seiner Wirbeldynamik das Modell einer Dynamik mit weniger Invarianzeigenschaften als die GALILEI-NEWTONsche Mechanik, so daß über die inhaltliche Bedeutung der Wirbeltheoreme von HELMHOLTZ hinaus seine Wirbeldynamik gleichzeitig das erste Modell einer in sich konsistenten Mechanik war, die andere Bewegungsprinzipien besitzt als die NEWTONsche. Indem aber HELMHOLTZ seine Wirbelsätze aus den EULERschen Bewegungsgleichungen und damit aus der NEWTONschen Mechanik hergeleitet hatte, führten HELMHOLTZ' Arbeiten die Konsistenz einer Mechanik mit nicht-NEWTONschen Prinzipien auf die Konsistenz der NEWTONschen Mechanik zurück.

Die nicht-NEWTONschen Prinzipien der Wirbeldynamik entstehen aus der NEWTONschen Mechanik durch eine andere Definition dessen, was als fundamentale Elemente und fundamentale Bewegungsaxiome aufzufassen sind. (1858—1868)

Man sieht die vollständige Analogie zu der zur selben Zeit von E. BELTRAMI und F. KLEIN erfolgten Modellierung der nichteuklidischen Geometrie durch euklidische Gebilde, wodurch die Widerspruchsfreiheit der nichteuklidischen auf diejenige der euklidischen Geometrie zurückgeführt wurde.

HELMHOLTZ hat im Rahmen seiner Untersuchungen der Grundprinzipien der Physik die physikalischen Konsequenzen der nichteuklidischen Geometrie erstmals explizit diskutiert und ist dadurch zu einer neuen Auffassung des geometrischen Raumproblems, dem später sogenannten HELMHOLTZ-LIEschen Raumproblem, vorgestoßen. (1868—1878)

HELMHOLTZ' Fragestellung ist, „wie muß die geometrische Struktur des Raumes beschaffen sein, damit in diesem Raum eine Mechanik starrer Körper realisierbar ist, und wie muß die Geometrie des Raumes beschaffen sein, damit in ihm Impulssatz und Drehimpulssatz als Integrale der Bewegungsgleichungen gewinnbar sind."

Die grundlegende Entdeckung von HELMHOLTZ war, daß die uneingeschränkte Verlagerbarkeit und Drehbarkeit der starren Körper die notwendige und hinreichende Voraussetzung für die Formulierbarkeit von Impuls- und Drehimpulssatz ist und daß diese Eigenschaften dem Raum genau dann zukommen, wenn der Raum eine konstante (imaginäre, reelle oder verschwindende) Krümmung besitzt. HELMHOLTZ gelangte damit zu dem Resultat, daß — im Gegensatz zur Ansicht von KANT — für eine Physik im NEWTONschen Sinne nicht der euklidische Raum a priori notwendig ist, wohl aber einer der drei Raumtypen: hyperbolischer Raum (LOBATSCHEWSKIsche Geometrie), sphärischer oder elliptischer Raum

(RIEMANNsche Geometrie) oder der (nicht gekrümmte) euklidische Raum. Mit dieser Entdeckung hat HELMHOLTZ erstmals die Bewegungsgruppen in die Geometrie eingeführt, die später von S. LIE als ein fundamentaler Begriff der Differentialgeometrie ausgebaut wurden.

Ich möchte noch erwähnen, daß HELMHOLTZ' Untersuchungen über die Verlagerung starrer Körper im Raum auf das engste mit seinen Untersuchungen zur Wirbeldynamik zusammenhängen. HELMHOLTZ bewies nämlich, daß alle möglichen Ortsveränderungen eines beliebigen physikalischen Systems aus einer Translation, einer Rotation und einer Dilatation nach drei zueinander senkrechten Richtungen zusammensetzbar sind. Für einen starren Körper sind nur die ersten beiden Formen von Ortsveränderungen möglich. Die Forderung, daß die Geometrie des Raumes so beschaffen ist, daß sie beliebige Ortsveränderungen in Form von Translatation und Rotation ohne Dilatationen und damit starre Körper gestattet, führt dann zu HELMHOLTZ' Auszeichnung der Räume konstanter Krümmung. Der Ersatz der starren Körper von HELMHOLTZ durch deformierbare Körper bedeutet dann den Übergang zu den EINSTEINschen „Bezugsmollusken" der allgemeinen Relativitätstheorie, wie dann auch EINSTEIN selbst seine Darstellung des relativistischen Raumbegriffes mit HELMHOLTZ' Raumtheorie beginnt.

Die großen Mathematiker, die im ersten Drittel unseres Jahrhunderts den Raumbegriff mathematisch analysierten, fußten hierbei ausdrücklich auf HELMHOLTZ' Analyse. H. POINCARÉs Theorie der Beziehungen zwischen Physik und Geometrie, die zur Idee der „POINCARÉschen Summe" führte, ist die direkte Verallgemeinerung von HELMHOLTZ' Definition der metrischen Eigenschaften des Raumes durch die Verlagerbarkeit starrer Körper. H. WEYL sah seine gruppentheoretische Charakterisierung der Pythagoräzität der RIEMANN-EINSTEINschen Raum-Zeit-Metrik als die Übertragung der HELMHOLTZschen Charakterisierung der euklidischen und nichteuklidischen Metriken durch die Bewegungen auf die Begriffswelt der allgemeinen Relativitätstheorie an. Und HILBERT hob schließlich hervor, daß durch RIEMANN, HELMHOLTZ und EINSTEIN die Geometrie ein Teil der Physik, nämlich die Lehre von den möglichen Lagebeziehungen der Körper, geworden sei.

HELMHOLTZ' Ansichten über das Raumproblem führten zur Polemik mit neukantianischen Philosophen. Hierbei wurde die für HELMHOLTZ' Raum-Theorie charakteristische Wendung des KANTschen Apriorismus deutlich. Nach HELMHOLTZ folgt die Raumstruktur aus der Möglichkeit des kongruenten Transportes starrer Körper, d.h., die Raumstruktur erweist sich als notwendige Bedingung für die Möglichkeit bestimmter physikalischer Strukturen und Operationen. Ob also der Raum ein konstantes Krümmungsmaß besitzt — oder etwa ein allgemeiner RIEMANNscher Raum ist — hängt davon ab, ob in die Physik tatsächlich ideal starre Körper einführbar sind. HELMHOLTZ nahm dies an (und kam so zur Forderung der konstanten

Raumkrümmung) — EINSTEIN hat dies später negiert (und gelangte damit zur RIEMANNschen Raum-Zeit-Welt).

Jedenfalls ist gemäß HELMHOLTZ die Struktur des Raumes der Rahmen für die physikalischen Gesetze. Bestimmte Typen solcher Gesetze setzen bestimmte Raum-Typen voraus. Ob diese Gesetzes-Typen aber exakt gelten, oder ob sie nur Näherungsaussagen für kleine Raum-Zeit-Bereiche sind, ist ein rein physikalisches Problem. Und damit wird auch die Raumstruktur zu einem physikalischen Problem, das dann — besonders im Zusammenhang mit EINSTEINS Relativitätstheorie — von EINSTEIN, HILBERT, WEYL u. a. neu untersucht wurde.

Literatur

H. v. HELMHOLTZ, Wissenschaftliche Abhandlungen. Bd. I, Leipzig 1881; Bd. II, Leipzig 1883; Bd. III, Leipzig 1895.

H. v. HELMHOLTZ, Vorträge und Reden. Bd. I, Braunschweig 1884; Bd. II, Braunschweig 1884.

H. v. HELMHOLTZ, Über die Erhaltung der Kraft (1847). Ostwalds Klassiker Nr. 1, Leipzig 1889.

H. v. HELMHOLTZ, Hydrodynamische Abhandlungen. Ostwalds Klassiker Nr. 79, Leipzig 1896.

L. KÖNIGSBERGER, HERMANN v. HELMHOLTZ, Bd. I—III, Braunschweig 1902—1903.

A. EINSTEIN, Grundzüge der Relativitätstheorie. 5. Auflage Berlin, Braunschweig, Oxford 1969.

H. HERTZ, Gesammelte Werke, Bd. II, Leipzig 1892.

H. HERTZ, Die Prinzipien der Mechanik, Leipzig 1894.

M. v. LAUE, Geschichte der Physik, (West)Berlin 1959.

M. v. LAUE, Zum 50. Todestag von Hermann v. Helmholtz (1944). Gesammelte Schriften und Vorträge Bd. III, Braunschweig 1961.

M. PLANCK, Helmholtz' Leistungen auf dem Gebiet der theoretischen Physik (1906). Physikalische Abhandlungen und Vorträge Bd. III, Braunschweig 1958.

M. PLANCK, Das Prinzip der kleinsten Wirkung (1915). Wege zur physikalischen Erkenntnis Bd. II, Leipzig 1943.

H.-J. TREDER, Helmholtzsche und relativistische Elektrodynamik, Gerlands Beiträge 79, 401 (1970).

H.-J. TREDER, Zur allgemeinen relativistischen und kovarianten Integralform der Helmholtzschen Wirbeltheoreme, Gerlands Beiträge 79, 1 (1970).

H. WEYL, Philosophie der Mathematik und Naturwissenschaften 2. Aufl., München und Wien 1966.

35. Gravitonen als Goldstone-Teilchen

Im Rahmen seiner einheitlichen Quantenfeldtheorie deutet HEISENBERG [1] die symmetriebrechenden weitreichenden Wechselwirkungen dielektromagnetischen und auch die gravischen) als Folgen der Wechselwirkung mit dem asymmetrisch strukturierten Kosmos (entartetes Vakuum). Im Rahmen dieser Deutung ergeben sich bei HEISENBERG als Quanten der weitreichenden Felder in Verallgemeinerung eines Theorems von GOLDSTONE ruhmasselose BOSE-Teilchen (GOLDSTONE-Teilchen), die den Symmetrie-Defekt, den die weitreichenden Wechselwirkungen mit sich bringen, im gewissen Sinne kompensieren sollen. — HEISENBERG führt dieses Programm explizit zur Herleitung der Quantenelektrodynamik durch.

Sowohl von HEISENBERG selbst als auch kürzlich von IWANENKO [2] ist die Idee ausgesprochen worden, daß dementsprechend auch die Gravitonen als GOLDSTONE-Partikel einzuführen sind. Dieser Gedanke wird in [2] mit der Idee in Zusammenhang gebracht, das Gravitationsfeld als ein den Symmetrieverlust kompensierendes Feld einzuführen, der insbesondere von UTIYAMA, KIBBLE und IWANENKO [3] formuliert wurde. Der Symmetrieverlust soll durch die RIEMANNsche Krümmung der Raum-Zeit-Welt bewirkt sein, die gemäß der allgemeinen Relativitätstheorie durch das Gravitationsfeld verursacht wird, und soll die allgemeine LORENTZ-Kovarianz der speziell-relativistischen Feldtheorien betreffen. Während im ebenen MINKOWSKI-Raum die Feldgleichungen für die spinoriellen Materiefelder von selbst allgemein LORENTZ-kovariant sind, benötigte man im gekrümmten Raum das Gravitationsfeld als kompensierendes Feld.

Tatsächlich besitzt jedoch die gekrümmte RIEMANNsche Raumzeit dieselbe lokale LORENTZ-Symmetrie wie die ebene Raumzeit. Es ist ja gerade die Charakterisierung der RIEMANNschen Räume [4] im Rahmen des Erlanger Programms von FELIX KLEIN, daß ein RIEMANNscher V_n aufgefaßt werden kann als Raum der orthogonalen Gruppe eines Kongruenzen-Systems. Im Falle der indefiniten Raum-Zeit-Welt ist der RIEMANNsche Raum der allgemeinen Relativitätstheorie gerade derjenige V_4, der pseudo-orthogonale LORENTZ-Rotationen des Kongruenzen-Systems (der Tetraden-Vektoren) gestattet [5].

Ein solches Kongruenzen-System ist vorgebbar als Tetradenfeld $h_i{}^A(x^k)$ (mit $i, k = 1, 2, 3, 4$ und $A, B = 1, 2, 3, 4$):

$$h_i{}^A h_k{}^B \eta_{AB} = g_{ik}(x^l), \quad h_A{}^i h_B{}^k g_{ik} = \eta_{AB}, \tag{1}$$

bzw. als metrisches Spinvektor-Feld mit

$$\sigma^{\alpha\dot{\beta}}{}_i \sigma_{k\alpha\dot{\beta}} = g_{ik}, \tag{2}$$

wo $\sigma_{i\alpha\dot{\beta}} = \sigma_{i\varkappa\dot{\beta}}(x^l)$ mit den üblichen PAULIschen Spin-Matrizen $\sigma_{A\alpha\dot{\beta}} = \text{const}$ gemäß

$$h_i{}^A \sigma_{A\alpha\dot{\beta}} = \sigma_{i\alpha\dot{\beta}} \tag{2a}$$

zusammenhängt, g_{ik} der RIEMANNsche Fundamental-Tensor und η_{AB} derjenige der LORENTZ-Metrik ist. Die Darstellungen (1) und (2) sind numerisch invariant gegenüber beliebigen LORENTZ-Rotationen

$$\bar{h}_i{}^A = \omega^A{}_B(x^l) h_i{}^B \tag{3}$$

mit

$$\omega^A{}_B \omega_C{}^B = \delta_C{}^A. \tag{3a}$$

Der Fall der ebenen MINKOWSKI-Metrik ist nun der Spezialfall

$$\underset{L}{h_i{}^A} = \omega^A{}_B \delta_i{}^B \tag{4}$$

bzw.

$$\underset{L}{h_i{}^A} \underset{L}{h_k{}^B} \eta_{AB} = \eta_{ik}, \quad \underset{L}{\sigma_i{}^{\alpha\dot\beta}} \underset{L}{\sigma_{k\alpha\dot\beta}} = \eta_{ik} \tag{4a}$$

von (1) und (2). Demnach besteht in bezug auf die LORENTZ-Symmetrie zwischen dem gekrümmten RIEMANNschen Raum, der gemäß der allgemeinen Relativitätstheorie einem Gravitationsfeld entspricht, und dem ebenen, gravitationsfreien Raum der speziellen Relativitätstheorie überhaupt kein Unterschied.

Ich möchte dieses Verhältnis an einem Beispiel klarmachen: Betrachten wir im MINKOWSKI-Raum die DIRACsche Gleichung unter Verwendung der üblichen DIRAC-PAULIschen Spin-Matrizen γ^A, so ist diese Form der DIRAC-Gleichung explizit kovariant nur gegenüber starren LORENTZ-Rotationen (mit $\omega^A_{B,l} = 0$). Schreiben wir dieselben Gleichungen hingegen unter Verwendung des Tetraden-Systems von IWANENKO und FOCK [6], so erhalten sie eine allgemein kovariante Form. In der üblichen DIRACschen Schreibweise lauten die Gleichungen

$$\gamma^A \delta_A{}^i \psi_{,i} + \mu\psi = 0. \tag{5a}$$

Dies entspricht der speziellen Tetradenwahl

$$\underset{L}{h_i{}^A} = \delta_i{}^A. \tag{5b}$$

In der LORENTZ-kovarianten Schreibweise schreiben sich die Gleichungen hingegen

$$\gamma^A \underset{L}{h_A{}^i} (\psi_{,i} - \Gamma_i \psi) + \mu\psi = 0 \tag{6}$$

mit der Bedingung (4a) für die $\underset{L}{h_A{}^i}$. Jede mit dieser Bedingung verträgliche Fixierung des Tetraden-Systems führt zu einer Spezialisierung von (6), und diese Spezialform ist dann wieder nur gegenüber starren LORENTZ-Rotationen kovariant.

Der einzige Unterschied zwischen dem MINKOWSKI-Raum (in cartesischen Koordinaten) und einem gekrümmten RIEMANNschen Raum für die Formulierung der DIRAC-Gleichung besteht darin, daß die spezielle Orthonomie-Bedingung (4a) durch die allgemeine Bedingung (1) zu ersetzen ist. Wenn man willkürlich ein mit (1) verträgliches Tetraden-System auswählt (oder die Feldtheorie so ändert, daß die Tetraden durch die Theorie fixiert werden), dann entstehen Gleichungen, die nur noch gegenüber starren LORENTZ-Rotationen kovariant sind. Mit der Krümmung des Raumes hat dies nichts zu tun.

Wir sehen auch, was das Gravitationsfeld primär bewirken muß, damit ein Raum mit Gravitation tatsächlich keine lokale LORENTZ-Symmetrie besitzt, wie dies bei der Deutung der Gravitonen als GOLDSTONE-Teilchen vorausgesetzt wird. Das Gravitationsfeld muß primär nicht die Krümmung, sondern die Fernparallelisierung des Raumes im Sinne EINSTEINS [7] bewirken. Das heißt, die Gravitationsgleichungen müssen — bei vorgegebenen Anfangs-und Randbedingungen — die 16 Komponenten der Tetraden- bzw. Spinvektor-Felder fixieren und somit ein ausgezeichnetes System von Kongruenzen bestimmen. Hierzu ist es notwendig, daß 16 Feldgleichungen für alle 16 Komponenten $h_i{}^A$ vorgegeben werden. Das Gravitationspotential ist dann nicht der metrische Tensor, sondern die vier Vektoren $h_i{}^A$ des Tetradenfeldes.

Durch die Fixierung des Tetradenfeldes wird über (1) dann eine im allgemeinen gekrümmte Metrik definiert. Geometrisch anschaulich gesprochen heißt das: Die Gravitationsgleichungen bestimmen primär ein Kongruenzen-System; dieses Kongruenzen-System ist im allgemeinen nicht in einen ebenen MINKOWSKIschen V_4 einbettbar, und dies bewirkt die RIEMANNsche Maßbestimmung der Raumzeit.

Feldgleichungs-Systeme, die einen Raum mit Fernparallelisierung definieren, sind zuerst von EINSTEIN selbst [7] vorgeschlagen worden. Es folgten später Arbeiten von MØLLER [8] und TREDER [9, 10] u. a. Das an letzter Stelle vorgeschlagene Feldgleichungs-System [9]:

$$\Box h_i{}^A + \varkappa h_l{}^A \left(T_i{}^l - \frac{1}{2}\,\delta_i{}^l T\right) = 0 \tag{7}$$

ist in Analogie zur HEISENBERGschen Theorie gebildet und enthält implizit von vornherein die Vorstellung, daß die Gravitonen GOLDSTONE-Teilchen sind. Die Quantlung von (7) gemäß [9]

$$[h_i{}^A(x),\, h_k{}^B(\bar{x})] = \eta^{AB}\eta_{ik}D(x,\bar{x}) \tag{8}$$

zeigt, daß die GOLDSTONE-Gravitonen durch vier vektorielle Teilchen (der speziell-relativistischen Ruhmasse Null) repräsentiert werden. Die phänomenologische Metrik, die gemäß (1) zu dem Tetraden-System gehört, ist dann durch den Erwartungswert

$$g_{ik} = <|h_i{}^A, h_k{}^B|> \eta_{AB} \tag{9}$$

gegeben.

Dafür, daß die durch das Gravitationsfeld fernparallelisierte Raumzeit auch eine gekrümmte Raumzeit ist, der zu der Metrik g_{ik} gehörende Riemann-Christoffelsche Krümmungstensor R_{iklm} also nicht verschwindet, ist notwendig und hinreichend, daß 1. die Tetraden weder Gradientenfelder $\Phi^A{}_{,i}$ sind, also das Anholonomie-Objekt

$$2\Delta^i_{kl} = h_A{}^i(h^A_{k,l} - h^A{}_{l,k}) \tag{10a}$$

(Torsion der Einsteinschen Übertragung) nicht verschwindet, und 2. die Tetraden numerisch nicht durch die Matrizen von Lorentz-Rotationen gegeben sind, daß also auch

$$h_i{}^A \neq \underset{L}{h_i{}^A} = \omega^A{}_B \delta_i{}^B \tag{10b}$$

gilt.

In [10] ist gezeigt worden, daß für physikalisch sinnvolle Materie die Gleichungen (7) tatsächlich Tetraden-Systeme bestimmen, die zu einem gekrümmten Raum gehören, der in linearer Näherung mit dem der allgemeinen Relativitätstheorie übereinstimmt.

Literatur

[1] Heisenberg, W., Einführung in die einheitliche Feldtheorie der Elementarteilchen, Stuttgart 1967.

[2] Iwanenko, D. D., The Problems of Unified Theory (Preprint).

[3] Vgl. Iwanenko, D. D., Gravitation and Unified Picture of Matter. In: „Atti des Convegno Sulla Relativitá Generale", Florenz 1965.

[4] Vgl. Vranceanu, G., Vorlesungen über Differentialgeometrie, Bd. I, Berlin 1961.

[5] Treder, H.-J., Lorentz-Gruppe, Einstein-Gruppe und Raumstruktur. In: „Einstein-Symposium 1965", Berlin 1966.

[6] Iwanenko, D. D., und W. A. Fock, C. R. (Paris) 188, 1470 (1929).

[7] Einstein, A., Riemann-Geometrie mit Aufrechterhaltung des Begriffes des Fernparallelismus, Berliner Berichte, 1928.

[8] Møller, C., Conservation Laws and Absolute Parallelism in General Relativity. Mat. Fys. Skr. Dan. Vid. Selsk. 1, No 10 (1961).

[9] Treder, H.-J., Das Gravitationsfeld in der einheitlichen Quantenfeldtheorie, Mber. Dt. Akad. Wiss. 9, 283 (1967).

[10] Treder, H.-J., Das makroskopische Gravitationsfeld in der einheitlichen Quantenfeldtheorie, Annalen der Physik.

36. Gibt es physikalische Grenzen der Raum-Zeit-Struktur der Naturgesetze?

Diese Darstellung soll ein Beitrag zur derzeitigen Diskussion der alten fundamentalen Frage sein: Gibt es erkenntnistheoretisch bedingte Grenzen der physikalischen Erkenntnis? Eine wichtige Teilproblematik hierzu, die eine immer größere Bedeutung in der physikalischen und naturphilosophischen Literatur erhält, ist die Frage: Wie steht es heute mit der These von FRIEDRICH ENGELS, daß Raum und Zeit die Existenzformen der Materie sind? Ist diese These nicht veraltet, hergeleitet aus der klassischen Makrophysik des vorigen Jahrhunderts, und kann die moderne Physik dieser These dieselbe prinzipielle Bedeutung beimessen, wie es ENGELS auf Grund der Physik des vorigen Jahrhunderts tat?

Bei der Diskussion dieser Frage gibt es Verwechslungen; oft werden der mathematische und der physikalische Raumbegriff verwechselt. Es wird vergessen, daß vieles, was in der modernen Physik als „Raum" bezeichnet wird, diese Bezeichnung nur aus rein mathematischen Gründen, aus Gründen der inneren Struktur der mathematischen Theorie, verdient. Man spricht z. B. — um aus der Fülle der mathematisch-physikalischen Raumbegriffe nur einige aufzuzählen — vom Phasenraum (statistische Physik, Thermodynamik), vom Konfigurationsraum (Wellenmechanik), vom HILBERT-Raum und seiner Verallgemeinerung, dem HILBERT-FOCK-Raum (Quantenmechanik) vom Impulsraum, vom Isoraum (Kernphysik) usw. Diese abstrakten Räume, die alle in der Physik eine Rolle spielen, haben bestimmte mathematische Eigentümlichkeiten gemeinsam mit dem physikalischen Raum, an dem der Raumbegriff entwickelt worden ist.

Die physikalische Raum-Zeit besitzt aber ganz zweifellos wesentlich ausgezeichnete Eigenschaften gegenüber den abstrakten Räumen. Diese Auszeichnung ergibt sich insbesondere dann, wenn man von der Makrophysik ausgeht.

Unsere Erfahrungen zeigen, daß wir die Mikrophysik nur verstehen können auf Grund unserer Kenntnisse der Makrophysik. Das hat damit zu tun, daß wir selbst makrophysikalische Objekte sind und daher alle Geräte, die wir zu Messungen benutzen, makrophysikalische Geräte sind. Mit diesen makrophysikalischen Geräten operieren wir in Raum und Zeit. Wir ordnen die makrophysikalischen Geräte räumlich und zeitlich an. Daraus ergibt sich als prinzipielles physikalisches Problem die Frage der Aufstellbarkeit von makrophysikalischen Gegenständen. Im Anschluß an HELMHOLTZ hat HILBERT die mathematisch-physikalische Raumtheorie definiert als die Lehre von der gegenseitigen Lagerbarkeit und Verlagerbarkeit makrophysikalischer Körper (der starren Körper der klassischen Physik).

Das grundsätzlich Neue, das die spezielle Relativitätstheorie hierzu beigetragen hat, ist, daß man nicht nur von der räumlichen Lagerbarkeit und Verlagerbarkeit von Gegenständen, sondern mit Einstein von den raumzeitlichen Beziehungen und *Ereignissen* spricht. Man sieht, daß die Frage der makrophysikalischen Kausalstruktur aufs engste mit diesem Problem zusammenhängt, denn die gegenseitigen Beziehungen zwischen den Ereignissen sind ein fundamentaler Aspekt der Kausalstruktur (z. B. Beziehungen zwischen Ursachen und Wirkungen). Die metrische Struktur der Minkowskischen Raum-Zeit-Welt repräsentiert die Kausalstruktur der Welt entsprechend dem Kausalbegriff Einsteins.

Es sei uns auf Grund einer Anweisung verboten, in einem Konferenzraum die Stühle und Tische umzustellen. Es wäre hingegen eine geometrische Frage, ob und in welcher Weise wir ohne dieses Verbot in der Läge wären, die Stühle umzuordnen. Viel hängt hier von der Topologie des Raumes ab, insbesondere von seiner Dimensionszahl. Auch ohne dieses Verbot könnten wir zwei spiegelsymmetrische Stühle nicht so umstellen, daß sie kongruent werden. Das liegt daran, daß der physikalische Raum nur drei Dimensionen hat. Hätte er vier oder mehr, so wären die im dreidimensionalen Raum spiegelsymmetrischen Körper auch kongruent. Wäre ferner der Raum räumlich genügend stark inhomogen gekrümmt, so würde jeder Transport der Möbel notwendig mit ihrer Verzerrung verbunden sein, so daß es weder einen kongruenten Transport, noch im klassischen Sinne starre Körper gäbe; jeder Transport der Körper verformt diese.

Mit Helmholtz, Poincaré und Hilbert gehen wir also davon aus, daß eine mit einer bestimmten Metrik ausgestattete Raum-Zeit uns die möglichen Lagebeziehungen zwischen den makrophysikalischen Körpern bzw. den Ereignissen angibt. Diese physikalische Raum-Zeit ist es, um die es hier geht. Ist diese physikalische Raum-Zeit-Vorstellung, die aus der Makrophysik herkommt, unbegrenzt anwendbar und wenn nicht, wo sind ihre Grenzen?

Solche Grenzen der Anwendbarkeit des Raum-Zeit-Begriffs werden in zweierlei Richtungen behauptet. Sie werden behauptet nach unten (in der Elementarteilchenphysik) und nach oben (in der Kosmologie). Ich möchte im folgenden einige Gedanken dazu äußern.

Einstein hat dieses Problem im 2. Anhang der letzten Fassung seines berühmten Buches „Grundzüge der Relativitätstheorie“ (1955) so umrissen: Die metrische Struktur der Raum-Zeit wird von einem System von partiellen Differentialgleichungen bestimmt. Außer diesem System von partiellen Differentialgleichungen muß man für eine vollständige Bestimmung der Geometrie noch zweierlei vorgeben; die Grenzbedingungen im Unendlichen, wie Einstein sagt, die Globalstruktur (die globale Topologie) der Welt und die Grenzbedingungen im Kleinen. Mit letzterem meint Einstein folgendes: Das Hineinflicken dessen, was man aus der Mikrophysik, aus der Elementarteilchenphysik und der Quantentheorie weiß, in die makrophysikalische Raum-Zeit. Daß das Einfügen der Elementarteilchen in die Raum-Zeit-Welt keine unproblematische Sache ist, zeigt eine Bemerkung, die EINSTEIN des öfteren gemacht hat und die z. T. schon auf KANT zurückgeht.

KANT hat in seinen naturphilosophischen Schriften eine prinzipielle Diskussion mit den CARTESIANIschen Auffassungen geführt, nach denen es in der Physik — als extreme Konsequenz des mechanischen Weltbildes — nur unmittelbare Nahwechselwirkungen durch direkte Berührungen starrer Körper geben sollte. Das einzige, was die CARTESIANIsche Philosophie an Wechselwirkungen zuließ, waren die Stöße zwischen Partikeln endlicher Größe. Die CARTESIANer leugneten in Opposition zu dem damals triumphierenden Kraftbegriff NEWTONS die Existenz physikalischer Kräfte und erst recht die instantane Fernwirkung physikalischer Kräfte ohne Vermittlung eines mechanischen Mediums. Hierzu sagte nun KANT folgendes: Dafür, daß bei einem Zusammenstoß überhaupt etwas geschieht, ist nach der Vorstellung der CARTESIANer die Undurchdringlichkeit der Materie ausreichend. Diese verbietet, daß sich zwei Körper oder Partikel gleichzeitig an einem Ort befinden. Diese „Undurchdringlichkeit" ist aber weiter nichts als eine unendlich große Repulsionskraft. Die CARTESIANer verwenden also anstatt der stetigen Kraftfunktionen NEWTONS eine unstetige Kraft, deren Verlauf, wie wir heute sagen würden, durch eine Delta-Funktion (und deren Potential durch eine Heavisidische Stufenfunktion) gegeben ist, und die eine abstoßende Kraft zwischen den Partikeln beschreibt. Zum anderen sagte KANT: Die CARTESIANer müssen auch eine instantane Fernwirkung annehmen, denn, wenn die Partikel zusammenstoßen und der Impuls von Teilchen 1 zu Teilchen 2 übergeht, nehmen sie an, daß dies innerhalb der Teilchen momentan erfolgt, also innerhalb von Teilchen mit endlichem Durchmesser mit einer unendlich großen Geschwindigkeit. Dies kann nur dann vermieden werden, wenn entsprechend der dynamischen Kraftvorstellung von NEWTON die Partikel als punktförmig angenommen werden; ihre scheinbare endliche Ausdehnung ist dann aber das Ergebnis einer Repulsionskraft im NEWTONschen Sinne. Demnach ist nach KANT die CARTESIANIsche mechanistische Nahwirkungstheorie überhaupt nicht durchführbar. Die CARTESIANer müssen tatsächlich eine unendlich große Repulsionskraft an der Grenze ihrer Teilchen annehmen (dies nennen sie die Undurchdringlichkeit der Materie) und weiterhin die instantane Fortpflanzung dieser Kraftwirkung innerhalb jedes Teilchens.[1])

Diese Bemerkung führt unmittelbar auf das Problem der Verträglichkeit des Teilchenbegriffs mit der Relativitätstheorie. Denn die Relativitätstheorie verbietet eine instantane Fortpflanzung der Wirkung; sie verlangt,

[1]) S. KANT, I.: Metaphysische Anfangsgründe der Naturwissenschaft (1786). KANTS Argumentation wurde weiter ausgebaut in der Naturphilosophie von SCHELLING, insbesondere in SCHELLINGS Kritik der mechanistischen Gravitationstheorie, die von LESAGE und PREVOST vertreten wurde (s. SCHELLING, F. W. J.: Ideen zu einer Philosophie der Natur. 1797/1802).

daß sich die Wirkung höchstens mit Lichtgeschwindigkeit ausbreitet. Einstein sagte daher, daß die Teilchenvorstellungen grundsätzlich nicht in eine Lorentz-kovariante Theorie hineinpassen. Es ist wohlbekannt, daß in einer Lorentz-kovarianten Feldtheorie (Quantenfeldtheorie) tiefliegende mathematische Schwierigkeiten dann auftreten, wenn man die Existenz von Teilchen (Feldquellen) erfassen will. Wegen der speziellen Relativität muß man die Teilchen als punktförmig annehmen; dies aber führt zu Feldsingularitäten (divergierenden Termen in der Feldtheorie). Einstein betrachtete deshalb, wie vor ihm Kant, Boscovich und Faraday, die Teilchen selbst als Feldsingularitäten. Diese Singularitäten müssen wir irgendwie aus der Raumstruktur ausschließen, um zu einer konsistenten Feldtheorie zu kommen (was besagt, daß wir z. Z. noch nicht wissen, was in der Nähe der Feldsingularitäten physikalisch tatsächlich geschieht). Unsere gesamten Informationen über die Teilchen stecken wir in die an den Umschließungsflächen geltenden Grenzbedingungen, die angeben, wie sich das Feld in der Nähe der Singularität zu verhalten hat, und so gelangen wir zu den Grenzbedingungen im Kleinen, die zu den Grenzbedingungen im Unendlichen treten. Diese Grenzbedingungen deuten auch die möglichen Grenzen unserer makrophysikalischen Raum-Zeit-Vorstellungen an.

Die klassische These, daß die Geometrie des physikalischen Raumes die Lehre von der gegenseitigen Lagerbarkeit und Verlagerbarkeit der makrophysikalischen Körper und die von Ereignissen in der Raum-Zeit-Welt ist, gilt auch gemäß der Relativitätstheorie. Sie beschreibt aber nicht alles, was der physikalische Raum tatsächlich leistet. Zum Unglück für die Systematik der Problemstellung und zum Glück für die Physik bewirkt der Raum noch ein zweites: Er definiert uns den Trägheitskompaß und hat so eine außerordentliche dynamische Bedeutung, indem er in die physikalischen Prozesse determinierend eingreift. Das geschieht so, daß wenn ein makroskopischer Körper keiner Wechselwirkung unterliegt, er sich nicht etwa beliebig bewegt. Entsprechend dem Galileischen Trägheitsgesetz bewegt sich der Körper vielmehr auf einer euklidischen Geraden mit einer konstanten Geschwindigkeit. Dies tut der Körper ganz von selbst, nicht auf Grund eines äußeren Zwanges. — So bleiben die Stühle in einem Saal also nicht nur auf Grund irgendeiner Anweisung stehen, sondern sie bleiben auch unabhängig von dieser Anweisung stehen, wenn wir uns nicht bemühen, sie zu bewegen. Einfach als Folge dessen, was wir die Trägheit der Materie nennen.

Diese Existenz eines Trägheitskompasses, die im Mittelpunkt der allgemeinen Relativitätstheorie steht, ist ein völlig anderer Zugang zum Raumbegriff als der metrische. Die metrische Auffassung nach Riemann, Helmholtz, Poincaré und Hilbert behandelt die mögliche Verlagerbarkeit der Körper. Sie beruht — technisch gesprochen — auf dem metrischen Fundamentaltensor „g“ ($ds^2 = g_{ik}\, dx^i\, dx^k$). Die dynamische Theorie des Raumes, die von der Existenz des Trägheitskompasses ausgeht, wurde

Galileo Galilei

Friedrich Engels

Hermann v. Helmholtz

Bernhard Riemann

David Hilbert

Max Planck

Albert Einstein

Niels Bohr

in Ergänzung hierzu von EINSTEIN und WEYL begründet. Sie stützt sich — technisch gesprochen — auf die den freien Transport in der Raum-Zeit definierenden Koeffizienten des affinen Zusammenhangs Γ^i_{kl}.

Diese beiden geometrischen und physikalischen Größen „g" und „Gamma" bestehen in der Differentialgeometrie nebeneinander, und es ist das Wesen der relativistischen Gravitationstheorie, diese beiden Größen miteinander und mit der Materie zu verknüpfen. Dies führt uns wieder auf das Problem der Grenzbedingungen im Unendlichen. Die erste Grenze der Raum-Zeit-Vorstellungen war eine Schranke nach innen, die sich aus der Unvereinbarkeit der relativistischen Raum-Zeit-Metrik mit der Existenz von Elementarteilchen ergab. Die zweite Grenze des relativistischen Raum-Zeit-Begriffs ist von kosmologischer Natur. Sie hängt mit dem „Gamma", mit der Definition des Trägheitskompasses durch die Raum-Zeit-Struktur zusammen.

Als These möchte ich einen berühmten Satz von HERMANN WEYL zitieren: Viel entscheidender als die in der allgemeinen Relativitätstheorie (oder in einer ihrer Verallgemeinerungen) geltenden EINSTEINschen Gleichungen, die festlegen, wie die lokale Raum-Zeit-Struktur durch die Materie modifiziert wird, sind für das Trägheitsverhalten der Materie die Grenzbedingungen im Unendlichen, allgemeiner gesprochen, die globale Topologie der Raum-Zeit. Dies nannte WEYL „Die Übermacht des Raumes über die Materie" (wobei hier der alte physikalische Materiebegriff gemeint ist).

In seiner letzten wissenschaftlichen Abhandlung hob EINSTEIN besonders hervor, daß die Bestimmung des Trägheitskompasses auch in der allgemeinen Relativitätstheorie *nicht* durch den physikalischen Inhalt, *nicht* auf Grund der Wechselwirkung zwischen der Materie und der Raum-Zeit-Struktur erfolgt, sondern im wesentlichen durch die Grenzbedingungen im Unendlichen. Und diese Grenzbedingungen müssen sich auf die „Gamma" beziehen, welche aber keine „anständigen" mathematischen Größen sind. Die „Gamma" sind keine Tensoren, sie sind wesentlich vom Koordinatensystem abhängig. Daher hat die Festlegung des Koordinatensystems im „Unendlichen" eine entscheidende Bedeutung für den physikalischen Inhalt der allgemein-relativistischen Gravitationstheorie und ist im allgemeinen physikalisch viel wichtiger als der lokale Einfluß der Materie auf die Metrik.

EINSTEIN hat sich bereits bei seinen ersten Arbeiten zur Gravitationstheorie und Kosmologie in den Jahren von 1911 bis 1918 wiederholt mit dieser Frage auseinandergesetzt und hierbei ein Problem formuliert, das als „MACH-EINSTEIN-Doktrin" berühmt geworden ist. In den Jahren 1944 bis 1946 und auch später hat EINSTEIN dieses Problem erneut untersucht. Diese Arbeiten sind unveröffentlicht geblieben. Was wir hierüber wissen, hat EINSTEINS damaliger Assistent E. G. STRAUS berichtet. Und ferner wurde ein Brief von EINSTEIN an seinen Freund Dr. MÜHSAM (einen Bruder des antifaschistischen Dichters) veröffentlicht, in dem EINSTEIN die Ansicht formulierte, daß die Vorstellung einer auf rein lokalen Wechselwirkungen beruhenden Feldtheorie falsch sein muß. Zu den lokalen Wechselwirkungen muß nach EINSTEINS Ansicht die Fernwirkung der Gesamtmasse des Kosmos treten, um das Problem der Übermacht der Grenzbedingungen im Sinne der „MACH-EINSTEIN-Doktrin" aufzulösen. EINSTEIN zweifelte jedoch daran, ob er seine Untersuchungen hierzu abschließen und veröffentlichen würde. Ihm ging es hier wohl wie C. F. GAUSS, der schon eine klare Vorstellung davon hatte, wie eine nichteuklidische Geometrie aussieht, aber nichts veröffentlichte, weil er „das Geschrei der Böotier" fürchtete.

Die Fernwirkung ferner Massen ist mit der Forderung der relativistischen LORENTZ-Invarianz der lokalen Mikro- und Makrophysik in der Tat nicht ohne weiteres vereinbar; sie verlangt eine grundsätzliche Verallgemeinerung der Relativitätsprinzipien (ich komme hierauf noch einmal zurück).

Die Existenz von empirischen Grenzen der Anwendbarkeit des relativistischen Raum-Zeit-Begriffs ist neuerdings auch in der Astrophysik behauptet worden, wobei diese Grenze teils mit der Mikrophysik, teils mit der Kosmologie im Zusammenhang stehen sollte. Mir scheint dieses Problem aber noch nicht ausdiskutiert zu sein, es bedarf noch einer sorgfältigen Analyse. Einiges beruht m. E. auf einer falschen Interpretation des mathematischen Apparates der Relativitätstheorie. Um dieses Problem an einem möglichst einfachen Beispiel klarzumachen, das den Vorteil hat, daß wir es voll durchschauen, betrachten wir die unbeschleunigte Bewegung einer Partikel entsprechend der klassischen Mechanik. Eine solche Bewegung läßt sich gemäß dem GALILEIschen Trägheitsgesetz bekanntlich durch die einfache Kurve

$$x = vt, \quad v = \text{const}$$

darstellen (s. Abb. 1). Hierbei ist t die NEWTONsche Zeit.

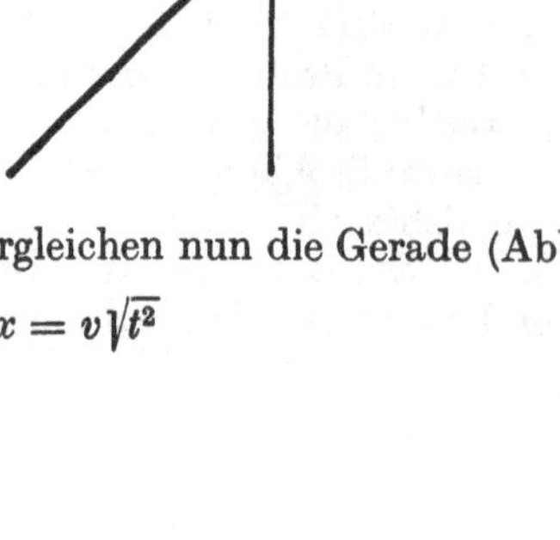

Abb. 1

Wir vergleichen nun die Gerade (Abb. 1) mit der durch

$$x = v\sqrt{t^2}$$

gegebenen Kurve (Abb. 2). Im Falle von Abb. 1 ist an der Stelle

$$x = t = 0$$

die Geschwindigkeit stetig:

$$\left(\frac{dx}{dt}\right)_{x\to+0} = \left(\frac{dx}{dt}\right)_{x\to-0} - v.$$

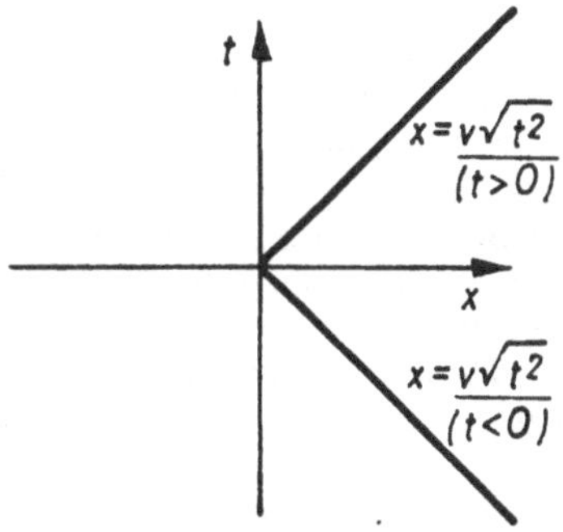

Abb. 2

Im Falle der Kurve (Abb. 2) hat die Geschwindigkeit hier einen Sprung:

$$\left(\frac{dx}{dt}\right)_{x\to+0} = -\left(\frac{dx}{dt}\right)_{x\to-0} = v.$$

Dieser Sprung bedeutet physikalisch die Reflexion der Partikel zur Zeit $t = 0$ an einer elastischen Wand, die durch $x = 0$ gegeben ist. — Wüßten wir hingegen nicht, daß t die Zeit ist, so würden wir die Kurve $x = v\sqrt{t^2}$ interpretieren entsprechend Abbildung 3, nämlich als eine nur für $x \geqq 0$

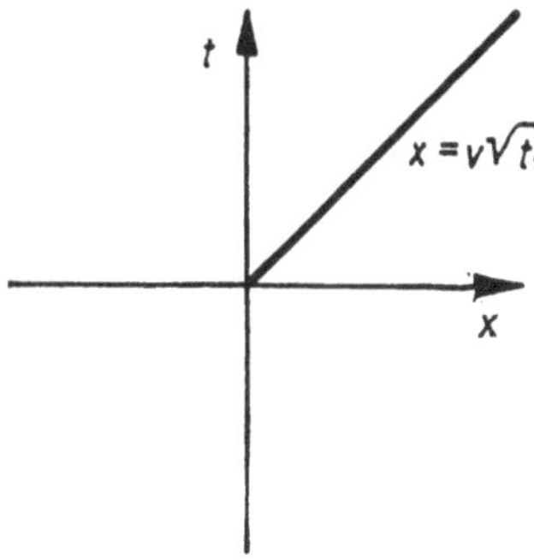

Abb. 3

erklärte Gerade mit einem Endpunkt bei $x = 0$. Dieser würde bedeuten, daß die Partikel zum Zeitpunkt $t = 0$ am Ort $x = 0$ erzeugt wird (die gespiegelte Kurve $t \to -t$ beschriebe dann die Vernichtung eines Partikels zur Zeit $t = 0$). — Da wir aber t als NEWTONsche Zeit interpretieren, wissen wir, daß diese Interpretation (Abb. 3) unphysikalisch ist, und in Wahrheit eine Reflexion an einer elastischen Wand $x = 0$ mit einem Knick in der Bahn des Teilchens vorliegt.

Das Interpretationsproblem wird aber dann komplizierter, wenn man (wie in der allgemeinen Relativitätstheorie) mit allgemeinen Koordinaten arbeitet und dann nicht mehr unmittelbar weiß, welche physikalische Bedeutung die Koordinaten haben. Wenn dann die analytische Darstellung einer Teilchenbahn an irgendeinem Punkt P der Welt endet, könnte man sagen, das Teilchen verschwindet dort bzw. es wird dort erzeugt; oder anders gesagt, es existiert dort ein „schwarzes" bzw. „weißes Loch". Die Existenz eines solchen Loches ist aber in der mathematischen Theorie der physikalischen Raum-Zeit durch das berühmte HILBERTsche Vollständigkeits-Axiom verboten. Dieses Axiom steht über und vor der differentialgeometrischen Struktur der Raum-Zeit. Es ermöglicht überhaupt erst eine sachgemäße Interpretation der Koordinaten. Auf Grund des HILBERTschen Vollständigkeits-Axioms ist gefordert, die allgemeinen Koordinaten so zu interpretieren, daß auf Grund dieser Interpretation alle Teilchenbahnen unbeschränkt fortsetzbar sind.

Weshalb kommen dann aber manche Autoren auf die Idee eines so spiritistischen Prozesses wie den des spontanen Verschwindens oder Entstehens von Teilchen in der Raum-Zeit (ohne nachweisbare Ursache)? Darauf soll jetzt etwas eingegangen werden. Die Kurve (Abb. 2) hat an der Stelle $x = 0$, $t = 0$ einen Knick. Die Geschwindigkeit $\frac{dx}{dt}$ und der Impuls $m\frac{dx}{dt}$ springen dort, und dies entspricht einer unendlich großen (deltaartigen) Kraft $\sim\delta(x)$, wie sie schon KANT diskutiert hat. Man kommt hier auf eine wichtige Bemerkung über den mathematischen Apparat in der Physik, die auf HILBERT zurückgeht: mit der Analysis kauft man für die theoretische Physik eine Fülle von Differenzierbarkeitshypothesen u. ä. ein, welche mit der Physik an sich nichts zu tun haben. — Klassisch ist hier HILBERTS Arbeit über die Nichtexistenz von regulären Flächen von konstanter negativer Krümmung. Diese Nichtexistenz resultiert nach HILBERT daraus, daß man bestimmte Differenzierbarkeitsforderungen stellt. Läßt man diese Forderungen fallen, so existieren die gesuchten Flächen. HILBERT bemerkte daher, daß der Nichtexistenzsatz in Wahrheit eine Aussage über den analytischen Apparat ist und nichts mit dem gestellten geometrischen Problem zu tun hat.

Bei unserer Frage handelt es sich um ein analoges Problem. Der Schluß auf einen Endpunkt der Teilchenbahnen ergibt sich daraus, daß man mit hohen Stetigkeitsanforderungen arbeitet (etwa weil die NEWTONschen oder die EINSTEINschen Gleichungen Differentialgleichungen 2. Ordnung sind). Man verlangt daher Stetigkeit der ersten Ableitungen, während die Kurve (Abb. 2) für $x = 0$ nicht stetig differenzierbar ist. Dies führt aber über die EINSTEINschen Gleichungen zu der Aussage, daß an dieser Stelle flächenartige Belegungen komplizierter Struktur existieren müssen, was bedeutet, daß hier der große RIEMANNsche Krümmungstensor R^i_{klm} selbst deltaartige Singularitäten aufweist.

Das Unangenehme hierbei ist, daß die deltaartigen Kräfte, die von Flächenbelegungen herrühren, nur an der Wand selbst und nicht in ihrer Nähe bemerkbar sind. Wenn man die Bahn der Teilchen betrachtet, kann man an ihr bis unmittelbar vor der reflektierenden Wand nicht erkennen, daß bald eine Wand kommt.

Dies steht ganz im Gegensatz etwa zu der freien Bewegung der Teilchen im NEWTONschen Kraftfeld. Da merkt man das Kraftfeld überall an der Beschleunigung der Teilchen. Aber das „Wandfeld" wird erst in dem Moment bemerkt, in dem das Teilchen an die Wand stößt. Dieses Feld wirkt nur instantan bei unmittelbarer Berührung. Dies ist wieder dasselbe Problem, das schon KANT diskutiert hatte.

Indem man dieses Problem verkennt, kommt man eben zu der spiritistischen Ansicht, daß es in der Welt „schwarze Löcher" gibt, in denen Teilchen ursachelos aus der Raum-Zeit verschwinden oder „weiße Löcher", an denen die Teilchen ursachelos erzeugt werden. Zu diesen abstrakten Fragen eine Anekdote: Eine amerikanische Physikergruppe behauptet, Gravitationswellen entdeckt zu haben, die im Zentrum der Milchstraße erzeugt werden. — Hierbei ist es m. E. eine offene Frage, was „Gravitationswellen" (d. h. Störungen der metrischen Struktur der Raum-Zeit) physikalisch bedeuten und was man damit meint, wenn man sagt, man hätte Gravitationswellen entdeckt.[1]) — Man hat nun ausgerechnet, wie groß die Energiemenge sein muß, die das Zentrum der Milchstraße aussendet, damit die angeblich entdeckten Gravitationswellen mit den vorgeschlagenen Meßanordnungen nachweisbar sind. Bei vorsichtiger Schätzung kommt man darauf, daß das Zentrum der Milchstraße jährlich Energie ausstrahlen muß, die (mindestens) 20000 Sonnenmassen äquivalent ist. Die Masse des Zentrums der Milchstraße beträgt aber nur einige 10^7 Sonnenmassen, d. h. in einigen 1000 Jahren wäre das ganze Milchstraßen-Zentrum zerstrahlt. Der Strahlungsprozeß könnte also erst in historischer Zeit begonnen haben, gewissermaßen uns zur Freude, damit wir Gravitationsstrahlen entdecken können. Auch würde der Zerfall des Zentrums sozusagen „ohne jedes

---

[1]) In einem Brief an MAX BORN schrieb EINSTEIN 1936: „Ich habe ... gefunden, daß es keine Gravitationswellen gibt, trotzdem man dies gemäß der ersten Approximation für sicher hielt." (ALBERT EINSTEIN — MAX BORN, Briefwechsel, München 1969, S. 173).

Instrument“ beobachtbar sein. Weil dies ersichtlich Unsinn ist, sagen nun einige Physiker, daß das Zentrum der Milchstraße ein „weißes Loch“ enthält, durch das ständig Partikel und Energie ursachelos in den Raum hineingepumpt werden, um dann im Zentrum der Milchstraße in Gravitationsstrahlung umgesetzt zu werden. Gott erschafft also laufend Energie, damit sie im Milchstraßen-Zentrum in Gravitationsstrahlung umgesetzt werden kann.

Das ist natürlich furchtbar einleuchtend, denn bei Gott ist kein Ding unmöglich. Ich verstehe hier nur nicht: Warum macht Gott die Sache so kompliziert, warum macht er, um die Registriergeräte in Bewegung zu setzen, einen solchen Umweg? Man kann dem alten Herrn doch eine rationellere Arbeitsweise zutrauen und einfach sagen, Gott läßt die Registriergeräte ursachelos synchron erzittern! Beides ist Spiritismus. Die zweite Hypothese hat aber wenigstens die Ökonomie für sich.

Diese Dinge kann man also beiseite lassen. Teilweise handelt es sich hier um Fehlinterpretationen ziemlich naiver Art; es wird vergessen, daß wir die Topologie in die allgemeine Relativitätstheorie hineinstecken müssen und sie nicht aus den Einsteinschen Feldgleichungen herleiten können.

Nun zurück zu der Frage nach den Raumgrenzen in der Mikrophysik. Was soll dies heißen? Es ist offensichtlich so, daß der Widerspruch, auf den Kant bereits hingewiesen hatte, durch die spezielle Relativitätstheorie verschärft worden ist. Andererseits versichern uns die Quantenfeldtheoretiker, daß man z. B. bei den starken Wechselwirkungen, die sie untersuchen, sehr viel weniger über den Raum wissen muß, als die Relativitätstheorie uns an Strukturen anbietet. Der positivistische Standpunkt ist, daß es sinnlos ist, über Dinge zu sprechen, die man prinzipiell nicht messen kann. Die materialistische Wendung dieser These lautet: man kann prinzipiell keine Dinge messen, die es nicht gibt.

Es läßt sich nun folgendes zeigen (diese Argumentation ist schon sehr alt; sie geht auf Planck 1906 zurück und wurde in den 60er Jahren von vielen Physikern kultiviert, u. a. auch von uns)[1]: Wenn man sehr kleine Längen messen möchte, braucht man einen Maßstab mit vergleichbar kleiner Längeneinteilung. Man braucht ein Längenetalon, das kleiner ist als die zu messende Länge. Nun lehrt die Quantentheorie, daß die de-Broglie-Materie-Wellenlänge um so kleiner wird, je größer die relative Energie E des Teilchens ist:

$$\lambda = \frac{hc}{E}.$$

Andererseits wächst mit wachsender Energie der sog. Gravitationsradius

[1]) S. mein Büchlein „Relativität und Kosmos“. 2. Aufl., Akademie-Verlag, Berlin, 1970.

a des Teilchens:

$$a = \frac{fE}{c^4}.$$

Das geometrische Mittel beider Größen ist eine universelle Konstante, die von den Teilchen unabhängig ist. Diese universelle Konstante ist die PLANCKsche Elementarlänge l. Wir können sie auch auffassen als das geometrische Mittel von COMPTON-Wellenlänge

$$\lambda_c = \frac{h}{mc}$$

und Gravitationsradius

$$a = \frac{fm}{c^2}$$

eines Teilchens mit der Ruhmasse m:

$$l = (fhc^{-3})^{1/2}.$$

(Die PLANCKsche Elementarlänge l entspricht der DE-BROGLIE-Wellenlänge eines Teilchens mit der relativen Energie $E \approx 10^{-5}$ g. Wir bewegen uns also in einem superhohen Energiebereich.) Nun muß $\lambda > a$ sein, weil man sonst wegen der Eigenschaften des Gravitatinosradius keine Informationen erhält, die ausbleiben, wenn man in Raumdimensionen eindringen will, die kleiner sind als die PLANCKsche Länge. Die Information wird durch das Gravitationsfeld des Meßetalons verschluckt. Das heißt aber nicht, daß es hier keine Raum-Zeit-Struktur mehr gibt. Wohl aber bedeutet dies, daß wenn wir die Raum-Zeit-Struktur in die Mikrophysik einführen, berücksichtigt werden muß, daß die Naturgesetze so beschaffen sind, daß die Raum-Zeit-Metrik in den Bereichen der PLANCKschen Elementarlänge auf jene keinen Einfluß mehr hat. Es ist also zu berücksichtigen, daß es eine Grenze gibt, unterhalb derer es nicht mehr sinnvoll ist, von einer inneren Struktur von Teilchen zu sprechen; denn jeder Versuch darüber hinaus in die innere Struktur einzudringen, wird notwendig scheitern. Dies ist im Grunde genommen bereits eine Konsequenz der heutigen Quanten- und Relativitätstheorie. Daraus ergibt sich, daß wir bei der Beschreibung der Elementarteilchen berücksichtigen müssen, daß die Raum-Zeit-Struktur nach unten in diesem Sinne aufgelockert ist. Wir dürfen daher in die Elementarteilchenphysik nicht alles hineinstecken, was wir aus der Makrophysik über die Raum-Zeit-Struktur wissen. In die Elementarteilchen-Physik geht notwendig weniger ein. Dies heißt aber nicht, daß dort eine andere Raum-Zeit-Struktur als in der Makrophysik herrscht, sondern nur, daß die Raum-Zeit-Struktur nicht mehr voll wirksam wird.

EINSTEINS Problem der Grenzbedingungen im Unendlichen ist mindestens genauso tief, wie dasjenige, das mit der PLANCKschen Elementarlänge zusammenhängt. Es führt uns auf die Grundfragen der Kosmologie und geht von der Paradoxie aus, daß die Trägheitseigenschaften und damit ein Teil der Dynamik nach der gegenwärtigen Physik im wesentlichen nicht durch Wechselwirkungen zwischen der Materie bestimmt werden. Die heutige Physik verbietet auch nicht das Gedankenexperiment, sich eine Welt vorzustellen, in der es etwa nur ein Teilchen gäbe. Wäre hingegen die Trägheit des Teilchens ein Ergebnis der Wechselwirkungen mit der übrigen Materie im Kosmos, wie es die EINSTEIN-MACH-Doktrin verlangt, so wäre dieses Gedankenexperiment verboten (auch verschiedene quantenfeldtheoretische Ansätze möchten ein solches Gedankenexperiment verbieten).[1])

Ohne diese MACH-EINSTEIN-Doktrin muß man annehmen, daß sich ein isoliertes Teilchen völlig unabhängig vom übrigen Kosmos nach dem GALILEI-EINSTEINschen Trägheitsgesetz bewegt. Wir können uns dann auch eine makrophysikalische Welt, bestehend aus zwei schweren Teilchen, vorstellen. Diese würden sich (ebenfalls unabhängig vom übrigen Kosmos) nach den KEPLERschen Gesetzen bewegen (mit einer relativistischen Korrektur).

Dies alles rührt von der Annahme bei NEWTON her, daß ein wesentlicher Teil der Dynamik unabhängig vom materiellen Inhalt der Raum-Zeit durch deren Topologie festgelegt wird. (In unserem Falle durch die Grenzbedingungen im räumlich Unendlichen.) Diese Annahme zur Diskussion stellen heißt nicht, die Raum-Zeit-Struktur aufgeben zu wollen, im Gegenteil! Wohl aber muß man die Frage stellen, ob es tatsächlich richtig ist, die Raum-Zeit-Struktur so eng mit dem Feldbegriff, d. h. mit partiellen Differentialgleichungen zu verknüpfen, wie dies H. HERTZ gefordert hatte und wie dies in der allgemeinen Relativitätstheorie ganz allgemein geschieht. Es erscheint als durchaus möglich, daß zwar nicht der Begriff der Raum-Zeitlichkeit begrenzt ist, wohl aber die lokale Auffassung der Raum-Zeitlichkeit, weil neben den rein lokal wirkenden Feldgesetzen auch Fernwirkungen existieren, es also einen instantanen Einfluß auch der fernsten Massen des Kosmos auf das lokale physikalische Geschehen gibt.

Der im allgemeinen eingenommene heutige Standpunkt ist jedoch, daß man im Grunde genommen den übrigen Kosmos vergessen kann, wenn man sich mit einem beliebigen kleinen Ausschnitt des Kosmos beschäftigt. Dies braucht aber nicht richtig zu sein, und es war EINSTEINS Ansicht, daß dies

---

[1]) Eine ausführliche mathematische Diskussion der mit der MACH-EINSTEIN-Doktrin zusammenhängenden physikalischen Fragen enthält mein neues Büchlein „Die Relativität der Trägheit", das 1972 im Akademie-Verlag erschienen ist.

nicht richtig ist. Nach EINSTEIN kann man nicht einen Teil aus dem Kosmos herausschneiden und isoliert betrachten, ohne einen wesentlichen Fehler zu machen. Dies bedeutet, daß die Raum-Zeit-Struktur so tief in die Physik eingreift, daß eine geeignete Wahl der Grenzbedingungen „am Rande des Ausschnitts" nicht hinreicht, um die Wirkung des gesamten Kosmos auf das gedanklich isolierte Gebiet zu berücksichtigen. Man kann dann die gesamte Physik nicht verstehen, wenn man einen endlichen Ausschnitt der Welt untersucht. Und es ist auch nicht mehr hinreichend, nur in einem Laboratorium zu experimentieren, selbst dann nicht, wenn man über ideale Meßinstrumente verfügen würde. Es kann durchaus so sein, daß schon der Begriff eines isolierten Laboratoriums in sich widersprüchlich ist.

Zum Schluß dieser Darstellung sollen noch folgende Probleme behandelt werden:

1. Ist das, was in der EINSTEINschen Theorie als Grenzbedingung auftritt und was unabhängig von der Theorie als globale Topologie bezeichnet wird, tatsächlich bestimmt durch den materiellen Inhalt der Welt? Dies wäre wohl philosophisch zwar wünschenswert, denkbar ist aber auch, daß die Natur diesen Wunsch nicht 100%ig erfüllt. Es ist denkbar, daß die globale Topologie (und evtl. auch ein globales Feld) unabhängig ist von der tatsächlichen Materie im physikalischen Sinne, also von dem, was sich in der EINSTEINschen Theorie als Energie-Impuls-Tensor ausdrücken läßt. Wie verhält sich diese Fragestellung zum erläuterten Problem?

Auf diese Frage ist zu antworten:

Der einzige Unterschied zwischen der allgemeinen Relativitätstheorie und der speziellen ist bezüglich der Raum-Zeit der, daß in der speziellen die Raum-Zeit-Struktur völlig unabhängig ist vom materiellen Inhalt, während nach der allgemeinen Relativitätstheorie eine vorgegebene Globalstruktur durch den materiellen Inhalt deformiert wird. Der Grund für beide Auffassungen kommt von NEWTON her; nämlich von der Entdeckung, daß die Raum-Zeit nicht nur die Lagebeziehungen definiert, sondern auch die Trägheitseigenschaften.

Nun ist das Problem, mit dem sich EINSTEIN sein Leben lang beschäftigt hat, und das vor ihm im 19. Jahrhundert C. NEUMANN und ERNST MACH erläutert haben (und bereits im 17. Jh. HUYGENS und LEIBNIZ): Gibt es eine Globalstruktur, die unabhängig von ihrem materiellen Inhalt ist?

Der Unterschied zwischen NEWTON und EINSTEIN ist zunächst der: Nach EINSTEINS klassischem Gleichnis ist die Raum-Zeit eine Mietskaserne; bei NEWTON muß die Materie in eine Mietskaserne mit starren Wänden einziehen. Bei EINSTEIN sind die Wände hingegen etwas beweglich. Ein moderner Architekt hat gewissermaßen Wohnungen mit beweglichen Wänden gebaut und der Mieter — die Materie —, kann die Wände etwas verschieben. Aber die tragenden Mauern und das Fundament stehen fest. Sie sind unverrückbar als Globalstruktur vorgegeben.

EINSTEINS Ziel war aber wohl, eine Physik zu entwickeln, in der keine Vorgabe von Grenzbedingungen mehr möglich und nötig ist, weil die gesamte Trägheitsstruktur bereits bestimmt ist durch die Massenverteilungen im Kosmos. Dies kann im wesentlichen nur als Wirkung ferner Massen verstanden werden, denn es ist evident, daß die Trägheitseigenschaften etwa eines irdischen Körpers nicht wesentlich abhängen können von seiner Lage zur Erde bzw. zur Sonne. Es können also nur die kosmischen Massen *insgesamt* sein, die die Trägheitseigenschaften bestimmen. In diesem Falle gäbe es nicht mehr WEYLS übermächtigen Äther; die Globalstruktur des Kosmos, insbesondere der Trägheitskompaß, ist vielmehr voll bestimmt durch die Materie.

Sowohl für die erste als für die zweite Auffassung sind zahlreiche Argumente vorgetragen worden. Der entscheidende Punkt ist eben der, daß man im 1. Fall ein beliebiges Stück aus der Welt herausschneiden und aus diesem eine vollständige Physik gewinnen kann. Im 2. Fall ist es nicht mehr möglich, ein Stück aus der Raum-Zeit herauszuschneiden und aus diesem isolierten Stück die gesamte Physik herzuleiten. Vielmehr ist die Vorstellung des „Herausschneidens" selbst nicht mehr erlaubt. Die „vollständige Isolierbarkeit", wie sie die 1. Vorstellung als Denkmöglichkeit impliziert, wird von der 2. Vorstellung bestritten. Es wird bestritten, daß es überhaupt eine sinnvolle Idealisierung ist, ein Stück aus der Welt als „isolierbar" anzusehen.

In meinem neuen Buch „Die Relativität der Trägheit" habe ich ein Experiment vorgeschlagen, das etwa bis zum Jahre 2000 (im Zusammenhang mit der Entwicklung der Weltraumforschung) entscheiden kann, ob die EINSTEIN-MACHsche-Auffassung von der Induktion der Trägheit durch die fernen kosmischen Massen richtig ist oder nicht.

Dieses Experiment bezieht sich insbesondere auf die Bewegung von Erde und Mond. Man kann sich leicht vorstellen, daß es einen Unterschied ausmacht, ob es erlaubt ist, anzunehmen, daß Erde und Mond allein im Universum existieren oder nicht. In der NEWTONschen Himmelsmechanik kann man idealisiert annehmen, daß Erde und Mond allein da wären. — Daß sie das nicht sind, ist Tatsache, aber rein mathematisch ist bei NEWTON auch die isolierte Existenz behandelbar. Nach der MACH-EINSTEIN-Doktrin führt hingegen die Annahme einer solchen isolierten Existenz überhaupt zu keiner sinnvollen Himmelsmechanik.

Wenn man nun annimmt, daß die MACH-EINSTEIN-Doktrin richtig ist, käme bei diesem Experiment heraus, daß sich der Mond gegenwärtig jährlich um etwa 3 bis 5 cm der Erde nähert. Der Wert dieser Annäherung hängt von der HUBBLE-Konstante, die man noch nicht genau kennt, ab. (Für die konkreten Rechnungen s. mein Buch!)

Im NEWTONschen Falle würde es keine Annäherung des Mondes an die Erde geben.

Man kann also tatsächlich experimentell entscheiden, ob es eine von ihrem materiellen Inhalt unabhängige Globalstruktur der Raum-Zeit gibt, wie es NEWTON und auch die allgemeine Relativitätstheorie annehmen, oder ob die Globalstruktur *vollständig* durch den materiellen Inhalt bestimmt wird, wie die MACH-EINSTEIN-Doktrin behauptet. — Man sieht, daß das keine hoffnungslose Frage ist, sondern ein Problem, das nicht nur erkenntnistheoretisch diskutiert zu werden braucht, sondern physikalisch-experimentell entscheidbar ist.

2. Der Physiker fragt heute: Was kann man über die gesetzliche Struktur des Kosmos sagen? Kann man diese Struktur von allen einzelnen materiellen Prozessen abheben, die untersucht werden? Die Frage, was kann man über die globalen Gesetze aussagen, ist auch den Philosophen deshalb interessant, weil sie zu einer Reihe weiterer Fragen über die Idealisierung in unseren erkenntnistheoretischen Problemstellungen führt: über das Verhältnis der Globalstruktur des Kosmos zu den materiellen Prozessen im Elementarteilchenbereich. Dies ist die Fragestellung, die dahintersteht und die in der Zukunft auf dialektische Weise gelöst werden sollte, weil man einmal im begrenzten Bereich Elementarteilchen-Untersuchungen macht und von diesen begrenzten Gebieten aus versucht, die Globalstruktur des Kosmos zu begreifen.

Auch die andere Seite muß berücksichtigt werden; daß neben der von EINSTEIN untersuchten Wirkung der Massenverteilung auf die Raum-Zeit-Struktur auch untersucht werden muß, wie sich diese Globalstruktur dann wieder auswirkt in den einzelnen materiellen Prozessen. Und es scheint, daß in dieser Richtung eine Reihe von Experimenten zur MACH-EINSTEIN-Doktrin mehr Aufschluß geben können über die innere Gesetzmäßigkeit dieser Zusammenhänge.

Die unitäre Feldtheorie von HEISENBERG geht von der Hoffnung aus, daß aus der Globalstruktur des Universums einiges für die Elementarteilchen-Physik zu entnehmen ist. Und bei HEISENBERG tritt dementsprechend auch wieder (zum ersten Mal seit EDDINGTON in der Quantentheorie) das MACHsche Prinzip auf. Es ist also auch hier die grundsätzliche Frage, ob die naive Ansicht, daß man ein Elementarteilchen verstehen kann, indem man es aus dem Kosmos isoliert, tatsächlich berechtigt ist. Die Vorstellung einer solchen Isolierbarkeit wäre aber eine Konsequenz der Ablehnung der MACH-EINSTEIN-Doktrin.

3. Mit dem mathematischen Formalismus in der Physik werden eine Anzahl von mathematischen Hypothesen übernommen, die — wie die Differenzierbarkeitshypothesen — an sich keine physikalische Bedeutung haben.

Man kann sich im allgemeinen unter der ersten Ableitung noch etwas vorstellen, z. B. unter der ersten Ableitung der Geschwindigkeit. Aber oft arbeitet man mit sehr starken Differenzierbarkeitshypothesen, etwa mit der Annahme der Analytizität. Kein Physiker wird sich vorstellen können, was etwa die 100. Ableitung physikalisch bedeutet. Und wenn er das doch kann, fordere man ihn auf, die 300. Ableitung zu interpretieren. Da gibt es dann sicherlich keine Vorstellung mehr! Das heißt, man kauft mit der Analysis eine Menge Dinge ein, die einfach zum Apparat gehören, denn man kauft eine vollständige Theorie ein. Es ist bekanntlich nicht so, daß man sich eine mathematische Theorie durch die einfache Abstraktion aus der Physik bastelt, sondern man nimmt vollständige mathematische Theorien in die Physik auf.

Man muß sich immer darüber im klaren sein, was man übernommen hat: was vom mathematischen Apparat lebensnotwendig für die Physik ist und was nicht. Für eine Kontinuumsphysik scheint das HILBERTsche Vollständigkeits-Axiom lebensnotwendig zu sein. Hingegen scheint das für irgendwelche Differenzierbarkeitshypothesen nicht zu gelten. Es sind einfach „Zugaben", die der mathematische Apparat enthält, den wir gebrauchen, weil er sehr einfach und handlich ist. Wenn man damit nun Schwierigkeiten bekommt, sollte man keine Skrupel haben, den mathematischen Apparat zunächst einmal zu substituieren und später durch einen geeigneteren zu ersetzen.

Die erkenntnistheoretische Schwierigkeit ist, daß eine physikalische Theorie im Gewand einer mathematischen Theorie auftritt, also mit Allaussagen. Tatsächlich weiß aber jeder Physiker, daß keine physikalische Theorie den Anspruch erhebt, absolut wahr zu sein. Sie strebt vielmehr nur an, einen möglichst hohen objektiven Gehalt, einen möglichst hohen Gehalt an relativen Wahrheiten zu besitzen. — Die Physik muß sich selbst distanzieren können von denjenigen Teilen der mathematischen Hilfsmittel, die keiner physikalischen Interpretation fähig und bedürftig sind.

37. Metrische und nichtmetrische Übertragungen

Das Problem, zu dem diese kleine Note einen Beitrag liefert, hat einen hochbedeutsamen Ursprung. Es geht auf eine Diskussion zurück, die ALBERT EINSTEIN und HERMANN WEYL im Jahre 1918 miteinander geführt haben.

I.

In einer allgemeinen affin-zusammenhängenden differenzierbaren Mannigfaltigkeit V_n wird für die Koeffizienten des affinen Zusammenhangs A^i_{kl} bekanntlich nur das Transformationsgesetz:

$$\bar{A}^i_{kl} = A^a_{bc} \frac{\partial \bar{x}^i}{\partial x^a} \frac{\partial x^b}{\partial \bar{x}_k} \frac{\partial x^c}{\partial \bar{x}^l} + \frac{\partial^2 x^a}{\partial \bar{x}^k \partial \bar{x}^l} \frac{\partial \bar{x}^i}{\partial x^a} \tag{1}$$

verlangt, welches das Verhalten der Koeffizienten A^i_{kl} bei einer Koordinatentransformation:

$$\bar{x}^i = \bar{x}^i(x^a)$$

angibt. Ist $\underset{\text{I}}{A}{}^i_{kl}$ irgendeine Lösung von (1), so ist auch

$$\underset{\text{II}}{A}{}^i_{kl} = \underset{\text{I}}{A}{}^i_{kl} + \Omega^i_{kl} \tag{2}$$

eine Lösung von (1), wenn Ω^i_{kl} ein Tensor 3. Stufe:

$$\bar{\Omega}^i_{kl} = \frac{\partial \bar{x}^i}{\partial x^a} \frac{\partial x^b}{\partial \bar{x}^k} \frac{\partial x^c}{\partial \bar{x}^l} \Omega^a_{bc} \tag{2a}$$

ist. Die kovariante Ableitung z. B. eines Vektors B^i wird mit Hilfe der Koeffizienten des affinen Zusammenhangs definiert durch[1]):

$$B^i_{\|l} \doteq B^i_{,l} + B^k A^i_{kl}. \tag{3}$$

Trägt die V_n eine Metrik g_{ik}, so ist die kovariante Ableitung des metrischen Tensors unter Verwendung der Koeffizienten A^i_{kl} definiert durch:

$$g_{ik\|l} = g_{ik,l} - A_{ikl} - A_{kil} \quad \text{mit} \quad A_{ikl} = g_{im} A^m_{kl}. \tag{4a}$$

Gilt besonders

$$g_{ik,l} - A_{ikl} - A_{kil} = 0, \tag{4b}$$

ist also der metrische Tensor in bezug auf die Koeffizienten A^i_{kl} kovariant konstant, so nennt man den durch die Koeffizienten A^i_{kl} gegebenen affinen Zusammenhang metrisch. Gilt hingegen

$$g_{ik\|l} = \varphi_{ikl}, \tag{4c}$$

wobei wegen der Symmetrie der g_{ik} die Inhomogenität φ_{ikl} notwendig symmetrisch in den vorderen Indizes ist:

$$\varphi_{ikl} = \varphi_{kil}, \tag{5}$$

so ist der durch A^i_{kl} gegebene affine Zusammenhang nichtmetrisch (vgl. [2, 4]).

Die Bedingungsgleichungen (4b) für eine metrische Übertragung, das sogenannte Lemma von Ricci, sind gleich $\frac{n^2}{2}(n+1)$ Gleichungen für die n^3 Koeffizienten. Das Lemma von Ricci bestimmt diese Koeffizienten also nicht eindeutig, sondern läßt $\frac{n^2}{2}(n-1)$ Größen unbestimmt. Diese Größen bilden gemäß (2) notwendig einen Tensor 3. Stufe. Fordert man, daß die Zusammenhangskoeffizienten A_{ikl} symmetrisch in ihren beiden hinteren

---

[1]) Das Komma bedeutet die partielle Ableitung: $\Phi_{,i} \doteq \frac{\partial}{\partial x^i} \Phi$.

Indizes sind:

$$A_{ikl} = A_{ilk}, \tag{6}$$

so folgt aus (4b) bekanntlich sofort, daß die A_{ikl} die CHRISTOFFELschen 3-Index-Symbole 1. Art sind. Aus (4b) und (6) folgt also:

$$A_{ikl} = \Gamma_{ikl} \doteq \frac{1}{2}(-g_{kl,i} + g_{li,k} + g_{ik,l}) \tag{7}$$

und

$$A^i_{kl} = g^{im}\Gamma_{mkl}. \tag{7a}$$

Mit (7) sind aber auch alle Koeffizienten

$$\underset{\text{II}}{A}_{ikl} = \Gamma_{ikl} + \beta_{ikl} \tag{8}$$

Lösungen des RICCI-Lemmas (4b), wenn der Tensor 3. Stufe β_{ikl} antisymmetrisch in den beiden vorderen Indizes ist

$$\beta_{ikl} \equiv -\beta_{kil}. \tag{8a}$$

Die Forderung (8a) ist, wie aus den Symmetrieeigenschaften von (4b) folgt, notwendig und hinreichend dafür, daß (8) dem Lemma von RICCI genügt, also eine metrische Übertragung definiert. — Die Symmetrieeigenschaft (8a) entspricht der bekannten Antisymmetrie der RICCIschen Rotations-Koeffizienten γ_{ikl} (s. u.). Wir wollen daher die Tensoren β_{ikl} verallgemeinerte RICCI-Koeffizienten nennen und können somit sagen, daß *ein zur Metrik g_{ik} gehörender metrischer Zusammenhang als Summe der entsprechenden CHRISTOFFELschen Symbole und der verallgemeinerten RICCI-Koeffizienten darstellbar ist.*

Da die Tensoren 3. Stufe antisymmetrisch in den beiden vorderen Indizes sind, sind sie — wenn sie nicht verschwinden — in den beiden hinteren Indizes unsymmetrisch:

$$\beta_{ikl} \neq \beta_{ilk}. \tag{8b}$$

Die in den vorderen Indizes antisymmetrischen β_{ikl} lassen sich daher darstellen als linearer Ausdruck des Torsions-Tensors S_{ikl}, der in den hinteren Indizes antisymmetrisch ist:

$$\Omega_{ikl} = \beta_{ikl} = -S_{kil} - S_{lik} + S_{ikl} \quad \text{mit} \quad S_{ikl} = -S_{ilk} \tag{9}$$

und

$$S_{ikl} = -\beta_{ilk} + \beta_{lki} + \beta_{ikl}. \tag{9a}$$

(9) ist der bekannte Ausdruck von SCHOUTEN [4].[1]) Jede Lösung des Lemmas von RICCI, die von den CHRISTOFFELschen Symbolen verschieden ist, beschreibt daher einen Zusammenhang, der die Schließbedingung für ein infinitesimales Parallelogramm nicht befriedigt.

Addiert man hingegen zu den CHRISTOFFELschen Symbolen einen Tensor, der in den vorderen Indizes symmetrisch ist:

$$A_{ikl} = \Gamma_{ikl} + \varrho_{ikl} \quad \text{mit} \quad \varrho_{ikl} = \varrho_{kil}, \tag{10a}$$

so wird durch A_{ikl} das Lemma von RICCI nicht erfüllt, es gilt:

$$g_{ik\|l} = -\varrho_{ikl} - \varrho_{kil} = -2\varrho_{ikl} \doteq \varphi_{ikl}. \tag{10b}$$

Im allgemeinen können wir also die Darstellung (2) der Koeffizienten des affinen Zusammenhangs in einem metrischen Raum schreiben:

$$A_{ikl} = \Gamma_{ikl} + \Omega_{ikl} = \Gamma_{ikl} + \beta_{ikl} + \varrho_{ikl}. \tag{11}$$

Hierbei sind der erste Term Γ_{ikl} die auf die Metrik g_{ik} bezogenen CHRISTOFFELschen 3-Index-Symbole erster Art, die β_{ikl} sind die verallgemeinerten RICCI-Koeffizienten und $-2\varrho_{ikl}$ ist die Inhomogenität der kovarianten Ableitung des metrischen Tensors.

II.

Mit Hilfe des Ausdrucks (11) können wir die sogenannten nichtriemannschen Geometrien [2] leicht klassifizieren: Der V_n besitzt eine Metrik g_{ik}. Es liegt RIEMANN-CHRISTOFFELsche Übertragung vor, wenn gilt:

$$\varrho_{ikl} = 0, \quad \beta_{ikl} = 0. \tag{12a}$$

Hieraus folgt das Verschwinden der Torsion, also

$$A_{ikl} - A_{ilk} = 0. \tag{12b}$$

Die Übertragung ist nicht fernparallel, da der RIEMANN-CHRISTOFFELsche Krümmungstensor

$$R^i_{klm} = -\Gamma^i_{kl,m} + \Gamma^i_{km,l} - \Gamma^r_{kl}\Gamma^i_{rm} + \Gamma^r_{km}\Gamma^i_{rl} \tag{12c}$$

i. a. nicht verschwindet. Hingegen ist bei Paralleltransport im Sinne von LEVI-CIVITA ein Fernvergleich von Skalaren und damit von Eigengrößen (physikalisch gesprochen: von selbstgemessenen Größen) möglich. Denn wird z. B. ein Vektor längs einer Kurve $x^l = x^l(\tau)$ parallel transportiert, so

---

[1]) Der bei SCHRÖDINGER [5] angegebene Ausdruck für die Koeffizienten der metrischen Übertragung ist irrtümlich.

gilt wegen der Erfüllung des Lemmas von RICCI mit

$$B^i_{\|\,l} \frac{dx^l}{d\tau} = B^i_{;l} \frac{dx^l}{d\tau} = 0 :{}^{1)}$$

$$(B^i B^k g_{ik})_{,l} \frac{dx^l}{d\tau} = B^i B^k g_{ik;l} \frac{dx^l}{d\tau} = 0. \tag{12d}$$

Der RIEMANN-CHRISTOFFELsche Krümmungstensor besitzt alle RICCIschen Symmetrien:

$$R_{ikmn} = -R_{iknm} = -R_{kimn} = R_{mnik}, \; R_{iklm} + R_{ilmk} + R_{imkl} = 0. \tag{13}$$

Ist in (11)

$$\varrho_{ikl} = 0, \tag{14a}$$

so ist die Übertragung metrisch. Die Torsion ist aber für $\beta_{ikl} \neq 0$ von Null verschieden:

$$A_{ikl} - A_{ilk} = 2S_{ikl} \neq 0. \tag{14b}$$

Der Krümmungstensor[1])

$$G^i_{klm} = -A^i_{kl,m} + A^i_{km,l} - A^r_{kl}A^i_{rm} + A^r_{km}A^i_{rl}$$
$$= R^i_{klm} - \Omega^i_{kl:m} + \Omega^i_{km:l} - \Omega^r_{kl}\Omega^i_{rm} + \Omega^r_{km}\Omega^i_{rl}$$

ist i. a. ungleich Null und besitzt im Fall (14a) und (14b) die Symmetrie

$$G_{iklm} = -G_{ikml} = -G_{kilm}. \tag{14c}$$

Wegen der Metrizität der Übertragung ist ein Vergleich von Eigengrößen möglich; es gilt für die Parallel-Übertragung eines Vektors B^i längs einer Kurve $x^l = x^l(\tau)$ wieder mit $B^i_{\|\,l} \frac{dxl}{d\tau} = 0$:

$$(B^i B_i)_{\|\,l} \frac{dx^l}{d\tau} = (B^i B^k g_{ik})_{,l} \frac{dx^l}{d\tau} = 0. \tag{14d}$$

Es gibt einen Spezialfall der metrischen Übertragung mit Torsion, bei der der Krümmungstensor G^i_{klm} verschwindet und daher auch ein Fernvergleich von Richtungen möglich ist. Dies sind die fernparallelen Übertragungen von EINSTEIN [1]. Hierbei wird der metrische Tensor mit Hilfe eines ortho-

[1]) Das ; bedeutet die mit den CHRISTOFFELschen Symbolen gebildete kovariante Ableitung: $B^i{}_{;l} \doteq B^i{}_{,l} + \Gamma^i{}_{rl}B^r$.

normierten n-Bein-Feldes $h_D{}^i$ dargestellt:

$$g_{ik} = h_i{}^D h_{Dk} \quad \text{mit} \quad D = 1, \ldots, n. \tag{15a}$$

Dieses n-Bein-Feld definiert ein bis auf starre Rotationen festgelegtes Bezugssystem, das einen Fernvergleich der Richtungen erlaubt. Die fernparallele Übertragung führt die Komponenten des n-Bein-Feldes in sich selbst über, genügt also dem Lemma von EINSTEIN

$$h^D_{i\|l} = h^D_{i,l} - h_k{}^D A^k_{il} = 0. \tag{15b}$$

Das Lemma von RICCI gilt a fortiori. Aus (15b) folgt für die Koeffizienten der EINSTEINschen Übertragung

$$\underset{(\text{Einstein})}{A^i_{kl}} = \Delta^i_{kl} = h^{Di} h_{Dk,l} = -h^{Di}_{,l} h_{Dk}. \tag{16a}$$

(16a) kann entsprechend der Zerlegung (11) geschrieben werden:

$$\Delta_{ikl} = \Gamma_{ikl} + h_i{}^D h_{Dk;l} \tag{16b}$$

mit dem Anholonomieobjekt

$$S_{ikl} = \frac{1}{2} h_i{}^D (h_{Dk,l} - h_{Dl,k}) \tag{16c}$$

als Torsions-Tensor [8]. In (16b) sind die Größen

$$\gamma_{ikl} = h_i{}^D h_{Dk;l} = -h^D_{i;l} h_{Dk} \tag{16d}$$

die RICCIschen Rotationskoeffizienten zum n-Bein $h_i{}^D$. Entsprechend (15b) sind die mit Δ^i_{kl} gebildeten Übertragungen integrabel [1]:

$$\underset{(\text{Einstein})}{G^i_{klm}} = -\Delta^i_{kl,m} + \Delta^i_{km,l} - \Delta^r_{kl}\Delta^i_{rm} + \Delta^r_{km}\Delta^i_{rl} = 0. \tag{16e}$$

Schließlich ist bei den allgemeinsten Übertragungen

$$\varrho_{ikl} \neq 0 \Leftrightarrow \Omega_{ikl} + \Omega_{kil} \neq 0. \tag{17a}$$

In diesem Fall ist nicht nur ein Fernvergleich von Richtungen, sondern auch ein Fernvergleich von Eigengrößen unmöglich. Denn bei einem Paralleltransport eines Vektors B^i längs einer Kurve $x^l = x^l_{(\tau)}$ ändert sich sein

Betrag gemäß der Differentialgleichung

$$(B^i B_i)_{\|l} \frac{dx^l}{d\tau} = (B^i B^k g_{ik})_{,l} \frac{dx^l}{d\tau} \tag{17b}$$

$$= B^i B^k g_{ik\|l} \frac{dx^l}{d\tau} = -2\varrho_{ikl} B^i B^k \frac{dx^l}{d\tau}.$$

Aus (17b) folgt physikalisch, daß auch die Werte der selbstgemessenen Größen, d. h. die skalaren Eigengrößen eines Systems, davon abhängen, längs welcher Kurven der Paralleltransport erfolgt. In der physikalischen Raum-Zeit-Welt bedeutet dies, daß die Eigengrößen eines Systems von seiner Vorgeschichte abhängen werden: Stimmen zu einem Zeitpunkt $t = 0$ zwei sich am selben Ort P_0 des dreidimensionalen Raumes V_3 befindende physikalische Systeme in allen Eigengrößen überein und werden die beiden Systeme dann längs verschiedener Wege parallel im Sinne von Levi-Civita zu einem anderen Ort P_a transportiert, an dem sie sich beide wiederum am selben Zeitpunkt $t = a$ befinden, so stimmen hier die selbstgemessenen Größen dieser beiden Systeme nicht mehr überein. Die Eigenschaften der Systeme sind also von ihrer Vorgeschichte abhängig; sie haben *biogrammatische Züge*. Daher ist der in den vorderen Indices symmetrische Teil von Ω_{ikl} der Ausdruck eines historischen Verhaltens der physikalischen Prozesse. Dies wurde erstmals von Einstein 1918 in einer Diskussion mit Hermann Weyl [8] über Weyls konforme Geometrie bemerkt.

Der große Riemannsche Tensor besitzt mit (17a) nur noch die Symmetrie

$$G_{iklm} = -G_{ikml}. \tag{17c}$$

Insbesondere ist die Antisymmetrie in den vorderen Indices zerstört, da diese Integrabilitätsbedingung für das Lemma von Ricci ist.

III.

Vom physikalischen Standpunkt ist es naheliegend, diejenigen Übertragungen zu untersuchen, die biogrammatische Züge besitzen, für die also (17b) gilt, die sich jedoch sonst möglichst wenig von den Christoffelschen Symbolen und somit von Übertragungen in der allgemeinen Relativitätstheorie unterscheiden. Daher ist es naheliegend, Räume zu untersuchen, die für den Fall, daß die Eigengrößen fernvergleichbar werden, auch mit den Christoffelschen Symbolen zusammenfallen. Dies bedeutet gemäß (12) Übertragungen der Form

$$A_{ikl} = \Gamma_{ikl} + \varrho_{ikl}, \quad \beta_{ikl} = 0. \tag{18}$$

Interessanterweise gehört die Weylsche konforme semimetrische Geometrie nicht zu den Räumen (18). Bei Weyl [7] tritt an Stelle des Lemmas von RICCI das Lemma

$$g_{ik||l} = -2g_{ik}\varphi_l. \tag{19a}$$

WEYL fordert nun, daß in den durch (19a) definierten Koeffizienten A_{ikl} der Tensor Ω_{ikl} symmetrisch in den hinteren Indizes ist; in WEYLS Geometrie gilt:

$$A^i_{kl} = \Gamma^i_{kl} + \Omega^i_{kl} \quad \text{mit} \quad \Omega^i_{kl} = \Omega^i_{lk}. \tag{19b}$$

Aus (19a) und (19b) folgen sofort die Übertragungskoeffizienten der konformen Geometrie

$$\underset{(\mathrm{Weyl})}{A_{ikl}} = \Gamma_{ikl} - g_{kl}\varphi_i + g_{li}\varphi_k + g_{ik}\varphi_l \tag{20}$$

mit den verallgemeinerten RICCIschen Koeffizienten

$$\underset{(\mathrm{Weyl})}{\beta_{ikl}} = \frac{1}{2}\,(-g_{kl}\varphi_i + g_{li}\varphi_k) \tag{20a}$$

und den historischen Koeffizienten

$$\underset{(\mathrm{Weyl})}{\varrho_{ikl}} = g_{ik}\varphi_l. \tag{20b}$$

Verlangt man hingegen zusammen mit WEYLS Lemma (19a) die Symmetrie des Tensors Ω_{ikl} in seinen vorderen Indizes, so erhält man an Stelle der WEYLschen konformen Übertragung (20) die Übertragungskoeffizienten des projektiven Zusammenhangs[1])

$$\underset{(\mathrm{Proj.})}{A^i_{kl}} = \Gamma^i_{kl} + \delta_k{}^i\varphi_l. \tag{21}$$

Der projektive Zusammenhang definiert somit den einfachsten Fall einer biogrammatischen Übertragung. Für die Änderung des Betrages eines Vektors B^i bei seiner Parallelübertragung längs $x^l = x^l(\tau)$ gilt die Gleichung

$$(B^iB_i)_{,l}\,\frac{dx^l}{d\tau} = B^iB^kg_{ik}\varphi_l\,\frac{dx^l}{d\tau}, \tag{21a}$$

die wegen der Übereinstimmung des biogrammatischen Koeffizienten in (20) und (21) auch in der WEYLschen Geometrie gilt. Mit den Übertragungen (20)

[1]) Die Substitution von A^i_{kl} durch $A^i_{kl} + \delta_k{}^i\varphi_l$ bewahrt den Parallelismus der durch die ursprünglichen Koeffizienten A^i_{kl} definierten Übertragungen. — (21) definiert somit denselben Parallelismus wie die CHRISTOFFELschen Γ^i_{kl} (vgl. z. B. [2]).

und (21) bleiben die Orthogonormierungseigenschaften und somit die Isotropie von Vektoren (in Räumen mit indefiniter Metrik) unverändert, was bei allgemeinen nichtmetrischen Übertragungen nicht der Fall ist. Der mit (21) gebildete Krümmungstensor hat die einfache Form

$$\underset{(\mathrm{Proj})}{G^i_{klm}} = R^i_{klm} + \delta_k{}^i(\varphi_{m,l} - \varphi_{l,m}). \tag{22}$$

IV.

Die Klassifikation der Übertragungen in metrischen Räumen nach Aufspaltung der Übertragungskoeffizienten A_{ikl} in die CHRISTOFFELschen Γ_{ikl} und in den Zusatz-Tensor Ω_{ikl} in bezug auf die Symmetrieeigenschaften der vorderen Indizes von Ω führt so zu einer einfachen Übersicht der sogenannten nichtriemannschen Geometrien. Insbesondere ist der Unterschied zwischen nichtmetrischen und metrischen Übertragungen einfach dadurch gegeben, ob Ω_{ikl} einen in den vorderen Indizes symmetrischen Teil besitzt oder nicht.

Für die Physik sind, wie EINSTEIN [8] bereits 1918 bemerkte, Geometrien mit nichtmetrischer Übertragung fremdartig, da sie eben die Abhängigkeit eines physikalischen Systems von seiner Vorgeschichte bedeuten. Die Einführung solcher Geometrien steht somit im Gegensatz zu der Grundannahme einer dynamischen Gesetzlichkeit, bei der der Zustand eines physikalischen Systems eindeutig für alle Zeiten durch die Werte der kanonischen Zustandsgrößen zu einem Zeitpunkt bestimmt ist. Es scheint uns aber sinnvoll zu sein, aufbauend auf der modernen Kontinuumstheorie der Realkristalle (vgl. [3]) zu fragen, ob nicht die tatsächlichen *biogrammatischen Züge eines Realkristalls formal mathematisch durch eine nichtmetrische Übertragung in der durch das Kristallgitter definierten Geometrie beschrieben werden* können. Dies wird an einem anderen Ort näher ausgeführt werden.

Literatur

[1] A. EINSTEIN, Riemann-Geometrie mit Aufrechterhaltung des Begriffes des Fernparallelismus. Berliner Berichte 217—221 (1928).
[2] L. P. EISENHART, Non-Riemannian Geometry. New York 1927.
[3] E. KRÖNER, Plastizität und Versetzungen. In: A. SOMMERFELD, Mechanik der deformierbaren Körper, 5. Aufl. Leipzig 1964.
[4] J. A. SCHOUTEN, Ricci-Calculus, 2. Aufl. Berlin-Göttingen-Heidelberg 1954.
[5] E. SCHRÖDINGER, Space-Time Structure. Cambridge 1950.
[6] H.-J. TREDER, Lorentz-Gruppe, Einstein-Gruppe und Raumstruktur. In: „Entstehung, Entwicklung und Perspektiven der Einsteinschen Gravitationstheorie". Berlin 1966.
[7] H. WEYL, Raum, Zeit, Materie. 4. Aufl. Berlin 1922.
[8] —, Selecta, Basel und Stuttgart 1956.

38. Methodische Bedeutung physikalischer Grundlagenforschung

Die Erforschung der theoretischen Grundlagen der Physik ist das Fundament für den Fortschritt der Naturerkenntnis und ihrer Anwendung in der Technik. Die theoretische Grundlagenforschung ermöglicht einerseits mit ihren Ergebnissen das Durchdringen der experimentellen Forschung und der technischen Praxis mit mathematischen Methoden und erlaubt andererseits die Planung und Prognose neuer Experimente und damit neuer Entwicklungen in der Physik.

Aber nicht nur die unmittelbaren Ergebnisse der physikalischen Grundlagenforschung entwickeln die Naturerkenntnisse weiter. Vielmehr erweisen sich die dazu entwickelten experimentellen und theoretischen Methoden immer mehr als fruchtbar für Anwendungen auf verschiedenen Gebieten der Physik und anderer Wissenschaften. Das Bemühen um prinzipiell neue Einsichten in die Naturgesetzlichkeiten verlangt neue Denkweisen und Forschungsmethoden sowohl in der Theorie als auch in der Experimentierkunst. Diese neuen Methoden und Ideen sind neue Werkzeuge für die Wissenschaft überhaupt, die dann jedoch auch für andere Bereiche verfügbar sind. Eine Aufgabe der Forscher ist es, diese Werkzeuge auch für andere Bereiche von Wissenschaft und Technik anwendbar zu machen. Ein schon sehr bekanntes Beispiel aus der neuesten Zeit ist die Methodik der statistischen Auswertung von Experimenten der Elementarteilchenphysik. Diese halb- und vollautomatischen Methoden der Datenverarbeitung wurden wichtig für die Datenverarbeitung in der Produktion und der Ökonomie, z. B. bei der statistischen Qualitätskontrolle.

Auch ein Gebiet der physikalischen Grundlagenforschung, das weit von angewandten Wissenschaften entfernt zu sein scheint — nämlich die allgemeine Relativitätstheorie — hat mathematische Methoden entwickelt, die für die angewandten und technischen Disziplinen bedeutsam sind. Beim Aufstellen der allgemeinen Relativitätstheorie entwickelte Einstein 1913 bis 1916 einen allgemeinen mathematischen Formalismus, der es erlaubt, die Grundgesetze der Physik — insbesondere diejenigen der Kontinuumsmechanik, Thermodynamik und Elektrodynamik bewegter Medien — in eine mathematische Form zu bringen, die unabhängig vom Bezugssystem und von der Koordinatenwahl ist. Entsprechend dem Einsteinschen Äquivalenzprinzip erfaßt dieser Formalismus zugleich den Einfluß des Gravitationsfeldes auf diese physikalischen Prozesse. Die Einsteinsche allgemein-relativistische Formulierung der Physik hat also den Vorzug, daß sie rein durch die Wahl des mathematischen Ansatzes bereits sowohl die Gravitationswirkungen als auch die Wirkungen der sog. Trägheitskräfte in beschleunigten Bezugssystemen auf die mechanischen, elektromagnetischen und thermodynamischen Prozesse berücksichtigt. Also ist es nicht mehr notwendig, in den Gesetzen der entsprechenden physikalischen

Disziplinen — nachdem sie mathematisch so formuliert worden sind, daß sie der allgemeinen Relativitätstheorie entsprechen — die Gravitations- und die Trägheitskräfte zusätzlich zu berücksichtigen.

Eine solche Darstellung der physikalischen Gesetze ist offenbar auch — unabhängig vom eigentlichen Gegenstand der allgemeinen Relativitätstheorie, der Erforschung der Struktureigenschaften von Raum, Zeit und Schwere — bedeutsam für Anwendungen, bei denen Trägheitskräfte auftreten und der Einfluß des Schwerefeldes zu berücksichtigen ist.

Zum Beispiel stellt die Erde wegen ihrer doppelten Rotationsbewegung ein beschleunigtes Bezugssystem dar. In bezug auf die Erde treten also Trägheitskräfte auf. In der Meteorologie und in der Physik der oberen Atmosphäre sind für die Dynamik und Thermodynamik der Luftmassen sowohl das Gravitationsfeld der Erde als auch die Trägheitskräfte der Erdrotation von großem Einfluß. Letztere können natürlich auch im Rahmen der klassischen Mechanik berücksichtigt werden — jedoch mit teilweise umständlichen physikalischen Überlegungen, die die mathematischen Ansätze sehr unübersichtlich gestalten können — während die allgemein-relativistische Darstellung dasselbe Problem zwangsläufig ohne zusätzliche Überlegungen — „vorfabriziert" — löst.

Noch wichtiger kann die allgemein-relativistische Behandlungsweise für die Gasdynamik und die Plasmaphysik werden — so beim Untersuchen der gasdynamischen und magneto-hydrodynamischen Vorgänge in Turbinen und Generatoren. Bei der Rotation von Hochgeschwindigkeitsturbinen treten große Trägheitskräfte auf, die sowohl die dynamischen als auch die elektromagnetischen Eigenschaften des Gases oder des Plasmas beeinflussen. Die allgemein-relativistische Form der Elektrodynamik und Magneto-Hydrodynamik gibt ohne zusätzliche physikalische Überlegungen und ohne Experimente von selbst diesen Einfluß wider.

Während in diesen Beispielen die Methoden der allgemeinen Relativitätstheorie nur sonst komplexe Behandlungsarten vereinfachen, liefern bei einem anderen Problem die allgemein-relativistischen Ideen Modellvorstellungen, die überhaupt zum ersten Mal eine mathematisch-theoretische Behandlung sonst nicht erfaßbarer Eigenschaften der Materie ermöglichen. Diese mathematischen Modelle gehen von geometrischen Vorstellungen aus, die bei den Versuchen entwickelt worden sind, nach dem Vorbild der Einsteinschen Gravitationstheorie neben dem Gravitationsfeld noch weitere physikalische Felder in die Struktur von Raum und Zeit einzubauen und somit auch zu geometrisieren. Diese Versuche haben trotz der Bemühungen hervorragender Physiker und Mathematiker — genannt seien Hermann Weyl, Sir Arthur Eddington, Elie Cartan, Erwin Schrödinger und besonders Einstein selbst — zwar zu neuen Einsichten über die physikalische Bedeutung der geometrischen Strukturen von Raum und Zeit geführt, jedoch nicht zu einer endgültigen Lösung des Problems einer einheitlichen Feldtheorie.

Der erste Versuch der Formulierung einer einheitlichen geometrischen Feldtheorie wurde bereits von WEYL 1918 unternommen. In der Diskussion zwischen EINSTEIN und WEYL zeigte EINSTEIN, daß die von WEYL eingeführte Theorie deswegen nicht eine Beschreibung der realen physikalischen Raum-Zeit sein kann, weil sie — zumindest in der Interpretation von WEYL und im Gegensatz zur physikalischen Erfahrung — eine Abhängigkeit der Elementarprozesse von der Vorgeschichte der Atome und atomaren Teilchen bedeuten würde.

1928 hat dann EINSTEIN selbst (nach einigen früheren Versuchen) eine einheitliche Feldtheorie entworfen, die darauf beruht, daß in die Raum-Zeit außer der Metrik weitere Strukturen eingeprägt werden sollen. Der Inhalt dieser Geometrie ist reichhaltiger als die von EINSTEIN 1915 zur Formulierung der allgemeinen Relativitätstheorie benutzte RIEMANNsche Geometrie. Hier zeigte aber in einer Diskussion nun seinerseits WEYL, daß die zusätzlich eingeführte Struktur einen Verzicht auf das allgemeine Relativitätsprinzip bedeuten und so die Möglichkeit einer absoluten Orientierung zur Folge haben würde — wiederum im Widerspruch zur physikalischen Erfahrung. Die bei diesen Ansätzen zu einer geometrischen Feldtheorie entdeckten geometrischen Formalismen werden nun aber in einem neu entstandenen Gebiet der angewandten Physik benutzt, nämlich in der Kontinuumsmechanik der Realkristalle. Vorher bestand eine bemerkenswerte logische Lücke zwischen der Behandlung der festen Körper nach der Atomphysik sowie der Quantentheorie einerseits und der technischen Mechanik andererseits. Die Atom- und Quantentheorie fassen den festen Körper als ein Kollektiv von miteinander wechselwirkenden atomaren Teilchen auf. Die klassische Kontinuumsmechanik behandelt denselben Körper hingegen als wesentlich strukturloses Kontinuum, dessen physikalische Eigenschaften ganz grob durch die Einführung von Materialkonstanten berücksichtigt werden.

Das Ziel der modernen Kontinuumsmechanik ist es, eine Brücke zwischen beiden Theorien zu schlagen, d. h. physikalische Tatsachen — wie die Existenz eines Kristallgitters, auftretende Eigenspannungen, Versetzungen und Störstellen — in die Mechanik einzubauen. Als geeignete mathematische Methode hierzu erwies sich die EINSTEINsche Geometrie von 1928, bei der die absolute Orientierung innerhalb eines Kristalls durch das Gitter dieses Kristalls gegeben ist. In dieser Theorie des Realkristalls wird also die EINSTEINsche Geometrie von 1928 interpretiert als ein Modell nicht der physikalischen Raum-Zeit, sondern als ein Modell der Kristallstrukturen.

Eine weitere Eigentümlichkeit des Realkristalls ist nun die Geschichtlichkeit seiner Eigenschaften. Die gegenwärtigen Eigenschaften eines Kristalls hängen von seiner Vorgeschichte ab. Dabei sei hier an Begriffe wie Hysteresis, Remanenz und Irreversibilität erinnert. Das Berücksichtigen dieser historiographischen Eigenschaften der Kristalle gelingt nun dadurch, daß die EINSTEINsche Geometrie von 1928 durch Vorstellungen aus der WEYLschen Geometrie von 1918 ergänzt wird, da diese gerade die Abhängigkeit von Eigenschaften physikalischer Systeme von ihrer Vorgeschichte einschließt. Auch die WEYLsche Theorie wird also nicht als Modell der physikalischen Raum-Zeit, sondern als Modell von Eigenschaften der Realkristalle interpretiert.

Während die Behandlung der Diskontinuitäten eines Realkristalles mit Hilfe der EINSTEINschen Geometrie schon weit fortgeschritten ist, steht die Behandlung seiner historiographischen Eigenschaften mit Hilfe der geometrischen Vorstellungen WEYLS noch ganz am Anfang. Man kann hierbei erwarten, daß neben der praktischen Bedeutung für die analytische Mechanik und die Festkörperphysik auch prinzipielle physikalische Einsichten gewonnen werden. Die Behandlung der Geschichtlichkeit physikalischer Prozesse, bei denen viele Teilchen mitwirken, ist nämlich eines der großen noch zu lösenden Probleme in der Theorie von der Struktur der Materie.

QUELLENVERZEICHNIS

Einleitung

1. Physik der Prinzipien und deduktive Physik.
Wiss. Zeitschr. d. Humboldt-Univ. Berlin, Ges.-sprachw. R. **20**, 711—713 (1971)

I. Kosmologie als Teil der Physik

2. Extragalaktische Physik — ein neues Gebiet der Grundlagenforschung.
Einheit **22**, 1193—1199 (1967)
3. Gravitation und Kosmos.
Neues Deutschland, November 1971
4. Geophysik und Kosmologie.
Gerlands Beiträge zur Geophysik **78**, Heft 1, 1—26 (1969)
5. Probleme der Gravitations- und Relativitätstheorie in der modernen Kosmologie.
Wiss. Zeitschr. d. TH Karl-Marx-Stadt **14**, 347—350 (1972)
6. Mathematische Probleme der Erforschung des Universums im Großen.
Mitteilungen der Mathematischen Gesellschaft in der DDR, Heft 1, 14—22 (1968)

II. Entwicklungsgesetze des Kosmos

7. Einige Probleme der Entwicklung des Kosmos.
Wiss. Zeitschr. d. Humboldt-Univ. zu Berlin, Math.-nat. R **20**, 163—164 (1971)
8. Friedrich Engels und der 2. Hauptsatz der Thermodynamik.
Spektrum **2**, 26—28 (1971); Wissenschaft und Fortschritt **21**, 201—203 (1971)
9. Die relativistische Thermodynamik des Universums und die 3°-Kelvin-Strahlung.
Forschungen und Fortschritte **41**, 132—134 (1967)
10. Die schwarze Urstrahlung und die Evolution des Kosmos.
Die Sterne **44**, 89—93 (1968)
11. Uhrengang und Energiesatz in der Kosmologie.
Ann. d. Phys. **24**, 155—162 (1970)
12. Energiesatz und Zeitrichtung in der Kosmologie.
Naturwissenschaften **55**, 440—441 (1968)

III. Gravitationsfeld als makroskopisches Feld

13. Die Erforschung der Gravitation.
Jahrbuch „Wissenschaft und Menschheit“, 306—321, Moskau 1970
14. Die Problematik des globalen Determinismus der allgemeinen Relativitätstheorie.
Wissenschaftliche Zeitschr. d. Humboldt-Univ. zu Berlin, Math-nat. R. **12**, 389—392 (1963)
15. Elementare Betrachtungen zum Gravitationskollaps.
Monatsber. d. DAW **11**, 856—872 (1969)

16. Materie und Raumstruktur: Zur Interpretation der EINSTEINschen Vakuumgleichungen.
In „Perspectives in Geometry and Relativity". pp. 426—435 Bloomington (Indiana) 1966.
17. Die Schwere des Lichtes in der klassischen und der relativistischen Gravitationstheorie.
Naturwissenschaften **59**, 311 (1972) (Erweiterte Fassung).
18. Kreuzexperimente in der allgemeinen Relativitätstheorie und die experimentelle Bestimmung des RIEMANNschen Krümmungstensors.
In: „Gravitation", 288—295 Kiew 1972
19. Äquivalenzprinzip und Abschirmung der Schwerkraft.
Monatsber. d. DAW **11**, 207—217 (1969)

IV. Gravitation und Elementarteilchen

20. Allgemeine Relativität und Quantenfeldtheorie
(Vortrag, bisher nicht veröffentlicht)
21. Das Einstein-Bohrsche Kastenexperiment.
In: W. YOURGRAU und A. V. D. MERWE (ed.) „Essays on Quantum-Theory", pp. 17—24 Cambridge (Mass.)
22. Elementarlänge, Tachyonen und Kausalität.
Wissenschaft und Fortschritt **19**, 30—31 (1969)
23. Zur Frage einer kosmologischen Ruhmasse der Gravitonen.
International Journal of Theoretical Physics **1**, 167—170 (1968) (Erweiterte Fassung)
24. Zur Bedeutung der Einsteinschen Gravitationstheorie für die Struktur der Elementarteilchen und Atome.
(zusammen mit L. Jánossy) Spektrum **3**, 23 (1972)
25. Symmetrie und Kosmologie.
Monatsber. d. DAW zu Berlin **11**, 226—230 (1969)

V. Zur Geschichte und Bedeutung der Relativitätsprinzipien

26. Globale und lokale Prinzipien der Relativität.
Foundations of Physics. **1**, 75—92 (1970)
27. Copernicus und die Bezugssysteme in Physik und Himmelsmechanik.
Die Sterne **49**, 15—22 (1972)
28. Galilei-Transformationen.
Wissenschaftl. Zeitschr. d. Humboldt-Univers. zu Berlin, Math.-nat. R. **14**, 417—419 (1965)
29. Helmholtzsche und relativistische Elektrodynamik.
Gerlands Beiträge zur Geophysik. **79**, 401—420 (1970)
30. Poincarés Relativität der Beschleunigung und die Mach-Einstein-Doktrin.
Monatsber. d. DAW. zu Berlin **15**, 664—674 (1972)
31. Die ersten Kritiker des allgemeinen Relativitätsprinzips.
Vortrag (20 S.) Moskau 1971 (Erweiterte Fassung)
32. Lorentz-Gruppe, Einstein-Gruppe und Raumstruktur.
In „Entstehung, Entwicklung und Perspektiven der Einsteinschen Gravitationstheorie", 57—73 Berlin 1966

VI. Physikalische Eigenschaften des Raumes

33. Die Eigenschaften physikalischer Prozesse und die geometrische Struktur von Raum und Zeit.
Deutsche Zeitschrift f. Philosophie **14**, 562–565 (1966)
34. Die Bedeutung von Helmholtz für die theoretische Physik.
Sitzungsber. d. Plenums und der Klassen der AdW der DDR, Heft 1, 37–43 (1972)
35. Gravitonen als Goldstone-Teilchen.
Monatsber. d. DAW zu Berlin **9**, 427–431 (1967)
36. Gibt es physikalische Grenzen der Raum-Zeit-Struktur der Naturgesetze?
Wissensch. Zeitschr. d. Humboldt-Univ. zu Berlin **22**, 17–23 (1973) (Erweiterte Fassung)
37. Metrische und nichtmetrische Übertragungen.
Mathematische Nachrichten **33**, 121–128 (1967)
38. Methodische Bedeutung physikalischer Grundlagenforschung.
Wissenschaft und Fortschritt **16**, 223–224 (1966)

FSC
www.fsc.org
MIX
Papier | Fördert gute Waldnutzung
FSC® C083411

Kolibri 360 GmbH
Ferdinand-Jühlke-Straße 7
99095 Erfurt, Deutschland
produktsicherheit@kolibri360.de